中油国际管道公司
2020年—2022年
科技论文集

孟向东◎主编

中国石化出版社

图书在版编目(CIP)数据

中油国际管道公司 2020—2022 年科技论文集 / 孟向东主编．—北京：中国石化出版社，2022.12
ISBN 978-7-5114-6957-1

Ⅰ．①中…　Ⅱ．①孟…　Ⅲ．①石油管道-文集
Ⅳ．①TE973-53

中国版本图书馆 CIP 数据核字(2022)第 252402 号

中国石化出版社出版发行

地址:北京市东城区安定门外大街 58 号
邮编:100011　电话:(010)57512500
发行部电话:(010)57512575
http://www.sinopec-press.com
E-mail:press@sinopec.com
北京科信印刷有限公司印刷
全国各地新华书店经销

*

787×1092 毫米 16 开本 21.25 印张 617 千字
2023 年 6 月第 1 版　2023 年 6 月第 1 次印刷
定价:260.00 元

《中油国际管道公司优秀科技论文汇编》
编　委　会

序

钢铁巨龙，气势恢宏。中油国际管道公司作为中国石油海外油气管道专业化公司，负责运营西北和西南两大能源通道，为我国油气安全保障做出了突出贡献，成为连接“一带一路”沿线国家海陆并进的重要载体，不仅使得古丝绸之路焕发了新的生机与活力，而且有力推动了“21世纪海上丝绸之路”的开拓和建设。

当今世界正经历百年未有之大变局，科技创新关系国家治理体系和治理能力现代化，关系国家高质量发展，关系人民生活幸福，关系国家对外开放，关系国家能源安全，在中华民族伟大复兴战略中发挥着引领支撑作用。能源行业正面临着前所未有的深刻变革，科技创新正在加速推动油气行业绿色化、低碳化、多元化、智能化发展和双碳目标的实现。党中央国务院高度重视科技创新工作，习近平总书记做出一系列重要指示批示，把创新摆在国家发展全局的核心位置，党的二十大报告中专门提到，“加快实施创新驱动发展战略，坚持面向世界科技前沿、面向经济主战场、面向国家重大需求、面向人民生命健康，加快实现高水平科技自立自强”。

中油国际管道公司严格贯彻中国石油战略部署，在海外油气管道业务从小到大、从弱到强的历程中，在面对全球疫情反复、所在国政局动荡、俄乌战争等复杂多变的严峻形势下，公司上下大力弘扬石油精神和“智慧+实干”的企业精神，确保了油气战略通道的安全可靠高效运行，科技创新发挥了重要的支撑引领作用。

回首过往，西南、西北能源通道的建设之路，是缓解能源的供求矛盾、保障能源的稳定供应、加速能源多元化改革、推动清洁能源发展的奋斗拼搏之路，更是国际管道人不忘初心、攻坚克难、突破创新、开拓进取之路。随着公司业务重组整合与不断拓展，国际管道人把初心落在行动上，把使命担在肩膀上，敢于打破思想陈规、突破思维定势，在实践中提炼经验、总结教训，持续提升管理质量、提高运行效率、降低成本费用、防范各类风险。用智慧力量和辛勤探索，突破资源不足的难题，打破技术瓶颈的制约，取得了丰硕的科技创新成果。

韧者笃行，韧则行远。生逢大有可为的新时代，作为“一带一路”能源建设“先行者”和“践行者”的国际管道人，将一如既往地发扬匠人精神，立志高远、脚踏实地，坚持目标导向、问题导向、结果导向，立足高水平科技自立自强，推动以科技创新为核心的全面创新，牢牢把握提质增效以及未来清洁低碳转型等重大需求，深化科技体制机制改革，最大限度解放和激发科技创新巨大潜能，构建实时、开放、高效、协同的创新体系，攻坚克难，敢于突破，求索奋进，以更加执着的努力、更加严谨的态度、更加饱满的热情、更加丰硕的成果，持续增强发展内生动力，推动质量变革、效率变革和动力变革，以更高质量的科技供给支撑引领高质量发展，为世界一流国际化管道公司建设贡献力量。

本书汇编了中油国际管道公司2020—2022年以来40余篇优秀的科技创新成果。作为一名油气能源行业的参与者和践行者，见证了公司广大技术人员的经验总结和智慧结晶，倍感喜悦，特为序！

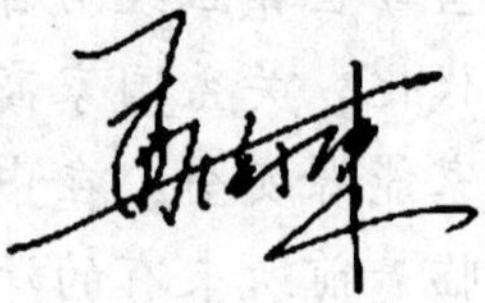

前　言

随着新一轮科技革命和产业变革蓬勃兴起，科技创新已成为国际战略博弈的主要战场，成为引领发展的第一动力。中油国际管道公司(以下简称“公司”)在国家发展的大格局中，胸怀“为祖国加油，为民族争气”的初心、“构筑能源丝路，打造高效能油气战略通道”的愿景，全面贯彻新发展理念，扎实推进高质量发展，开拓创新、锐意进取，高质量建设并运行西北、西南两大能源通道，奋力开创建设世界一流水平国际化管道公司新征程。

公司科技管理工作以习近平新时代中国特色社会主义思想为指导，紧紧围绕实现碳达峰碳中和目标的绿色发展路径，遵循“四个坚持”兴企方略和“四化”治企准则，坚持党对科技工作的指导，坚持“四个面向”，坚持支撑当前、引领未来的工作定位，依靠科技创新激发活力、塑造优势、提升价值，为世界一流国际化管道公司建设贡献科技力量。

本书汇总了公司 2020 至 2022 年度 40 余篇优秀科技论文。这些论文均来自于公司员工立足本职工作的技术创新与实践经验总结，涉及油气储运系统优化、油气管道运行仿真、管道智能化与信息化等多个业务领域。公司将这些优秀论文成果集结成册，鼓励广大技术人员一如既往，奋发向上，为公司创建世界一流国际化管道公司提供更有力的创新支撑和技术保障。

本书编写时间紧迫，仍可能存在错误和不妥之处，敬请广大读者提出宝贵意见和建议。

目　　录

长输管道打孔盗油点停输切换管维抢修实践

单　宇

（中哈原油管道项目，阿拉木图）

摘　要　中哈原油管道是我国第一条跨国原油管道，其中肯基亚克-库姆科尔管道于2009年10月正式商业运营，全长794.263千米，管径813毫米，设计输量1，000万吨/年，设有首末站和30个阀室。该管道的建成打通了阿克纠宾油及西哈油向东输送的通道，承担了确保哈国东部炼厂资源供应以及出口部分哈油资源到中国的任务。管道31号阀室至库姆科尔站771.886-794.263km段存在12处打孔盗油点，为了消除缺陷对管道安全运行带来的潜在风险，保证管道安全平稳运行，需要抢修队伍克服一次性维修缺陷多且情况复杂、多机组交叉作业风险大、戈壁地段沙多、地面承载力低、昼夜温差大、风多风大等困难，在72小时停输窗口内对缺陷管段进行更换。因此，中哈原油管道各维抢修中心通过现场实践、提前演练等形式，积累出大口径长输管道打孔盗油点停输切换管维抢修作业的方式方法。此文针对换管抢修中作业机具进场、作业坑开挖成形、作业质量安全管控做了阐述，列举了机具进场方式、作业坑开挖方法及组对焊接管控措施，为如何快速、安全的对长输管道打孔盗油点进行停输切换管维抢修作业提供了技术经验。

关键词　原油管道　打孔盗油　切换管　开挖验证

1　引言

中哈原油管道是我国第一条跨国原油管道，管道线路全长2800余公里，其中其中肯基亚克-库姆科尔管道于2009年10月正式商业运营，全长794.263千米，管径813毫米，设计输量1000万吨/年，设有首末站和30个阀室。该管道的建成打通了阿克纠宾油及西哈油向东输送的通道，承担了确保哈国东部炼厂资源供应以及出口部分哈油资源到中国的任务。管道31号阀室至库姆科尔站771.886~794.263km段存在12处打孔盗油点，虽然前期已对每处缺陷位置暗转支管及球形封头进行加强，但仍不符合永久维修的标准，对管道的安全运行仍存风险。为消除肯库管道潜在隐患，保证管道承压和输送能力达到设计水平，2021年9月24日-9月30日，中哈原油管道项目组织管道运行维护商对肯基亚克-库姆科尔管道（以下简称KK管道）31号阀室至库姆科尔站771.886~794.263km段打孔盗油点缺陷管段切换工作。本次作业共计切割盗孔缺陷管段5段，完成组对焊接9道焊口，处理盗油孔缺陷12个。本文在于梳理本次作业动用的维修资源，分析作业各工序用时，总结经验教训，重点分析存在的问题及改进措施。为如何在最短停输窗口期进行多作业面的协同施工作业提供经验。

2　完成目标及主要做法

2.1　完成目标

目前常用的换管维抢修方法有不停输带压封堵换管技术和停输换管维抢修技术，两种方法各有利弊，如何选择需要根据维抢修目标对管道自身运行状况、缺陷位置及类型、维抢修队伍自身特点等进行综合分析。此次维抢修作业要求我们在 72 小时内对 12 处打孔盗油点管段进行更换，时间短、任务重。为了在紧张的工期下安全可靠的完成既定目标，考虑到作业地点临近管道末站，排油集油相对方便，结合项目运行维护商的技术优势，我们选择了停输换管的方案。并通过精细优化施工方案，前期对现场进行周密的准备工作，并将施工任务切割成三个作业面，利用沟上沟下双轨组织作业任务，有效消除了相连通管段同时动火作业的安全风险，最大限度提高了施工资源的工作效率，为单一相连通管段多机组协同维抢修作业提供了技术经验，并在未来维抢修作业换管方法的选择制定上给予了更多可借鉴的思路。

2.2 主要做法

本次作业面对如何在 72 小时停输窗口期内对 12 处打孔盗油点管道进行更换的艰巨挑战，通过精细管理组织、提前进行现场准备、优化施工作业程序等一系列方式，达到了用时 59.5 小时完成全部缺陷管段更换，管道重新启输的成果。具体做法如下：

1）主要维修资源

作业出动车辆 43 台。

表 1 车辆统计表

序号	名称	单位	数量	序号	名称	单位	数量
1	罐车	台	3	10	带机械手的卡车	台	1
2	倒班车	台	3	11	蒸汽车	台	1
3	水车	台	1	12	挖掘机	台	2
4	拖拉机	台	1	13	20 吨运管车	台	1
5	平路机	台	1	14	20 吨挂车	台	1
6	25 吨吊车	台	5	15	泥浆泵车 ЦА-32	台	1
7	16 吨吊车	台	1	16	跟踪清管器的轻型车	台	3
8	卡车	台	6	17	营车	台	6
9	工程维修车	台	4	18	餐车	台	2

作业人员共计 117 人。

表 2 作业人员统计表

岗 位	数量	岗 位	数量
副经理	1	氮气装置操作手	2
管道运行科主管工程师	1	倒班车司机	2
HSE 部工业安全主管工程师	1	电力部阴保电力工程师	1
HSE 部主任	1	电力部主任	1
帮厨	1	电气焊工	14
车辆和专用机械部工程师	1	吊车司机	6
车载泵司机	12	工程维修车司机	4
厨师	2	管道运行部工程师	1
处长	1	管道运行部主管工程师	1
带机械手的卡车司机	1	管道运行部主任	1
氮气压缩机操作手	2	管理处处长	1

续表

岗　　位	数量	岗　　位	数量
管理处副处长	1	挖掘机司机	2
管理处总工程师	1	维抢修中心技师	4
罐车司机	2	维抢修中心技师长	1
机械部主任	1	维抢修中心主任	3
机械设备(压缩机)维护维修钳工	2	线路管工	14
卡车司机	6	阴保电气电工	4
轻型车司机	5	阴保电气技师	1
轻型汽车	1	远程控制工程师	1
水车司机	1	运管车司机	1
水罐车司机	1	专用起重车司机	2
探伤工	2	自动化仪表钳工	1
拖拉机手	1	自卸卡车司机	1

此次作业，共使用设备102台(套)。

表3　设备统计表

序号	设备	单位	数量	序号	设备	单位	数量
1	压缩机	台	2	11	对口器	套	8
2	制氮气装置	台	2	12	消磁仪器	套	4
3	氮气压缩机	台	1	13	气体分析仪	套	4
4	柴油发电机	台	5	14	电钻	台	4
5	焊机	台	11	15	工作坑排水泵	台	4
6	灯塔	台	4	16	移动式排风机	台	4
7	配套消防装置	套	1	17	镇流变阻器	台	4
8	探照灯	套	4	18	消防泵	台	3
9	切管机	台	8	19	探照灯	套	12
10	砂轮机	台	16	20	电火花检漏仪	套	1

表4　主要材料统计表

序号	名　　称	型　　号	单位	数量
1	夹布橡胶池	OP-500m^3	个	1
2	钢管	Φ159×8mm	米	50
3	三通	Φ159×108×8mm	个	3
4	弯头	Φ159×8mm 90°	个	42
5	球阀	DN150 PN64	个	2
6	球阀	DN100 PN64	个	4
7	变径大小头	100×150	个	1
8	单向阀	DN150 PN64	个	3
9	法兰	DN200 PN64	个	2

续表

序号	名　称	型　号	单位	数量
10	法兰	DN50 PN64	个	5
11	法兰	DN150 PN64	个	4
12	弯头	Φ219×8mm 90°	个	10
13	楔形阀	DN200 PN64	个	2
14	三通	Φ159×159×10mm	个	1
15	变径大小头	219×159×8	个	1
16	球阀	DN50 PN64	个	2
17	变径大小头	159×108×8	个	1
18	无缝管	Φ219×8mm	米	200
19	无缝管	Φ159×8mm	米	300
20	无缝管	Φ108×8mm	米	2
21	快接管	Φ159×8mm	米	120
22	压力表	0~40	个	2
23	压力表	0~100	个	2
24	球阀	DN25 PN64	个	4
25	直缝钢管	Φ813×9mm	米	10
26	球形封头	Φ813×9mm	个	2
27	氮气混合物泄放容器	$10m^3$	个	1
28	三通	Φ159×159×8mm	个	2
29	楔形阀	DN150 PN64	个	5
30	三通	Φ108×108×8mm	个	1
31	变径大小头	108×159×8	个	1
32	直缝钢管	Φ813×10mm	米	60
33	梯子		个	8
34	焊工样规		个	16
35	吊带	Φ800~1020 10TH	根	10
36	黏土的木捣锤		个	6
37	焊工棚		套	4
38	生活垃圾箱		个	8
39	焊条	2. 5мм OK 53. 70	Kg	80
40	焊条	3. 2мм OK 53. 70	Kg	80
41	焊条	4. 0мм OK 53. 70	Kg	80
42	切割片	180×2，5×22	个	80
43	砂轮片	180×6×22	个	80
44	刷子		个	80
45	丙烷		Kg	168
46	工业氧气		M^3	96
47	热收缩套	900 мм	个	10
48	聚乙烯防腐材料	ТИАЛ-Р 225×1，6×7000，ТИАЛ-З 450×2，0×3500)	M^2	5

续表

序号	名　称	型　号	单位	数量
49	黏土		Kg	8000
50	铅坠		个	12
51	尖锹		个	16
52	平锹		个	16
53	卷尺	5м	个	8
54	插座延长线	50м	个	8
55	毡垫		M^2	64
56	标志、标牌		套	4
57	隔离带		M	200
58	抹布		条	400

2）作业工序分析

依据现场实际情况，计划切割盗孔缺陷管段 5 段，安装新管段 4 段，达到切除 12 个盗油孔的目标。

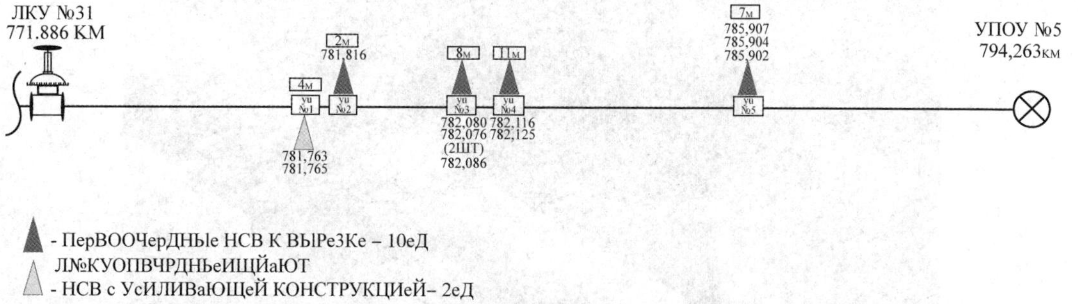

图 1　盗油孔位置图

第一作业面

本段总长 53m，含 781. 763km、781. 765km、781. 816km 处的 3 个盗油孔；

图 2　第一作业面现场图

第二作业面

本段长 50m，含 782.076km（2 个孔）、782.080km、782.086km、782.116km、782.125km 处的 6 个盗油孔；

图 3　第二作业面现场图

第三作业面

本三段长 7m，含 785.907km、785.904km、785.902km 处的 3 个盗油孔。

图 4　第三作业面现场图

本次切换管作业主要包括主备工作、主体工作、恢复工作三个部分，详见图 5。

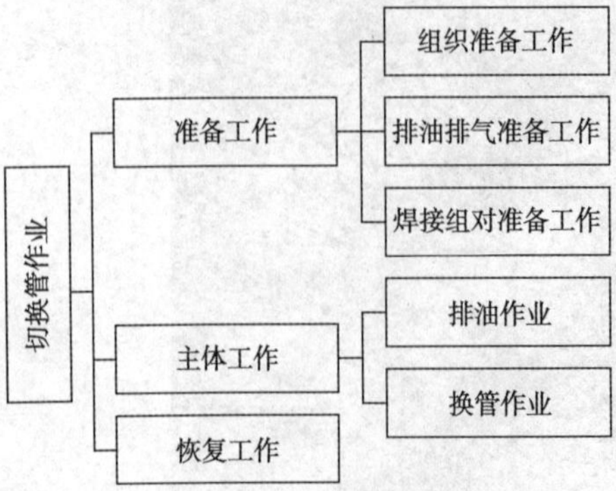

图 5　工序结构图

A. 准备工作

组织准备

准备工作主要包括组织准备、排油排气准备、焊接组对准备三个方面。在组织准备中，项目此次集结了管道运行维护商 KTO 阿拉尔斯克、库姆科尔、8、9、10 号泵站维抢修中心的精锐队伍。调用车辆及专业设备 202 台/套，动员人员 117 名。分为三个作业面不间断连续作业。各部门作业前认真研究工作方案具体措施、明确存在风险及 HSE 要求。办理相应许可文件。对计划使用的车辆、专用机械进行工作前的检查维护，对工作中使用的泵和压缩机进出口管线、阀门、管件进行压力试验，预制要更换的管段。检查气体检测仪、压力检测仪表的检定情况。检查消防装置、消防车的技术状况。现场设置安全标志，划定警示区域。准备库姆科尔末站2个10000m^3储油罐用于接收771.886km至794.263km段管道排出的原油11200m^3。

保证调控中心、现场指挥、清管器跟踪组之间的通讯可靠稳定。

保证24小时医疗救护点具备临时处置能力，每班工作前对所有员工进行体温监测。

排油、排气充油准备

第二项是排油、排气充油准备。确定肯库管道轴线位置，挖掘探坑，用于监听清管器通过。如图所示，在4号清管站下游分别以50m、100m、200m、300m、500m的间距开挖探坑(共5个)；-从30号阀室到750~780km每隔2km挖1个探坑(共11个)；-31号阀室前后500m、300m、200m、100m、50m挖探坑(共10个)；-从30号阀室到773-793km每隔2km挖1个探坑(共11个)；-距5号清管站前500m、300m、200m、100m、50m挖探坑(共5个)；探坑共计-42个。实时准确检测清管器位置，以达到精确调控的目的。

在4号清管站设置500m^3开放式橡胶池，通过车载泵与发球筒相连，用来向管道内注隔离水。排空12.5m^3污油罐用于发球过程的排水。

在31号阀室附近准备4台空压机和2台制氮车。同31号阀室的2号放空阀相连，用于注氮气排空原油及排油后的氮气泄放。

在5号清管站准备一个500m^3开放式橡胶池，用于放水及卸放氮气混合物，并预制临时排空卸放管线。

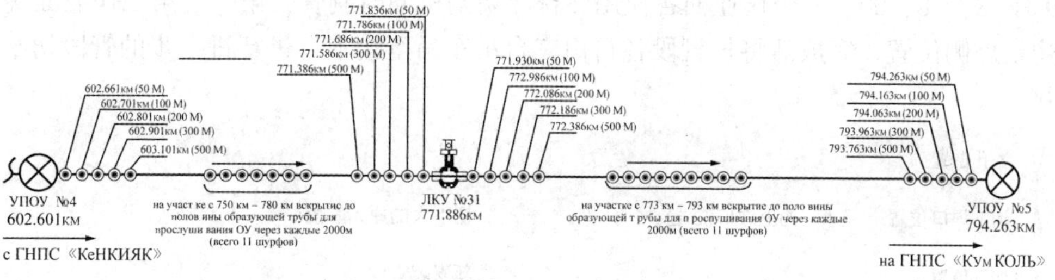

图6　用于监听清管器通过的探坑开挖位置图

9月24日3：30，从KK管道4号清管站发开始依次发送带Rosen传感器的1-4号清管器(其中3号清管器安装防冲撞装置和集流装置用于突破黄泥墙)，用车载泵ПНУ-2向发球筒注水，推动清管器在管道中前进。在4个清管器间分别注水100m^3、200m^3、100m^3，保证1-4号清管器能以200m、400m、200m的间距在管道中前进。

9月24日8：30，恢复管道输油，起始输量1000m^3/h。跟踪清管器No1，2，3，4行程。

焊接准备

根据要更换的管段位置挖掘维修工作坑，管道下面挖空不少于0.6m，为避免损伤管道，挖掘机挖斗距管道距离不应小于0.2m。工作坑及管沟坡度对于自然湿度的任何土壤类型都为1：1.25，如果存在地下水，应用金属板保护，并考虑排水设施。在需要切割的位置进行防腐层剥离和除锈，用截面不小于16mm2铜线进行跨接。安装冷切割机具，对管道进行消磁处理。准备D813管道进行强度和密封试验，并运抵现场。在要切割管段安装吊带。对周围空气每隔 30 分钟进行一次监测分析，碳氢化合物不应超过 300mg/m³。焊接工作将按照建设期通过鉴定的焊接工艺进行。

B. 主体工作

管道排油(18.5 小时)

当清管器 No1 距 31 号阀室 1km 时管输量降低到 500m³/h，当清管器 No2 距 31 号阀室 500m 时管输量降低到 300m³/h，监督清管器 No1 和 No2 通过 31 号阀室后停止输油。9 月 27 日 13：33，关闭 30 和 31 号线路截断阀，取消远程控制，切断电动头电源，悬挂《禁止开启》警示牌。

库姆科尔储油罐准备接收 11200m³ 原油，卸放 31 号阀室至 5 号清管站间的管段压力。

启动位于 31 号阀室的氮气站和压缩机，保证清管器在管道中的行进速度在 1km/h 和 5km/h 之间，并监督氮气站和仪表井里的压力。根据清管器 No1 和 No2 的行进距离和氮气注入量监督排入库姆科尔 10000m³ 储油罐中原油的量，确定管段是否排空。

监督清管器 No1 和 No2 接近 5 号清管站，9 月 28 日 5：30，No2 清管器到达 5 号清管站收球筒，停止压缩机，水排到 OP-500。然后，通过 31 号阀室阀和 5 号清管站以及第二段切换管道上临时增加的两个 DN80 放空口进行氮气压力卸放。9 月 28 日 8：00，卸放完成。停输排油、排气累计用时 18.5 小时。

换管作业(27 小时)

此次换管作业组织三个作业面同时施工。共切割盗孔缺陷管段 5 段，安装新管段 4 段。焊口 9 道。

9 月 28 日 8：00，三个作业面各使用 2 台冷切割机同时割管，第一、第二作业面优先切割连边最外侧位置，完成后将长管段各自由三台吊车吊至沟上，进行进一步的管段切割及组对焊接。

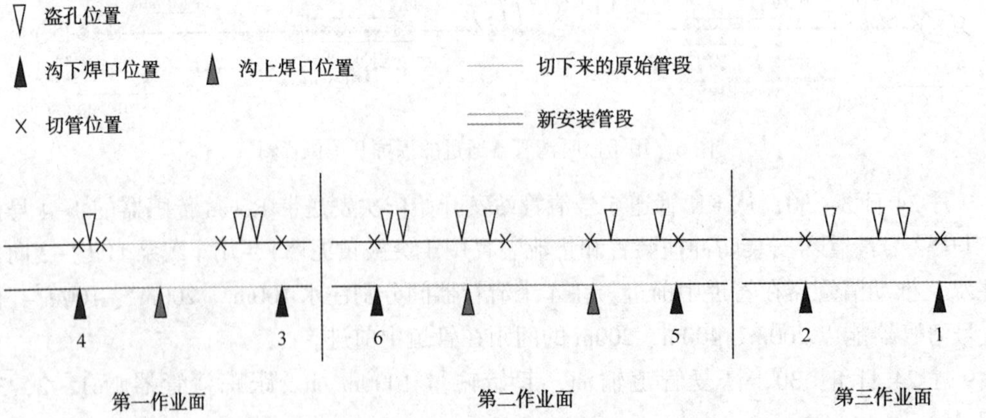

图 7　换管作业示意图

第一作业面：

9 月 28 日 9：00-10：00，使用 2 台冷切割机同时作业，将 2 段盗孔管段切除，保留直管段 A。

9 月 28 日 10：00-16：00，在沟上进行新管段 B 同原始管段 A 的组对焊接。

9 月 28 日 16：00-9 月 29 日 3：30，焊接完成后，三台吊车将二接一管段吊起下沟，依次在沟下组对焊接3、4号焊口。

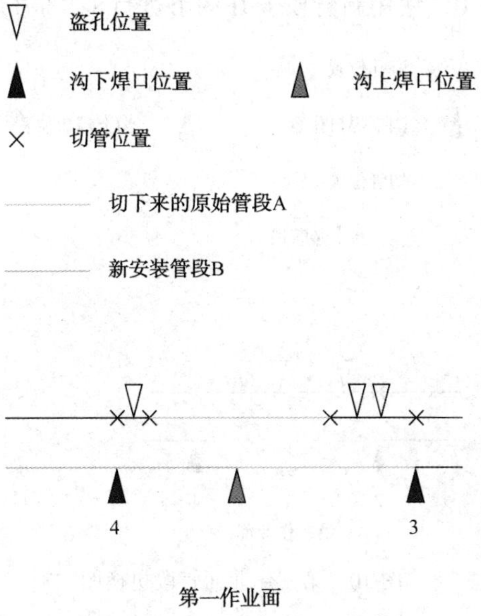

图8　第一作业面管段更换图

第二作业面：

9月28日9：00-10：00，使用2台冷切割机同时作业，将2段盗孔管段切除，保留直管段C。

9月28日10：00-22：30，在沟上进行新管段D、E同原始管段C的组对焊接。

9月28日22：30-9月29日9：00，焊接完成后，三台吊车将二接一管段吊起下沟，依次在沟下组对焊接5、6号焊口。

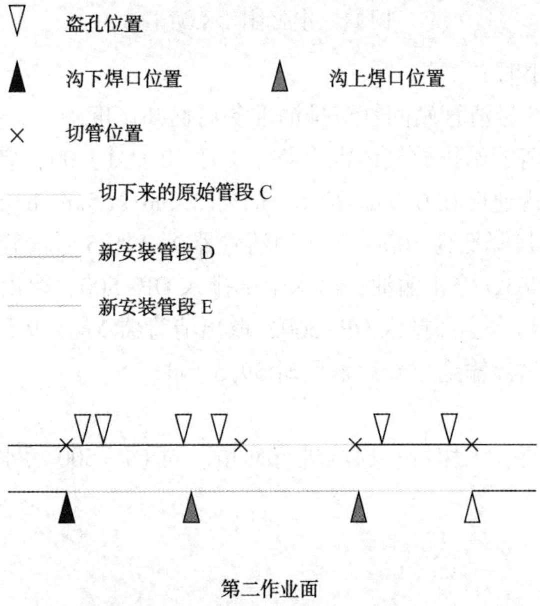

图9　第二作业面管段更换图

第三作业面：

9 月 28 日 9：00-21：20，使用新管段 F 在沟下进行 1、2 号焊口的组对焊接。

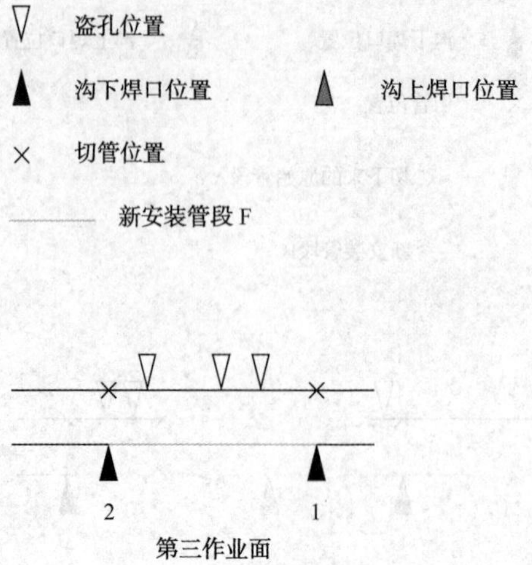

图 10　第三作业面管段更换图

9 月 29 日 10：00-11：00，无损检测合格，KK 管道具备启输条件。

通过合理安排施工程序，运用沟上焊接与沟下焊接相结合，确保沟下按照 1-6 号次序进行焊接，即缩短了整体施工时间，也避免了相连通管道同时进行动火作业的风险。

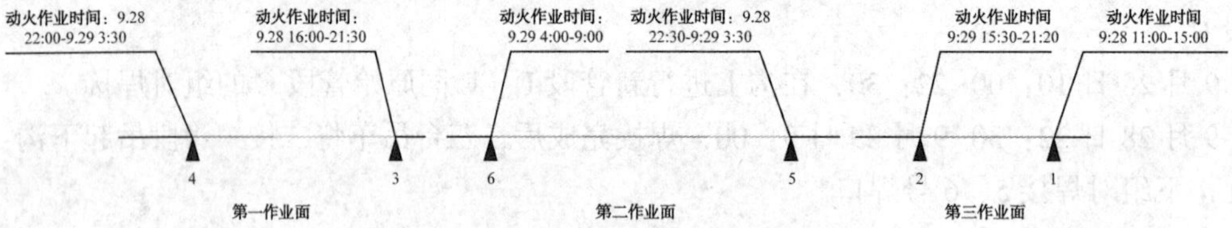

图 11　作业时间示意图

管道排气充油(10 小时)

在做好 31 号阀室-5 号清管站间管道排油准备后通知调度中心，相继开启 30 号和 31 号线路截断阀。通过 5 号清管站排放气体混合物。9 月 30 日 1：00，启动管道以 1000m^3/h 排量输油，监督清管器行进速度在 0.3m/s(1km/h)和 1.3m/s(5km/h)，当清管器 No3 距 5 号清管站 1km 时，管道排量降低为 500m^3/h，当清管器 No3 距 5 号清管站 300m 时排量降低为 300m^3/h。接收清管器 No3，停止输油，污水全部排入 OP-500，取出清管器 No3。通过静水压力进行 No4 的接收，污水全部排入 OP-500，取出清管器 No4。9 月 30 日 11：00，恢复输油模式。从肯基亚克泵站停输到重新启输用时 59.5 小时。

恢复工作

在对防腐层进行恢复，工作坑、探坑进行回填。对 OP-500 污水进行处理。完成工作，签署完工证明。

3　效益分析

(1) 各主要工序用时统计

目前常用的换管抢修方法有不停输带压封堵换管技术和停输换管抢修技术，两种方法各有利弊。

对比不停输打压封堵方案，本次动火作业具有投入成本低、作业总时长短、技术成熟可靠、安全风险低、换管作业完成后，管道上不会残留其他管件，防腐作业难度低，规避了由于残留管件带来的泄露隐患等特点。更符合本次切换管要达到的消除 KK 管道潜在隐患，保证管道承压和输送能力达到设计水平的目标。

对比传统停输换管作业，本次方案最大的特点是通过科学合理的设计既满足相连通管道的管道不应同时进行动火作业的强条要求，又实现了现场施工资源的高效使用，避免了各作业面依次动火带来的工期之后及设备人员由于施工不连续带来的效率低下的问题，最大限度缩短了管道的停输时间及整体工期。从 4 号清管站开始发球到管道重新启输来计算主体工作整体节约工期 50 小时，管道停输时间节约 43 小时，详见下表：

表 5　各主要工序用时统计表

序号	主要工序	作业方案计划用时	KK 管道 771. 886~794. 263km 段切换管		
			开始时间	结束时间	实际用时
1	在 4 号清管站依次发送 4 个清管器	8	09. 24 03：30	09. 24. 13：30	10
2	启泵输油，1、2 号清管器通过 31 号阀室后，干线停输	72	09. 24. 13：30	09. 27. 13：30	72
3	31 号阀室-5 号清管站间排油	24	09. 27. 13：30	09. 28. 5：30	16
4	31 号阀室-5 号清管站间排气，直到气体检测合格	5	09. 28. 5：30	09. 28. 8：00	2. 5
5	断管作业	2	09. 28. 8：00	09. 28. 9：00	1
6	第一段组对焊接(3 道焊口)	19	09. 28. 9：00	09. 29. 4：00	19
7	第二段组对焊接(4 道焊口)	19	09. 28. 9：00	09. 29. 10：00	25
8	第三段组对焊接(2 道焊口)	19	09. 28. 9：00	09. 28. 21：30	12. 5
9	无损检测	2	09. 29. 10：00	09. 29. 12：30	2. 5
10	干线启输，31 号阀室-5 号清管站间注油排气	22	09. 30. 1：00	09. 30. 14：00	13
11	关键路径总用时	192 小时	142 小时(其中管道停输 59. 5 小时)		

（2）经济效益测算

1）对比不停输带压封堵

采用不停输带压封堵技术最大的优势是管道无需停输，可以减少管输费的损失，但施工过程中虽然管道可以保持输送，但需要配合降压，而且需要增加设备采购或第三方技术服务的成本。而且要实现不停输带压封堵需要使用更多的管材及管件，并且伴随大量的设备、材料的倒运费用，造成成本增加。另外不停输带压封堵由于施工工序更加复杂，还会造成整体施工时长将有所增加，考虑到疫情对国际采购带来的影响以及工期的限制，目前若想采用不停输带压封堵技术只能采用哈国本地第三方服务商提供技术服务的形式，经总体测算对比如下：

表 6　对比不停输费用测算表

序号	费　用　项	金额(坚戈)
1	节约 43 小时降压输送的管输费：按照日输送量 17000t，管输费 6799 坚戈/吨．千公里计算	163598105

续表

序号	费用项	金额(坚戈)
2	第三方技术服务费：服务商 TOO《Alimay》Уполномоченный агент и дистрибьютор группы компаний Т. Д. Вильямсон на территории РК 报价	916839000
3	增加材料费	4814745
4	增加设备、材料二次倒运费用	325330
5	停输排油过程及污油处理费用	13333334
6	整体工期延长增加的人工费及设备折旧费等：考虑带压封堵切管时间、预制安装及拆除约 200m 旁通管道时间，总计增加约 150 小时	12286492

若委托第三方完成不停输带压封堵成本上会多投入：916839000＋4814745＋325330＋12286492－163598105－13333334＝757334128(坚戈)；

2) 对比传统停输换管作业

此部分主要是由于管道停输时间缩短的管输费结余以及绝对工期算短带来的各项成本降低，经总体测算对比如下：

表 7　对比传统停输费用测算表

序号	费用项	金额(坚戈)
1	节约 43 小时常压输送的管输费：按照日输送量 24000t，管输费 6799 坚戈/吨．千公里计算	230962030
2	整体工期延长增加 50 小时的人工费及设备折旧费等	4095498

因此，本次动火作业方案成本结余：

230962030+4095498＝235057528

4　经验总结

(1) 合理优化施工顺序可以极大缩短作业时间

最后我们通过对此次动火作业进行分析，总结出以下经验：首先就是：合理优化施工顺序可以极大缩短作业时间

通过甘特图的对比可以看到，主体工作计划用时 90 小时，实际用时 44. 5 小时。实际操作中主体工作工期较计划方案缩短 45. 5 小时。主要原因有以下两点：1. 单个工序的效率提高(这主要得益于成熟技术的应用及前期充分的准备及针对性的练习培训)；2. 三个作业面合理优化焊接次序，使三个作业面可以同时开展施工作业，缩短关键路径的工期。

(2) 该方法较为传统，国内早已弃用，但 KTO 利用该方法进行切换管作业已积累了丰富的经验，在不具备带压封堵作业条件下(KTO 无带压封堵设备)该方法仍具有适用性，可以用来处理某些特殊位置的缺陷。

(3) 为确保作业过程的顺利，前期方案编制、作业前的风险评估与组织准备工作至关重要。

(4) 该方法的应用具有一定的局限性，在输油任务紧、或其他一些特殊缺陷如凹陷的处理时，该方法并不适用。同时该方法具有前期准备工作繁重，操作流程复杂，过程风险点众多且不便控制的缺点，包括含油污水的排放、收集及处理一系列后续工作。

(5) 有必要引进带压封堵设备，进一步提升 KTO 维抢修队伍的维抢修能力和工作效率。

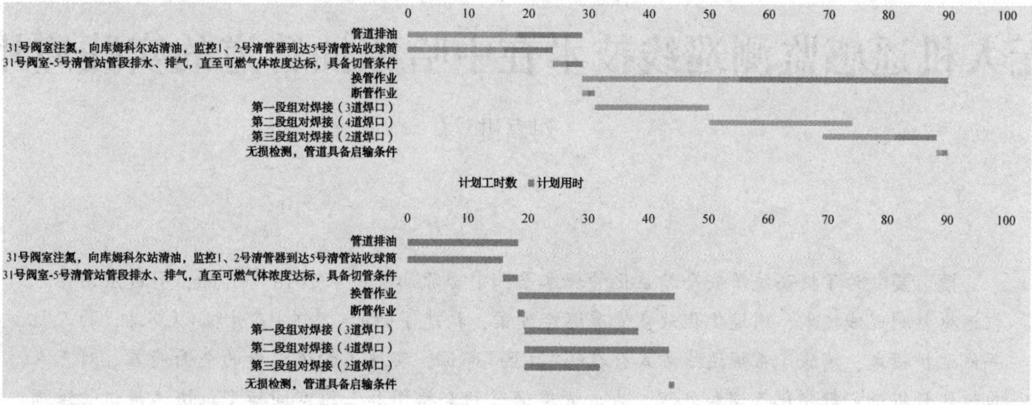

图 12　施工时间对比图

参 考 文 献

[1] 王晓刚，谭梓琦，黄勇，等. X80 管道环焊缝隐患治理换管作业焊接质量控制[J]. 中国石油和化工标准与质量，2020，40(08)：51-53+55.

[2] 姚佳林，赵岩. 大口径输气管道沙漠地区换管抢修作业实践[C]//. 第十七届宁夏青年科学家论坛石油石化专题论坛论文集.，2021：426-427+431. DOI：10. 26914/c. cnkihy. 2021. 033553.

[3] 黄勇，王晓刚，谭梓琦，等. 换管修复作业氮气置换和气体检测安全措施优化[J]. 中国石油和化工标准与质量，2020，40(09)：37-40.

[4] 王志方. 天然气长输管道抢修作业数字化展望[J]. 中国管理信息化，2020，23(19)：103-104.

[5] 李荣光，杜娟，赵国星，等. 油气长输管道管体缺陷及修复技术概述[J]. 石油工程建设，2016，42(01)：10-13.

无人机遥感监测巡线技术在中哈原油管道的实践应用

刘嘉祺

摘　要　为了提高线路安全精益化管理水平，中哈原油管道从2018年开始，引进应用无人机遥感监测巡线技术，通过优化改良管道巡检方案，构建了新的“人工+直升机+无人机”的人机并线巡护模式，消除了常规巡线方式存在的“盲区”部位，实现了管道巡检的全面覆盖。对无人机巡线数据进行数字化存储和处理，生成管道通道的全拼图和三维空间模型，快速辨识管道周边的环境变化，应用于高后果区识别与复核等信息管理工作，促进了管道线路安全风险管理水平的不断升级。

关键词　中哈原油管道　无人机遥感监测　巡线　高后果区　风险管理

1　引言

中哈原油管道是我国第一条跨国输油管道，是连接哈萨克斯坦西部油区与中国内陆的重要能源通道。管道总里程达1759.4公里，其中肯基亚克-库姆科尔(以下简称“肯-库管道”)管道长度为794.3公里，阿塔苏-阿拉山口管道(以下简称“阿-阿管道”)长度为965.1公里，沿线自西向东多为戈壁和荒漠等无人区，天气条件恶劣，地面巡检周期较长；管道已投产运行十余年，管道本体腐蚀老化、地质灾害损毁、打孔盗油、非法侵占及第三方破坏等风险隐患长期存在，量化跟踪管理困难。为了及时掌握线路的运行状况，中哈原油管道每年投入大量人力、物力进行线路巡检，用于排查线路潜在的风险和隐患，其常规线路巡线主要采用地面人工巡线为主、直升机航空巡线为辅的方式。

近年来，随着无人机技术的快速发展，无人机在管道巡线中应用越来越多。为了提升线路运行精益化管理水平，中哈原油管道自2018年开始，首次在中石油海外管道业务开展无人机遥感监测巡线，通过近几年的探索实践，逐渐形成了无人机巡线与地面人工巡线、直升机巡线的互补机制，有效弥补了常规巡线的不足，提升了管道巡检工作效率和质量，强化了线路风险的管控力度。

2　中哈原油管道线路巡检管理概况

2.1　人工巡检

中哈原油管道线路人工巡检主要分为技术巡检和武装安保巡检两种方式(见表1)，巡检人员按照一定的周期，乘坐车辆沿管道伴行道路进行肉眼观察，人工采集和反馈管道动态信息等来实现对管道监控的目的，该种方式巡检成本较高，效率低，精准度有限，巡检质量和效果易受到巡检人员能力素质和责任心的限制；同时，容易受到恶劣天气和险峻地形的影响，特别是针对哈国春季融雪性洪水、秋冬季节冰雪封路等自然条件影响，致使巡线工作存在盲区(见表2)，无法实现全天候、全覆盖巡检，存在很大局限性。

表1　技术巡检与武装安保巡检特征对比

人工巡检方式	巡检周期	巡检人员来源	巡检工作重点
技术巡检	每周对全线巡检一次	运维承包商	检查管道线路、阀室、清管站、阴保站、地面标识、自动化通信等设施完整性
武装安保巡检	沿线24小时巡逻值守	安保承包商	排查打孔盗油、非法侵占、第三方破坏等违法犯罪活动

表2　中哈原油管道易受恶劣天气条件影响管段

阿-阿管道			
序号	管段位置	地貌描述	备　注
1	0~21km	冬季、汛期通行困难	
2	71.5~73.6km	冬季、汛期通行困难	包括穿越 Zhamanozek 河管段
3	75~130km	冬季易发生积雪	包括穿越 Taldyespe 河、Karaespe 河管段
4	240~292km	冬季易发生积雪	包括穿越 Zhamshy 河、Sholakespe 河、Espemeerman 河、Kivenespe 河管段
5	320~340km	汛期易发生洪水淹没	包括穿越 Токрау 河管段
6	390~392km	汛期易发生洪水淹没	
7	628km	汛期易发生洪水淹没	
8	632km	汛期易发生洪水淹没	
9	640~684km	汛期易发生洪水淹没	包括穿越 Ayagoz 河管段
10	765~780km	汛期易发生洪水淹没	包括穿越 Tentek 河管段
肯-库管道			
序号	管段位置	地貌描述	备　注
1	0~128km	盐沼地区	包括 Temir 河、Taldysu 河、Akshichannel 河、Ashi No.2、Ashi No.3、Kumzhargan 河、Emba 河、Ushkattysay 河穿越管段
2	141~231km	盐沼地区	包括穿越 Korganzhal 河、Kalzhur 河管段
3	231~237km	草原公路	
4	239~244km	草原公路	
5	265~277km	草原公路	
6	278~288km	草原公路	
7	292~342km	草原公路	
8	344~348km	草原公路	
9	362~395km	草原公路	

2.2　直升机巡检

为了弥补人工巡检的不足，中哈原油管道采用直升机巡检作为辅助手段来加强管道安全巡检。巡检人员乘直升机通过目测或仪器观察，对管道沿线设施情况进行巡护检查，该种方式具有巡检周期短、不受地域影响、随时悬停查看等优势，同时还可承担紧急运输人员、物资、应急抢险救援等工作任务。然而，直升机巡线飞行服务费用较高，且安全风险较大，此外，直升机巡线还需要专门的直升机起降停机坪场地。

2.3 无人机遥感监测巡检

无人驾驶飞机(简称“无人机”，英文缩写 UAV)是利用无线电遥控设备和自备的过程控制装置操纵的不载人飞机，常用类别主要分为固定翼和多旋翼两种。无人机遥感监测系统是以无人机为飞行平台，负载数字遥感设备拍摄和记录高分辨率和高精度遥感影像，通过数据处理技术进行影像传输，以实现对管道沿线地理信息的实时调查与监测，主要有以下几个特点：

① 无人机设备体积小、重量轻、便于携带和运输；

② 与直升机类似，沿管道飞行巡检时不易受地域影响；

③ 单公里巡检成本较低，且巡检风险能够控制在较低水平；

④ 根据现场需求，无人机可配备高清相机、摄像机、红外等装置，功能全面且可以灵活组合，有利于第一时间获取管道沿线现场资料，以便直接分析判断管道隐患风险；

⑤ 无人机巡线数据可与管线地理信息进行叠加，并实现可视化数据管理，有效提升管线线路风险管控水平。

3 中哈原油管道无人机巡检应用实践

3.1 无人机巡线需求分析

结合中哈原油管道运行管理实际，需利用无人机实现的巡线功能如下：

1) 具备常规巡检、恶劣天气后巡检巡检、高后果区专项巡检、应急抢险专项巡检等功能；特殊地段加强巡检频次，如河流穿越段，滩涂沼泽和危险地质区域等人员无法靠近的“盲区”；

2) 具备重点隐患不定期监测功能；

3) 具备违法侵占、占压取证功能；

4) 具备异常目标识别和报警功能；

5) 具备高风险管段坐标点采集与记录功能；

6) 具备管道地理信息底图采集与补充功能。

3.2 无人机设备的选用

中哈原油管道无人机遥感监测巡线选用了 ASN-216 型(见图 1)复合翼无人机(即起降螺旋翼、飞行固定翼)，飞行速度达 90km/h，最大飞行高度 310m，续航 150km，燃油驱动，配备有索尼 A7 高清摄像机(可装载热成像拍摄设备)，飞行时可对管道中心线两侧 200m 范围内进行影像数据采集。利用遥感传感器的控制系统，预先对航摄点、摄影比例尺、飞行高度、飞行速度等参数进行设定，实现遥感传感器的自动控制，使获取的遥感数据在精度、比例尺、重叠度等方面满足遥感的技术要求。

中哈原油管道无人机遥感监测巡检方案采用无人机配合车载地面终端的模式，可近距离、通视、快速巡视。无人机在执行飞行任务时，需要与车载地面终端保持在一定距离范围内，确保两者之间保持畅通的数据通信。一方面无人机拍摄到的影像数据经过压缩和调制等处理后，传输到地面车载终端。另一方面地面车载终端的遥控数据也直接发送到无人机，控制无人机的飞行工作状态(见图 2)。

图 1　ASN-216 型复合翼无人机

图 2　无人机与车载地面终端模式示意图

3.3　无人机巡检计划的制定

根据作业频率和作业内容的不同，中哈原油管道无人机遥感监测巡检工作主要分为全线巡检和专项巡检两种，以肯基亚克-库姆科尔管道为例，每年安排全线巡检 2 次(每次飞行时长约 15 小时，累计 30 小时)，安排定点巡检飞行 30 班次(每次飞行时长约 3 小时，累计 90 小时)。

1）全线巡检

① 全线通道环境监测巡检作业

根据管道线路走向设定飞行线路和航拍区域，搭载高清摄像机，从空中巡护排查管道附近是否有泄漏、第三方施工、可疑活动车辆等异常情况。作业完成后进行后期数据处理，生成管道通道区域全拼图，并利用智能工具对地形地貌、周边设施等采集的数据进行分析、比对，及时发现管道周边地质滑坡、坍塌、融雪冲沟、第三方施工、打孔盗油等影响管道安全运行的不利因素。

② 全线 3D 建模影像采集作业

利用无人机在巡检飞行过程中依据 GPS 定位系统、管道的地理坐标和高清摄像头采集管道沿线地形、地物、地貌等特征影像，利用三维建模软件，对地表三维模型进行建立，结合图像数据处理技术构建管道及周边环境的三维空间信息模型和管线数据库，还能够对管道三维空间信息模型中沿线周边的警戒范围及预警对象进行设置。

2）定点巡检

定点巡检用于应对哈国秋冬季节道路积雪、春汛期融雪漫没伴行道路等不利自然条件下的巡检以及应急状态下的辅助巡检等需求。针对人工巡检车辆难以进入的“盲区”的情况，可以利用无人机辅助对冰雪封路、汛期道路局部损毁以及复杂地形条件下的管道巡检；夜间可搭载红外热成像设备对重点区域进行巡检，防止打孔盗油份子对管道造成恶意破坏；应急处置方面，当管道沿线发生地质灾害、管道泄漏，造成道路严重损毁、交通瘫痪时，可以利用无人机快速完成现场实时影像和视频拍摄，勘察管道周边实时状况，为制定应急处置措施、现场抢修提供地形地貌、事态现状、进场路由等信息支持。

4　应用实践总结

中哈原油管道经过探索实践，通过利用无人机遥感监测巡检技术，构建了“人工+直升机+无人机”的人机并线巡检模式，实现了管道线路风险管控水平的提升，主要体现在：

（1）有效提升线路巡检和风险预警管理水平。采用搭载高清摄像机的无人机定期（或不定期）对管道线路、阀室、事故多发地段、穿跨越等重点地段两侧 200m 范围内进行航空拍摄，监视管道周边打孔盗油、违法侵占、第三方施工以及地质灾害、设施损毁等情况（见图 3、图 4、图 5），与人工巡检直视距离短、无法及时发现管线两侧变化形成优势互补，不仅可以节省大量人工工作量，而且巡检速度快，信息反馈准确及时，有效弥补了常规巡线的缺陷和不足，保证了线路风险隐患早发现、早处置。同时，飞行作业不受时间和地形限制，尤其是搭载可见光和红外双光昼夜监控吊舱后，在夜间巡检时（见图 6）一旦发现可疑情况即可定位报警、锁定和跟踪地面目标，及时发现、制止破坏管线和违法盗油行为，达到 24 小时无间断巡检条件，彻底消除了人工巡检“盲区”，实现了管道监测的全面覆盖（见表 3）。应用无人机作为人工巡线的主要辅助手段后，中哈原油管道按应用需求，减少了直升机每年巡线的飞行时长，从而有效削减了巡线成本。

表 3　不同线路巡检方式功能和特征对比

巡检方式	巡检主体	应用场景	精准度	巡检效率	巡检风险	成本
人工巡线（乘车）	巡线人员	人力、车辆所及之处	一般（受车辆巡线路况、视野、巡线人员能力、责任心等限制和影响）	低	一般	一般
直升机巡线	巡线人员	管道全线	一般（受巡线人员能力、视野、责任心限制和影响）	一般	高	高
无人机巡线	无人机	管道全线或局部	高	高	低	一般

（2）巡检数据信息完整性得到可靠保障。利用无人机遥感监测技术能够有效解决人工巡检数据零散的问题，人工巡检信息数据的采集受巡检人员能力、责任心和现场巡检条件的限制，现场应用的巡检设备例如手持 GPS 仪器易受巡检天气、设备故障、GPS 接收信号等因素影响，导致人工巡检数据存在零散和不确定性，沿线隐患记录记录不完整。而无人机可以高效完成管道隐患部位巡检，以图像或视频进行直观地展示；同时，还可以与人工巡检数据相结合，形成图文并茂、连续无间断的管道隐患排查报告，提升管道的安全风险管理水平。

图 3　利用无人机排查管道周边可疑风险

图 4　管道通道航拍测绘河水漫流区情况

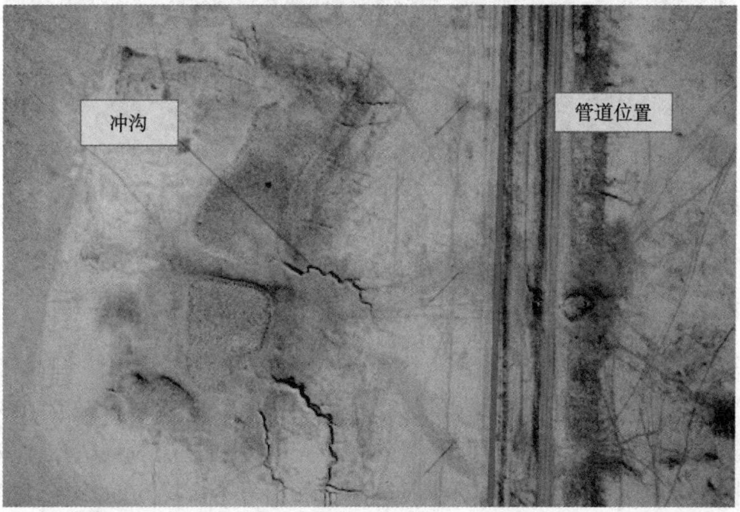

图 5　利用无人机排查管道周边冲沟隐患

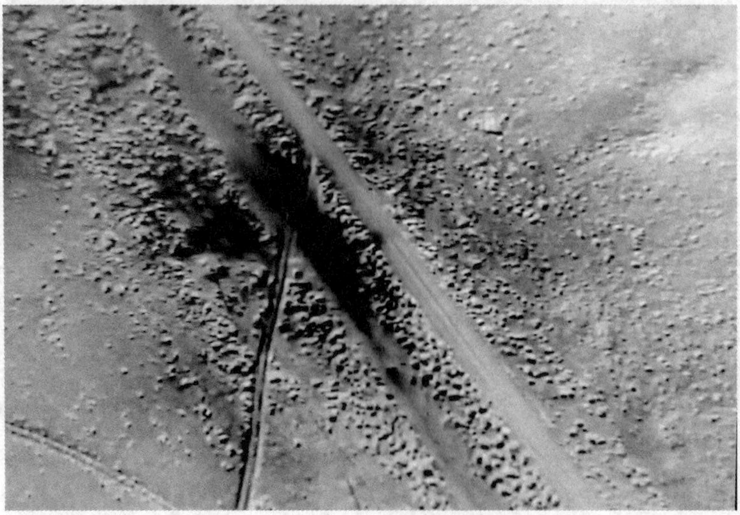

图 6　无人机夜间航拍图效果图

(3) 管道线路高后果区识别与管理得到巩固提升。通过对无人机采集数据进行处理，生成管道通道的全拼图(见图 7)和三维空间模型(见图 8)后，可应用于高后果区辅助识别与复核、高后果区信息管理、高后果区可视化管理以及不同时期的第三方施工变化和对比等功能。同时，与以往高后果区识别相比，无人机能更快辨识管道周边的环境变化，并依据数据识别技术处理平台，自动识别异常目标并及时通知管理人员进行人工判别，确定异常点的类别和地理目标，生成异常点数据报告，及时反馈管理人员，及时开展高后果区的再识别，快速启动相应的高后果区管理工作。

图 7　阿-阿管道通道全拼图

(4) 助力突发事件应急处置和决策能力升级。在遭遇洪水、地震、山体滑坡等突发自然灾害或安全生产事故时，可以利用无人机遥感远程拍摄事故现场影像，并进入灾害现场进行勘查，对事故现场进行悬停监控，了解管道受损位置、受损情况及周边次生灾害情况，为应急抢修方案的制定提供现场影像信息支持，进一步提升了长输管道的应急抢险能力和水平。

同时，配置的机载红外热像仪可实现夜间巡检，即便在夜晚进行应急抢险作业，也能够实时掌握现场情况，最大程度地降低灾害损失。

中哈原油管道的无人机遥感监测巡检技术应用是管道巡检实际应用中的成功案例，其监测内容、设备构成、应用模式符合中哈原油管道实际生产需求，经过近几年的探索实践，成功构建了新的“人工+直升机+无人机”巡检模式，促进了管道线路安全风险管理水平的不断升级。随着无人机遥感监测技术应用的不断发展，还需进一步提高认识，与时俱进，持续探索更多的管道巡检应用场景，不断积累无人机应用的经验做法，持续为中哈原油管道线路安全保驾护航。

图 8　肯-库管道穿河部位 3D 建模效果

参 考 文 献

[1] 杜怀林. 无人机技术在油气长输管道巡检中的应用研究[J]. 科学技术创新，2021，07.

[2] 李博，黄利军，罗伟国，等. 无人机倾斜摄影测量在管道工程中的应用[J]. 勘察科学技术，2017 年增刊.

中哈天然气管道机组全生命周期管理和维护模式发展策略研究与应用

侯世宇[1]　高吉发[2]　叶建军　周　勇　方　杰　朱　雷　宗鹤宏　杜义朋

（1. 中油国际管道公司　北京 102206；2. 中油国际管道公司　北京 102206）

摘　要　中哈天然气管道项目下辖各站场拥有数量、规模可观的压缩机组、发电机组设备，在跨国管道合资公司运营环境下，开展机组全流程、科学、高效的管理和维护能力提升策略的研究刻不容缓。研究以压缩机组、发电机组的全生命周期管理为主线，以信息化系统、大数据平台为依托，以科学的设备管理理念和运行机制为手段，以信息动态管理和数据挖潜分析为主要创新点，通过 EAM 专项功能、资源动态匹配、PDCA 循环等方式，为机组全生命周期管理提供理论基础和决策支持。同时开展以压缩机组、发电机组的自主维护闭环、专业维护闭环和专项维修闭环三个闭环管理为自主维护力量发展的三个着力点，以技术突破、技术拓展、技术传承和技术标准为管理和技术支撑的机组维护模式发展策略研究。研究策略通过实践应用验证了其科学性、适用性、经济型等优点。

关键词　燃驱压缩机组　燃气发电机组　全生命周期管理　自主维护能力建设

1　引言

1　研究背景和意义

中哈天然气管道是中亚天然气管道的重要组成部分，哈萨克斯坦境内中亚天然气管道 AB、C 线管段单线长度 1304 公里，三线并设，设计压力 9.81Mpa，其中 AB 线设计输量 300 亿方/年，2009 年 12 月投产，C 线设计输量 250 亿方/年，2014 年 5 月投产。由中亚天然气管道公司（TAPLine）和哈萨克斯坦天然气输送公司（KTG）各占 50%股权所组建的合资公司 AGP（Asia Gas Pipeline）负责运营管理。

燃驱压缩机组、燃气发电机组是中亚天然气管道压气站场广泛采用的关键做功设备。二者的安全、平稳、高效运转直接关系到长输天然气管道的运行效率和经济效益。

中哈天然气管道 AB、C 线共设站场 15 座，其中压气站 13 座，计量站 2 座，共有 30MW 级别燃驱压缩机组 42 台，涵盖 300-1750kW 功率范围的燃气发电机组 51 台。

中哈天然气管道运行管理组织机构分为三个层级，其中运行管理大部位于阿拉木图项目机关，沿管道走向自西向东分设奇姆肯特、塔拉兹、阿拉木图三个管理处，分别下辖突厥斯坦州、江布尔州和阿拉木图州内站场。

随着主体施工建设期的结束，中哈天然气管道项目主营业务逐渐集中到管道运行上来。在此期间，长输天然气管道项目以管道和站场设备为运营实体的特点决定了，运行管理对设备特别是关键动设备的管理模式和管理方法亟需形成科学、先进的理论体系和实用、高效的实践措施。

自中哈天然气管道投产以来，项目运行管理重心始终侧重现场运行一线，经过十余年的不断锻炼和成长，形成了相当程度的设备自主维护能力，尤其以压缩机组、发电机组为代表，在维护维修方面培养了一批各专业、各领域的技术专家。

在集团公司"战严冬、转观念、勇担当、上台阶"提质增效目标的号召下，建设形成符合中哈天然气管道项目当前及未来一段时期内各发展阶段实际情况的自主维护体系和流程机制策略势在必行。

1.2 研究目的和内容

长输天然气管道是典型资产密集型产业，设备安全、可靠、高效运行是保障生产任务的核心，企业对资产的依赖程度较高，企业业绩与资产管理水平密切相关。

针对中哈天然气管道项目装备规模集中、型号相对统一的燃驱压缩机组、燃气发电机组，规划其全生命周期管理阶段，梳理、分析各个阶段间的内在流程关系和关键影响因素的工作十分必要。

通过以全流程数据流、指标评估决策、资源动态分配和 PDCA 循环等为管理理论基础，借助 SCADA 大数据平台和 EAM(Enterprise Asset Management)数字化信息管理系统，运用资产管理、运行管理、维护管理、物料管理等专项管理功能和流程，建立以"数字化+LCM (Life Cycle Management)"为主的机组全生命周期管理策略。

以集中和优化中哈天然气管道项目机组自主维护力量优势为目的。厘清各级运行机构和技术组织的自主维护能力建设定位和职责，创立以三个"闭环管理"为主要举措的三种层层递进、互为补充的自主维护模式。通过关键技术突破，完善技能结构和区域自主维护分阶段实施等具体措施，形成全方位、多层次、持续发展的机组自主维护力量建设策略。

2 技术思路和研究方法

2.1 机组全生命周期管理策略

2.1.1 设备全生命周期管理理念

设备全生命周期管理(LCM)是以保障企业的生产经营为任务，以设备可靠性和经济性为主要指标，对企业所属设备进行包括从选型设计、调试验收、生产运行、维修保养、升级改造直至停用报废等设备全过程所进行的管理。

设备全生命周期管理可分为三个主要阶段：设备生命前期、设备生命中期和设备生命后期。其中设备生命前期主要任务为：根据生产需求和运行条件进行设备选型和确定设计，在完成设备采购后对设备进行安装和调试，并对设备进行状态和功能验收。设备生命中期是时间跨度最长、对企业生产最为关键的一个时期，其主要任务为：制定合适的设备操作标准并遵照执行使设备受控运行，对设备进行必要的保养和维修作业，保障设备的可靠性。设备生命后期的主要任务为：根据设备的运行时间和运转状况，对设备进行相应的改造和升级，以维持设备安全、平稳运行，且当设备进入生命后期，维修及继续运行附加成本远超新购置设备成本时，需要根据资产处置要求对设备进行停用和报废。

值得一提的是，设备生命中期和后期某些阶段的运行经验和实践成果可能会正向影响到之前设备生命周期的选型设计决策和生产运行效率。设备全生命周期管理流程如图 2.1 所示。

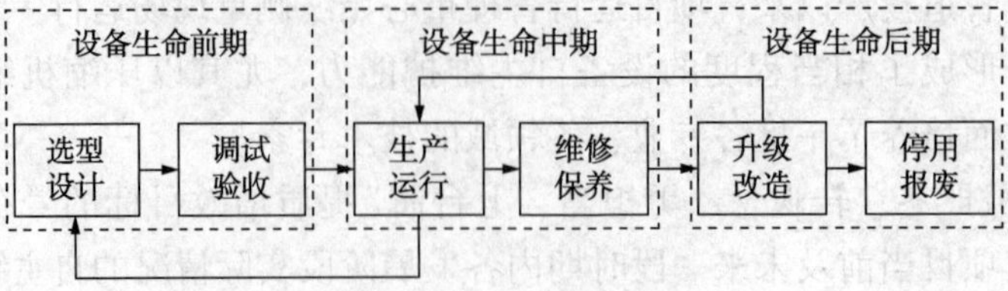

图 2.1　设备全生命周期管理流程图

2.1.2　机组全生命周期管理架构

中哈天然气管道项目机组全生命周期管理按数据流向可分为五个层级，分别为现场设备层、数据采集层、数据应用层、评估决策层和数据分析层。

(1) 现场设备级

中哈天然气管道项目全部压缩机组、发电机组均配备或通过改造具备现场设备 DCS 或 PLC 通讯功能，构成了运行数据传输的基础。

(2) 数据采集层

现场机组通过一次、二次仪表将运行数据传输至本体或 SCADA 下位机，而资产数据通过 SAP 或 EAM 系统进行收集。数据采集层分别向数据应用层和数据分析层提供数据源。

(3) 数据应用层

机组本体或 SCADA 的下位机分别将数据送至上位机系统可视界面，现场通过 SCADA 和机组 HMI 在线监控机组运行，同时机组数据通过光纤传输至管理处和运行机关，形成双重远程集中监测机制。机组资产和相关物料浅层管理主要通过 EAM 资产接口或前端平台进行。

(4) 评估决策层

评估决策层是整个机组 LCM 管理的核心层级，它从数据应用层和数据分析层接收数据和一次结论，通过评估后进行机组 LCM 构架顶层决策。

(5) 数据分析层

大部分的机组 LCM 数据分析功能集中在该层，主要以包括 EAM 的运行管理、维护管理、资产管理和物料管理功能在内的各专项模块为机组大数据整合和分析工具，为评估决策层提供决策支持。

机组全生命周期管理构架如图 2.2 所示。

2.1.2　机组全生命周期管理大数据平台

中哈天然气管道项目机组 LCM 需要以各类大数据的支撑作为管理基础和依据，相关大数据具有体量大、多样性、价值高、速度快等鲜明特征。因此，数据采集、格式统一和集中存储需要通过多数据平台之间跨专业的数据关联整合来实现。

机组大数据主要类型有：运行类、资产类和综合类，其数据源头分别为 SCADA 数据平台、SAP 数据平台和 EAM 数据平台。

(1) SCADA 数据平台

SCADA 数据平台立足机组生产技术管理，通过 SCADA 系统自动采集机组运行相关的实时参数、事件记录、报警信息、机组状态、历史趋势和逻辑控制等数据并传输给 EAM 数据平台。

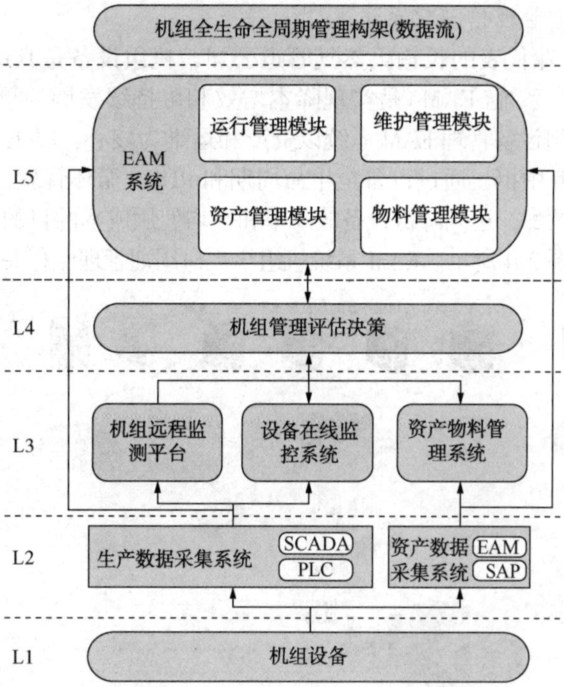

图 2.2　机组全生命周期管理构架图

（2）SAP 数据平台

SAP 数据平台立足机组相关资产管理，通过 SAP 系统与 EAM 系统的数据接口实现机组资产、物资项目、供应厂商、材料需求、备件转移、备件盘点和备件接收等资产数据共享。

（3）EAM 数据平台

EAM 数据平台除了接收 SCADA 数据平台和 SAP 数据平台传输(交换)来的数据外，自身还内嵌了部分复合信息如：机组档案、单元信息、故障代码、作业标准、维护计划、工单信息和三方数据的采集或集中导入功能。EAM 数据平台将以上三大类数据进行接收、整合和储存后即形成了“机组 LCM 大数据湖”。“大数据湖”是机组信息化管理和分析决策工作的基础。机组全生命周期管理大数据湖结构如图 2.3 所示。

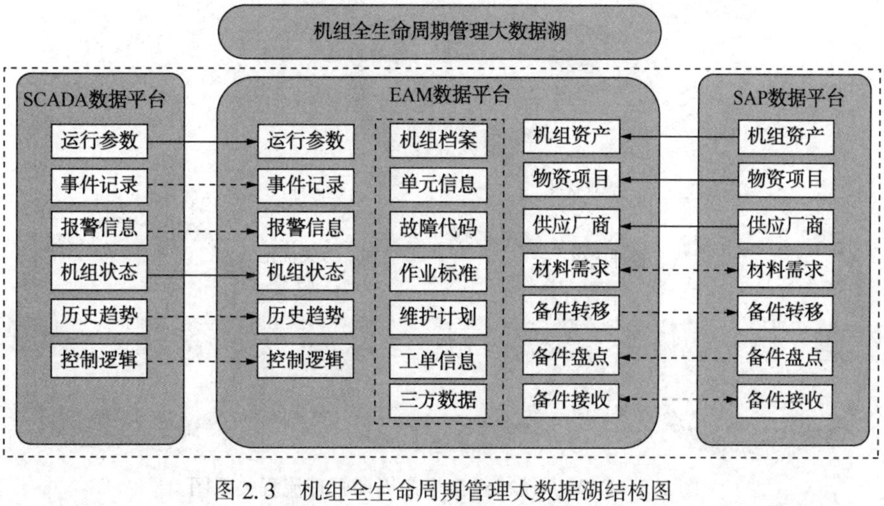

图 2.3　机组全生命周期管理大数据湖结构图

2.1.3 机组全生命周期管理信息化系统

作为资产密集型企业代表的长输天然气管道公司，机组设备是其最重要的资产之一。机组设备 LCM 管理信息化系统(EAM)是实现降本增效和可持续发展的重要设备管理工具。

中哈天然气管道机组设备管理 EAM 系统以资产和运维为核心，以工单流程管理为主线，以运行分析管理为信息交互中枢，通过设备全生命周期和 PDCA 循环管理，不断优化资产、维护、运行、物资动态管理和调配，达到降低设备故障率和平均使用成本的目的。机组全生命周期管理信息化系统网络拓扑如图 2.4 所示。EAM 系统机组全生命周期管理流程关系如图 2.5 所示。

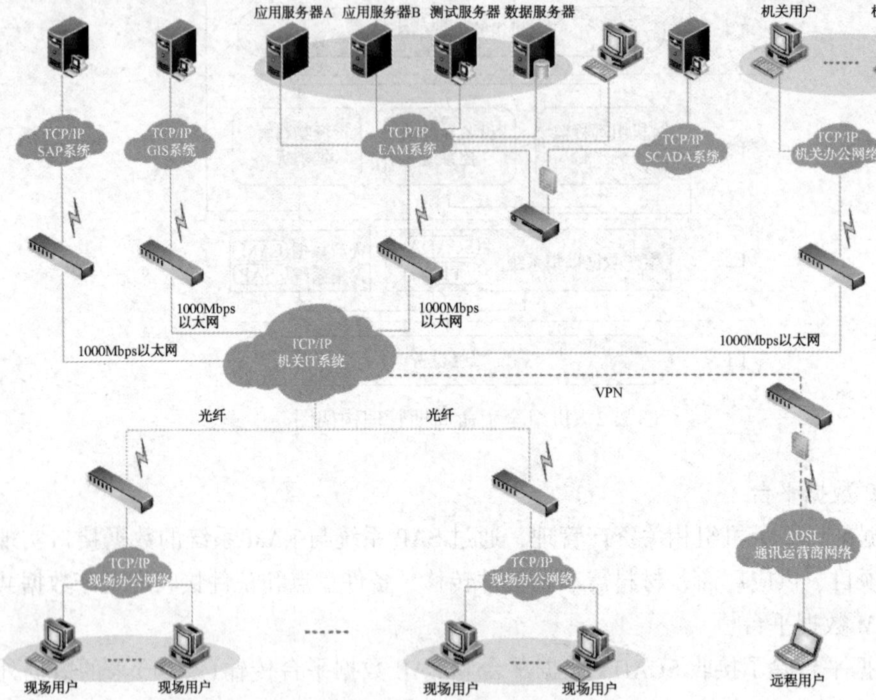

图 2.4　EAM 系统机组全生命周期管理信息化系统网络拓扑图

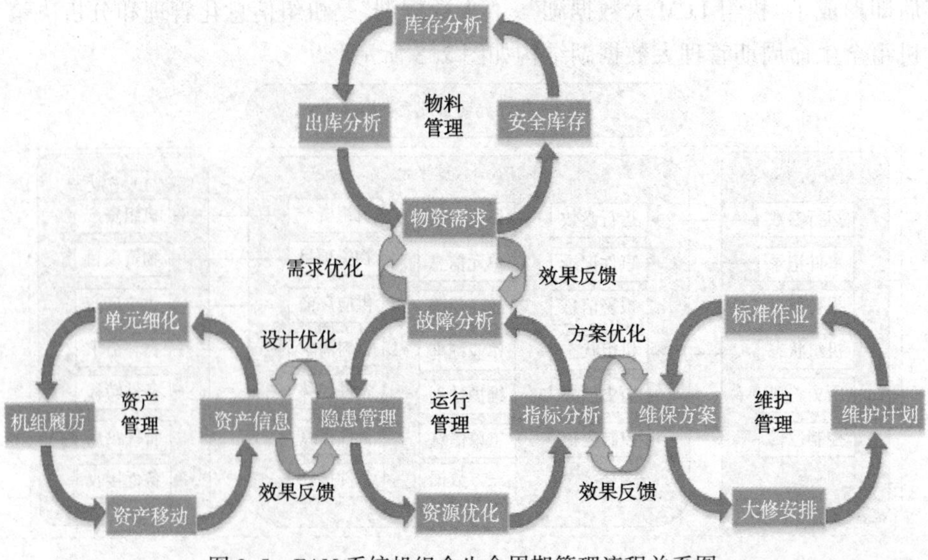

图 2.5　EAM 系统机组全生命周期管理流程关系图

（1）资产全周期动态管理

资产管理涵盖设备生命前中期的资产信息、单元细化管理、机组履历管理及设备生命后期的资产移动管理等。资产信息管理主要包含供应厂商、资产位置、资产编码管理等，资产信息动态管理可以通过长期积累筛选质量可靠的产品供应渠道。单元细化管理主要是指机组最小可维修单元拆分工作，随着机组全生命周期发展过程中管理数据和信息积累，最小可维修单位的划分根据实际经验和技术水平发展动态地进行集合或细分。机组履历管理包含机组各主要功能体（如压缩机组的燃气发生器、动力透平、压缩机）的基础信息、额定性能、维修信息、技术变更管理等，按照“一机一档”原则建立的机组动态履历为机组技术评估和事后维修提供关键依据。资产移动管理主要是指在机组生命中后期，机组功能体中、大修后的重新配置和在维修成本高于运营成本情况下的报废处理，是动态优化和跟踪重资产分布的重要途径。

（2）运行全周期动态管理

运行管理涵盖贯穿设备生命前、中、后期的机组指标分析、故障分析、隐患管理和资源优化管理等。指标分析管理既包含设备生命前期机组功能验收，也包含设备生命中后期通过各关键指标模块取得的机组性能分析以及润滑指标分析，这种动态分析可以为维修定性决策提供科学和实时的依据。故障分析管理包括建立、完善机组故障库和通过故障码调用信息，这两个进程在机组生命全周期内不断发展并相互循环促进，故障库形成的是企业技术经验资产。机组 LCM 系统机组故障代码层级示例如图 2.6 所示。隐患管理主要利用 FMECA 工具依照层次和因果关系分析机组各系统风险隐患、薄弱环节，系统在进行识别隐患、层次分析同时不断动态地形成机组 FMECA 隐患库。资源优化管理是一种基于各类运行分析基础上来自机组管理评估决策层的统筹策略，主要指在有限的资源条件下，根据对各类因素加权分析将技术支持、人力物力等资源进行高频动态优化分配的过程。

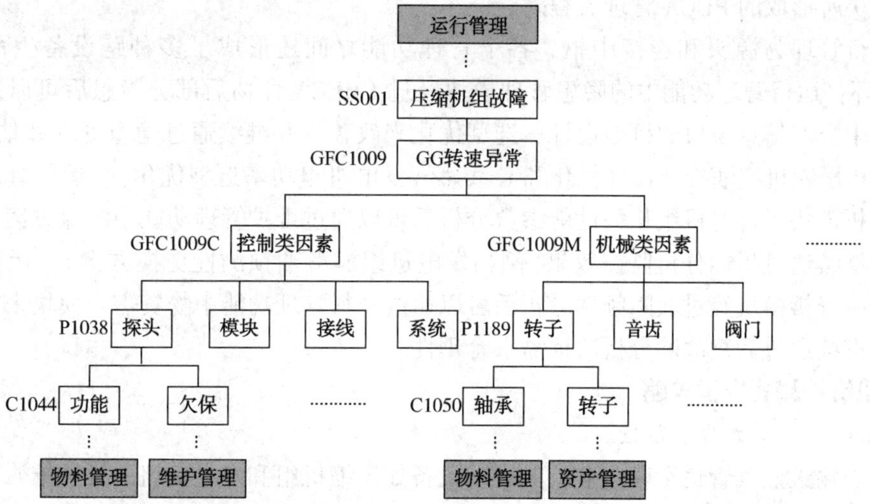

图 2.6　EAM 系统机组故障树层级图例

（3）维护全周期动态管理

维护管理涵盖设备生命中期的机组维护计划、标准作业、维保方案和设备生命后期的大修安排管理等。维护计划管理主要指在预防性维修模式下根据机组预计运行时间动态自动生成维保计划，有时机组管理评估决策层需要根据实际情况对计划进行适当调整。标准作业管理主要是通过 EAM 数据库的作业指导标准来规划、执行和验收维护作业，并根据设备更替、隐患分析等情况动态更新作业标准。维保方案管理是综合运行时间、设备状态、隐患分析、维护计划、作业标准等一系列情况形成的系统作业流程，因此其频繁处于各方因素组合影响下的动态调整，机组管理评估决策层经常参与方案修订，维保方案流程化管理主要通过 EAM 作业工单来实现，EAM 工单也是是企业重要技术资产。大修安排管理包含机组功能组件的各中修、大修的启动规划、更换计划和资源协调管理，在维修周期、运行方案、商务进展和厂家资源等因素影响下，系统自动生成的大修计划经常处于一个相对稳定但是动态微调的状态。

(4) 物料全周期动态管理

物料管理涵盖贯穿设备生命前、中期的安全库存、库存分析、出库分析管理和设备生命中、后期的物资需求管理等。从投产初期开始，为了保证机组的可用性和维修效率，集中导入一版投产安全库存，随着机组逐渐进入设备生命中期，根据机组状态、故障分析、出库分析管理动态对安全库存进行优化和补充。库存分析管理主要是针对各库房在库物料的物资大类、积压周期、需求频率进行综合分析，采用库存 ABC 分析方法，自动提供库存统筹增减和动态管理决策。出库分析管理采用对分类物料的特定周期(如年度)内出库量历史数据积累结合数学模型算法，自动生成下一周期内基础物资需求计划并根据历史出库信息动态更新。物资需求管理除了以上的出库分析数据，系统还要结合计划作业的物资配额，安全库存的优化补给，以及机组管理评估决策自动生成物资需求计划并随损耗定额调整进行动态更新。

(5) 管理功能 PDCA 闭环管理

由图 2.4 可知，除了在 EAM 系统中的机组运行管理、维护管理、资产管理和物料管理内部各模块所形成的 PDCA 管理流程外。

以运行管理为源头和连接中枢，各个管理功能之间还形成了多种跨设备生命周期的 PDCA 循环：运行管理功能中的隐患管理模块经过 FMECA 评估后部分隐患后可以通过资产管理功能中资产信息模块的机组设计、选型优化来改善，并继续通过隐患管理评估效果(例如 C 线 RR 压缩机组油冷器设计优化和 C 线燃气发电机组功率选型优化)。运行管理功能中的指标分析模块经过对机组相关性能参数分析后可以通过维护管理功能中维保方案模块优化实施，并继续通过指标分析监控效果(例如发电机组润滑油预测性更换方案)。运行管理功能中的故障分析模块经过故障频率分析后可以通过物料管理功能中物资需求模块来优化需求计划，并继续通过后续故障分析验证需求合理性。

2.2 机组维护模式发展策略

2.2.1 机组维护模式发展阶段

对于长输天然气管道运营企业，关键动设备如压缩机组和发电机组的维护维修工作，直接关系到设备运行可靠性和现场生产稳定性。中哈天然气管道合资公司的机组维护模式根据机组运维主体、技术积累、人员素质和管理体系的发展，规划分为五个阶段：

(1) 投产调试期间，机组设备厂家人员在现场调试安装，并负责对机组进行预防性维护，合资公司现场代表负责监督和验收。

(2) 保障运维期间，合资公司人员技术力量有待发展，外委机组设备厂家人员常驻各压气站，负责各机组的预防性维护和专项维修工作，合资公司员工参与和配合。

(3) 自主运维初期，合资公司人员逐渐积累技术，派遣机组设备厂家人员以流动组形式在各压气站之间按需动迁，合资公司人员负责中修以下级别的大部分机组预防性维护工作，厂家人员主要负责现场技术支持和中大型维修工作。

(4) 自主运维中期，合资公司人员技术力量成熟，全面负责机组中修以下级别所有机组预防性维护和中大型维修作业，厂家人员主要负责提供远程技术支持。

(5) 自主运维中后期，合资公司专业人员充足、齐全，技术经验成熟、完备，利用大数据平台和设备管理系统实现机组重点项目预测性维护，具有各区域的自主维护、维修作业能力和技术优势，形成数字化、系统化、预测维护、技术互补的机组区域自主维抢修体系。

2.2.2 机组自主维护“三闭环”管理

随着服役机组数量、运行时长渐增，以及合资公司人员、技术、经验和设备的积累和完善，无论是出于企业运营成本还是技术管理发展的角度考虑，中哈天然气管道项目压缩机组和发电机组自主维护势在必行。中哈天然气管道项目机组的自主维护主要分为全员维护闭环，专业维护闭环和专项维修闭环三个层级，分别对应联合作业小组、专业技术组和专项作业组三个合资公司技术型组织。自主维护三个闭环管理流程请见图 2.6。

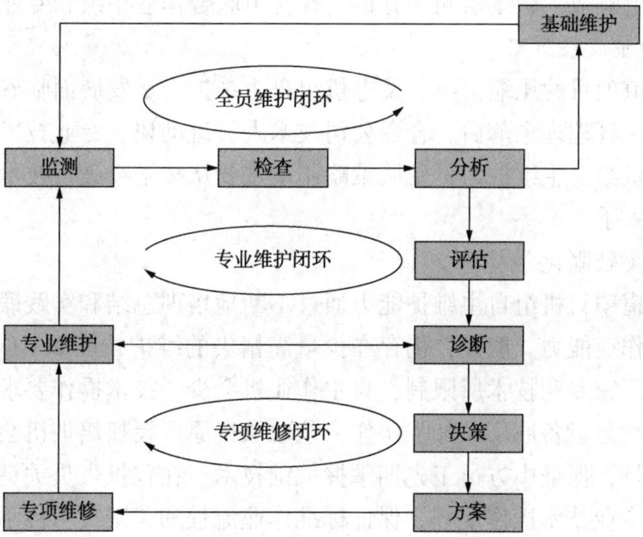

图 2.7 机组自主维护“三闭环”管理流程

(1) 全员维护闭环

自主维护的第一层级是运行现场，主要是由现场各专业人员组成的联合作业小组来实现，联合作业小组除进行机组日常维保任务外，还通过集中监测和联合巡检等方式发现机组问题，经过各专业综合分析后进行标准化的机组基础性维护。

全员维护闭环的运作理念是 TnPM(Total Normalized Productive Maintenance)，而全员参与的自主维护是 TnPM 的重点工作环节。现场全员维护闭环作业一方面塑造了机组标准基础作业流程，另一方面也锻炼了员工技术能力，为进一步自主专业维护提供了人员储备和技术累积。

（2）专业维护闭环

现场发现的机组问题（可以是技术功能问题，也可以是运行时间或指标性能等节点问题）通过分析后进入自主维护第二层级—机组专业技术组。专业技术组对现场问题进行评估和技术诊断，需要进行专业维护或预防维护的，组织人员赴现场完成维护作业。

专业维护闭环中的实施重点是维护作业，作业形式根据专业技术力量发展情况而定，具备区域维护能力的作业管理处自行组织完成（如压缩机组中修以下级别维护保养），部分尚未完全形成区域维护能力的作业，由专业技术组中选派流动作业组对全线机组进行技术支持（如发电机组中高级别维护保养）。

（3）专项维修闭环

机组问题经过专业技术组诊断后，如判断不能通过常规维护保养来解决，则需要进入自主维护第三层级—专项作业组进行维修决策。专项作业组如决策进行机组专项维修，则在完成维修方案制定获批后，赴现场实施专项维修。

专项维修闭环中不仅涉及到技术决策、方案制定等业务工作，还包括各区域人、机、具动迁等保障工作，因此各专项作业组是以“一案一组”原则针对特定机组问题临时成立的，技术班底来自专业技术组，此外还包括区域管理处、现场相关人员，作业期间相互配合，作业完成后专项作业组解散。后续监测和分析工作交由联合作业小组和专业技术组负责。

2.2.3　自主维护力量发展策略

中哈天然气管道项目的压缩机组、发电机组自主维护力量发展面临着欧美设备制造商技术垄断、所在国设备管理理念落后、合资公司技术人员流动快、专业技术标准落地难度大等客观问题。为此，机组自主维护力量发展策略制定主要从技术突破、技术拓展、技术传承和技术标准四个方面入手。

（1）关键技术突破固化

中哈天然气管道项目机组自主维护能力通过不断地培训总结和实践锻炼，已经掌握了大部分维护项目自主作业能力。但是，仍存在少量高精尖的维护技能如 GE 和 RR 燃机的机组标定技术等为设备厂家专利技术所限制，自主作业机会少，技术操作要求高。对于此类关键技术突破，一是继续与设备原厂家加强协作，争取取得原厂授权培训机会；二是通过各种渠道联系国内资源支持，保证中方员工先期掌握关键技术。在首批人员关键技术受训后，由专业技术组固化形成专业技术操作规程，保证标准作业流程和关键技术传承。

（2）技术方向纵深拓展

随着机组自主维护能力建设工作的深入，提前布局机组维护技术方向和专业能力的进一步拓展也进入日程。关于技术纵向发展，在掌握和巩固机组现场预防性维护保养同时，通过当地培训资源和与科研院所合作，提前进行学习和研究压缩机组中修级别、发电机组顶部大修级别及以上操作技术和作业流程。关于技术横向发展，为了配合自主运维第五阶段预测性维护的发展目标，逐步开展机组外围专业技术如润滑油化验等外延自主作业能力建设，保证机组全面自主维检修能力和配套技术能力同步平衡发展。

（3）技术能力有序传承

在通过资质取证或外部培训获取关键技术突破后，机组专业技术组对关键技术方法在中哈天然气管道项目的实施进行适用性评估和可行性分析，经过改进完善后形成全线通用的技术作业规程范本。

关于技术能力传承的进程要点：首先，由专业技术组内部选定人员研究掌握，形成技术能力的发展“点”；随后，由掌握技术方法人员组成全线流动支持组，结合生产需求在全线进行自主维护，并对相应管理处区域内选派专业人员进行实操培训，形成技术能力的发展“线”；然后，各管理处区域内的经过实操培训人员再对辖区内相应专业技术人员进行内培，由专业技术组进行考核和认证，形成技术能力的发展“面”。对于其他技术传承也可按照此模式执行，部分已掌握技术方法的管理处通过区域间技术交流实现。

(4）技术标准梯度建设

中哈天然气管道项目机组技术标准的建设主要分为三个梯度：第一梯度是针对已经有明确和普遍的技术和操作标准的，如压缩机组常规保养的各部分技术作业要求，已由随机手册量化确定，这类技术标准(操作规程书)可由联合作业小组作适用性修订后印发；第二梯度是针对有部分明确的技术和操作标准的，由专项作业组自行研究和实践已经成功完成的技术作业，这类技术标准(作业指导书)可由专项作业组先行制定试行版，由专业技术组根据后续作业进行完善和升版；第三梯度是针对无明确或非常有限的技术和操作标准的，如压缩机组中、大修技术作业，这类技术标准可由专业技术组通过研究、整合现有资料，在合资公司层面对部分技术要求进行研讨一致后予以明确，以形成的技术规格书作为合资公司技术标准蓝本，根据后续的作业结论对技术标准进行修正和印发。

3 结果和效果

3.1 提高生产效率

中哈天然气管道项目大力推行机组全生命周期管理理念和措施，充分利用机组大数据平台和信息化系统提高机组相关工作生产效率。

进行 SCADA 与 EAM 系统机组管理深度集成，实现了机组关键数据自动采集，打通与 EAM 与 SAP 系统关键数据接口，实现了运行物资的闭环管理，进一步加快了中哈天然气管道项目机组管理数字化进程。

完成了机组运行履历、机组关键指标、机组故障分析、油品化验分析等基于 EAM“大数据湖”的数据挖潜分析功能模块的开发，为机组管理评估提供信息化决策支持，为机组预防性维护向预测性维护转变提供数据基础。

通过 EAM 系统将机组维检修作业标准、管理业务流程、关键节点分析、人员岗位责任、执行条件、数据内容等与工单进行关联管理，规范了基层机组维检修作业流程。

完成“优化 AGP EAM 系统库房物资使用流程”任务，机组相关各类物资审批流程平均简化审批工作量超过 60%，并试点应用了机组备件 RFID 和机组资产图模导航功能，提高了库房物资管理效率，增强了物资流转流程合规性。

3.2 提升运行指标

自 2018 年 EAM 系统机组全生命周期管理功能在中哈天然气管道项目合资公司开始建设以来至 2020 年底，随着“数字化+机组全生命周期管理”体系的逐渐成熟和广泛应用，机组稳定性和可靠性逐步增强，关键运行指标显著提升。其中，2018-2020 年期间，压缩机组停机次数下降率达 63.89%，万小时失效时间下降率达 76.92%；发电机组停机次数下降率达 45.45%，千小时停机率下降率达 62.96%。2018-2020 年中哈天然气管道项目机组年度运行指标分布请见图 2.7。

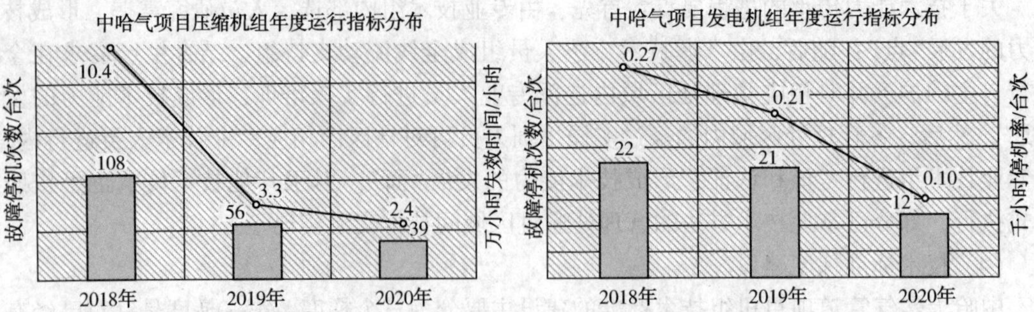

图 2.8　中哈天然气管道项目机组年度运行指标分布

3.3　节约运行成本

机组自主维护“三闭环”管理实践的不断深入，联合作业小组、专业技术组和专项作业组模式的持续铺开，辅以机组全生命周期管理系统的资源动态优化分配等多项举措在提升合资公司专业技术储备、锻炼人才队伍的同时，也展示出了机组自主维护模式在优化运行成本方面的突出优势。其中，2018-2020 年期间，压缩机组和发电机组业务通过扩大自主维护和优化资源分配，分别节约维运费用 1381 万美元和 493 万美元，仅此一项年均降低压缩机组和发电机组运行成本 460 万美元/年和 164 万美元/年。

同时，通过专业技术组的关键技术攻关，联合作业小组的现场技改措施和专项作业组的机组大型维修，还在源源不断为合资公司创造技术作业、消除隐患和专业维修的潜在效益，并同时逐步形成企业自主的经验技术资产。

3.4　建设人才队伍

在中哈天然气管道项目机组自主维护能力建设的一贯目标和多级策略驱动下，目前合资公司现场员工机组基础维保水平普遍增强，跨专业联合检修理念充分实践。形成了压缩机组中修以下预防性维保作业的区域自主维护能力和发电机组中高级维保的自主流动技术支持机制。

机组专业技术组和专项作业组模式深入发展，培养、锻炼出了机组各技术专业、各专项研究、各作业项目的一批领军人物、技术专家和操作能手。专业技术组深入参与到机组的故障分析诊断、技术标准编制、技术课题研究等机组业务流程中，在合资公司内营造了一种溯源理论依据和实践验证结论的良好技术学习和应用氛围。专项作业组集中技术优势兵力，攻关完成了压缩机抽芯检查、DLE 标定替代方法实践、发电机组远程数据上传、发电机组控制功能完善等一系列技改作业，积累了合资公司关键技术作业实践经验，锻炼了合资公司技术人才队伍，为合资公司机组自主维护发展持续树立信心。

在机组关键技术突破方面，目前已顺利完成压缩机组孔探、机组润滑油化验、机组 DLE 标定的第一批取证培训工作，正式启动了机组中大修标准、压缩机组振动分析等多个机组科研课题，进一步提升了合资公司技术人员专业素质，强化了合资公司技术人员专业标准理念。

3.5　推动数字化转型

随着机组全生命周期管理大数据平台和信息化系统等数字化管理工具的上线运行，在合资公司实现了机组管理数字化前期转型这一成功案例，通过数字化管理体系带来的效率、效能、效益等的提升，进一步树立起了合资公司机组、设备、资产管理数字化的理念。

机组全生命管理系统通过对机组管理各环节的流程优化和工单管控，完成了对合资公司机组的物资管理、维护管理、报表管理等流程的数字化改造，为进一步的设备管理全面数字化转型打下了良好的框架基础，积累了深厚的开发经验。

机组全生命周期管理系统通过强化机组数据挖潜、数据应用、数据分析等手段，开发了机组性能分析、故障分析、指标分析等一系列大数据分析功能模块，通过实践验证体现了机组管理数字化应用范围广、精度高、简便快捷、形式灵活等优势，为后续数字化转型工作营造了积极、正面的发展氛围。

4 结论

压缩机组、发电机组的技术管理和维护模式建设工作一直以来都是中哈天然气管道项目运行管理工作的重中之重。中哈天然气管道项目综合研判世界先进水平设备运维理念并结合中哈天然气管道实际运营情况，以目标为导向所制定的机组全生命周期管理和自主维护能力建设策略和规划，随着 SCADA 系统升级完善，EAM 系统一期、二期工程竣工，以及机组远程监控平台建设等一系列数字化系统投运和在自主维护上的技术突破、技术拓展、技术传承以及技术标准等技术能力建设，已经初步发展形成了具有合资公司特色的“数字化+机组全生命周期管理”和机组自主维护“三闭环”管理体系。

本文从机组全生命周期管理理念、数据流架构、大数据平台和信息化系统等方面介绍了中哈天然气管道项目机组全生命周期管理的理论基础、运行机制、实施方法和主要功能；从机组维护模式发展阶段、机组自主维护“三闭环”管理和发展策略等方面阐释了中哈天然气管道项目建设机组自主维护能力的必然性、理论性和层次性。

中哈天然气管道项目的机组全生命周期管理策略和自主维护模式策略经过不断地探索、实践和优化，在机组管理和维护运行中的提高生产效率、提升运行指标、节约运行成本、建设人才队伍和推动数字化转型等方面展现出了切实效益和突出优势，验证了其在合资公司构架下持续运行的科学性和合理性。为机组全生命周期管理和自主维护能力建设的进一步转型升级提供了坚实的理论基础和充分的发展依据。

参考文献

[1] 李有铖，黄邵远．设备资产统一目录在设备全生命周期管理中的应用[J]．供用电，2016，33(01)：25-26.

[2] 付留鑫．设备全生命周期管理方案研究[J]．科技与创新，2014，(20)：77-78.

[3] 崔昌云．智慧城市大数据平台的研究与应用探究[J]．中国信息化，2021，(04)：112-113.

[4] 宋太成，周民，孙静芝．EAM 系统中设备树建立的原则[J]．设备管理与维修，2014，(11)：15-16.

[5] 郑石苏．集团型石化企业设备管理引入 EAM 的必要性[J]．经营与管理，2014，(01)：28-29.

[6] 侯世宇，高吉发，宗鹤宏等．浅谈信息化系统在中哈管道压缩机组全生命周期管理中的应用[J]．中国设备工程，2022，(15)：43-44.

[7] 徐保强，刘昊．通过创建“三闭环维保体系”深入开展自主维护[J]．中国设备工程，2010，(04)：10-11.

[8] 第一届北京国际油气管道论坛．EAM 助力 AGP 物资管理提质增效[R]．中油国际管道公司中哈天然气管道项目，2019.

Research on the control ofslack flow of China–Kazakhstan crude oil pipeline

Jinwei Yang[1,2,*] Zhe Liu[2] Wei Wu[3] Zhenshan An[2] Linxin Zhao[1,*] Qiji Sun[1]

(1. Northeast Petroleum University, Daqing 163318, China;

2. Sino–pipeline International Company, Beijing 100000, China;

3. Exploration and Development Research Institute of PetroChina Jilin Oilfield Co. Ltd, SongYuan 138000, China;)

Abstract China–Kazakhstan pipeline is the first land import transnational crude oil pipeline in China. It is also the only long–distance crude oil channel connecting the resources in the west of Kazakhstan and the two refineries in the east of Kazakhstan and exports to China. It undertakes the dual responsibilities of crude oil supply of the two refineries in the east of Kazakhstan and the crude oil guarantee of refineries in Western China. At present, the annual throughput of China–Kazakhstan crude oil pipeline accounts for about 20% of China′s onshore crude oil imports. Therefore, the pipeline' s safe, stable and efficient operation plays an important role in ensuring the strategic security of energy in Western China. Since the China–Kazakhstan crude oil pipeline has commissioned, it has been found that there is slack flow in the pipeline under different working conditions, which has a great impact on the safe and stable operation of the pipeline and the measurement accuracy of commercial trade. In this paper, the causes of slack flow in China–Kazakhstan crude oil pipeline are studied, the potential location of slack flow is analyzed, and the boundary conditions of slack flow condition are defined. At the same time, control strategies to avoid slack flow under different conditions are formulated by using simulation technology. The research results will provide direct technical case support for reasonable formulation of operation scheme of China–Kazakhstan crude oil pipeline system and terminal station inlet pressure control strategy, so as to ensure safe, stable and efficient operation of the pipeline.

Key words Crude oil; Pipeline; Slack flow; Hydraulic simulation; Performance curve; Safe operation

Introduction

The China–Kazakhstan crude oil pipeline starts from Atyrau in the west of Kazakhstan, passes through Kenkiyak, Kumkol and Atasu, and ends at the oil pipeline of Alashankou metering station in Xinjiang, China. In 2015, after the flowmeter of Alashankou, the terminal station of China–Kazakhstan crude oil pipeline, was replaced from volumetric one into mass one, the positive transmission error of the whole line was reduced. Through research and analysis, the reason for the decrease of positive transmission error was that near the Alashankou high point, the phenomenon of slack flow was caused after the upstream pump stopped, resulting in foaming in the pipeline, which led to the measurement value of the volumetric flowmeter being relatively high. The long–term existence of slack flow condition will cause erosion to the pipeline and affect its safe operation. Therefore, it is necessary to carry out transiently simulated hydraulic calculation for pipeline operation under different conditions, and formulate the control strategy of slack flow. The following problems were found in the research process:

(1) The whole pipeline of China-Kazakhstan crude oil pipeline has the characteristics of complex oil source composition and great difference in physical properties of different oil sources. Therefore, the physical properties of actual pipeline oil are uncertain.

(2) The simulation accuracy is not high, and the setting of parameters and simulation calculation of simulation system in the design and operation stages has not really reflected the pipeline state. During the actual operation of China-Kazakhstan pipeline, it is found that the actual operation characteristics of pump units deviate greatly from the performance curve promised or provided by the manufacturer, and the relative errors are mostly between 5% and 15%. Therefore, the operators cannot master the actual energy efficiency status of the units, which will affect the accuracy of the operation scheme formulation and the accuracy of emergency rescue decision.

(3) It is necessary to establish an accurate simulation model before to formulate an accurate control strategy of slack flow, so that the research conclusions can be applied to the actual operation.

In order to solve above problems effectively, the following contents are studied:

(1) During the period from October 19 to 24, 2019, crude oil samples were taken at Alashankou metering station at the end of the pipeline and physical property tests were carried out. According to ISO3170, 400 ml crude oil was sampled manually for 6 days and every 2 hours. A total of 4800 ml * 6 crude oil samples were completed. The physical properties of oil samples from the pipeline was confirmed by test. On this basis, the study was carried out.

(2) Study and formulate the calibration method of pump performance curve and complete the curve correction. By optimizing the equation fitting the pumpfactory characteristics, the head-flow characteristic parameters and efficiency-flow characteristic parameter curves of the pump are fitted, and 24 pumps in the whole line are fitted; the calibration method of factory characteristic curve of oil pump is studied, and the pump performance curve is corrected by screening the steady-state historical operation data, and the pump performance calculation and curve data automatic correction software are developed to ensure the simulation accuracy deviation from the actual value is less than 3%;

(3) The whole line simulation model is established. According to the actual operation situation of the whole line, the hydraulic and thermal calculation model of the pipeline is established by using the SPS simulation system, and the hydraulic and thermal adjustment is carried out by using the field data, so that the relative error between the simulation result and the actual operation is within 3%;

(4) The method to determine the crossing point of pipeline transportation and the pipeline section where slack flow could happen is put forward, based on which the inlet pressure control strategy of Alashankou under different throughput steps is formulated to avoid the generation of high point slack flow.

Through the above research, the simulation accuracy higher than 95% is achieved, and the reliability of scheme decision-making is improved. At the same time, the control strategy of slack flow of China-Kazakhstan crude oil pipeline is proposed by using transient simulation technology to ensure the safe operation of the pipeline and the measurement accuracy reaches the standard.

1 Oil physical property test

The whole pipeline of China-Kazakhstan crude oil pipeline has the characteristics of complex oil source composition and great difference in physical properties of different oil sources. Therefore, the physical properties of actual pipeline oil are uncertain. Crude oil was sampled and physical properties were tested at Alashankou metering station at the end of the pipeline from October 19 to 24, 2019. According to ISO3170, 400ml crude oil was sampled manually every 2 hours for 6 days. A total of 4800 ml * 6 crude oil samples were completed. The crude oil samples were divided into two groups for testing, and the density, viscosity and viscosity-temperature curve, abnormal point, condensation point, wax precipitation point, wax content, wax precipitation at different temperatures, gel content, asphaltene content, water content and specific heat capacity of the two groups were tested respectively. Because the density and viscosity of oil properties have great influence on this study, this chapter only introduces the test method and conclusion of density and viscosity of crude oil in detail.

1.1 Test execution standard and referred method

SH/T 0604-2000:

Determination of density of crude oil and petroleum products (U-shaped vibrating tube method)

SY/T 0520-2008:

Determination of crude oil viscosity by rotating viscometer balance method

SY/T 0541-2009:

Determination of crude oil pour point

SY/T 7550-2012:

Determination of wax, gel and asphaltene in crude oil

SY/T 0545-2012:

Determination of characteristic parameters of wax precipitation in crude oil by differential scanning calorimetry

NB/SH/T 0632-2014:

Determination of specific heat capacity by differential scanning calorimetry

GB/T 8929-2006:

Determination of water content in crude oil (distillation method)

1.2 Crude oil density test

The density of oil was measured by U-shaped vibrating tube method. A small amount of sample (generally less than 1mL) is injected into the sample tube with controlled temperature. The vibration frequency or period is recorded, and the density of the sample is calculated with the obtained tube constant. The constant of the sample tube is determined by the vibration frequency when the sample tube is filled with the calibration solution of known density. The density of the two oil products is obtained through the test as shown in Table 1. 1.

Table 1. 1　Oil density test data

Oil number	Density(20℃), g/cm^3
M-2019-1021	0. 8577
M-2019-1022	0. 8575

1. 3　Oil viscosity test

The viscosity of oil was measured by rotating viscometer balance method. The principle of this method is to make the surrounding fluid flow stably layer by layer by rotating the cylinder. The viscous torque of the fluid will act on the cylinder. The relationship between the viscosity and torque of the fluid can be expressed by formula (1. 1).

$$\eta=\frac{K\cdot M}{\omega} \tag{1. 1}$$

Where η——The viscosity of a fluid, in paseconds (Pa · s);

M——Viscous torque of fluid acting on cylinder, in NM (N · m);

ω——The rotational speed of the cylinder, in radians per second (rad/s);

K——Flow field constant, unit: negative cubic meter (m^{-3})。

According to the relationship between M and τ, ω and $\dot{\gamma}$, the shear stress γ on the cylindrical flow layer is expressed by formula (1. 2), and the viscosity or apparent viscosity is calculated by formula (1. 3) (for non Newtonian fluid, η should be the apparent viscosity η_s).

$$\tau=Z\cdot a \tag{1. 2}$$

$$\eta=\frac{\tau}{\dot{\gamma}} \tag{1. 3}$$

Where γ——Shear stress in Pascal (Pa);

Z——The instrument measures the system constant in Pascal (Pa);

a——Instrument indication;

$\dot{\gamma}$——Shear rate, in negative power second (s^{-1})

The viscosity of the two oil products is obtained after testing as shown in Table 1. 2.

Table 1. 2　Oil viscosity test data

Oil Number	Viscosity (25℃), MPa · s
M-2019-1021	7. 14
M-2019-1022	7. 35

The viscosity - temperature characteristic curves of the two oils are shown in Fig. 1. 1 and Fig. 1. 2.

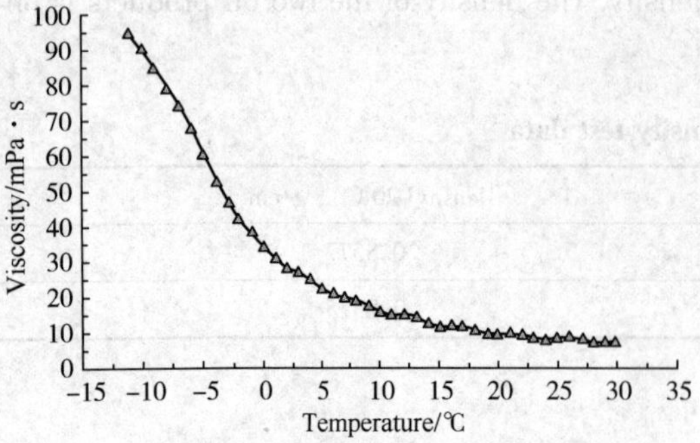

Figure 1. 1 Viscosity-temperature characteristic curve of M-2019-1021 oil

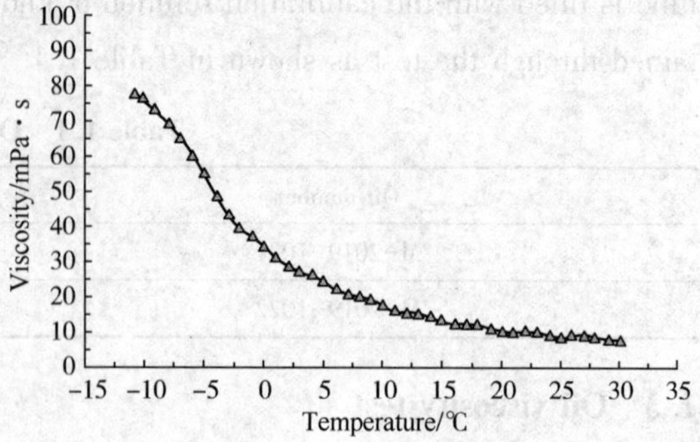

Figure 1. 2 Viscosity temperature characteristic curve of M-2019-1022 oil

1. 4 Conclusion of physical property test

The test results show that the oil has good physical properties and can meet the transportation requirements at normal temperature. The following studies are based on the physical properties of the oil. The test results of oil products are shown in tables 1. 3 and 1. 4.

Table 1. 3 Oil test data

Test indicators	M-2019-1021 oil test results	M-2019-1022 oil test results
Density (20 ℃), g/cm³	0. 8572	0. 8569
Viscosity (25 ℃), MPa · s	8. 26	7. 97
Abnormal point, ℃	2. 0	1. 8
Freezing point, ℃	-10. 5	-11. 5
Wax precipitation point, ℃	18. 6	18. 7
Wax content, %, at ~ (-40 ℃)	3. 68	3. 24
Gel content, %	1. 09	1. 15
Asphaltene content, %	0. 54	0. 60
Water content, %	0. 162	0. 092
Specific heat capacity (25 ℃), J/g · ℃	2. 464	2. 490

Table 1. 4 Viscosity test data

Test items (kinematic viscosity)	Test result, MPa · s	
	M-2019-1021	M-2019-1022
-10℃	90. 70	71. 16
-5℃	60. 81	50. 96
0℃	34. 77	32. 69
5℃	22. 89	23. 62
10℃	16. 15	17. 85
15℃	11. 94	13. 85
20℃	9. 60	11. 15

2 Calibrate simulation model

The hydraulic and thermal calculation model of the pipeline is established by using SPS simulation system, and the model is checked hydraulically and thermally by field data. The relative error between the simulation result and the actual operation is within 3%;

Pump characteristic curve is not only the basis for calculating pump performance, but also the theoretical basis for reflecting its performance. Combined with the actual situation of China-Kazakhstan crude oil pipeline, through the research on the existing pump characteristic curve of the whole line, it is found that the actual operation characteristics of the pump deviate greatly from the performance curve provided by the manufacturer, which results in the discrepancy between the simulation calculation results and the actual situation, which affects the formulation of the optimal pump startup scheme of the whole line and the accuracy of emergency decision-making. Therefore, it is necessary to correct the performance curve of oil pump to improve the accuracy of normal and emergency operation plan. The calibration of pump characteristic curve is the most important part of the simulation model calibration. In this chapter, the calibration method is discussed in detail.

2.1 Data screening

In this paper, from the operation data of China-Kazakhstan crude oil pipeline for years, the operation data with wide operation range, which can better reflect the difference between the actual characteristics and the factory characteristics of the oil pump, is selected to correct the pump characteristic curve. All the screened data were divided into two parts, 60% of which were used to calculate the correction value of pump characteristics, and the remaining part was used for verification.

In order to ensure that the accuracy of pump characteristic curve is higher than 97%, interval optimization method is used in this paper, that is, according to the characteristics of most operation data and referring to the sample indexes including absolute error of pump head and pump efficiency, the data points beyond a certain range are considered as potential error points, and are eliminated. The advantage of this method is that it is simple and easy to operate, at the same time, it can ensure the quality of data and avoid the omission of wrong data or excessive elimination of correct data.

The interval optimization method first calculates the actual head and efficiency of the pump according to the actual operation data, and calculates the average error value (formula 1.4) by comparing the head and efficiency under the same throughput corresponding to the factory performance curve.

$$Err = \frac{\sum_{i=1}^{N} [\,|pro' - pro|/pro]}{N} \tag{1.4}$$

Where Err ——Average error;

pro'——Actual characteristics of pump;

Pro ——The pump characteristics calculated according to the characteristic curve provided by the manufacturer, referred to as "factory characteristic parameters".

According to formula 1.4, the average error of the actual operation characteristics and factory characteristics of the pump under different conditions is calculated, and then the average error of N groups of data is obtained through the formula, and the average error line is drawn to form the average error curve. The points on the average error line are the data ± average error corresponding to the output performance curve under different flow rates (public notice 1.5).

$$H=A-BQ^{2-m}+Error \quad (1.5)$$

H ——Head corresponding to average error line;

Q——Actual flow;

$Error$——Average error.

The average error line ∗ (1 ± 5%) defines two blue floating lines A and C, and the data points outside the floating line range will be eliminated (as shown in Figure 2.1).

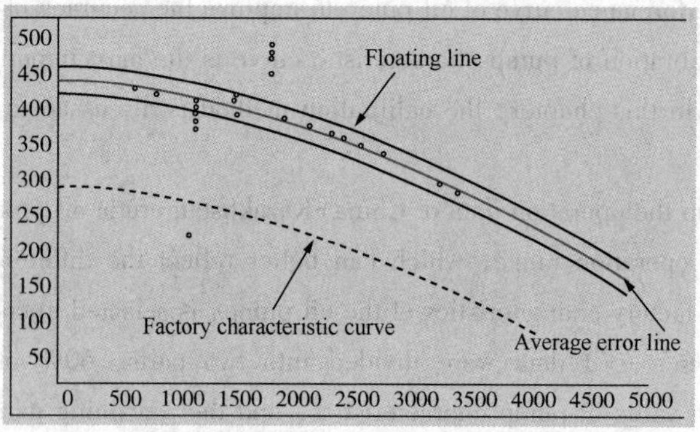

Figure 2.1 Interval optimization method

Taking No. 1 pump on site as an example, the specific steps are as follows:

Float the factory performance curve downward, and the point on the floatingcurve = the point on the factory performance curve ∗ (1-5%);

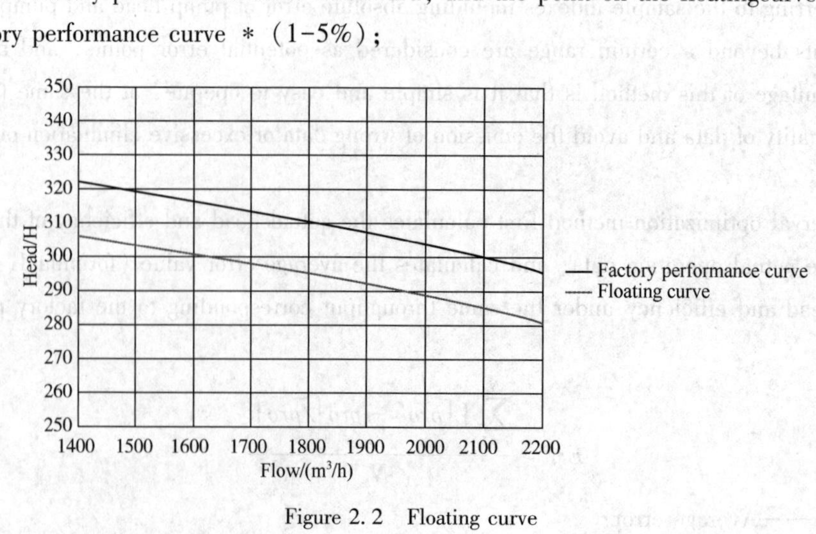

Figure 2.2 Floating curve

The field data sheet is arranged as follows:

Table 2. 1 Arranged field data

Number	Flow(m^3/h)	Head(H)	Number	Flow(m^3/h)	Head(H)
1	1813. 68	301. 12	43	1703. 82	301. 72
2	1715. 59	305. 92	44	1707. 40	304. 12
3	1663. 53	307. 12	45	1696. 76	298. 12
4	1654. 22	305. 92	46	1721. 57	302. 92
5	1670. 83	302. 32	47	1720. 98	298. 12
6	1677. 06	305. 92	48	1726. 03	296. 92
7	1527. 99	308. 33	49	1718. 43	304. 12
8	1642. 60	304. 72	50	1709. 66	304. 12
9	1635. 98	304. 72	51	1689. 71	305. 32
10	1641. 72	297. 52	52	1703. 33	299. 32
11	1737. 60	291. 52	53	1702. 55	302. 92
12	1791. 42	298. 72	54	1707. 11	312. 53
13	1802. 50	299. 92	55	1689. 17	304. 12
14	1802. 40	301. 12	56	1714. 41	304. 12
15	1798. 04	301. 12	57	1845. 15	304. 12
16	1774. 41	301. 12	58	1847. 35	301. 72
17	1794. 26	297. 52	59	1851. 18	299. 32
18	1799. 31	304. 72	60	1850. 44	300. 52
19	1796. 76	302. 32	61	1723. 33	300. 52
20	1794. 90	298. 72	62	1685. 10	306. 52
21	1779. 90	302. 32	63	1673. 77	306. 52
22	1785. 83	299. 92	64	1689. 31	305. 32
23	1791. 23	301. 12	65	1674. 17	299. 32
24	1786. 52	302. 32	66	1737. 60	307. 72
25	1780. 69	302. 32	67	1791. 42	307. 72
26	1789. 41	299. 92	68	1802. 50	308. 92
27	1789. 75	301. 12	69	1802. 40	301. 72
28	1788. 24	302. 32	70	1798. 04	304. 12
29	1783. 09	303. 52	71	1774. 41	307. 72
30	1665. 98	303. 52	72	1794. 26	301. 72
31	1728. 14	299. 32	73	1799. 31	302. 92
32	1723. 24	299. 32	74	1796. 76	300. 52
33	1734. 80	305. 32	75	1794. 90	307. 72
34	1702. 75	304. 12	76	1779. 90	306. 52
35	1697. 84	304. 12	77	1785. 83	308. 92
36	1730. 34	305. 32	78	1791. 23	308. 92
37	1734. 17	299. 32	79	1786. 52	308. 92

续表

Number	Flow(m³/h)	Head(H)	Number	Flow(m³/h)	Head(H)
38	1729.17	304.12	80	1780.69	305.32
39	1717.84	306.52	81	1789.41	311.33
40	1736.52	310.12	82	1789.75	311.33
41	1744.07	304.12	83	1788.24	308.92
42	1718.58	304.12	84	1783.09	308.92

The arranged data are drawn into a graph. The points outside the floating curve shown in Figure 2.3 are outliers, which are considered as potential error points and are eliminated.

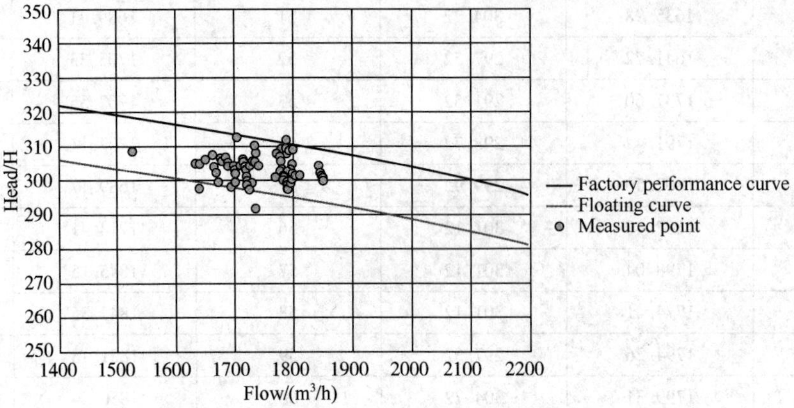

Figure 2.3 Interval optimization method

2.2 Optimal characteristic curve equation

The head performance and efficiency performance curve of the pump respectively represent the head and efficiency corresponding to different flow under the same speed condition. Therefore, the relationship between the two is fitted into an algebraic equation instead of looking up the diagram to calculate the head and efficiency under the fixed flow more conveniently, and realize the dynamic measurement of the pump unit characteristics.

By studying the head-flow curve of the pump, two expression forms of head characteristic curves are determined, as shown in (1.6) and (1.7). Formula (1.8) is the physical meaning expression of pump head

$$H=A-BQ^{2-m} \tag{1.6}$$

$$H=\alpha_0+\alpha_1 Q+\alpha_2 Q^2 \tag{1.7}$$

$$H=\frac{(P_B-P_A)\times 10^6}{\rho g}+(H_B-H_A)+\frac{c_B^2-c_A^2}{2g} \tag{1.8}$$

Where A、B——The constant determined by the least square method;

Q——Pipe flow, m³/h;

c_A, c_B——Average velocity of liquid at pump inlet and outlet, m/s;

m——Flow pattern index, laminar flow M = 1, hydraulic smooth zone M = 0.25, mixed friction zone M = 0. 123, rough zone M = 0;

P_A——Pump inlet pressure, MPa;

P_B——Pump outlet pressure, MPa;

H_A——Height of oil pump inlet pressure gauge based on ground, m;

H_B——Height of oil pump outlet pressure gauge based on ground, m;

Through a large number of data calculation and comparison, the error between formula (1. 6) and field data is small. And formula (1. 6) takes into account the fluid flow pattern. As we all know, the fluid flow pattern in the pipeline plays an important role in the temperature and pressure drop of the pipeline. To sum up, the head flow equation is in the form of formula (1. 6).

Since the distances from the actual pump inlet and outlet liquid level to the pump shaft center are the same, equation (1. 6) can be written as equation (1.9). Figure 2. 1 shows the head flow characteristic curve of constant speed pump:

$$H=A-BQ^{2-m}=\frac{P_B-P_A}{\rho g}+\frac{c_B^2-c_A^2}{2g} \tag{2.4}$$

For two pumps with the same geometric dimensions or the same pump, when the speed changes from N1 to N2, according to the law of similarity, there are (the parameters of N1 and N2 are represented by subscripts 1 and 2 respectively):

$$\frac{Q_1}{Q_2}=\frac{n_1}{n_2} \tag{2.5}$$

$$\frac{H_1}{H_2}=\left(\frac{n_1}{n_2}\right)^2 \tag{2.6}$$

According to the above proportional formula, given the relevant parameters at N1 speed, the head-flow equation of speed N2 is as follows:

$$H=A-B\left(\frac{Q_1 n_2}{n_1}\right)^{2-m}=\left(\frac{P_B-P_A}{\rho g}+\frac{c_B^2-c_A^2}{2g}\right)\times\left(\frac{n_2}{n_1}\right)^2 \tag{2.7}$$

According to the above equation, the head of the same or similar pump will change when the speed changes. Figure 2. 2 shows the head flow curve at different speeds.

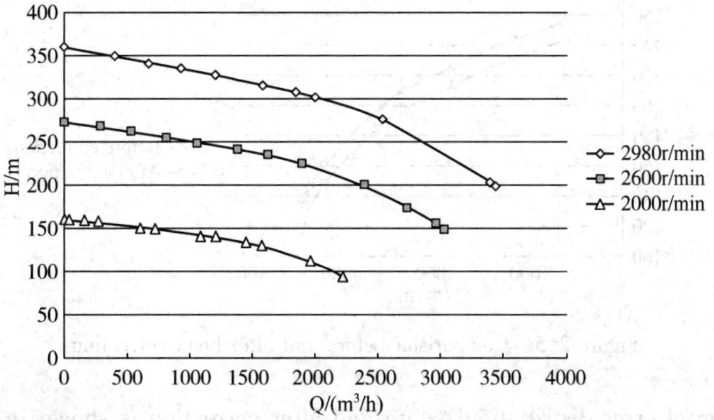

Figure 2. 4 Head-flow characteristic curve under variable speed

2.1.2 Correction method of characteristic curve

The data for calculating the correction value of characteristic curve mainly selects the actual data of field from February 2018 to June 2019. The operation is relatively stable, the data is comprehensive and of high quality during this period, which can better reflect the difference between the actual characteristics of the equipment and the factory characteristics. In this study, the selected data were divided into two parts, 70% of which were used to calculate the correction value of pump characteristics, and the remaining part was used for verification.

The basic idea of the correction of pump characteristic curve is image translation method, that is, the actual characteristic parameters are best approximated by moving the factory characteristic curve, so two correction quantities X and Y are introduced.

Taking the head-performance curve as an example, the original head curve of the head-performance curve is assumed to be:

$$H=a-bQ^{1.75} \tag{2.8}$$

By moving X and Y units along the positive direction of the two coordinate axes, the head curve can be as close as possible to the head characteristics reflected by the actual operation data. Thehead curve after moving is as follows:

$$H=a-b(Q-x)^{1.5}+y \tag{2.9}$$

The solution of correction quantity X and Y is the least square problem: if there are N groups of pumping station's head data points, X and Y need to be determined to satisfy (2.9).

$$f(x, y)=\min\sum_{i=1}^{N}[a-b*(Q_i*x)^{1.75}+y+H_i]^2 \tag{2.10}$$

2.1.3 Correction of pump characteristic curve

A total of 47 data points are used to correct the head-flow curve of No. 1 pump. Select 70% to correct, that is, 33 data to correct, the remaining 14 data to verify. The relative error of No. 1 pump is 0.03. The corrected head-flow equation is as follows:

$$H=266.126-7.94\times10^{(-5)}\times Q^{(1.75)}-13$$

The following curve is drawn through the data before and after correction:

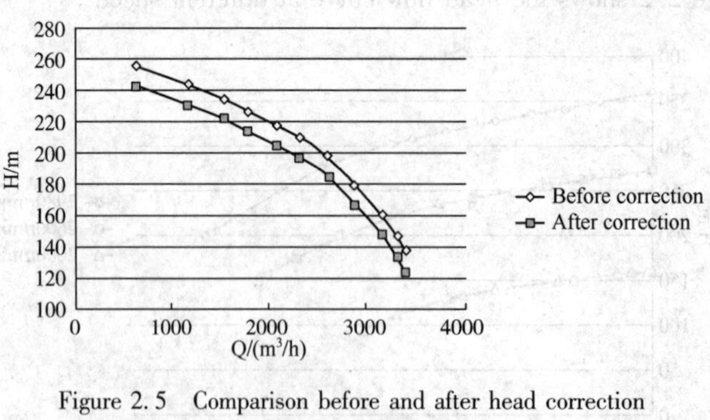

Figure 2.5 Comparison before and after head correction

The comparison of error distribution before and after correction is shown in table 2.2, and the correction meets the requirements.

Table 2. 2 Error comparison

	Head curve		
	Before correction	After correction	
		Correction data calculation	Verification data calculation
Absolute error	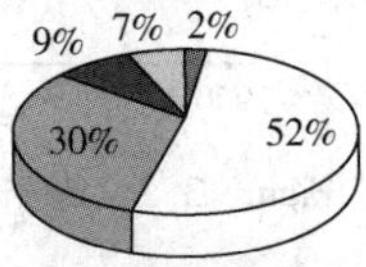 Error range ■0-5 □5-10 ■10-15 ■15-20 ■20-25	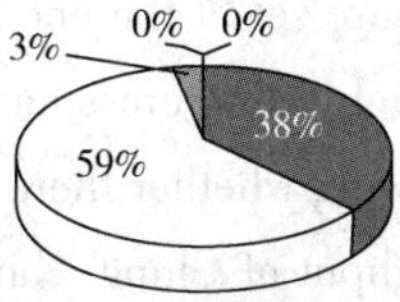 Error range ■ 0-5□ 5-10 ■10-15 ■15-20 ■20-25	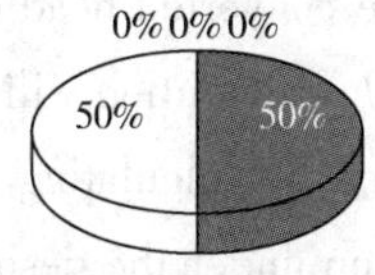 Error range ■ 0-5□ 5-10 ■10-15 ■15-20 ■20-25
Relative error	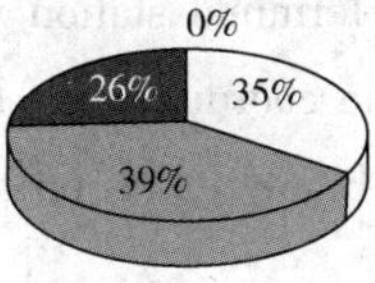 Error range ■ 0-0.02 □ 0.02-0.04 ■ 0.04-0.06 ■ >0.06	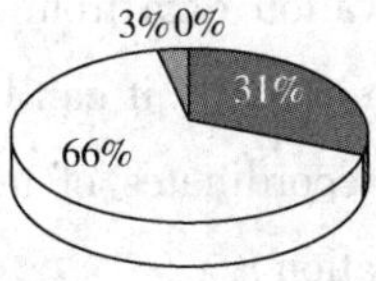 Error range ■ 0-0.02 □ 0.02-0.04 ■ 0.04-0.06 ■ >0.06	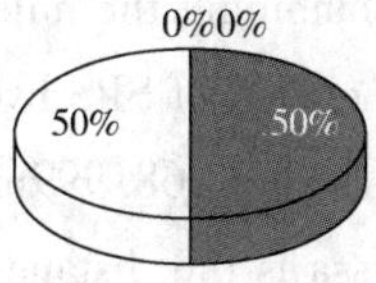 Error range ■ 0-0.02 □ 0.02-0.04 ■ 0.04-0.06 ■ >0.06
Average relative error	6%	1. 4%	

3 Research on slack flow control

Stoner pipeline simulator / (SPS) is an advanced fluid simulation application, which can simulate any existing or planned pipeline, simulate normal or abnormal conditions such as pipeline rupture, equipment failure or others, and predict the results of various control strategies. In this paper, the position of thecrossing point and the pipe section under the condition of slack flow is determined efficiently and accurately by using the SPS hydraulic gradient diagram, and the response scheme of the slack flow condition under different throughput steps is simulated, which has a good guiding role for the engineering practice.

3. 1 Position determination of slack flow pipe section

With the help of SPS simulation software, the hydraulic conditions of the whole line are simulated. The possible position of thecrossing point can be accurately found through the simulation of the hydraulic gradient along the route, as shown in Fig. 5. 3 and Fig. 5. 4:

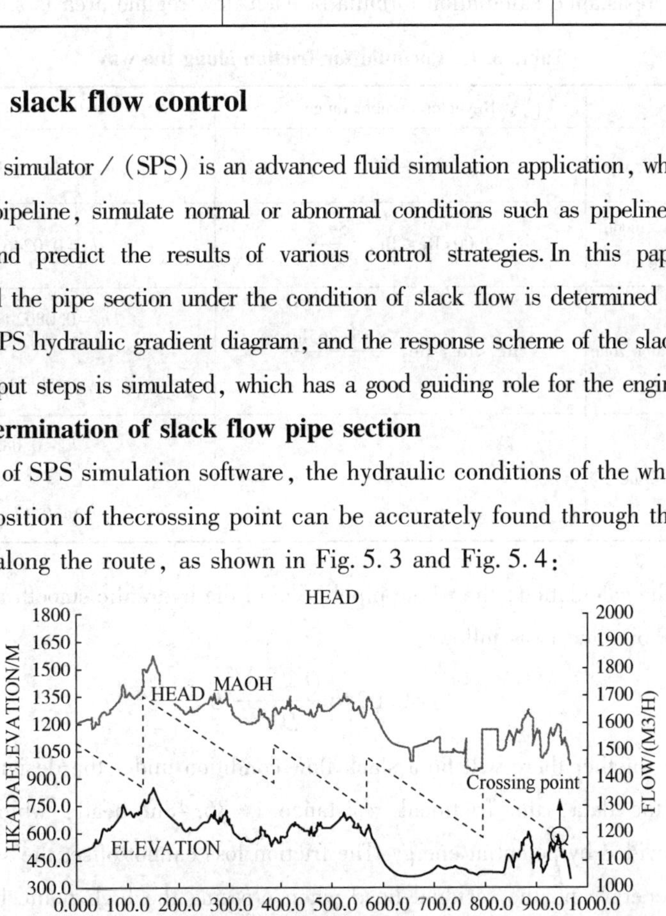

Figure 3. 1 Hydraulic gradient along the line

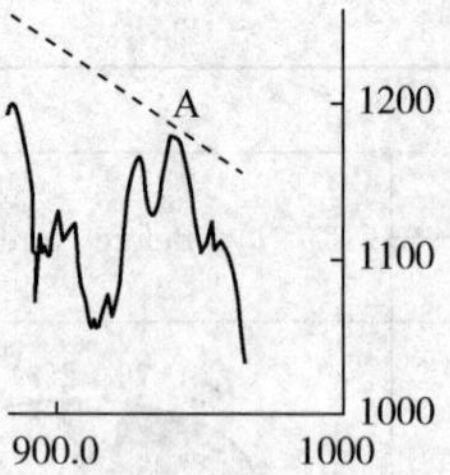

Figure 3. 2　Partial enlarged view

It is known from the above that after the liquid flow crosses the peak, the sum of the potential energy depending on the natural fall of the terrain and the residual energy head after crossing the high point is greater than the sum of the friction loss of the pipe section and the converted head of the pressure set at the end point, and the slack flow condition will occur, which is the crossing point. It is determined by calculating in the following whether there is a slack flow condition under the designed throughput of China-Kazakhstan crude oil pipeline and the minimum throughput to avoid the slack flow condition.

Combining the mileage and elevation data from 11#station to terminal station with the tangent point position of SPS hydraulic gradient map, it can be seen that the coordinates of high point A are (147. 21km, 568. 999m), and the coordinates of terminal point B are (171. 63km, 346. 280m) (abscissa is the distance from 11#station).

According to the basic data, the frictional loss can be calculated by selecting the corresponding formula. The comprehensive parameter friction calculation formula is adopted, i. e. Leapienzon formula. The frictional resistance calculation formula of each flow regime area is shown in Table 3. 1

Table 3. 1　Formula for friction along the way

Flow pattern		Reynolds number range	Friction along the way (h_f)
Laminar flow		Re≤2000	$h_f=4.15\frac{Q\nu}{D^4}L$
Turbulent flow	Hydraulic smooth zone	$2000<Re\leq Re_1=\frac{59.5}{\varepsilon^{8/7}}$	$h_f=0.0246\frac{Q^{1.75}\nu^{0.25}}{D^{4.75}}L$
	Mixed friction zone	$Re_1<Re\leq Re_2=\frac{665-765\lg\varepsilon}{\varepsilon}$	$h_f=0.0802A\frac{Q^{1.877}\nu^{0.123}}{D^{4.877}}L$ $A=10^{0.127\lg\frac{e}{d}-0.627}$
	Rough zone	$Re_2<Re$	$h_f=0.0826\lambda\frac{Q^2}{D^5}L$ $\lambda=0.11\left(\frac{e}{d}\right)^{0.25}$

According to the calculation, the whole pipeline is in the hydraulic smooth area, so the formula of friction along the pipeline is as follows:

$$h_f=0.0246\frac{Q^{1.75}\nu^{0.25}}{D^{4.75}}L \tag{2.11}$$

(1) Calculate whether there will be a slack flow condition under the designed throughput:

According to the data, the frictional resistance is 86. 48m head, which is far less than 222. 719m head provided by potential energy. The friction loss cannot offset the sum of the head provided by potential energy and the residual head when crossing the high point. If the corresponding measures are not taken after the crossing point, the slack flow condition will occur, which will affect the safe operation of the pipeline.

(2) Inverse calculation of the minimum throughput to avoid slack flow condition:

Assuming that the frictional resistance along the pipeline is equal to 222.719m of potential energy. By introducing the friction calculation formula along the way, the minimum throughput is 2.90MMt/A which is much larger than the designed capacity of China-Kazakhstan crude oil pipeline. At present, the actual throughput of China-Kazakhstan crude oil pipeline is less than the designed capacity. If no corresponding measures are taken, the slack flow condition will exist for a long time and affect the efficient and safe operation of the pipeline.

To sum up, it is very necessary to study the coping strategies of slack flow after crossing point.

3.2 Slack flow control strategy

In order to adapt to the needs of eliminating residual energy and reducing dynamic pressure under various working conditions, pressure control equipment with regulating capacity must be installed at the proper position of downhill pipeline (generally by-pass installation mode is adopted to pass the pig). Orifice throttling energy dissipation device and pressure regulating device are two kinds of frequently-used pressure control equipment.

According to the actual situation of China-Kazakhstan crude oil pipeline, the ratchet cage axial flow pressure reducing valve produced by the Dutch Mokveld company is adopted in Alashankou metering station. The phenomenon of slack flow can be eliminated by properly controlling the inlet pressure of oil from the terminal station. Although some energy is wasted, the pipeline can be operated in a safe range. SPS simulation software can be used to calculate the critical pressure of China-Kazakhstan crude oil pipeline to avoid the slack flow condition. In SPS, the terminal station is set as flow control. Under the condition of meeting the transportation requirements, the terminal station pressure is the one under full flow condition, and it is also the critical pressure to avoid slack flow condition. When the terminal station pressure is set to be greater than the pressure, the slack flow condition can be avoided.

The following is an example of 2254.4m^3/h (46500T/D) to simulate the critical pressure to avoid the condition of slack flow:

(1) Firstly, the terminal station is set as flow control

Set the terminal station as flow control, that is, SPT is flow, and fill in the throughput scheme to be tested, that is, the set value of SQ is 2254.4m^3/h (46500T/D)

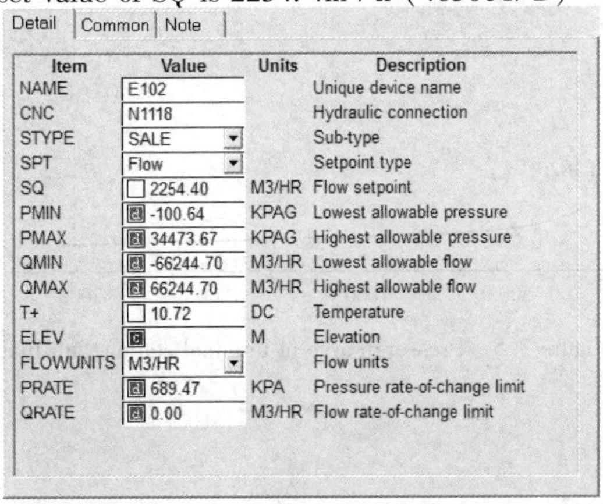

Figure 3.3 Flow control of terminal station

2. According to the hydraulic gradient diagram to determine the optimal pump scheme

The green curve in the figure is the flow rate (STANDARD. FLOW). The blue curve is elevation variation (ELEVATION), and the red curve is hydraulic gradient (HEAD):

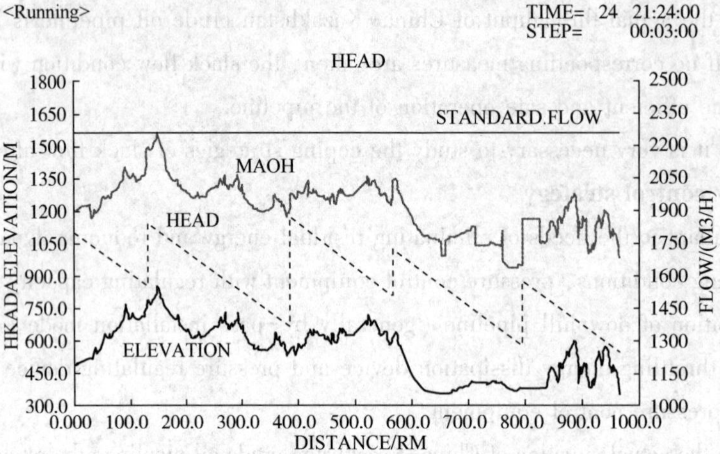

Figure 3. 4 Hydraulic gradient along the way

3. Control the high point pressure to 0. 2MPa, and read the critical pressure combined with the end point pressure change curve and the end point pressure change.

SPS can calculate the pressure value along the way. The critical pressure (high point pressure is 0. 2MPa) which can avoid under flow condition can be accurately read by reading terminal station pressure versus time curve and terminal station pressure real-time change graph in SPS, as shown in Fig. 3. 5 and Fig. 3. 6:

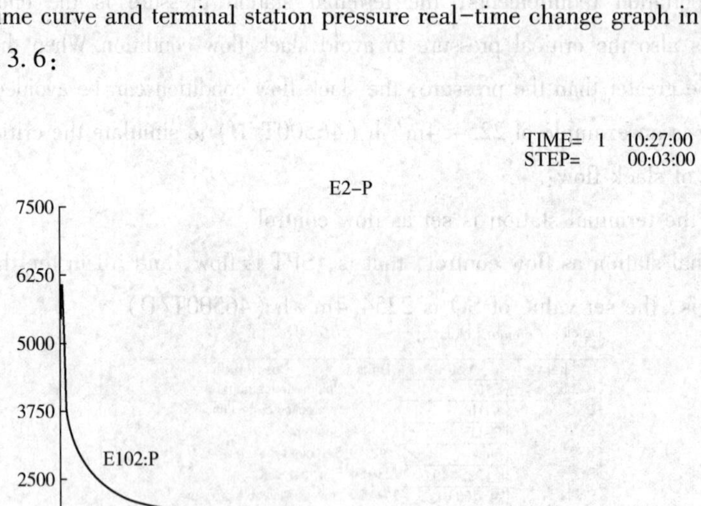

Figure 3. 5 Pressure curve of terminal station with time

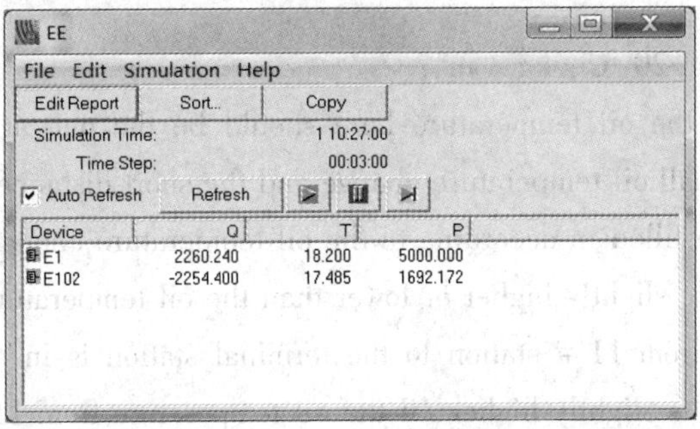

Fig. 3. 6 Real-time variation of end point pressure

As shown in Fig. 3. 5 and Fig. 3. 6, under the working condition of 2254. 4m^3/h, the critical pressure to avoid slack flow condition is 1692. 172kpa. If the set value of oil pressure at the terminal station is set higher than the pressure value, the occurrence of slack flow condition can be avoided.

In order to avoid the occurrence of slack flow condition, the critical pressure value under different throughput steps is tested, and the terminal station pressure is set to be greater than the pressure value under corresponding throughput conditions. The control pressure test results under different throughput steps are shown in the table below:

Table 3. 2 Pressure control table under different throughput steps

Throughput	(m^3/h)	1274. 5	1519. 61	1617. 65	1715. 69	1813. 73
	(10^4t/d)	2. 6	3. 1	3. 3	3. 5	3. 7
Critical pressure (MPa)		1. 92	1. 879	1. 857	1. 835	1. 812
Throughput	(m^3/h)	1911. 76	2009. 8	2107. 84	2205. 88	2303. 92
	(10^4t/d)	3. 9	4. 1	4. 3	4. 5	4. 7
Critical pressure (MPa)		1. 787	1. 761	1. 734	1. 706	1. 678

3. 3 Development of calculation program for critical pressure of slack flow

In order to calculate the pressure control value to avoid slack flow under different throughput steps, a program for calculating the critical pressure of slack flow is developed to calculate the control pressure of slack flow under any throughput and different conditions.

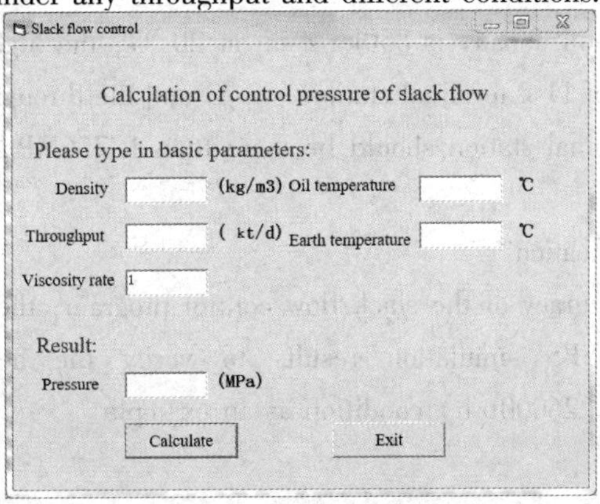

Figure 3. 7 Interface of slack flow calculation program

(1) Parameter input:

- Density: density at 20 ℃, kg / m^3;
- Oil temperature: the oil temperature here should be the one at the high point (crossing point). Considering the small oil temperature change and the short distance from the high point to the terminal station, it can be filled in according to the oil temperature change rule from 11 # station to terminal station; generally, slightly higher or lower than the oil temperature at the inlet station, that is, if the oil temperature from 11 # station to the terminal station is in a descending process, the high point oil temperature is slightly higher, if the oil temperature from 11 # station to terminal station rises, the input high point oil temperature is slightly lower than that of the terminal station;
- Throughput: is the daily one in kt / D, which can be input according to the actual on-site throughput;
- Earth temperature: is the earth temperature of the pipe section of the terminal station;
- The viscosity ratio: it can be adjusted up and down according to the change of oil properties.

(2) Result output

The running effect after inputting operation parameters is shown in Figure 3. 8

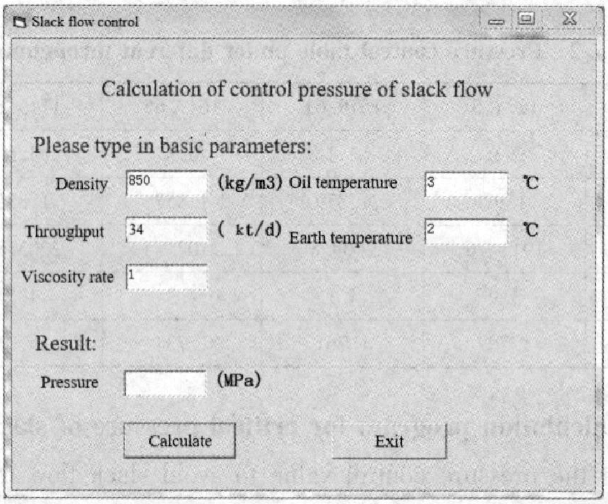

Figure 3. 8 Schematic diagram of operation effect

When the input crude oil density is 850kg / m^3 at 20 ℃, the high point oil temperature is 3 ℃, the earth temperature of 11 # terminal station is 2 ℃ and the throughput is 34000 tons per day, the control pressure of terminal station should be more than 1. 756MPa to avoid the occurrence of slack flow condition.

(3) Comparative verification

In order to test the accuracy of the slack flow control program, the software simulation results are compared with the SPS simulation results to verify the accuracy of the developed software. Take1274. 5m^3/h (26000t/h) condition as an example:

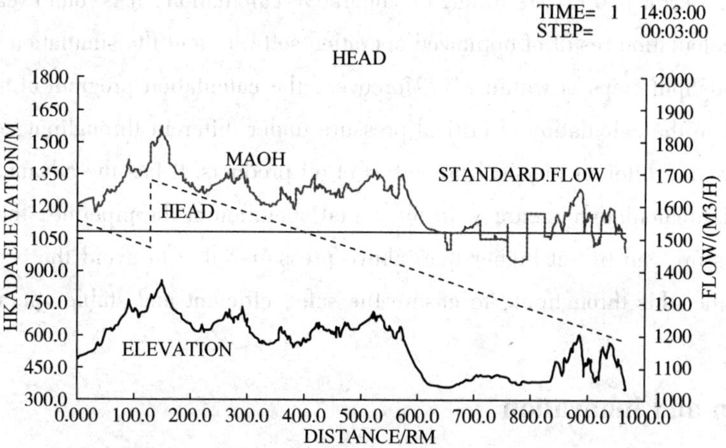

Figure 3. 9 SPS hydraulic gradient with throughput of 1274. 5 (m^3/ h)

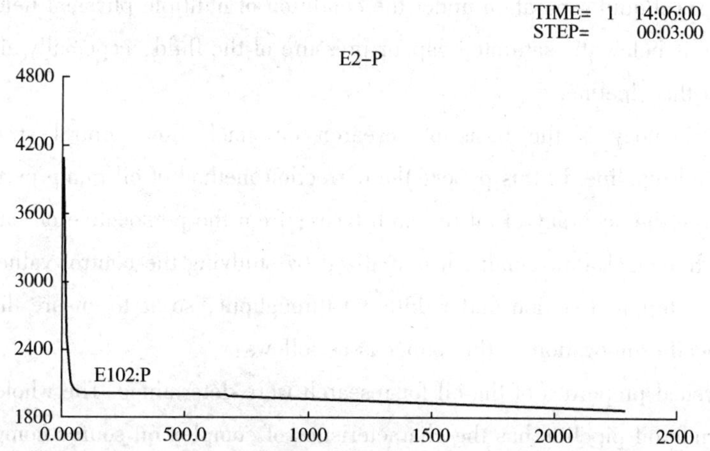

Figure 3. 10 Pressure change curve of SPS terminal point with throughput of 1274. 5 (m^3/ h)

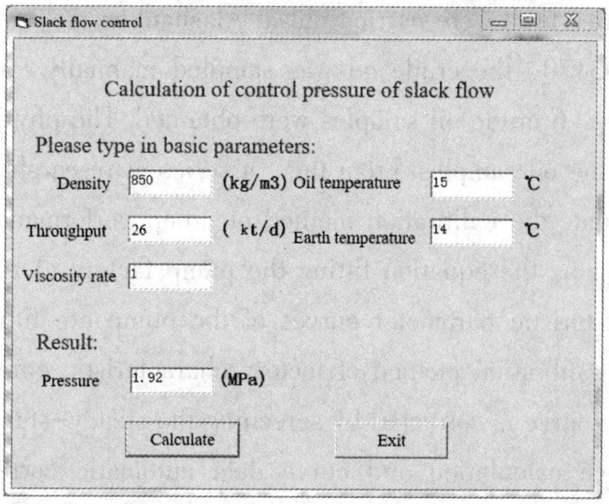

Figure 3. 11 Calculation results of optimization software for throughput 1274. 5 (m^3/ h)

The result of SPS simulation is 1. 926MPa, and the calculation result of optimization software is

1. 92MPa, and the error is 0. 31%; through comparative calculation, it is found that the relative error between the calculation result of optimized operation software and the simulation result of SPS under different throughput steps is within 3%. Moreover, the calculation program of slack flow critical pressure can realize the calculation of critical pressure under different throughput, different environmental conditions and different physical properties of oil products. It has the advantages of strong applicability and high calculation accuracy. In the actual operation of the pipeline, the set value of terminal station pressure can be set higher than above pressure value to avoid the occurrence of slack flow condition under this throughput, to ensure the safe, efficient and stable operation of the pipeline.

4 Conclusion and innovation

In this paper, the dissatisfied flow in the pipeline is controlled by adjusting the critical pressure in the pipeline. Because the operating temperature in the pipeline does not change much, the main condition of fluid gas-liquid separation under the condition of multiple physical fields in the pipeline is that the pressure is below the saturated vapour pressure of the fluid, especially affected by the operating pressure in the pipeline.

Simulation technology is the basis of research on slack flow control strategy of China-Kazakhstan crude oil pipeline. In this paper, the correction method of oil pump performance curve is determined to ensure the accuracy of all research basis; from the perspective of macro optimization, the control of pipeline slack flow condition is realized by studying the control value of the minimum inlet pressure at the terminal station under different throughput, so as to ensure the safe and stable operation; The specific innovation of this paper is as follows:

(1) The physical properties of the oil for research were determined. The whole pipeline of China-Kazakhstan crude oil pipeline has the characteristics of complex oil source composition and great difference in physical properties of different oil sources. Therefore, the physical properties of actual pipeline oil are uncertain. During the period from October 19 to 24, 2019, crude oil samples were taken and physical properties tests were carried out at Alashankou metering station at the end of the pipeline. According to ISO3170, the crude oil was sampled manually for 400ml every 2 hours, 6 consecutive days. 4800ml * 6 crude oil samples were obtained. The physical properties of crude oil are determined by testing the oil samples. From this, a series of research work was carried out.

(2) Study and formulate the calibration method of pump performance curve and complete the curve correction. By optimizing the equation fitting the pump factory characteristics, the head-flow and efficiency-flow characteristic parameter curves of the pump are fitted, and 24 pumps in the whole line are fitted; the calibration method of factory characteristic curve of oil pump is studied, and the pump performance curve is corrected by screening the steady-state historical operation data, and the pump performance calculation and curve data automatic correction software are developed. The deviation between the simulation and the actual value should not exceed 3%

(3) The whole line simulation model is established. According to the actual operation situation of the whole line, the hydraulic and thermal calculation model of the pipeline is established by using

SPS simulation system, and the hydraulic and thermal verification is carried out by using the field collected data, so that the relative error between the simulation result and the actual operation is within 3%.

(4) The control strategy of slack flow at the high point of pipeline is studied. The potential location of slack flow in pipeline is analyzed, the boundary condition of slack flow condition is defined, the control method to avoid slack flow condition is determined, and the calculation program of slack flow control is developed.

5 Acknowledgement

This work is supported by Heilongjiang Postdoctoral Scientific Research Development Fund. (Grant No.: LBH-Q20010).

Reference

[1] Xu, P., He, L., Yang, D., Zhou, S., & Yang, D. Blocking characteristics of high water-cut crude oil in low-temperature gathering and transportation pipeline. Chemical Engineering Research and Design, 2021, (3-4). DOI: http: // doi. org/10. 1016/j. cherd. 2021. 07. 019.

[2] Shaik, N. B., Pedapati, S. R., Othman, A. R., Bingi, K., & Dzubir, F. An intelligent model to predict the life condition of crude oil pipelines using artificial neural networks. Neural Computing and Applications, 2021, (3). DOI: http: // doi. org/10. 1007/s00521-021-06116-1.

[3] Mcarthur S D J, Davidson E M, Hossack J A, et al. Automating power system fault diagnosis through multi-agent system technology. Proceedings of the Hawaii International Conference on System Sciences, IEEE Computer Society, 2004: 20059. 1. DOI: http: //doi. org/10. 1109/HICSS. 2004. 1265190.

[4] Wang, S., Zuo, L., Li, M., Wang, Q., Xue, X., & Liu, Q., et al. The data-driven modeling of pressure loss in multi - batch refined oil pipelines with drag reducer using long short - term memory (lstm) network. Energies, 2021, 14. DOI: https: //doi. org/10. 3390/en14185871.

[5] Lpg, A., Xue, H. A., Yun, L. B., Lei, W. C., Pfy, B., & Shuang, S. A. Study on the thixotropy and structural recovery characteristics of waxy crude oil emulsion. Petroleum Science. 2021. DOI: https: //doi. org/ 10. 1016/j. petsci. 2021. 07. 003.

[6] Sun, K., Ma, X., & Hou, R. Upgrading siberian (russia) crude oil by hydrodesulfurization: kinetic parameter estimation in a trickle-bed reactor. Chinese Journal of Chemical Engineering, 2021, 29, 212-220. DOI: https: //doi. org/ 10. 1016/j. cjche. 2020. 04. 020.

[7] Xu, L., Hou, L., Zhu, Z., Li, Y., & Wu, X. Mid-term prediction of electrical energy consumption for crude oil pipelines using a hybrid algorithm of support vector machine and genetic algorithm. Energy, 2021, 222 (1), 119955. DOI: https: //doi. org/ 10. 1016/j. energy. 2021. 119955.

[8] Bao, Y., & Zhang, J. Restart behavior of gelled waxy crude oil pipeline based on an elasto-viscoplastic thixotropic model: a numerical study. Journal of Non-Newtonian Fluid Mechanics, 2020, 104377. DOI: https: // doi. org/ 10. 1016/j. jnnfm. 2020. 104377.

[9] Hafez, K. M. The role of a plain dent on the failure mode of a crude oil pipeline. Engineering Failure Analysis, 2021, 122, 105291. DOI: https: //doi. org/ 10. 1016/j. engfailanal. 2021. 105291.

[10] Shengzhu, Zhang, Xu, Wang, Frank, Y., & Cheng, et al. Modeling and analysis of a catastrophic oil spill and vapor cloud explosion in a confined space upon oil pipeline leaking. Petroleum Science, 2020, v. 17(02),

280-290. DOI: https: //doi. org/ 10. 1063/1. 1145322.

[12] Wang, Y., Magda, J., Venkatesan, R., Sambath, K., & Deo, M. Experimental and theoretical investigations of waxy crude oil in steady and transient pipe flows. Industrial And Engineering Chemistry Research, 2020, 59(30), 13783-13798. DOI: https: //doi. org/ 10. 1021/acs. iecr. 0c00769.

[13] Yang, W. Q., Stott, A. L., & Beck, M. S. Development of capacitance tomographic imaging systems for oil pipeline measurements. Review of Scientific Instruments, 1995, 66(8), 4326-4332. DOI: https: //doi. org/ 10. 1063/1. 1145322.

[14] Sepehr, H., Nikrityuk, P., Breakey, D., & Sanders, R. S. Numerical study of crude oil batch mixing in a long channel. Petroleum Science, 2019, 16(1), 187-198. DOI: https: //doi. org/10. 1007/s12182-018-0276-4.

[15] Al-Busaidi, Z., Baawain, M., Sana, A., Ebrahimi, A., & Omidvarborna, H. Sustainable risk-based analysis towards remediation of an aquifer impacted by crude oil spills. Journal of Environmental Management, 2019, 247(Oct. 1), 333-341. DOI: https: //doi. org/10. 1016/j. jenvman. 2019. 05. 121.

[16] Niermann, M., Druenert, S., Kaltschmitt, M., & Bonhoff, K. Liquid organic hydrogen carriers (lohcs) - techno-economic analysis of lohcs in a defined process chain. Energy & Environmental Science, 2019, 12 (1), 290-507. DOI: https: //doi. org/10. 1039/C8EE02700E.

[17] Liu, Y., Cheng, Q., Gan, Y., Wang, Y., Li, Z., & J Zhao. Multi-objective optimization of energy consumption in crude oil pipeline transportation system operation based on exergy loss analysis. Neurocomputing, 2019, 332(MAR. 7), 100-110. DOI: https: //doi. org/ 10. 1016/j. neucom. 2018. 12. 022.

[18] Yang, S., Xi, W., Jin, H., & Wu, Q. Pyrosequencing investigation into the bacterial community in permafrost soils along the china-russia crude oil pipeline (crcop). PLoS ONE, 2012, 7(12), e52730. DOI: https: //doi. org/ 10. 1371/journal. pone. 0052730.

[19] Magda, J. J., El-Gendy, H., Oh, K., MD Deo, Montesi, A., & Venkatesan, R. Time-dependent rheology of a model waxy crude oil with relevance to gelled pipeline restart. Energy & fuels, 2009, 23(2), 1311-1315. DOI: https: //doi. org/ 10. 1021/ef800628g.

[20] Arora, H., Hooper, P., Del Linz, P., Yang, H., Chen, S., & Dear, J. Modelling the behaviour of composite sandwich structures when subject to air-blast loading. International Journal of Multiphysics, 2012, 6 (3), 199-218. DOI: https: //doi. org/ 10. 1260/1750-9548. 6. 3. 199.

[21] Singh, P., Fogler, H. S., & Nagarajan, N. Prediction of the wax content of the incipient wax-oil gel in a pipeline: an application of the controlled-stress rheometer. Journal of Rheology, 1999, 43(6), 1437-1459. DOI: https: //doi. org/ 10. 1122/1. 551054.

[22] Abedi, S. S., Abdolmaleki, A., & Adibi, N. Failure analysis of scc and srb induced cracking of a transmission oil products pipeline - science direct. Engineering Failure Analysis, 2007, 14(1), 250-261. DOI: https: //doi. org/ 10. 1016/j. engfailanal. 2005. 07. 024.

[23] Nixon, J., & Macinnes, K. L. Application of pipe temperature simulator for norman wells oil pipeline. Canadian Geotechnical Journal, 2011, 33(1), 140-149. DOI: https: //doi. org/ 10. 1139/t96-029.

[24] Singh, S., Sarma, P. M., & Lal, B. Biohydrogen production by thermoanaerobacterium thermosaccharolyticum teri s7 from oil reservoir flow pipeline. International Journal of Hydrogen Energy, 2014, 39(9), 4206-4214. DOI: https: //doi. org/10. 1016/j. ijhydene. 2013. 12. 179.

[25] Wu, Z., Barosh, P. J., Wang, L., Hu, D., & Wei, W. Numerical modeling of stress and strain associated with the bending of an oil pipeline by a migrating pingo in the permafrost region of the northern tibetan plateau. Engineering Geology, 2008, 96(1-2), 62-77. DOI: https: //doi. org/ 10. 1016/j. enggeo. 2007. 10. 001.

[26] Hennessy, A. J., Neville, A., & Roberts, K. J. An examination of additive-mediated wax nucleation in oil

pipeline environments. Journal of Crystal Growth, 1999, 198 - 199(1), 830-837. DOI: https: //doi. org/ 10. 1016/S0022-0248(98)01198-1.

[27] MD Chapetti, Otegui, J. L., & Motylicki, J. Fatigue assessment of an electrical resistance welded oil pipeline. International Journal of Fatigue, 2002, 24(1), 21-28. DOI: https: //doi. org/ 10. 1016/S0142-1123 (01)00111-6.

[28] Yan, S. Z., & Chyan, L. S. Performance enhancement of botdr fiber optic sensor for oil and gas pipeline monitoring. Optical Fiber Technology, 2010, 16 (2), 100 - 109. DOI: https: //doi. org/ 10. 1016/ j. yofte. 2010. 01. 001.

[29] Zhu, H., Lin, P., & Pan, Q. A cfd (computational fluid dynamic) simulation for oil leakage from damaged submarine pipeline. Energy, 2014, 64, 887-899. DOI: https: //doi. org/10. 1016/j. energy. 2013. 10. 037.

[30] Lei, H., Huang, Z., Liang, W., Mao, Y., & Que, P. W. Ultrasonic pig for submarine oil pipeline corrosion inspection. Russian Journal of Nondestructive Testing, 2009, 45(4), 285 - 291. DOI: https: //doi. org/ 10. 1134/S106183090904010X.

[31] Xu, P., He, L., Yang, D., Zhou, S., & Yang, D. Blocking characteristics of high water-cut crude oil in low-temperature gathering and transportation pipeline. Chemical Engineering Research and Design. 2021, (3 - 4). DOI: https: //doi. org/ 10. 1016/j. cherd. 2021. 07. 019.

[32] Bao, Y., Zhang, J., Wang, X., & Liu, W. Effect of pre-shear on structural behavior and pipeline restart of gelled waxy crude oil. Rsc Advances, 2016, 6 (84), 80529 - 80540. DOI: https: //doi. org/ 10. 1039/c6ra16346g.

[33] Gan, Y., Cheng, Q., Sun, W., Gao, W., Liu, X., & Liu, Y. The stability criterion model and stability analysis of waxy crude oil pipeline transportation system based on excess entropy production. Journal of Thermal Science, 2018, 27(06), 1-14. DOI: https: //doi. org/ CNKI: SUN: RKXY. 0. 2018-06-004.

[34] Mendoza-Cantu, A., Heydrich, S. C., Cervantes, I. S., & Orozco, O. O. Identification of environmentally vulnerable areas with priority for prevention and management of pipeline crude oil spills. Journal of Environmental Management, 2011, 92(7), 1706-1713. DOI: https: //doi. org/ 10. 1016/j. jenvman. 2011. 02. 008.

[35] Roehner, R. M., Fletcher, J. V., Hanson, F. V., & Dahdah, N. F. Comparative compositional study of crude oil solids from the trans alaska pipeline system using high-temperature gas chromatography. Energy & Fuels, 2002, 16(1), 211-217. DOI: https: //doi. org/ 10. 1021/ef010218m.

[36] Azevedo, C. Failure analysis of a crude oil pipeline. Engineering Failure Analysis, 2007, 14(6), 978-994. DOI: https: //doi. org/ 10. 1016/j. engfailanal. 2006. 12. 001.

[37] Yanhu, M., Guoyu, L., Wei, M., Zhengmin, S., Zhiwei, Z., & Wang, F. Rapid permafrost thaw induced by heat loss from a buried warm-oil pipeline and a new mitigation measure combining seasonal air-cooled embankment and pipe insulation. Energy, 2020, 203. DOI: https: //doi. org/10. 1016/j. energy. 2020. 117919.

[38] Hafez, K. M. The role of a plain dent on the failure mode of a crude oil pipeline. Engineering Failure Analysis, 2021, 122, 105291. DOI: https: //doi. org/ 10. 1016/j. engfailanal. 2021. 105291.

[39] Xu, L., Hou, L., Zhu, Z., Li, Y., & Wu, X. Mid-term prediction of electrical energy consumption for crude oil pipelines using a hybrid algorithm of support vector machine and genetic algorithm. Energy, 2021, 222(1), 119955. DOI: https: //doi. org/ 10. 1016/j. energy. 2021. 119955.

[40] Wang, Q., Ai, M., Shi, W., Lyu, Y., & Yu, W. Study on corrosion mechanism and its influencing factors of a short distance intermittent crude oil transmission and distribution pipeline. Engineering Failure Analysis, 2020, 118(3), 104892. DOI: https: //doi. org/ 10. 1016/j. engfailanal. 2020. 104892.

中哈天然气管道 SCADA 中心控制技术的实现

邱昌胜　杨尚书

（中国石油中油国际管道公司）

摘　要　为实现中哈天然气管道 SCADA 控制系统的调控中心控制模式，针对该管道的现状制定了技术实施方案，实现对计量站、压缩机站场及线路阀室等的中心控制。从 SCADA 系统的网络优化、运行安全、现场设备的参数监控、设备的远程监控及诊断等方面进行技术方案的研究和制定，最终完成了安全可靠的 SCADA 网络环境建设、调控中心 SCADA 系统冗余备用的搭建、压缩机等重要站场运行设备参数的上传和各专业工程师故障设备的远程诊断等。

关键词　天然气管道　SCADA　中心控制　冗余　远程诊断

当前自动化技术的发展趋势是网络化、集成化和智能化，它与计算机、信息技术的融合和创新，已经发展到对运行设备故障的在线监测与控制，设备之间的协调控制与联锁保护及广级管理决策与控制等。工业控制系统大多是以通用计算机网络为基础，以自动控制技术、数据通信技术、图象显示技术为一体的综合性系统装置。长输天然气管道的特点是运行距离长，管道敷设的地理条件复杂，站点也比较分散。管道的生产运行一般包括压缩机站场、远程截断阀室及计量站等运行站点，而对于多个管道并行的长输天然气管道，其运行工艺相对比较复杂，根据工艺或运行能耗管理等生产运行需求，一般包括对各个管道之间的气体进行调配、站场压缩机的运行优化等。长输天然气管道在建设设计时，一般都遵循“远程控制，无人值守”的原则，因此对于站场和调控中心的数据采集与监视控制(Supervisory Control and Data Acquisition，SCADA)系统都采用了比较高的技术标准，比如 SCADA 网络配置、SCADA 系统冗余、压缩机远程控制及压缩机站场的远程启停等，这对于生产运行能够实现调控中心控制提供了硬件基础。但由于一般设计阶段在前期，在一定时间的施工建设后，当初的设计条件会有很大的变化，因而，在实际投入生产运行后，会有许多生产运行条件与设计不符，比如天然气输量变化、现场设备型号的改变等。生产运行部门也会结合现场的运行和生产环境，不断提出新的生产功能需求，需要对原有调控中心的功能进行扩充和增强。因此，长输天然气管道的调控中心控制方案是随着生产运行环境的改变而不断进行优化的。调控中心 SCADA 系统实现全管道的运行参数监控、运行设备的启停控制等，因此，对于 SCADA 网络必须保证其安全性，免受外界恶意攻击，这也是实现中心控制方案必须考虑的重要因素。

1　中心控制方案的论证

长输天然气管道的中心控制首先需要实现各管道运行站点，包括压缩机站场、管道截断阀室等运行站点的设备的远程控制，能够实现在调控中心对压缩机组的启停、阀门的开关及风扇的开启等进行远程操作，同时还需要能够及时获得工艺和设备运行参数以及报警信息，以便保证生产的安全平稳运行，并可及时优化调整管道运行模式，提高管道的运行效率。管道 SCADA 系统负责全线设备和工艺运行参数的数据收集，并对现场运行设备进行远程操作，实现对整个管道运行的监控。调控中心作为整条管道生产运行的核心部分，负责实现管道生产运行的中心控制。长输天然气管道的运行控制模式一般分为三级：中心控制、站场控制和就地控制。在管道正常运行的情况下，调控中心的控制属于最高权限的控制模式，当处于中心控制模式时，站场没有生产运行的控制权；当调控中心因为某些原因不能正常工作时，站场就具有了控制权限；而就地控制负责站场设备单体的现场操作，一般只在设备不具备远程操作功能或设备维护时。因而，调控中心的 SCADA 系统必须运行稳定、控制功能平稳可靠，且要求具备在灾难、事故等严重情况下的系统备用功能。另外，天然气管道的调控中心一般不在生产运行现场，与现场的通信主要是依靠管道的伴行光缆或租赁的卫星系统，因此，通信系统也就必须要求可靠性高且系统的数据安全。

1.1 SCADA 系统通信网络方案

长输管道 SCADA 网络是专为天然气管道生产运行而建设的工业控制专用网络，同样也是基于 TCP/IP 网络协议，在网络规划中主要包括截断阀室局域网、站场控制局域网和调控中心局域网 3 个子网结构，各控制局域网络通过管道伴行敷设的光纤和租赁卫星建立物理链路，实现整个长输天然气管道的网络结构架设。在正常的生产运行中，光纤作为主通信链路，其通信带宽、传输速率及安全性等能够得到很好的保证，而当发生光纤中断、光纤设备故障等无法实现通信时，需要自动切换到卫星通信，作为 SCADA 系统的通信链路，这样才能够保证调控中心的通信能够不间断地与现场各站点实时通信。当光纤通信恢复正常后，再自动由卫星通信切换到光纤通信。因此，天然气管道要实现调控中心控制，网络的链路冗余必须得到合理的配置。

在截断阀室局域网、站场控制局域网和调控中心局域的网络划分上，采用星型网络结构，将 SCADA 网络做出多个层级的网络划分，同时在此基础上可以设置网络通信链路的多重冗余保护机制，不会因为其中一条链路故障导致该局域网通信的中断，或影响其他局域网的正常通信，保证了 SCADA 网络的稳定性和可靠性，另外对于网路故障排查和维护提供了便捷，当发生网络故障时，可以在线对该局域网进行隔离，便于快速查找故障点，加强了 SCADA 网络的可维护性。图 1 所示为 SCADA 网络架构，各个网络之间互为备用路由，此网络架构增强了 SCADA 网络的安全性和可靠性。

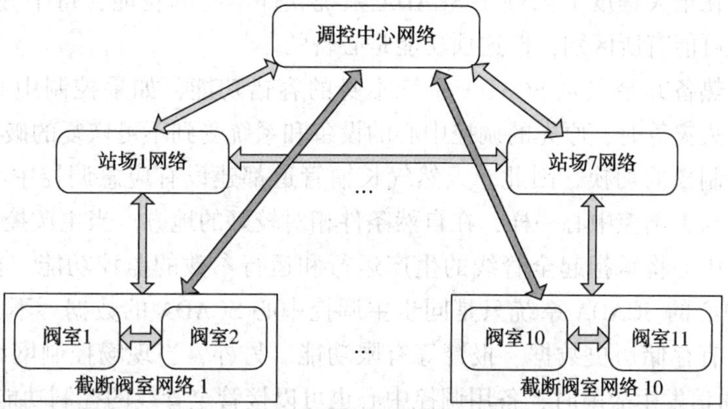

图 1　SCADA 网络架构

1.2 SCADA 系统运行安全方案

调控中心 SCADA 系统的建设是实现长输天然气管道中心控制的核心部分，是长输天然气管道安全平稳运行的保障，对于调控中心的 SCADA 系统的运行必须能够长时间、连续无扰动运行，且要求系统运行故障率低，一旦发生系统或设备故障，系统能够快速检测和恢复，或无扰动地切换到相应的冗余或备用系统。因此，调控中心 SCADA 系统必须具备系统或设备冗余、故障自检、通信通道自动检测、冗余系统/设备自动切换等安全保护功能，能够提高 SCADA 系统自身的鲁棒性。在结合现有通信设备、站控 SCADA 系统等应用中，对于调控中心 SCADA 系统采用了分层多级冗余(图 2)。

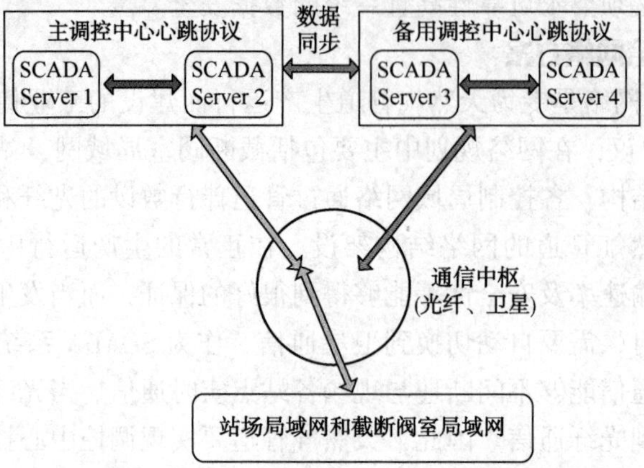

图 2　调控中心 SCADA 系统多层冗余结构

SCADA 系统的热机冗余备份，是基本的 SCADA 系统容错的解决方案。在主调控中心，两台 SCADA 服务器通过心跳协议等方式实现双机的冗余备份，两台服务器用以太网直连，在同一时刻，只有一台服务器为主服务器，取得系统的控制权，主要的监控参数和系统配置数据由主服务器同步给备份服务器，当主服务器发生故障时，把控制权交给备份服务器，主服务器停止运行，备份服务器作为主服务器接管系统的控制权。故障服务器可以离线进行故障排查，当故障排除后，该服务器可以再次在线，作为备份服务器加入到运行系统中。双机热备的解决方案在很大程度上依赖于 SCADA 系统软件本身的功能，每个 SCADA 系统开发厂家的配置方式可能有所区别，但这项功能是必备的。

当然，双机热备冗余只是 SCADA 系统本身的容错功能，如果控制中心遇到灾难性事故，比如地震、火灾等时，原先的调控中心的设备和系统受到不可恢复的破坏时，就需要另一套系统进行控制权的切换，因此，天然气长输管道都建设有应急调控中心或备用调控中心，建立的地点与主调控中心一样，在自然条件相对较好的地方。当主调控中心发生上述灾难时，备用调控中心将承担起全管线的生产运行和运行参数的监控功能。在生产正常运行时，备用调控中心的 SCADA 系统只是同步主调控中心 SCADA 的数据，不具备现场设备的操控功能，仅具有存储历史数据、报警等有限功能。另外，当现场控制网络与主调控中心 SCADA 系统的通信发生故障时，备用调控中心也可以接管全管线的控制功能。

实现了 SCADA 系统冗余和调控中心应急备用后，系统的数据存储和系统软件备份也是比较重要的环节，对系统软件运行平台、历史数据、事件的存储可以在系统或设备崩溃之后，对 SCADA 系统的运行环境快速还原，恢复原有系统。

1.3 SCADA 系统远程控制方案

长输天然气管道的调控中心，需要对现场的所有设备能够进行启停等操作，对于第三方设备本身的控制系统要具有远程接口，能够与 SCADA 系统进行数据交换，配合工业电视的画面监控，实现所有设备的远程操作。长输天然气管道的运行，必须实现压缩机站场的调控中心远程控制和截断阀室远程控制，包括压缩机组的启停、阀门的开关等。

其中站场压缩机组的远程控制是实现站场中心控制的核心。压缩机组的控制可以分为就地控制模式和远程控制模式，对于中心控制而言，必须实现压缩机组的远程控制模式。远程控制模式可以实现对站场多台压缩机组的负荷分配操作，通过 SCADA 控制界面，设置站场的出入口压力，多台机组按照既定的逻辑运行，使每台机组达到负载平衡，起到优化机组运行效果的目的，并使每台压缩机的喘振裕量相当。由于压缩机组配套有本机组的控制系统，因此需要 SCADA 系统与机组控制系统进行数据交换，一些机组运行的重要参数必须上传到 SCADA 系统中，对于压缩机组的控制信号，比如压缩机启停命令、转速升降命令、出入口压力设定值等，必须用硬接线的方式 SCADA 系统与机组控制系统的连接，同时将压缩机组运行的重要参数上传到 SCADA 系统，以 HMI 画面进行显示。对于重要的报警信息，可以采用弹框的形式提示操作人员。

对于站场其他区域的控制，比如过滤分离区、空冷区等，可以按照设计的控制逻辑，用 SCADA 控制器编程的方式实现区域的自动运行。同时，对于重要设备，比如发电机、空压机等，则需要将重要数据上传到 SCADA 系统。

线路截断阀室的控制，只针对配置有远程控制终端的阀室，对于没有配置远程控制终端的阀室可以采取改造增加相应设备的方式实现。

2 中心控制方案的应用

中哈天然气管道项目在哈萨克斯坦国境内单管长 1300 多公里，由 A、B 线和 C 线 3 条管道组成，共有 13 座压缩机站、2 座计量站和 184 座截断阀室，调控中心位于阿拉木图市，负责全线管道的生产运行监控。由于哈萨克斯坦国内管道运行环境的限制，在运行初期，调控中心只负责管道全线的运行数据采集和监视，站场负责生产运行控制和临近阀室的监控。为了实现建设世界先进水平管道的要求，需将站场控制转为中心控制模式，结合国内外天然气管道中心控制的先进技术和运行经验，制定了一套科学可行的中心控制方案并得到了实际应用，大幅提高了天然气管网的运行效率。

2.1 通信网络优化

中哈天然气管道项目在 A、B 线管道建设期间，同步敷设了管道伴行光纤，通信主干接点设备使用的是华为的 OSN 3500 SDH，主要负责 A、B 线站场和线路阀室的 SCADA 通信，同时也包括站场与项目总部的办公网、工业监控电视及视频会议系统等应用。但随着后续 C 线站场和阀室的陆续投用，特别是站场控制转中心控制后，SCADA 系统需要占用更多的网络通信资源，并且基于带宽计算和远程诊断等信息化平台建设，带宽不足以支持新业务，原有的通信系统不能满足生产要求。因此，项目根据需要对原有的 SDH 系统进行改造，使用了密集波分复用（DWDM）技术对原有的 SDH 系统进行更换，DWDM 是一种主流的通信技术，与原有的 SDH 相比，DWDM 具有更好的可扩展性，能够满足未来的扩容需求。DWDM 系统的最大带宽可达到 400Gbit/s，更换后的 DWDM 系统带宽为 20Gbit/s，未来可灵活扩展，将现有的 SDH STM-16 接口将升级到 10GE，带宽从 2. 5Gbit/s 提高到 20Gbit/s。并且将现有的 SCADA 系统带宽进行了大幅度的拓宽，满足了 SCADA 系统大数据量的要求。

对原有的 SCADA 控制网络的截断阀室网络、站场局域网和调控中心网络进行了分层冗余划分，如果其中一个阀室的通信发生故障，则可以通过相近阀室的通信路由实现数据上传，实现了 SCADA 通信路由的冗余，保证通信的稳定性。

由于传输网光纤长度长，部署在不利环境(如高低温、强风、漏水，甚至人为因素等)中，容易发生变质和破损，因此快速定位光纤断裂位置非常重要，否则会使光纤通信恢复时间延长，带来巨大的安全隐患和财产损失。长周期光纤监测成为光网络运维的基本要求。项目因此配置了光纤诊断系统，该系统根据传输网络上的光纤特性提供光纤测试和光纤监控，实现了对全网光纤进行 7×24 小时监控，有助于发现光纤恶化的趋势，准确定位故障并立即发送调度指令，提高光纤网络维护的效率。

2.2 SCADA 系统安全策略

中哈天然气管道项目的 SCADA 系统使用的是 ABB 公司的 SCADAVantage 软件系统，分别在压缩机站和调控中心部署，现场可编程控制器等硬件使用的是 800Xa 系列，控制器等硬件实现了冗余，紧急停车系统使用了通过 SIL3 认证的软硬件系统。

调控中心的 SCADA 系统采用双机热备冗余方式，保证 SCADA 系统运行的稳定性，其冗余是基于心跳协议。而应用心跳协议的冗余 SCADA 服务器不依赖于通信系统诊断功能，避免了由于 SCADA 系统和通信系统协议不兼容或通信延迟等通信质量不佳等原因，而无法实时对通信系统状态进行监测的问题，很好地解决了站场 SCADA 和调控中心 SCADA 控制权的切换问题，提高了 SCADA 系统自身的鲁棒性。调控中心 SCADA 系统获取数据的通信方式分为两种：调控中心 SCADA 数据与站控 SCADA 系统利用数据库复制的方式实现数据交换和调控中心 SCADA 系统直接与站场的硬件控制器进行数据交换。在正常状态下，利用第 1 种数据交换方式，这种方式能保证站场 SCADA 系统与调控中心 SCADA 系统的数据保持高度一致，包括历史记录等。当站场 SCADA 系统出现故障时，调控中心 SCADA 系统会自动切换到与硬件控制器之间通信，保证了 SCADA 系统的稳定性。

同时，在现场的 7 号压缩机站场还配置了备用调控中心，备用调控中心的 SCADA 系统也是采取了双机冗余备用，在正常工作情况下，备用调控中心只与主调控中心进行数据交换，没有任何控制权，不能进行站场远程设备的启停等操作，只有当主调控中心 SCADA 系统不能工作时，可以手动切到备用调控中心 SCADA 系统，此时，备用调控中心具有管道运行的控制权，可以进行现场设备远程启停等操作。也可先设置好条件，当满足设置条件时，管道运行控制权可以自动切换到备用调控中心。

2.3 完善数据上传

为了在调控中心能够更好地监控现场设备的运行状态，需要对各设备本身控制系统的数据和通信接口进行扩展，如果无法实现重要数据的上传，调控中心就无法实现对远程设备的操作。在长输天然气管道的压缩机站场，最重要的就是对压缩机组的远程操作。中哈天然气管道项目经过技术攻关，完成了压缩机组综合监控平台，实现了压缩机组全部参数上传到调控中心。同时调控中心经过努力，完成了压缩机组负载平衡的功能测试，目前压缩机组完全实现了远程控制的功能。同时，对于发电机组，完善和补充了重要数据的上传。

对于站场的工艺流程，比如过滤分离区、空冷区等区域，重新经过工艺流程优化，完成相关控制逻辑的修改，实现了各个工艺区域设备的远程逻辑控制。

中哈天然气管道项目的现场截断阀室有部分阀室不具有远程操作功能，因此，经过调研，确定了阀室改造方案，并进行技术改造，实现了远程操作功能。

由于SCADA系统处于封闭的控制网络，因而在长输管道的现场对于管道实时数据的监控非常困难，而各专业技术人员如果需要实时监控设备的运行状态，也必须接入到SCADA网络，这样会给SCADA控制网络带来风险，为此，开发出了基于WEB的长输管道远程监控系统。利用WEB的系统架构和网络安全技术，实现了跨网络数据访问的服务，同时也满足了现场监控数据的要求。各专业技术人员也能够实时监控现场设备，完善了调控中心控制的技术操控能力，使调控中心操作人员能够专注于工艺调整和流程操作。

而对于重要的监控数据，完成了各站场报警设定值的统一，完善报警提示功能，增加了重要报警的声音报警，并对不同的设备报警采用不同的报警音提示。

3 结束语

中哈天然气管道项目经过前期的技术方案研究和技术改造，已经实现了部分站场的调控中心控制，在实施中的一些技术方案和经验也值得其他项目借鉴。要实现调控中心控制，首先通信系统、SCADA系统必须满足技术要求，现场工艺信息传达必须准确及时，其次对于人员素质也有一定的要求，调控中心人员必须能够掌握压缩机组等的运行特性和操作流程。

参 考 文 献

[1] 王婷婷.SCADA系统中数据传输安全性研究[D].上海：华东理工大学，2013.
[2] 党学博，李怀印.中亚天然气管道发展现状与特点分析[J].油气储运，2013，32(7)：692~697.
[3] 聂磊，张宏伟，罗冰.浅谈长输管道SCADA系统组网结构及实现[J].工业控制计算机，2018，31(9)：108~110.
[4] 何信，孟凡强.冗余方案在长输管道SCADA系统中的应用[J].油气储运，2001，20(6)：38~41.
[5] 王文顺，汪秉文.基于以太网的长输管线SCADA系统[J].计算机技术与发展，2007，17(2)：125~127，232.
[6] 任银焕.长输管道采用SCADA系统的冗余结构[J].油气储运，1991，10(4)：26~31，5.
[7] 区和坚.工业控制系统信息安全研究综述[J].自动化仪表，2017，38(7)：4~8.
[8] 张世斌，赵国辉，张舒.盖州压气站站控系统与压缩机组控制系统的融合[J].油气储运，2020，39(9)：1026~1030.
[9] 王怀义，杨喜良.长输天然气管道压缩机组远程控制系统设计[J].油气储运，2016，35(12)：1360~1364.

输油站场谐波治理探索

张永斌

（中油国际管道有限公司）

摘 要 对原油站场封闭电力系统的谐波电压和电流进行了分析研究，根据现场实际情况，提出了使用并联型有源电力滤波器来解决电网存在的问题。通过分析，有源电力滤波器在原油站场的谐波治理方面实用性较强，能实时准确地跟踪补偿谐波，从根本上提升输油站场的电能质量。

关键词 原油站场 变频器 谐波限值 有源电力滤波器

某原油首站所在区域社会依托较差，缺少外界电源供给。站场采用天然气发电机自我供电系统，整个系统属于封闭系统，不与外界电网发生关系。供电系统发电机设计容量2100kW，目前工况下负荷1000kW左右，高峰1200kW。目前供电系统主要负荷为给油泵电机，采用变频器驱动，额定功率280kW，2用1备，除此之外还有码头和运营中心营地负荷，合计1000kW~1200kW左右，目前功率因数为0.96。

自电力系统投用以来，站内精密电气设备频繁损坏，特别是给油泵投用以来站内闸阀利密托克电动执行机构电路板损坏情况较为严重。通过对电能质量进行分析，发现电网内存在谐波，严重影响站内设备设施的运行安全。

1 谐波限值的计算

根据国家标准GB/T 14549—1993《电能质量——公用电网谐波》，各电压等级谐波电压限值如下所示。

表1 公共电网谐波电压限值

电网标称电压/kV	电压总谐波畸变率/%	各次谐波电压含有率/%	
		奇次	偶次
0.38	5.0	4.0	2.0
6	4.0	3.2	1.6
10	4.0	3.2	1.6
35	3.0	2.4	1.2
110	2.0	1.6	0.8

在基准短路容量10MVA下，注入0.4kV母线的各次谐波电流允许值如下表所示：

表2 各次谐波电流允许值

谐波次数	2	3	4	5	6	7	8	9
限值/A	78	62	39	62	26	44	19	21

续表

谐波次数	10	11	12	13	14	15	16	17
限值/A	16	28	13	24	11	12	9.7	18
谐波次数	18	19	20	21	22	23	24	25
限值/A	8.6	16	7.8	8.9	7.1	14	6.5	12

当连接点的实际短路容量不同于规定的基准容量时，连接点的谐波电流允许值应按系统实际的最小短路容量进行换算，即

$$I_h = \frac{S_{d1}}{S_{d2}} I_{hp} \tag{1}$$

式中 S_{d1}——公共连接点的实际最小短路容量，MVA；

S_{d2}——基准短路容量，MVA；

I_{hp}——基准容量下的第 h 次谐波电流允许值，A；

I_h——实际最小短路容量下的第 h 次谐波电流允许值，A。

这样可以得出公共连接点所有用户向配电系统注入的各次总谐波电流允许值，按照下式可算出同一公共连接点允许第 i 个用户注入的第 h 次谐波电流允许值为：

$$I_{hi} = I_h \left(\frac{S_i}{S_T} \right)^{\frac{1}{\alpha}} \tag{2}$$

式中 I_h——实际最小短路容量下的第 h 次谐波电流允许值，A；

S_i——第 i 个用户的用电协议容量，MVA；

S_T——公共连接点的供电设备，MVA；

α——相位叠加系数，按 3 取值。

表 3 相位叠加系数 α 取值

h	3	5	7	11	13	9，>13，偶次
α	1.1	1.2	1.4	1.8	1.9	2

谐波限值按照国标基准短路容量情况下规定的谐波限值。

2 测试数据分析

2.1 变频器功率测试

由系统功率统计报表可看出，变频器有功功率总计 246.2kW，无功功率总计 98.6kvar，功率因数 0.93，设备自然功率因数在 0.9 以上。

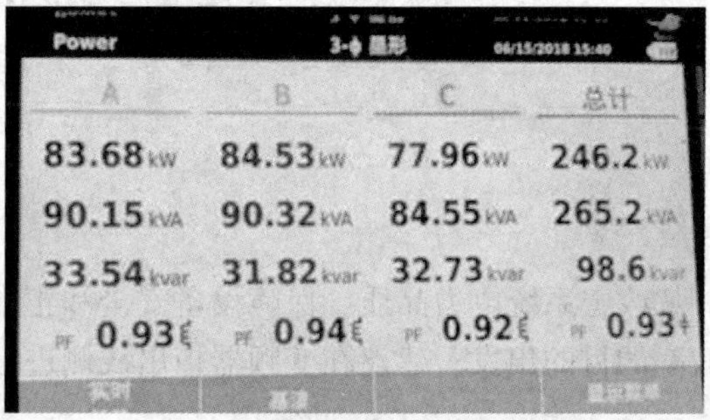

图 1 变频器功率检测数据图

2.2 变频器谐波电流检测

从图 2 和图 3 中可以看出，单台变频器谐波电流畸变率 33%左右，谐波电流含量较高。其中 5 次、7 次、11 次和 13 次为主要谐波。

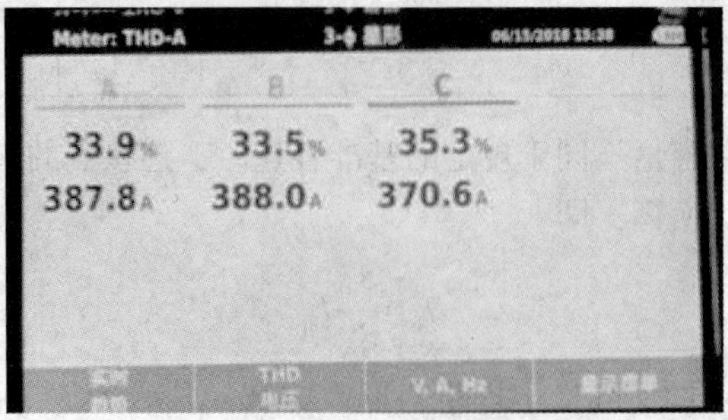

图 2 变频器谐波电流测试

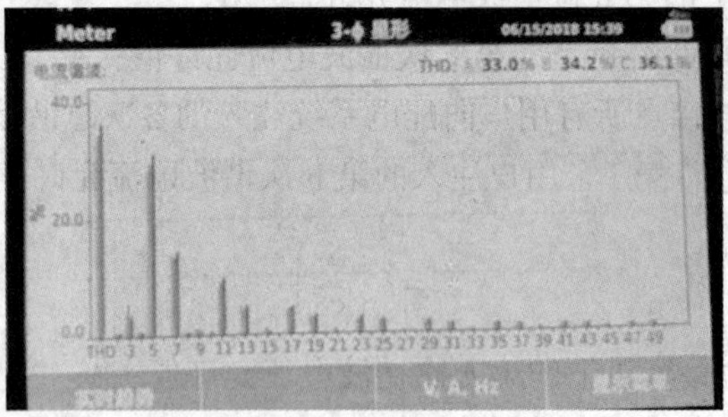

图 3 变频器谐波电流频谱分析

2.3 变频器谐波电压分析

0.4kV 谐波电压畸变率最大值 6.2%左右，超过限值要求，其中 5 次、7 次、11 次和 13 次为主要谐波，与谐波电流频谱分布一致，由此可知，变频器产生的谐波电流是系统电压畸变率较高的主要原因。

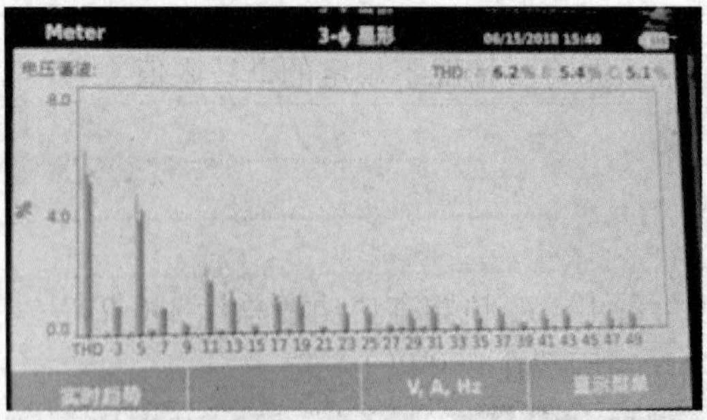

图 4 变频器谐波电压频谱分析

3 方案设计

3.1 容量计算

根据现场实际情况，从改善系统电力品质、保障设备安全和正常运行、综合提升设备运行效率和电力能源使用效率的目的出发，建议在变频器柜出线侧进行有源滤波。

总谐波电流计算如下：

$$I_{\mathrm{H}} = \sqrt{\sum_{h}^{\infty} I_{\mathrm{h}}^{2}} = THD_{I} \times I_{1} = 388 \times 33.5\% = 129A \tag{3}$$

三台变频器参数及运行工况基本一致，考虑到一定的裕度，建议单台有源滤波装置的容量为200A。滤波器投入使用后，可保证系统电压畸变率明显降低，满足国标要求。

3.2 滤波器简介

APF(Active Power Filter)是一种用于动态抑制谐波、补偿无功的新型电力电子装置，它能对大小和频率都变化的谐波以及变化的无功进行补偿，其应用可克服LC滤波器等传统的谐波抑制和无功补偿方法的缺点，获得比无源滤波器更好的补偿特性，是一种理想的补偿谐波装置。

APF以三相电路瞬时无功功率理论为主要理论基础，根据补偿对象的不同，通常分为并联型和串联型两种。并联有源滤波器主要用来治理电流谐波，串联有源滤波器主要治理电压谐波等引起的问题，实际应用以并联型为主。

采用并联型APF，主电路由以IGBT为主要器件的PWM变流器(简称IGBT变流器)组成，原理接线图如下所示：

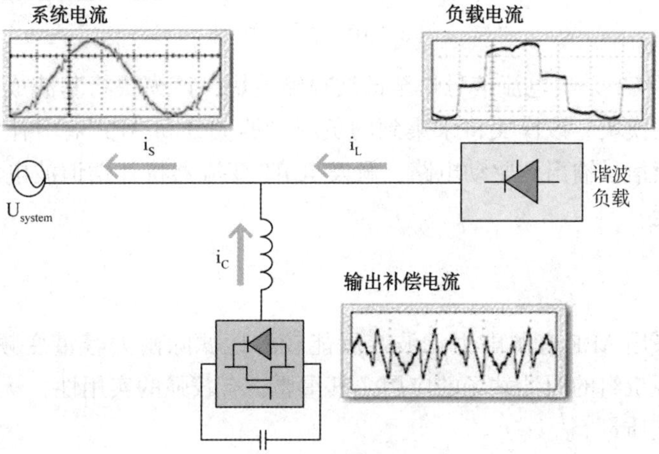

图5 APF原理图

APF的基本工作原理是：将IGBT变流器通过电抗器(或者变压器)并联在电网上，通过电流互感器检测负荷电流中的谐波分量、无功分量、不对称分量，控制IGBT变流器交流侧所输出的电流，使该变流器迅速吸收或者发出所需要的补偿电流，实现对电能质量进行治理的目的。

3.3 系统结构

APF有源电力滤波装置主要由以下几部分组成：进线断路器、IGBT变流器、直流电容器、滤波回路、控制保护单元及连接电抗器等。装置构成示意图如下图所示：

进线断路器合闸后，APF首先通过预充电电阻对DC母线的电容充电，这个过程持续约8s，用以防止上电时对DC母线电容器的瞬间冲击。当母线电压达到额定之后，预充电接触器闭合。

直流电容作为储能元件，为通过IGBT变流器和内部电抗器向外输出补偿电流提供能量。

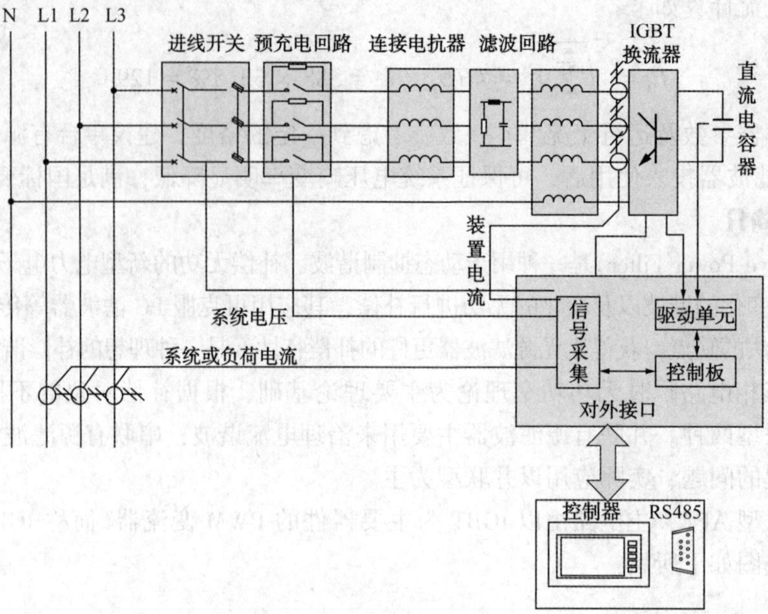

图 6　APF 系统结构图

APF 通过外部 CT 采集电流信号送至谐波检测模块，该模块将基波成分分离，将谐波成分送至调节和监测模块。该模块将采集到的负载谐波成分和 APF 输出补偿电流比较，得到差值作为实时补偿信号输出到驱动电路，触发 IGBT 变流器将补偿谐波电流注入电网中，实现滤除谐波的功能。

4　结束语

综上所述，采用 APF 有源电力滤波装置能较好地滤除由大容量变频器所产生的谐波，在使用电驱输油泵机组的原油站场的应用尤其重要，有较强的实用性，从根本上能够提升封闭电网系统的电能质量。

参 考 文 献

[1] 罗安．电网谐波治理和无功补偿技术及装备[M]．北京：中国电力出版社，2006.
[2] 方昕．并联型有源电力滤波器的电流数字控制技术[D]．武汉：华中科技大学，2006.
[3] 毕向阳，朱凌，李伟．串联混合型有源电力滤波器的仿真研究[J]．电力科学与工程，2009，(5)：27-30.

一种油库漏油检测系统的应用

张永斌

（中油国际管道有限公司）

摘　要　对原油库区的漏油检测系统进行了研究，根据现场实际情况，提出了使用快速检测传感器来实现快速准确的漏油检测。通过现场的安装和调试，基于快速检测传感器技术的漏油检测系统实用性较强，能实时准确地反馈报警信息，从根本上降低了油库的安全风险，确保了原油库区的安全平稳运行。

关键词　原油库区　快速检测　漏油检测系统

某120万方原油库区地处热带，雨季降雨量较大，截油排水设施老旧，一旦原油泄漏，无法及时有效地将泄漏原油切换至安全区域，造成的损失无法估量。目前检测手段仅仅通过集水坑附近可燃气体探测器来实现，且经常出现误报，给现场管理带来很大的麻烦。尤其在雨季降雨量较大时排水量大，空气中水气浓度高导致仪表故障率高，人工巡检危险系数偏高，在一定程度上给油库的安全平稳运行还来了极大的隐患，解决此类问题刻不容缓。

目前部分国内油库的漏油检测系统已完成升级，均采用TraceTek FFS(Fast Fuel Sensor，快速测油传感器)技术，此技术能够较为准确地反馈油品泄漏信号，结合现代化视频监控系统，在原油库区的运行管理工作中能大大提高管理精度，减少误报警次数，具有较强的应用前景。

1　检测技术简介

快速燃油测试传感器用于检测漂浮在水面和集聚在坑槽中的碳氢化合物燃料，测油传感器本身和水不发生任何反应，防水功能较强，但对于漂浮在水面上的油品，哪怕只有薄薄的一层，测试传感器都能马上发现，且测试传感器可安装在浮动装置上，适用于水面经常发生变化的区域，尤其适用于油库集水坑位置的安装。

1.1　检测原理

FFS的核心部件为薄碳聚合物构成的电路板，液态烃(原油主要成份)在接触点造成胀聚合物的微观膨胀，接触点附近的电阻急剧增加，与其构成回路的处理器迅速判断并将信号传至控制中心，检测原理如图1所示。

图1中，蓝色线条为聚合物，黑色块状物为碳，二者一旦接触液态烃会膨胀，使电阻发生变化。对于汽油、航空燃料和柴油等轻质或者中质燃料，测试传感器的反应时间通常只有几秒，而对于原油、某些重质燃料等，测试传感器也可以起反应，但随着油料粘度增加和挥发性降低，反应时间也逐步变慢，由于此原油库区原油均来自中东地区且为轻质原油，对于此种检测传感器同样有较强的适用性。

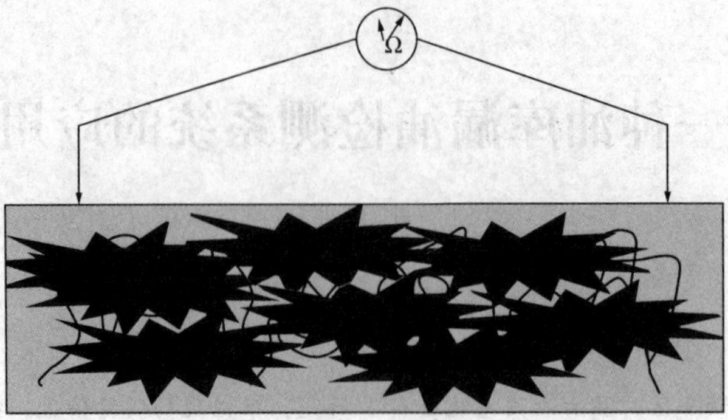

图 1　FFS 检测原理图

1.2　检测技术与方法

如图 2 所示，左图中检测传感器由环氧树脂内的组装件、顶部电极、感应区域和底部电极构成，电子处理单元集成于环氧树脂内可起到防水防潮的作用，感应区域内主要物质为薄碳聚合物，顶部和底部电极用来将感应区域的变化信号传递给电子处理单元。右图是检测传感器放置于实际场景中的示意图，由于原油比水轻，漂浮在水面，检测传感器会随着液面的变化而位置发生变化，时刻保证液面在检测区域范围内。同时，在大多数情况下，当检测传感器移离泄漏点并且燃油挥发后，快速检测传感器将被重新复位。在测试某些重油的情况下，需要将检测传感器浸泡入石油脑或异丙醇中，用于除除黏附的重油。检测传感器可以反复使用，直到不能被重新复位。当检测传感器必须被更换时，传感器就会一直处于报警状态，不会出现模棱两可的情况。检测传感器可以使用少量石油脑(打火机油)进行周期性的验证测试，当燃料油挥发后，检测传感器将重新复位。

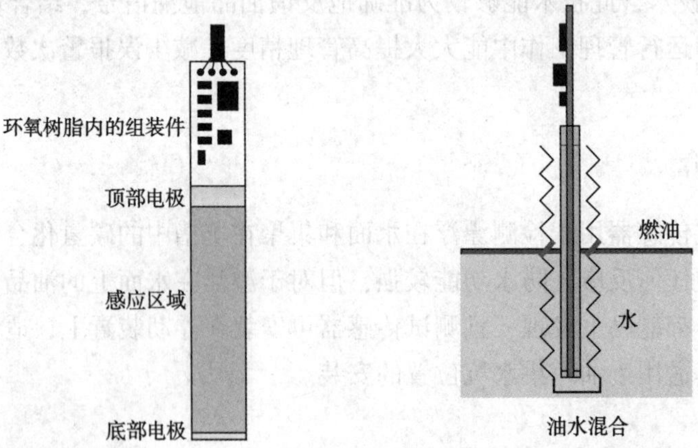

图 2　检测技术与方法原理图

2　系统构成

图中 SC1 模块为电子处理单元，S1 和 S2 为浪涌保护器。SC1 模块有 RS485 通信功能，通过 RS+(15 号)和 RS-(14 号)端子将处理后的信号传到中控系统。TT-SIM1A 模块的信号传输距离最长可达 1500 米，20 位的 A/D 转换精度，可接收检测传感器闭触点信号发送的报警信息。同时可提供控制的低电压和电流，从而给传感器供电，不间断对传感器变抽象的模拟数值进行测量，把模拟测量值转换成数字数据或者继电器逻辑。

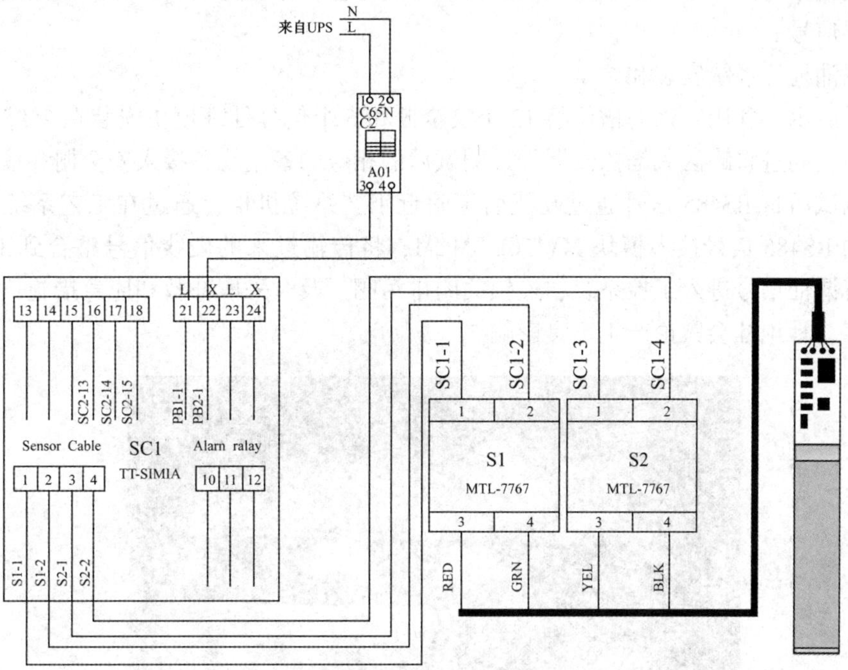

图3　系统构成图

3　系统应用

3.1　检测传感器的安装

如图4所示，测油棒均可安装至集水坑南侧坑壁上，使用膨胀螺丝打眼固定。检测传感器在低液位时为固定高度，高液位时安装于浮动装置，可随液面移动，在多雨的季节里可保证能检测到液面的液态烃。

图4　检测传感器安装图

3.2　信号传输和报警的实现

（1）敷设铠装信号电缆线

将每个测油传感器4芯电缆信号引至库区2#综合设备间是施工过程中的难点，也是工程量最大的环节，综合考虑后，避免破路、挖沟、设备间重新挖开进出线口穿线等环节，利用现有的2#、4#、6#、8#、10#、12#罐至2#综合设备间火焰探测器备用芯（每个罐共6芯备用），只需要将集水坑信号接至每个罐防水堤外火焰探测器接线箱，将备用芯与新加信号线连接就可实现将测油棒信号传至2#综合设备间的目的，检测点和接线箱之间使用5＊1mm^2的屏蔽线，留1芯备用，线路敷设采用DN25的无缝钢管全程保护，为避免挖掘作业带来的风险，只需将防火堤根部表面石子挖开将钢管埋入。

同时，接线箱目前已无备用进线口，需要在接线箱上打孔并焊接带螺纹的防爆接头，为了避免在罐区动火，只需要将接线箱拆下带至维抢修队进行相关打孔和焊接作业，在此期间只会影响接线箱所涉及 1 个罐的火焰探测器信号的传输，作业完成后立即回装接线箱并恢复火焰探测器信号。

（2）漏油检测系统安装和调试

如图 5 所示，利用空闲的槽位将 12 个安全栅和 6 个信号处理模块安装在 $2^{\#}$综合设备间火气机柜内，同进将罐区火焰探测器经过测试后的相应的备用线路接入安全栅和信号处理模块，经过调试后将 RS485 信号通过硬线引至附近工艺系统机柜，通过在工艺系统备件机架安装专用的 RS485 信号接入模块 MVI56E-MCM，将传输过来的硬线信号整合到工控系统，一旦发现有漏油信号进入工控系统，连锁关闭排污阀，及时采取补救和应急措施，确保不出现溢油入海，杜绝社会舆论产生不良影响。

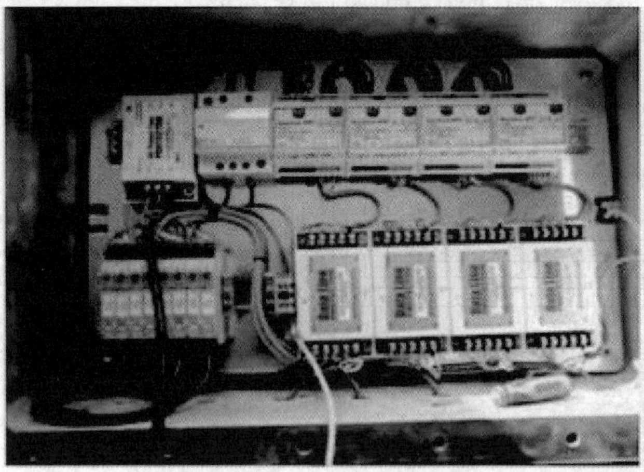

图 5　机柜内设备安装图

4　结论

综上所述，采用漏油检测系统能够有效的避免漏油后未能及时采取措施而造成的严重后果，有较强的实用性，从根本上能够提升油库运行的安全系统。整个系统能够检测泄漏、确定泄漏源位置并在第一时间报警及时采取纠正措施，规避对土壤及海水资源造成污染和破坏，降低有害物料扩散及爆炸造成的风险，防止因泄漏污染引起的企业名誉受损。

参考文献

[1] 张本东，张岩．油库漏油检测系统[J]．中国油脂，2008(4)：77-79.

[2] 刘彬．油罐漏油检测系统[D]．北京工业大学，2007.

[3] 陈佳，罗凯文．油罐漏油检测方法与技术[J]．中国储运，2012(10)：110-112.

原油码头消防控制系统数字化应用

张永斌

（中油国际管道有限公司）

摘　要　为了实现原油码头消防控制系统的升级改造，采用工业以太网通讯方式，通过开发上位机程序，构建了消防信息化控制系统。此系统不论是在硬件上还是在软件上都能使消防控制系统更加实用和稳定，硬件使用两种不同通信模块来实现上位机与 PLC 的通信，软件根据现场实际需求，使用专业的编程平台进行二次开发，把原操作台上使用较为繁琐的功能用信息化手段集成在人机交互界面上，操作更加便捷，采用通用性较强的通信协议，具有较高的使用灵活性，能更加全面、高效地掌握现场设备的状态，达到了预期的升级目标。

关键词　原油码头　消防控制系统　工业以太网　二次开发

海外某原油码头控制系统进行自动化升级，需要将控制室老式消防操作台的所有功能用计算机软件来实现，以提高码头的自动化管理水平，同时可将上位机控制系统利用光纤网络迁移至所在区域的综合调度控制中心，打造了集便捷监控、远程数字化操作等功能的一体化平台。

1　系统结构及原理

系统采用工业以太网通讯方式，消防炮控制台 SIEMENS S7－200 CPU224 通过增加 CP243 以太网扩展模块和上位机通讯，原电动阀控制台 CPU224 PPI 接口通过加装 BCNet 网关转换成标准工业以太网协议和上位机通讯。系统架构如图 1 所示。

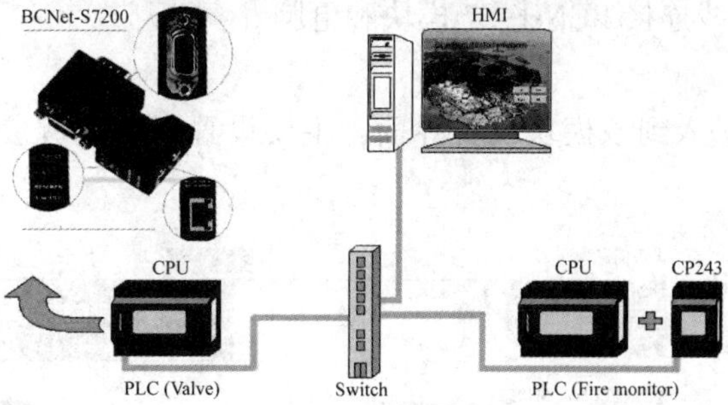

消防控制系统架构图

图 1　消防控制系统架构图

2　系统硬件设计

消防炮控制台加装 CP243 模块，采用标准以太网接口方便的接入自动化系统中。在技术层面它是根据国际标准 IEEE 802. 3 而定义。

电动阀控制台加装 BCNet 协议转换模块将西门子 PPI 接口转换为标准以太网接口，直接安装在 PLC 的 PPI 通讯口上，无需外接电源。支持 S7 TCP 通讯，最多支持 32 个上位机的连接。可通过 WEB 浏览器、BCDevice、BCNetPro 等手段进行参数设置及诊断，为工业级产品，性能稳定可靠。

CP243 及 BCNet-S7200 分别连接 1 根超 5 类网线和工业交换机相连构建以太网络，工控机上安装上位机开发软件的 S7 TCP 协议，通过激活认证网卡后和工业交换机相连，这样基于 S7 TCP 协议的网络构建完成。

3　系统软件设计

3.1　软件设计思路和编程方法

(1) CP343 主要配置方法

a. 安装

带有 STEP 7 Micro/WIN32 软件的编程设备；PC/PPI 电缆；一根以太网直连电缆

b. 基本设置步骤

使用 STEP 7 Micro/WIN32 中的向导程序，在命令菜单中选择 Tools-->Ethernet Wizard；

在线的情况下，用 Read Modules 按钮搜寻在线的 CP243-1 模块；在此处填写 IP 地址、子网掩码、通讯类型；配置模块的连接个数。配置该模块为 SERVER 并在此处填写 CLIENT 端的 IP 地址；在此处填写 TSAP 地址；选择 CRC 校验，获得系统建议的 V 存储区的起始地址，完成配置。

c. 诊断方式

模块指示灯为绿色且连续点亮表示通过 RJ45 接口已建立以太网连接；RX/TX 绿色且闪烁表示数据正在通过以太网进行接收和传输。

(2) BCNet-S7200 主要配置方法

a. 安装

西门子 PLC 控制器上电后将 BCNet-S7 模块插入到 PLC 的 DB9 通讯口，并拧紧螺栓加以固定，然后用一根网线连接 BCNet-S7 模块和电脑。

b. 基本设置

通过 WEB 浏览器进入到该模块设置界面，主要设置串行接口参数及以太网接口参数，如图 2 所示：

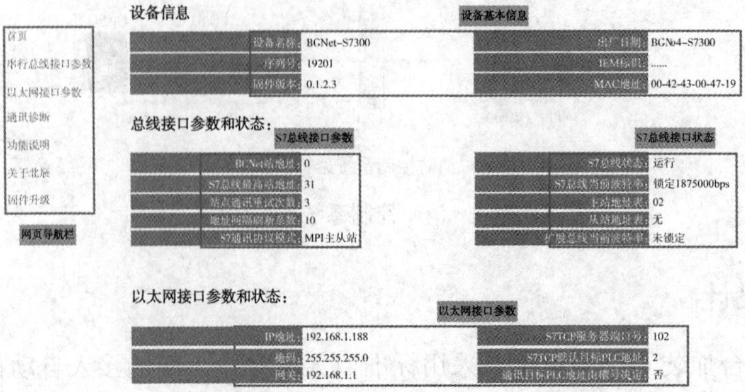

图 2　网络接口参数设置图

c. 诊断步骤

BCNet-S7 模块的红色电源指示灯 Pwr 灯将立即常亮；BCNet-S7 模块的绿色总线指示灯 Bus 灯应在 3 秒内常亮，Bus 灯常亮表明 BCNet-S7 模块已自动锁定了 PLC 通讯口的波特率，此状态为未通讯时的正常状态，也是正常通讯的前提；BCNet-S7 模块的 RJ45 端口的绿色 Link 灯常亮，Link 灯常亮表明 BCNet 已经建立了以太网连接。

(3) PLC 程序开发

二套 PLC 系统通过点表整理、程序段修改、通讯配置并结合工艺开发需求进行定制开发，依据编程平台为 STEP7-Micro/WIN，通过该平台设置通讯接口、通讯协议、程序开发、程序下载及通讯。

3.2 软件实现

(1) 通讯配置

通讯驱动同为 S7 TCP，但针对变量类型进行变量重新设置和分配，设备数据表如下图 3 所示：

设备数据表(D1-2000/4000,支持批量+并发通讯)

设备号	名称	通讯驱动	本地参数	远程参数	数据类型
D1	System				
D2	224XP-DI	S7TCP	[default]	192.168.1.6,S7-200	I - 映象输入
D3	224XP-DR	S7TCP	[default]	192.168.1.6,S7-200	Q - 映象输出
D4	224XP-DR	S7TCP	[default]	192.168.1.6,S7-200	Q - 映象输出
D5	224XP-M	S7TCP	[default]	192.168.1.6,S7-200	M - 中间标志
D6	224XP-M	S7TCP	[default]	192.168.1.6,S7-200	M - 中间标志
D7					
D8	224CN-DI	S7TCP	[default]	192.168.1.5,S7-200	I - 映象输入
D9	224CN-DR	S7TCP	[default]	192.168.1.5,S7-200	Q - 映象输出
D10	22CCN-M	S7TCP	[default]	192.168.1.5,S7-200	M - 中间标志

图 3　设备数据分配图

(2) 画面制作及程序开发

画面制作，主要分为登录页面、阀门控制页面、消防炮控制页面、数据报警汇总页面等，登录页面登录操作人员的用户名密码等进入系统，系统操作权限已在开发过程设置，重点以阀门控制页面和消防炮控制页面予以说明。

阀门控制页面如图 4 所示：

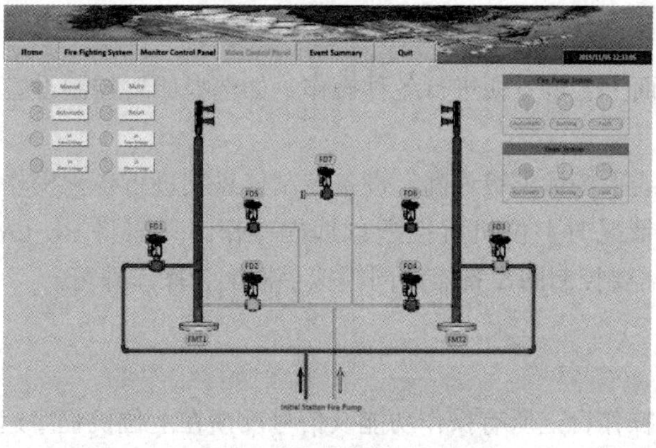

图 4　阀门控制主界面

在阀门监控页面上，可直接看到各设备运行状态及消防水泵/泡沫的状态。

可选择控制方式：手动/联动，可进行消音、复位操作，当选择联动方式(含 1#/2#水泡/泡沫炮)时均会弹出确认操作对话框，确认后方可进行联动操作，确认对话框如图 5 所示：

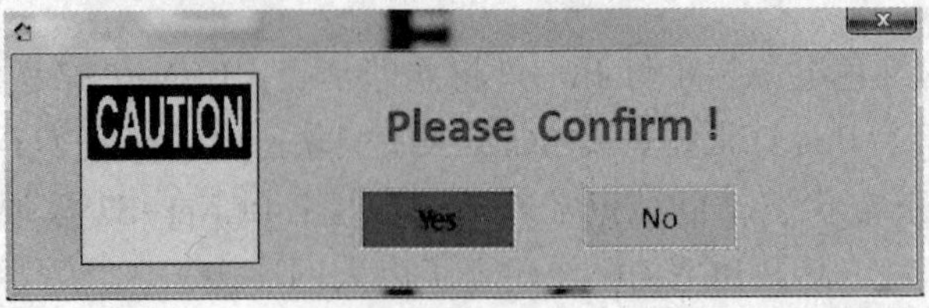

图 5　确认对话框

可将鼠标放置在将要控制的阀门位图上单击操作，即可弹出阀门的控制面板，在控制面板上可进行相应操作且控制面板指示灯实时反馈现场设备信号，如 6 图所示：

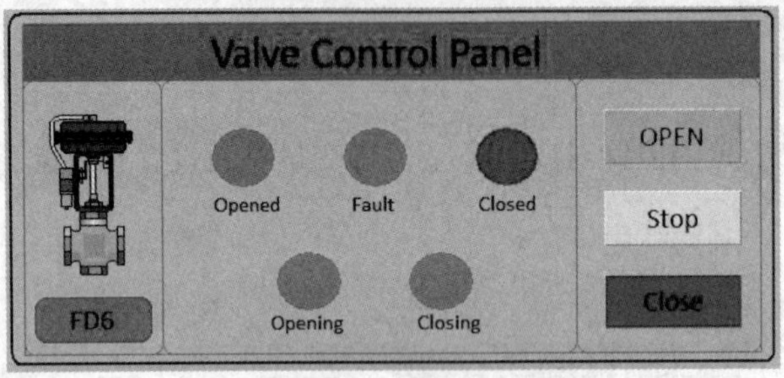

图 6　操作控制面板

消防炮控制页面如图 7 所示：

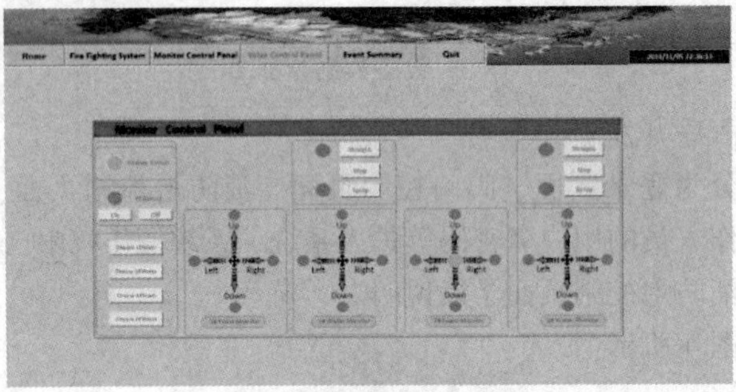

图 7　消防炮控制界面

在消防炮监控页面上，可方便进行各种操作，如选择所要控制设备及上下左右进行方位控制。

在实际操作中无线手持优先级最高，设备控制依靠其进行各种操作；当需进行设备操作但无线手持出现意外情况时上位机直接进行远程操作，只需将 PC Control 下发按钮进行”On”操作即可，选择需要控制的设备然后同模拟手柄配合操作即可。

4　结果与分析

（1）将 DP4（W）操作台上所有操作功能及信号反馈在上位机程序运行画面进行监控；

（2）将 FD7 操作台上所有操作功能及信号反馈在上位机程序运行画面进行监控；

（3）开发针对 4 套消防炮塔无线控制手段意外情况失灵后的备用手段。

（4）原有 2 套 PLC 程序重新编制，开发与上位机程序监控功能吻合的控制程序。

通过对现场的阀门和消防炮的实际操控，能较流畅地实现原消防控制台的所有功能，所开发系统的实用性较强。

5 结束语

本文采用工业以太网通讯方式，搭建了全新的远程消防控制系统，开发了比较实用的人机交换界面，系统可靠性和稳定性较强。同时，本系统已在现场生产实践中收到了非常好的效果，本系统的搭建模式已在工业自动化领域得到了广泛的应用，有非常广阔的市场前景。

参考文献

[1] 徐皑冬，王宏，杨志家．基于以太网的工业控制网络[J]．信息与控制，2000，29(2)：182~186.

[2] 阳宪惠．工业数据通信与控制网络[M]．北京：清华大学出版社，2002.

[3] 汤清泉，颜世超，卢松升，等．基于 PLC 与 WINCC 的 FAST 快控电源远控网络设计[J]．微计算机信息，2007(23)：18-20.

[4] 王志毅，余季鸣，李加乐．TCP/IP 协议控制在太阳能热水装置中的应用[J]．浙江理工大学学报，2007，5(24)：562~566.

[5] 彭小芳，王妙春，潘娟，等．S7-200PLC 在数字化油库监控系统中的应用[J]．重庆理工大学学报(自然科学)，2013，11(27)：100-104.

[6] 戴仙金．西门子 S7-200 系列 PLC 应用与开发[M]．北京：中国水利水电出版社，2007.

[7] 王洪猛，谢建君，曾云，等．基于 PLC 的过程控制系统设计与实现[J]．自动化技术与应用，2004(7)：72-74.

[8] 吴振纲，陈虎．PLC 的人机接口与编程．[J]．微计算机信息，2005，8-1：21-23.

中缅原油管道马德首站大容量稳压技术应用研究

刘月东

（中国石油集团中油国际管道中缅油气管道项目马德岛皎漂管理处）

摘　要　马德首站作为中缅原油管道的起始站，属于连续性生产要求很高的输油站场，而受限于当地电网质量、雷击等多种因素的影响，其电力供应常常受到冲击，进而引起电压暂降或短时中断后又恢复供电（常称为晃电），进而造成站场给油泵电机、输油主泵电机变频器停机而引起整个站场停运，最终导致整个中缅原油管道停输，给企业带来巨大经济损失。本文结合现场实际情况，有针对性的分析比较多种大容量稳压系统，给运营者提出合理化建议。

关键词　外电系统　晃电　大容量稳压系统　建议

1　前言

马德首站是中缅原油管道的起始站，建设位于缅甸西海岸皎漂县马德岛上，当地气候为典型的热带海洋性气候。目前已建成投产，且属于对连续性生产要求很高的输油站场，站场目前供电方式为外电系统和发电机供电两种模式，其中外电系统为主，发电机供电为备用。经过 1 年多来的统计，马德首站已因供电瞬间波动导致停输 10 余次。查询相关文献，这种电力系统在运行过程中，由于外部线路受到雷击、瞬时短路等故障或企业内部电网相邻线路短路故障、大型电动机起动等原因，会造成电压瞬间较大幅度波动后恢复，这种现象通常称为“晃电”。

根据马德首站现场实际观察结果来看，首站晃电的表现形式主要为两种：第一种为瞬间线电压（用户端变频器）低至 180V 左右，持续超过 0.4S，最终导致变频器停机，但又在极短时间内恢复正常；第二种为电压波动，在 1min 中内出现多次电压降低、升高（且幅度较大）的现象；

一旦发生晃电，马德首站给油泵机组、输油主泵机组电机变频器受保护停机，进而站场停运，最终导致整条输油管线停输，给企业造成巨大损失。因此，大容量的稳压系统对提高生产收益、降低风险成本，具有深远的意义。

2　系统容量确定

根据现场事件观察及分析，并仅从保证生产的角度出发，受晃电影响最大的为站场给油泵机组以及输油主泵机组。两种设备主要电机均由变频器进行启停控制，在受到晃电时，变频器保护停机。

马德首站目前主要设置安装有 3 台输油主泵机组、3 台给油泵机组，查看各设备电机额定功率计算，故马德首站大容量稳压系统至少需要满足 950KW。

3 大容量稳压系统

3.1 VCS 电压稳定控制系统

3.1.1 工作原理

VCS 系统主要由旁路开关、SCR 静态开关、隔离变压器、IGBT 逆变器、IGBT 直流变换器、储能元件(电池或超级电容)等组成，该系统通过实时检测负载侧电压值，当发生电压暂降时逆变器产生一个合适的补偿电压注入系统，保证输出端电压稳定。

3.1.2 工作模式

在市电正常时，该系统工作在旁路状态，并实时检测负载侧电压；

当电网电压发生电压暂降或系统发生短时中断，影响到负载侧电压时，立即切换为逆变器工作状态，通过超级电容或电池向系统供给电压，保证负载侧电压稳定，始终工作在要求的电压范围内；

当电网电压恢复后，负载侧电压重新恢复到旁路状态，并且对储能元件进行充电，以备下一次使用。

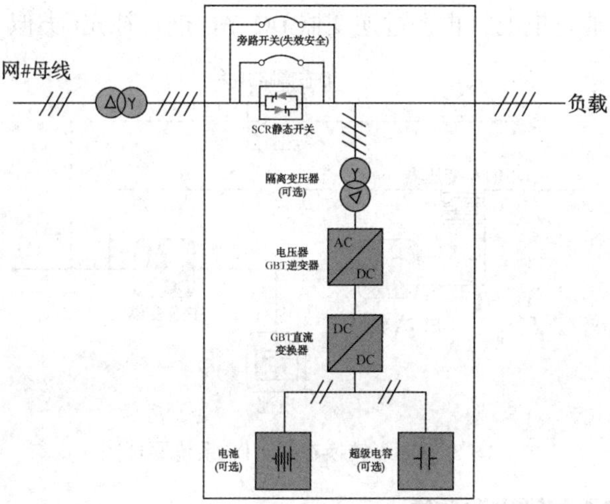

图 1 VCS 系统原理图

3.2 DVR 电压稳定控制系统

3.2.1 工作原理

该系统主要由整流器、储能装置和逆变器、滤波单元、变压器等组成，通过在系统与符合之间串联注入幅值和相位可调的电压，来保证敏感负荷的电压受到系统电压扰动时仍可保持在可接受的范围。

3.2.2 工作模式

在市电正常时，系统工作在旁路状态，并实时检测负载侧的电压，并将输出电压与变压器设定值进行对比，通过储能单元及变压器进行电压补充；

3.3 Delta 转换在线式 UPS 系统

3.3.1 工作原理

该型 UPS 系统主要由静态旁路开关、DELTA 变压器、DELTA 转换器(AC/DC)、逆变器(DC/AC)、储能电池等组成，该系统是利用小功率的 Delta 变换器经过位于主供电通道上的

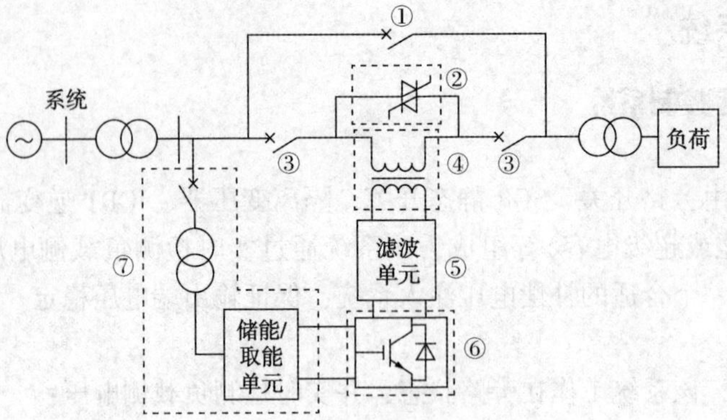

图 2　DVR 系统原理图

补偿变压器对不稳定的市电电源执行 Delta 数量级电压调整的电压补偿型的交流稳压电源。

3.3.2　工作模式

在正常情况下，主逆变器调节系统输出电压，将输出电压与电压基准值比较，根据误差进行 PWM 调节，稳定系统输出电压。

在市电异常时，通过电池，再经过逆变器 DC-AC 进行补充(类似 UPS)。

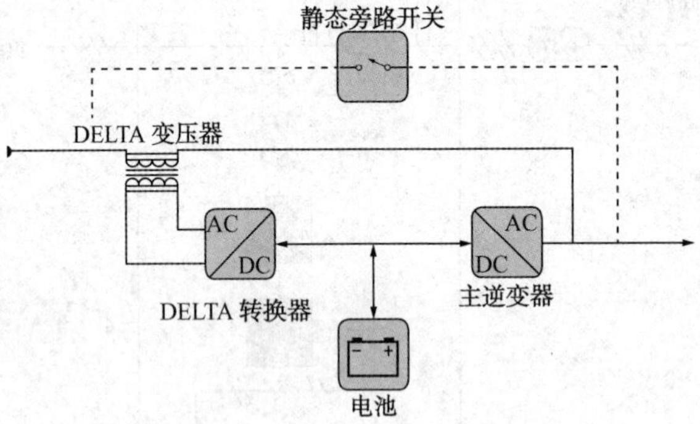

图 3　Delta 转换在线 UPS 系统原理图

3.4　UMD 工业驱动不间断电源系统

3.4.1　工作原理

该系统是由变频器、整流器、逆变器、充电器、直/直变换器、蓄电池、直流快开关、闭锁二极管、交流检测器等主要部件组成。利用 UMD 的直流供电系统将直流电送入变频器直流端口，保障变频器直流母线的电压稳定，从而保证变频器的正常输出。

3.4.2　工作模式

在交流电源正常情况下，变频器由交流接入口输入，UMD 内直/直变换器空载运行，并将电池电压变换为与变频器直流端口相匹配的直流供电电压，送至快速开关二极管的输入侧备用，此时闭锁二极管关闭，变频器不从 DPS 获得能量；

当交流电源突然晃电时，DPS 内的交流检测器检测到输入交流变化后，快速导通，将直流电送入变频器直流端口，保障变频器直流母线的电压稳定，从而保证了变频器的正常输出。

当交流电源恢复正常后，UMD 蓄电池退出工作，同时充电器给蓄电池补充充电。

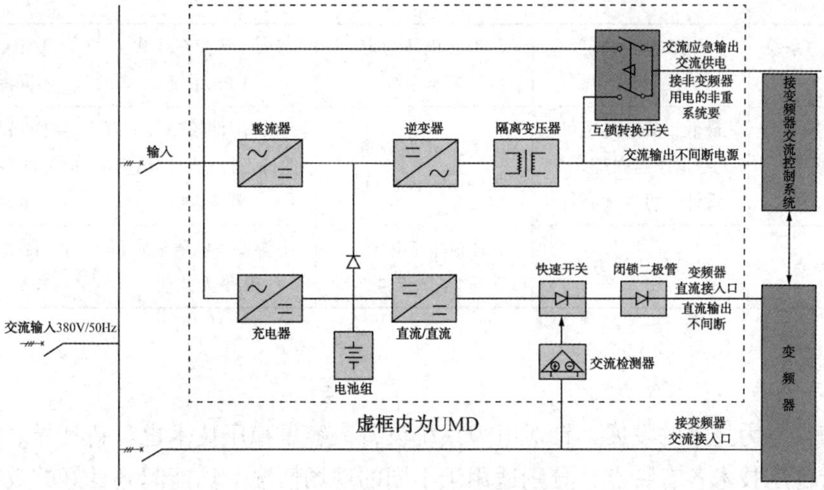

图 4　UMD 系统原理图

4　四种系统的优缺点比较

根据设备原理及结构，分析上文四种系统的优缺点，如下表 1：

表 1　四种系统优缺点比较

系统 参数描述	VCS 电压稳定控制系统	DVR 电压稳定控制系统	Delta 转换在线式 UPS 系统	UMD 工业驱动不间断电源系统
输入电压范围	380±15%	380~400V	360~460V	380±25%
电压调整目标值	跌落 25%~100%	跌落 25%~50%补偿	动态负载条件 0~100%	0~380V 可变频
响应时间	<2ms	<5ms	不间断	100ms
补偿时间	100ms~15min	根据电池确定	根据电池确定	根据电池确定
暂降补偿	具备	具备	具备	具备
电压短时中断	具备	不具备	具备	具备
电子旁路	具备	不具备	具备	具备
工作效率	99%	99%	在线模式，93.5%	95%
对负载电网影响	并联电网，无影响	串联，补偿电压耦合到电网中	串联，可整定下游电压	并联电网，无影响
应用位置	电压母线端，容量大	末端，负载端，容量较小	负载端，容量较大	负载端，容量较大
工作温度	-10℃至 50℃	-25℃至 45℃	0℃至 35℃	0℃至 40℃
相对湿度	5%~95%(无凝露)	0%~95%(无凝露)	0%~95%(无凝露)	0%~90%(无凝露)
预计投资	较高	一般	较低	最低，仅为 UPS 的 1/3
同负载下安装空间要求	最小	最大	较大	一般
设备维护间隔	可选用超级电容，使用时间长	电池，需要定期充放电及更换	电池，需要定期充放电及更换	电池，需要定期充放电及更换

续表

参数描述 \ 系统	VCS 电压稳定控制系统	DVR 电压稳定控制系统	Delta 转换在线式 UPS 系统	UMD 工业驱动不间断电源系统
设备故障概率	最低，故障时也可无缝退出运内部冗余设计，可靠性高行	一般，串联设备，故障时需停机检修	较高，配件较多且一直保持运行状态，出现概率较大	双逆变冗余，可靠性高，但配件多，设备复杂，故障率一般
其他设计特点	可多种进线方式	时刻补充电压，可消除谐波	下游设备电压稳定，几乎无波动	隔离式设计，输入与输出分开

5 结束语

目前随着电力技术的发展，针对电力系统设备大容量稳压技术也日新月异。本文讨论的四种大容量稳压技术各有特点，分别适用于不同的现场情况，均能起到良好的效果。而针对特定的马德首站现场实际情况来看，考虑当地社会依托、电力质量以及站场设备设施现状，建议使用 VCS 电压稳定控制系统，并选用超级电容的储能元件。

参 考 文 献

[1] 抗晃电技术在石化企业中的应用[J]. 商勇 . 化工自动化及仪表 . 2019(11).
[2] 变频器抗晃电改造方案[J]. 王建 . 科技资讯 . 2016(26).
[3] 防晃电措施在化工生产装置中的应用[J]. 刘炎 . 石化技术 . 2017(08).
[4] 浅谈防晃电技术在企业电气系统中的应用[J]. 崔巍 . 科技创新导报 . 2015(31).
[5] 炼化企业综合抗“晃电”能力提升[A]. 孙洪旭 . 第五届全国石油和化工电气技术大会论文集[C]. 2020.
[6] 基于变频器防晃电技术的分析与应对策略[J]. 冯叶亮 . 杨帅 . 设备管理与维修 . 2017，(08).

原油储罐二次密封剥离处理技术的研究及应用

刘月东　额尔顿　张越超

（中油国际管道中缅油气管道项目马德岛皎漂管理处）

摘　要　大型外浮顶原油储罐浮盘密封多采用一次密封和二次密封相结合的方式，而大型外浮顶储罐在长时间运行过程中，其二次密封均可能出现与罐壁剥离的情况。设计一种新型的外浮顶储罐二次密封弹性补偿装置，使二次密封与罐壁紧密贴合，避免一二次密封环形空间内可燃气体浓度进入爆炸极限范围，进而保护油罐运行安全。

关键词　二次密封　环形空间　剥离　弹性补偿装置

随着世界能源经济的发展，石油消费量增长迅速，国内外大型外浮顶油罐的建造和应用得到了极大的发展，马德岛库区共建设安装有12座10万方外浮顶原油储罐，其单罐直径80m，高22.5m，其浮顶采用双浮盘结构形式，储罐罐顶边缘密封采用的是一次密封和二次密封相结合的方式。一次密封安装在罐顶浮船与罐壁之间的环形空间之内，密封的下部通常浸入油品之中。而为了进一步降低油品损耗，防止雨水等侵蚀一次密封和进入储罐内，在原有的一次密封上部再增加一套密封装置，即为二次密封。二次密封其主要由油气隔膜、承压板、橡胶板、导电片及紧固连接件等组成，能覆盖整个边缘汽相空间。

1　存在的问题

二次密封剥离是国内外同种类型的储罐上较普遍和高频次出现的安全隐患及故障，随着储罐二次密封的剥离不仅一定程度上会引起储罐蒸发损耗加剧，也会导致外部空气流入形成油气混合空间，当油气混合在爆炸极限内时，在雷击或运行中卡阻火花等因素易造成储罐爆炸着火。因此储罐二次密封的有效性非常有必要且具有一定的的经济意义。

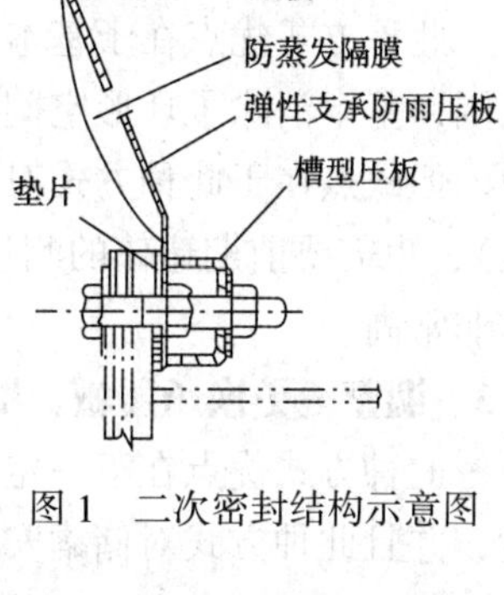

图1　二次密封结构示意图

2　二次密封剥离原因分析

依据马德岛库区12座原油储罐长期运行管理经验，储罐二次密封剥离主要风险隐患是随着储罐长时间生产运行，由于各种原因而引起一次密封与二次密封之间的环形空间增大、油气浓度超标。当油罐运行产生静电、火花或雷击等外部时，极易引起该空间内发生油气爆炸火灾，严重威胁有油罐乃至整个罐区的安全生产。经过深入现场调研分析，二次密封剥离是多种原因的结合，但其主要的原因有以下三点：

2.1　储罐罐体变形

随着储罐长时间运行，尤其是在高温、高湿度的环境下运行，特别是新建储罐，其由于储罐基础沉降、储罐应力变化等，再加上可能存在的浮盘漂移和浮盘整体上鼓的现象，进而导致浮盘外边缘板与罐壁的距离加大(环形空间距离加大)，超过了二次密封橡胶的伸缩变形能力，最终导致了二次密封的剥离。

2.2 承压板变形，环形空间增大

储罐罐壁在建设时，焊缝余高的影响，在收发油作业过程中，密封装置承压板发生变形，环形空间增大，承压板的变形一定程度上影响了二次密封的伸缩，当变形达到一定程度时，二次密封就无法正常与罐壁接触。

2.3 橡胶板塑性变形

在收发油作业过程中，密封装置随着浮顶浮盘升降，与罐壁摩擦运动。生产时间延长，密封橡胶板弹性下降，外加缅甸处于热带地区，常年气温的 30 度以上，橡胶板塑性变形无法完成自动恢复，形成罐内低液位橡胶板与罐壁间隙很小，在高液位时，间隙就非常大。

2.4 总结原因

从直观表现来看，是环形空间的增大，进而导致的橡胶板与罐壁间隙增加，空气与可燃气体的充分接触，必然引起可燃气体易处于爆炸极限范围，造成了储罐安全运行隐患。

3 处理措施分析

1970 年以前我国大多数油库设计采用一次弹性密封和挡雨板组合结构，之后用二次密封代替挡雨板，2000 年以后二次密封厂家已达 10 家以上。目前外浮顶罐浮盘密封普遍采用一次密封和二次密封结合。而随着储罐的长时间运行，由于橡胶老化、储罐变形、承压板应力变化等原因，国内外大部分库区原油储罐均出现有二次密封剥离的情况。针对二次密封剥离情况，查询相关文献，沟通联系国内外厂家，国内外二次密封剥离后主要通过以下方式进行处理：

3.1 整体更换相应位置的一次、二次密封

此种方式优点是可以在一定程度上彻底解决环形空间油气浓度问题，最大程度增强了储罐密封的使用寿命，降低安全风险；并且该方式属于整体更换，其密封性能、抗老化能力、适应性上大大提高。但缺点在于此种方式对安装环境要求较高(一般在油罐清洗后进行)，整个安装及前期测量、设计过程繁杂，安装过程风险大，安装人员的技能要求也非常高，其综合成本当然也就最高。

3.2 单独更换二次密封

此种方式优点在于基本控制了环形空间油气浓度，使得可燃气体浓度无法达到爆炸极限范围，基本消除了环形空间燃爆的风险；也一定程度上增加了储罐密封使用寿命和适应能力。但缺点在于此种方式对安装环境有一定要求(储罐处于静态且需长期保持安装环境的通风)，也需要前期罐体的测量，安装过程风险大，安装人员技能要求同样比较高，其综合成本非常高。

3.3 调整或更换承压板，增大压紧力

此种方式优点在于一定程度上保证了二次密封的有效性，进而控制了环形空间油气浓度，并且此种方式对储罐安装环境要求较低、风险较小、对人员技能要求也较低，其综合成本也最低。但缺点在于此种方式属于固定性的压紧，无法适用于二次密封剥离量较大的情况(大于 20mm)，并且在一定液位会对储罐内壁产生较大的应力，还会损坏内壁防腐，其可控性和可操作性不强。

4 二次密封剥离处置方式

针对橡胶板与罐壁间隙增加，库区管理部门组织开发了二次密封弹性补偿装置，具体设计特征如下：

固定板，其一端固定在二次密封 L 型压板上。其特征在于采用刚性材料并呈现 L 型，并在 L 形状二次密封靠近罐一侧设置带螺纹的开孔，在 L 形状的另一面设置可安装在原二次密封 L 型压板螺栓的开孔。

弹性支撑板，其一端固定在固定板下方，另一端支撑在二次密封顶端的球形密封下。其特征在于，采用具备一定弹性的 L 型板，并在 L 形状二次密封靠近罐一侧设置较圆滑带向内卷弧度的形状，在 L 形状的另一面设置可安装现有二次密封螺栓的开孔。

伸缩式调节器，通过螺纹连接安装在固定板上，伸缩端压在支撑板中部，通过伸缩式调节器的弹性力顶着支撑板使二次密封(安装约 100cm 铜板)总是紧贴在储罐罐壁上。其特征在于调节器通过外部的螺纹安装在上述的固定板螺纹开孔处，内部安装有弹簧作为弹性元件。

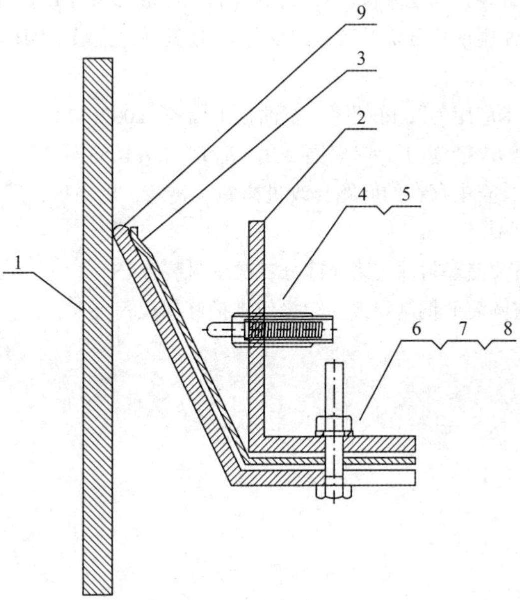

图 2　现场装置设计图

1—罐壁；2—该装置固定板；3—该装置弹性支撑板；4—伸缩式弹性调节器；
5—调节器固定螺栓；6、7、8—原二次密封固定螺栓、垫片；9—二次密封

该装置基本解决了现有外浮顶储罐变形导致二次密封与罐壁剥离密封不严问题，能应用于储罐更大变形下二次密封剥离(不超过 10cm)的情形，有效地降低储罐蒸发损耗，同时降低外浮顶储罐一二次密封间环形空间混入空气的量，有效提高了罐运行安全可靠性。

5 技术优势

当装置安装完成后，通过固定板将弹性支撑板固定在二次密封的橡胶 L 型压板上，并通过弹性支撑板的形变将二次密封橡胶板与罐壁紧密贴合，伸缩式弹性调节器可以根据储罐

不同液位状态下、不同的罐体形变量，增加或减少弹性支撑板的力量，在保证橡胶板与罐壁的贴合的同时，也减少橡胶板与罐壁的摩擦，降低浮盘因摩擦而引发的漂移，进而影响浮盘安全，同时也对储罐内壁防腐漆的有一定的保护。

另外，该装置较之于上文中的处理方式，其适用性更广，成本较低，具有优异的经济效益，并且能适用于大型原油储罐的整个生命周期，值得广泛推广使用。并且，该项技术不仅在理念上提供了处理二次密封剥离隐患的新思路，基本解决了当前原油储罐二次密封剥离的隐患问题，避免了环形空间可燃气体浓度进入爆炸极限范围，进而保障了油罐运行的安全。

6 应用效果

自 2019 年 10 月至今，40 个二次密封弹性补偿装置安装于多个储罐二次密封上的 16 个剥离区，并经过多频次的跟踪检测，效果良好，在罐生产连续运行中无再出现剥离，其对应环形空间内油气浓度未在爆炸极限范围内，二次密封上方无可燃气体，达到预想的效果。

参 考 文 献

[1] 大型外浮顶储罐密封装置存在问题分析及对策探讨[J]. 冯亮 . 2017(12).

[2] 原油储罐一、二次密封使用现状分析及改进建议[J]. 张玉平，吴昌，陶彬，刘全桢 . 安全、健康和环境 . 2018(18).

[3] 外浮顶储罐二次密封技术应用[J]. 陈朝晖 . 石油化工设备 . 2002(31).

[4] 外浮顶油罐密封问题的解决措施[J]. 赵兴国 . 化工管理 . 2014(5).

[5] 浮顶油罐二次密封运行检查中存在的问题与改进措施 . 葛新，周艳秋，邱庆军 . 中国石油和化工标准与质量 . 2013(19).

[6] SY/T 0511. 5—2010　石油储罐附件　第 5 部分二次密封装置[S].

[7] SY/T 5921—2011　立式圆筒形钢制焊接油罐操作维护修理规程[S].

防雷接地技术在建筑电气安装中的应用研究

额尔顿

（中油国际管道公司中缅管道项目）

摘　要　在建筑电气安装过程中，需要做好防雷接地工作，增强建筑电气的防雷能力，保证建筑的安全性。基于此，本文将对风雷接地技术进行分析，将其应用在建筑电气安装中，使建筑具有良好的防雷效果，防止电气设备受到雷电的威胁。雷电对建筑电气的危害巨大，需要严格进行防范，这样可以提高建筑电气运行的稳定性，使其能够正常工作。

关键词　建筑工程　电气安装　防雷接地　避雷支架

防雷接地技术是防雷的重要手段，需要合理对安装方案进行设计，为防雷接地施工进行充分准备，保证建筑电气的防雷效果。防雷接地施工具有一定的复杂性，需要采用正确的接地方法，使防雷装置能够稳定地工作，对建筑电气设备进行保护。通过这种方式，可以提高建筑对雷电的抵抗效果，主动采取雷电防控措施，对建筑电力形成有效的保护。

1　防雷接地技术在建筑电气安装中的重要性

防雷接地是一项重要的建筑，能够保证建筑电气的安全性，防止建筑电气遭到雷击，提高建筑物的防雷效果。防雷接地技术需要借助防雷装置进行实现，将其与建筑施工过程相结合，使建筑能够迅速构建出防雷网络，提高建筑电气的整体防雷能力，使建筑能够更好地投入使用，使建筑电气能够在雷电环境下稳定运行。对于建筑工程而言，雷电是建筑物的主要灾害，对建筑的危害非常巨大，因而对建筑采用防雷措施非常必要。防雷接地技术正是一种高效的防雷手段，可以防止雷电对建筑电气造成损坏，提高住户生命财产的安全，使雷电问题能够得到有效处理。通过防雷接地技术可以对雷电进行躲避，防止雷电进入建筑内部，避免建筑遭到雷击，同时可以将雷电引入大地，使雷电的危害得到有效控制。尤其是对于高层建筑，一旦建筑遭到雷电灾害，将会对建筑电气线路造成破坏，导致电气无法正常工作，如电灯、电梯等，将会对用户的正常出行造成影响。由此可见，防雷接地技术在建筑电气安装中非常重要，需要做好该技术的应用工作，采取有效的雷击防治手段。

2　防雷接地技术在建筑电气安装中的应用分析

2.1　施工准备

采用防雷接地技术时，需要做好施工准备工作，保障防雷装置能够顺利的安装。施工准备工作主要包含以下几个方面：首先，需要对防雷接地方案进行设计，为施工准备工作提供指导，使施工准备措施更加的完善。通过这种方式，可以为防雷技术技术的应用提供有利的条件，提高技术应用水平，保障建筑的防雷质量。其次，需要对存在雷击的风险点进行判断，确定雷击风险较高的区域，在该区域做好防雷准备工作，并且根据实际情况对防雷措施进行改进，保障防雷接地方法的有效性，使其能够得到正确的应用。最后，需要对接地体进行安装施工，包括人工接地体和钢板筋接地体。同时，需要做好场地清理工作，使接地体能够顺利地安装。对与钢板接地体，需要做好捆绑工作，使接地体能够得到固定。此外，在安装防雷设备时，应该从建筑整体进行考虑，提高防雷接地施工的整体水平，进而提高建筑电气防雷施工的质量。

2.2 接地方法

为了提高防雷接地的质量，需要对接地方法进行选择，使其能够符合接地标准，实现良好的接地控制水平。防雷接地可以实现雷电的引流，一般由避雷器进行实现，可以对建筑电气起到保护作用。在防雷接地过程中，通常采用人工接地极的方式，能够提高防雷接地的质量，使接地方法更加的有效。在采用人工接地极方法时，需要对接地体进行加工，使接地体具有良好的规格，保障接地结构的合理性。在接地材料方面，主要由钢管、角钢构成，需要做好材料切割工作，长度通常控制在2.5m以内。在钢管入地过程中，需要避免钢管发生倾斜，使钢管能够垂直入地，保证接地体的稳定性。若采用角钢作为接地材料，规格不能超过40mm×40mm×4mm，切割长度仍控制在2.5m以内。为了使其便于入地，需要将入地段加工成尖头状，避免入地过程受到阻碍。人工接地体安装在沟槽中，深度在1.0m左右，宽度在0.5m左右，保障人工接地极能稳定入坑。

2.3 主筋引出点安装

通常情况下，建筑电气线路位于承重柱和墙体内，其中包含着防雷的引出点。为了保证主筋的防雷效果，需要对主筋引出点进行安装，避免雷电对建筑电气造成影响。在安装过程中，需要对主筋长度进行计算，保障主筋长度的合理性。主筋长度一般为承重柱长度的1.5倍，这样可以为主筋预留足够的余量，使主筋能够顺利地引出，便于对主筋引出点的确定。在引出线数量方面，一般为3-4根，便可以满足防雷接地的需求，使防雷效果得到保障。主筋引出点是实现建筑防雷的关键，需要合理地进行引出，将其引入到建筑防雷体系中，这样可以有效地防止建筑电气遭受雷击。另外，需要保障主筋焊接的质量，避免虚焊现象出现，对雷电的导通效果造成影响，导致建筑的防雷能力下降。

2.4 接地极、钢筋连接

接地极是将雷电引入大地的重要结构，可以与大地共同组成导体，提高雷电的导入效率。接地极需要与大地密切接触，保障接地极的导电特定，保证防雷接地措施的有效性。而且，接地极需要与钢筋相连，共同组成防雷接地结构，这样可以避免雷电进入建筑内部，使建筑电气得到有效地保护。需要注意的是，不能将接地线路直接焊接在钢筋上，需要采用其他材料进行一定的过度，实现良好的搭接效果。在搭建方面，可以采用热镀锌扁钢进行连接，需要采用闭合焊接的方式对其进行连接，保障接地极、钢筋连接的合理性。接地体焊接过程中需要注意以下几点：第一，对金属管焊接时，需要采用角形焊接方式，提高管材焊接的稳定性。第二，需要控制焊接长度，不得小于钢筋直径的6倍，否则将会影响焊接点的稳定程度，甚至会对雷电导流效果造成影响。第三，焊点处需要饱满且具有良好的焊接强度，同时不能出现虚焊的现象，使钢筋与接地极之间能够紧密连接。

2.5 防雷引下线安装

在防雷引下线施工时，需要严格按照规范进行操作，引下线的数量需要控制在2根以上。而且，引下线位置一旦确定后，将不能对图纸进行修改，否则将会到建筑电气的整体防雷效果，导致建筑电气的防雷质量下降。在引下线跨度方面，需要控制在18m以内，使引下线跨度得到有效地控制。接地极与住户区域连接时，需要合理进行搭接，严禁出现导线外露的情况，否则将会增加雷电对建筑电气的威胁。引下线需要沿着建筑外墙铺设，并且不能出现较大的弯折，使引下线安装具有良好的质量。需要注意的是，引下线固定支点距离应控制在 2.0m 以内，并且需要留有一定的松弛度，防止胀缩现象对其造成损伤。同时，在易损部分需要增加保护措施，对引下线进行保护，使用竹筒或绝缘带进行套接，增强易损部位的绝缘能力。

2.6 避雷支架安装

避雷支架是保障避雷网安装效果的关键，需要合理进行安装，使避雷支架能够充分发挥作用。为了提高避雷支架安装效率，需要做好打孔工作，合理对孔距进行控制。通常情况下，需要将孔距控制在 10cm 左右，同时需要保证孔距的均匀性，进而提高支架安装的稳定性。在钻孔过程中，一般会产生铁屑，需要对其进行处理，防止铁屑扩散到环境中对环境造成影响，使其能够得到及时回收。避雷支架是实现防雷接地的主体结构，需要按照《建筑物防雷设置安装》(15D501)标准进行安装，保障避雷支架的整体质量。

2.7 避雷网安装

避雷支架安装完成后，需要对避雷网进行安装，对建筑电气进行全面地防护。避雷网由圆钢或扁钢构成，通常情况下，前者直径为 8mm，后者厚度为 4mm，这样可以使导电性能及其稳定性得到保障。避雷网安装过程中需要注意以下几点：第一，对于较长的建筑，避雷网安装时，需要将建筑分成若干段，在各段上安装避雷网，使建筑整体能够得到全面的覆盖，保障建筑内部电气设备的安全。同时，在各段之间，需要留有 15cm±5cm 的伸缩余量，应对各段的沉降问题，提高避雷网的避雷质量。第二，对于平顶房屋，需要根据平顶宽度安装避雷网。当宽度不足 24m 时，可在上部直接安装避雷网。当宽度超过 24m，需要加装连接条，实现避雷网的连接安装。第三，对于瓦顶房屋且坡度在 25～35°之间时，需要沿着屋脊安装避雷网，并且需要在屋角安装避雷针，提高建筑整体防雷效果。第四，对防雷需求较高的建筑，可以采用缩小网格的方式提高避雷网防雷能力。对于普通建筑的防雷网，网格规格为 20m×20m，而对于重点建筑，网格规格可为 5m×5m，提高避雷网对建筑的保护能力。

2.8 等电位处理技术

通过等位线技术，可以实现建筑钢筋的有效连接，使其具有良好的等位体条件，提高建筑的避雷性能。当建筑受到雷击时，由于建筑具有等位体作用，雷电将会顺利地导入到地下，并且不会进入建筑内部，进而对建筑电气实施保护。在实施该技术时，需要将被保护设备与等电位避雷器相连，保证设备电位的一致性，避免设备之间产生定位差，进而形成等电位效果。受到等电位的影响，雷击电流将无法流入设备，避免设备被雷电烧毁。等电位处理可以起到稳定防雷作用，能够延长设备的使用寿命，安装过程较为方便，同时有助于成本的控制，能够进一步增强建筑的防雷效果。

2.9 接地电阻控制

接地电阻会影响雷电的引导效果，需要合理选择接地电阻，对接地电阻大小进行控制。通常情况下，接地电阻不能超过 4Ω，否则将会影响到雷电引导效果，不利于防雷接地的实现。接地电阻采用测量仪表测量，需要具有较强的抗干扰能力，测量信号频率在 25Hz-1kHz 之间，有助于对测量误差进行控制，提高接地电阻测量的准确性。接地电阻测量时需要注意以下几点：第一，需要对仪表进行调零校正，使仪表具有良好的精度，保障仪表能够正常使用。第二，接地电阻容易受到土壤的影响，需要取不同的点进行测量，再进行平均值的求取，以此来提高测量结果的精度。第三，需要避开干扰较大的方向，将干扰控制在允许范围内，为测量精度提供保障。第四，接地极阻止较大时，将会对接地电阻测量造成影响，需要采用降阻剂进行处理，进而实现接地电阻的测量。接地电阻是衡量接地装置防雷效果的关键，需要合理应用测量方法，保障阻值测量的精度，提高防雷接地设施的有效性。

2.10 接地装置防腐蚀

防雷接地装置暴露在空气中，容易发生腐蚀现象，导致装置的导点性能下降，致使防雷性能下降。接地装置常见腐蚀部位如下：第一，接地引线及连接螺丝处。连接部位容易造成空气的进入，对连接处造成腐蚀，甚至会导致接地引线与接地极之间接触不良，进而影响雷电导通效果。第二，各焊接处。焊点容易受到腐蚀现象的影响，直接与空气接触。第三，接地体。与土壤直接接触，将会受到土壤的腐蚀，将会影响到接地体使用寿命。为了提高接地装置防腐蚀效果，需要采用防腐措施，降低接地装置的腐蚀程度。主要方法如下：第一，对连接处或焊点采用涂油或涂漆处理，将其与空气隔绝，延缓腐蚀效果的影响。第二，接地体采用镀锌材料，提高其耐腐蚀特性，或使用阴极保护的方法，将铁质接地极与 Zn、Al 等较为活跃的金属连接，降低阴极接地体的损耗。

3 防雷接地技术在建筑电气安装中的质量控制

3.1 注意影响因素

为了对防雷接地质量进行控制，需要对影响因素进行分析，确定常见的质量问题，提高建筑电气的防雷效果。防雷接地影响因素如下：第一，接地体安装时，需要注意埋深的控制，保障雷电能够顺利地引入，使接地体具有良好的安装条件。第二，需要注重接地电阻的控制，将接地电阻控制在 4Ω 以下，提高防雷接地装置的防雷性能，使雷电能够顺利地导入到地下，降低雷电对建筑电气的危害。第三，需要做好避雷网的安装工作，保障避雷网对建筑物的覆盖效率，对建筑进行全面地防护，使避雷网能够充分地对雷电进行引导。第四，需要做好接地极的保护工作，防止接地极受到腐蚀，延长接地极的使用寿命。

3.2 建筑材料使用

为了保障防雷接地施工的质量，需要加强施工材料的管理，构建完善的施工基础条件，提高建筑电气防雷质量。建筑材料选择时需要注意以下几点：第一，需要保证采购厂商的正规性，确保建筑材料具有合格证明，对出厂材料质量进行把关，保障材料的合格率。第二，需要对材料质量进行检验，将材料送往质量检验机构。以钢筋为例，既要保证钢筋的强度，又要防止钢筋内部存在裂缝，进而使钢筋的品质得到保障，使钢筋能够顺利地作为引下线进行使用。第三，需要合理对建筑材料进行使用，对防雷接地施工质量进行控制，正确地对施工技术进行应用，保障材料使用的规范性，进而提高建筑电气防雷能力。

3.3 安装规范控制

防雷接地安装过程中，需要对安装规范进行控制，对安装质量进行严格把关，形成良好的防雷作用。安装规范控制方法如下：第一，施工前需要阅读相关规范，了解防雷接地安装的相关标准，如《建筑物防雷工程施工与质量验收规范》(GB 50601—2010)等。通过这种方式，可以为防雷接地施工提供依据，保障施工方法的正确性。第二，需要对施工质量进行把控，对防雷接地技术进行全面了解，避免施工过程出现差错，同时保障施工的连贯性，有助于施工效率的提升。第三，需要做好质量验收工作，使防雷接地施工的质量得到控制，对不符合要求的点进行修正，保证建筑电气的防雷质量。

4 结论

综上所述，防雷接地施工需要严格按照安装方案进行，提高建筑电气的防雷质量，降低雷电对建筑电气的危害。防雷接地施工前需要做好准备工作，创建良好的施工条件，使防雷装置能够顺利地完成安装。通过施工方案，能够提高安装的准备性，使接地极、避雷网等得到正确安装，保障防雷效果的有效性，进而促进建筑行业的发展。

参考文献

[1] 翟炫．防雷接地技术在建筑电气安装中的应用研究[J]．住宅与房地产，2020(12)：177.
[2] 靳智杰．防雷接地技术在建筑电气安装中的应用分析[J]．地产，2019(18)：166.

基于 MATLAB 的油库储罐计量软件开发与应用实践

龙宪春　张海潮　周　伟　张永斌　涂云峰

（中油国际管道公司中缅项目）

摘　要　介绍传统人工与计算机辅助技术储罐静态计量的具体操作方法；提出数据库查询法计算储罐毛体积、公式迭代法计算体积修正系数；对比分析 MATLAB 迭代法与查表法的体积修正系数；详述了 MATLAB 平台的油库计量软件的核心思想、开发逻辑框图。计量软件在应用中得到了有效的验证，其推广适用性强。

关键词　静态计量　数据库　公式迭代法　MATLAB　计量软件

1　前言

某管道起于缅甸皎漂县经瑞丽市入国境。首站位于印度洋孟加拉海湾，油库是首站的核心组成部分，建设有 12 座 10 万 m^3 立式圆筒形钢质双浮盘外浮顶储罐，罐高 22.5m，直径 80m。油轮到岸以后，与港口的 4 座卸油臂对接，原油经卸油臂进入罐前汇管，罐前阀门组控制导入不同储罐。

储罐静态计量和出站动态计量是马德首站的两种原油计量方式。储罐静态计量是储罐内油品相对静止换算 20℃或 15℃的净体积或净重量，出站动态计量通过安装在出站管道的超声波流量计计算外输流量。储罐静态计量是马德首站油库存量盘库的主要计算方法。

2　传统人工储罐计量

石化行业金属储罐人工计量一般步骤是：①技术员工检罐空尺测原油液高、检罐实尺测成品油液高，涂抹试水膏测罐底水高；②按指定要求采样，实验室测定样品的含水率和密度；③采用国标《石油和液体石油产品油量计算静态计量》逐步进行计量。

立式圆筒形储罐体积计量的一般步骤：①以检尺计算油水高度为基础查储罐检定容积表，计算得到总计体积；②试水膏检实尺得到的水高查储罐检定容积表并得到游离水的体积，并在总计体积中扣除；③油水高度查储罐检定容积表得到静压力修正值，按国标推荐公式修正；④应用罐壁温度修正系数，并扣除浮顶盘的质量折算体积，利用视密度与温度查体积修正系数表并做相应的修正，得到毛标准体积；⑤用固含物和含水的百分比例修正得到将净标准体积。

对于熟练技术工检尺操作的误差较小、可靠性高，当储罐数量多、环境条件差时，员工的劳动强度将大大增加，对自化程度更高的油库计量软件需求愿望越来越高。

3　基于计算机辅助技术的储罐计量

传统人工计量是人工查阅储罐容量检定表、石油计算表并按公式计算。储罐数量多则会增加计量计算时间，而查表是一项繁琐而枯燥的工作，公式计算复杂，因此出错几率会大大地增加。计算机输助技术就是在传统人工计量发展到瓶颈阶段逐步应用到石化行业，它的部分或全部代替人工计量计算是主要的发展趋势。

3.1 基于计算机辅助技术储罐计量

计算机辅助技术的储罐计量主要的实现法可分为：数据库查询法和公式法。数据库查询法是把罐容检定表、石油计量表等的大量数据录到建立的数据库中，编制程序读取储罐液位高对应数据库中的体积与体积修正系数等参数，计算出净标准体积。公式法是以密度、温度、体积、膨胀系数、体积修正系数等参数之间的关系，计算出净标准体积。数据库查询法和公式法的优缺点对比如表 1。

表 1　数据库查询法和公式法的优缺点对比

方　法	精　度	适 用 性	文 件 大 小	推 广 性
数据库查询法	好	差	大	差
公式法	好	好	小	好

3.2 某油库储罐计量方法选定

油库所在地全年有近 9 个月的旱季，白昼温度近 30-40℃，另外 3 个月为雨季，基本全天下雨无法上罐。其 12 座储罐的雷达液位和平均温度计提取需要的液位高与平均温度数值，由经验丰富的工程师进行抽样检尺复核，当发现误差即时对雷达液位计校准，保障精度的条件下最大的降低员工劳动强度。

每座罐底安装有一个自动采样器，分别提取油品的液面下 1/6、1/2、5/6 三处油样，送至实验室。实验室安装的 DMA4100M 密度计利用 U 型振荡法可直接测出原油在国标 20℃的密度，卡尔-费休测水仪能快速的测出原油中含水率。

通过表 1 的优缺点比较，结合油库的油品液位、平均温度、密度和含水率的提取方法自动化高，油库计量软件采用数据库查询法与公式法相结合进行开发。

3.3 公式法计算储罐油量

3.3.1 迭代法计算油品 20℃密度计算 15℃下的密度

$$\rho 20/\rho 15 = e\hat{}(-\alpha 15 \cdot 5 \cdot (1+0.8 \cdot \alpha 15 \cdot 5)) \tag{1}$$

式中　e——自然对数的底数，无量纲；

$\rho 20$——温度 20℃的密度，Kg/m^3；

$\rho 15$——温度 15℃的密度，Kg/m^3；

$\alpha 15$——温度 15℃的原油膨胀系数，m/K，计算公式 $\alpha 15 = 613.9723/(\rho 15 \cdot \rho 15)$。

从公式 1 和 $\alpha 15$ 的计算为迭代联立公式，引入计算机辅助以计算 $\rho 15$ 是保证精度的最效方法之一。

3.3.2 工况温度 t 至 15℃油品体积修正系数计算

$$VCF15t = e\hat{}(-\alpha 15 \cdot \Delta t \cdot (1+0.8 \cdot \alpha 15 \cdot \Delta t)) \tag{2}$$

式中　e——自然对数的底数，无量纲；

Δt——工况温度与15℃的差值,℃;

$\alpha 15$——由于公式 $\alpha 15 = 613.9723/(\rho 15 \cdot \rho 15)$ 计算得到 $\rho 15$，m/K。

3.3.3 静压力和罐壁温度修正的体积计算

$$Vt = (Vc - Vfw + \Delta V \times \rho c/\rho w) \times CTSh \tag{3}$$

式中 Vc——罐内油品液高查储罐检定表所对应的体积，m^3；

Vfw——游离水和罐底沉淀物的高查储罐检定表所对应的的体积，m^3；

ΔV——罐内油品液高查储罐检定的静压力修正体积，m^3；

ρw——储罐检定的静压力修正时采用的标定液体密度，通常为20℃下水密度，kg/m^3；

ρc——油罐运行时工作液体的计量密度，kg/m^3；

$CTSh$——罐壁温度修正系数，无量纲，计算如公式4。

$$CTSh = 1 + 2\alpha[7 \times Tl + Ta)/8 - 20] \tag{4}$$

式中 α——罐壁钢质的线性膨胀系数(低碳钢取 $\alpha = 0.000033$),$℃^{-1}$;

Tl——罐内油品平均温度,℃;

Ta——罐周围环境空气的温度,℃。

3.3.4 浮顶盘的修正体积

$$Vfrd = m/[WCF \times VCF15t] \tag{5}$$

式中 WCF——工况转换标况下的表观质量换算系数 $\rho 20-1.1$，无量纲；

$VCF15t$——工况转换标况下的体积修正系数，无量纲。

3.3.5 计算毛标准体积

$$Vgs = (Vt - Vfrd) \times VCF15t \tag{6}$$

3.3.6 计算净标准体积

$$Vns = Vgs \times (1 - SW) \tag{7}$$

式中 SW——原油中固含物和含水的百分比例，无量纲。

4 基于 MATLAB 平台的油库计量软件

MATLAB 以其具有强大的数值计算和符号计算、结果和编程可视化、数学和文字统一处理强大的功能、界面友善、语言自然、具有强大的开放性与第三方产品兼容性。而油库计量软件的开发特点是计算能力强、界面友好、软件兼容性好、二次开发平台好。MATLAB 为油库计量等数值计算类软件的编制提供了非常便捷的二次开发平台。

4.1 基于 MATLAB 迭代法与查表的体积修正系数的对比

基于 MATLAB 平台的公式 3-1 和 $\alpha 15$ 的迭代法编制程序计算体积修正系数，为了保障其精确性，将迭代法计算的结果与标准查表结果对比，见表 2。表 2 中第一组数据迭代法与查表误差值为 0.0001，第二组数据无误差，因此迭代法计算的精度很高，适用于油库计量计算。计算 ISO 标准下工况温度下的体积修正系数只需将公式 3-2 的 Δt 表述为工况温度与15℃的差值。

表 2　迭代法计算与查表的体积修正系数对比

	温度 41.5℃、密度 794kg/m³	温度 42℃、密度 808kg/m³
15℃下查表法体积修正系数	0.9752	0.9756
15℃下迭代法体积修正系数	0.9753	0.9756

4.2　软件编制的核心理念

依据油库的 12 座储罐的检定证书，在 Matlab 中录入、建立油库罐容量数据库，每个罐包含米-分米容量表、厘米-毫米容量表和静压力修正容量表，共计 36 个数据文本。根据用户输入的指定储罐油品液位高度，分别提取米与分米的数值、厘米与毫米数值，运用 MATLAB 的 for 语句循环地查询各罐的数据库文本，将对应的体积数值叠加得到在工况温度下的罐容量，提取的静压力修正体积保存为静压力体积修正计算做准备。

采用公式法分别对 12 座储罐嵌套公式 1 至 8 进行编计算静压力修正系数、罐壁温度修正系数、浮顶盘的修正体积系数、15℃下体积修正系数以及扣出油品含水率的折算体积，最后将净体积换到标准桶的数量。

由于油库储罐的检定证书中指定的储罐最小测量容量液高为 2m 所对应的容量容积。用试水膏测出水的含量为零，即游离水汇集于罐底的死容量以内。为了提高罐容量的计算精度，储罐进行计量之前打开罐底的自动切水器排水。

软件的逻辑图主要由两部分组成，GUI 界面窗口逻辑图见图 1，12 个储油罐的调用功能函数逻辑图见图 2，主要描述 Matlab 软件的计算过程、循环函数等原理。

5　油库计量软件应用

以油库某投产罐为软件计算实例，具体参数为：液位高 15.981m，20℃密度 850.7（DMA 密度计直接测得），平均温度 29.5℃，罐周围环境温度为 38℃，含水率 0.00001。计算结果：米-分米表：8.01974×107 升，厘米表：402423 升，毫米表 5030 升，静压力修表 122865 升，浮盘折算体积 717272 升，罐壁温度 30.5625℃，体修正系数 0.988254，15℃下密度 853.85kg/m³，毛体积 80604.9m³，净体积 79088.7m³ = 497475bbls。软件计算过程见图 3。

6　总结

油库计量软件具较高的自动化水平，仅需输入储罐油品的液位高、密度、平均温度计、罐周围空气温度以及含水率，就能计算出体积修正系数、毛体积量、在 15℃的净体积等重要参数。雷达液位计和自动采样器的安装进一步增加马德首站的自动化程序。在运用中，只要数据库的搭建无错误，后续的公式法计量计算准确性高。软件具有较高二次开发能力，较强的推广应用性，只需替换不同储罐的数据库，就能快捷地建立相应的安装文本。

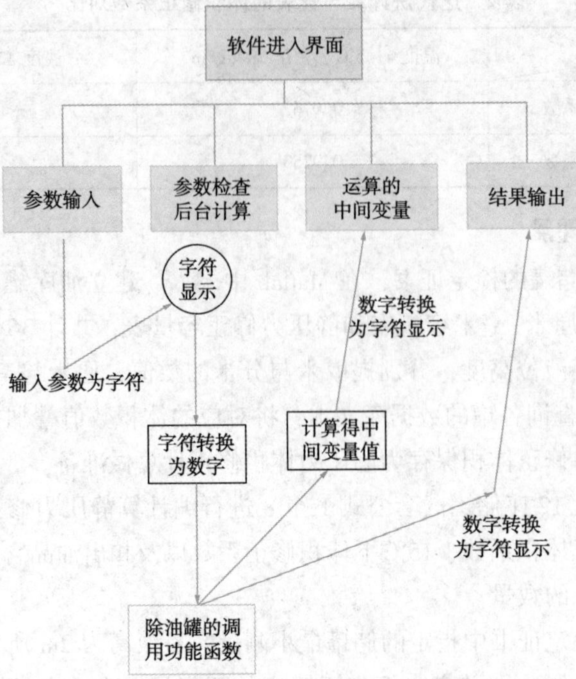

图 1　GUI 界面窗口逻辑

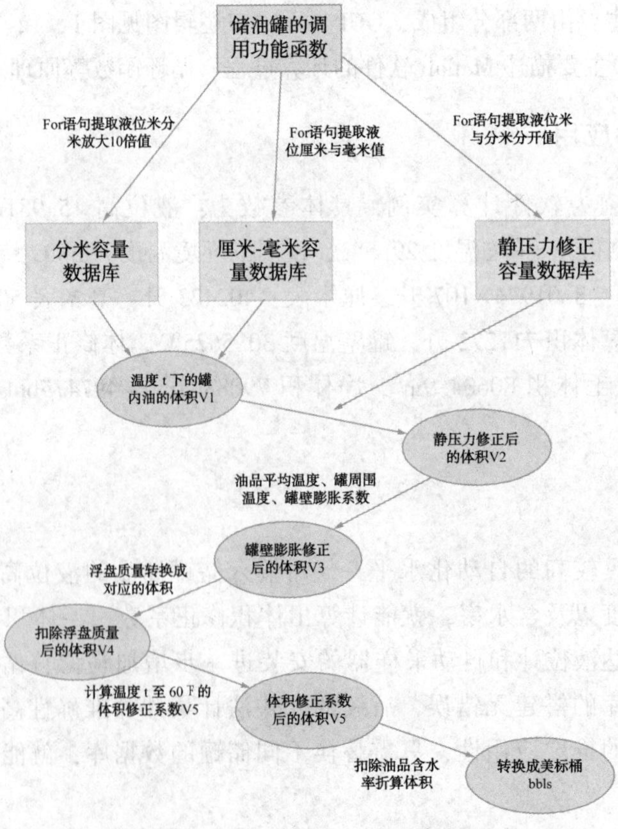

图 2　储油罐的调用功能函数逻辑

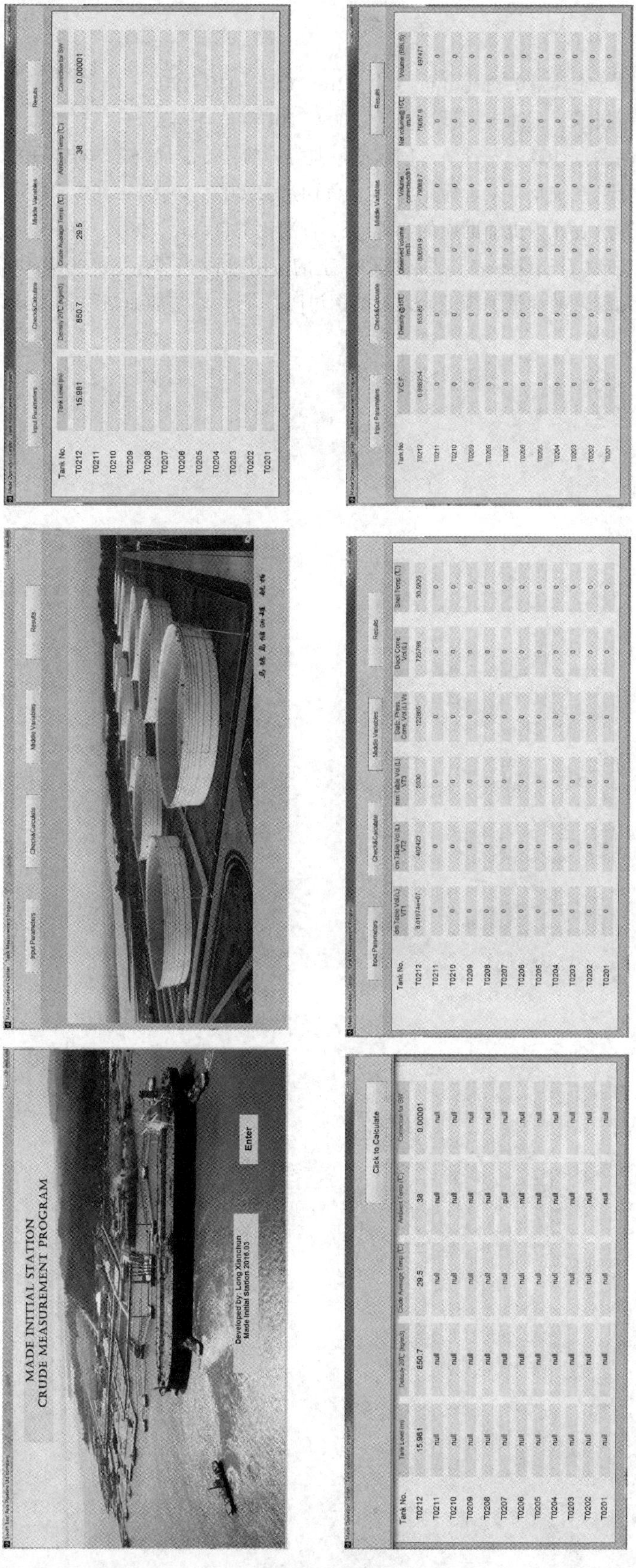

图3 马德首站油库计量软件应用过程

参 考 文 献

[1] 马贵艺，静态计量与动态计量的对比分析[J]，2016，(6)：119-120.

[2] 纪红．浅谈储罐计量技术．石油规划设计[J]，2009，20(4)：41-43.

[3] 石油和液体石油产品测量计算静态计量．国家质量监督检验检疫总局[S].2005：10-20.

[4] 李胜利．静压储罐计量系统及其工程应用[J]．油气储运，2000，19：46-48.

[5] 李德湘，等．石油计量表计算机辅助应的实现[J]．石油化工自动化，2017，3：59-61.

[6] 汪楚尧．用迭代法实现《石油计量表》转换 EXCEL 上的应用[J]．当代化工，2014，43(6)：1103-1105.

[7] 徐顺福．成品油库储罐自动计量系统准确计量的探讨[J]．石油库与加油站[J]，2015，24(6)：30-32.

中缅原油管道泵机组故障停机分析及建议

翁官锐　肖博舰

摘　要　中缅原油管道(缅甸段)采用天然气发动机作为泵机组的直接动力来源。由于天然气发动机结构复杂、辅助设备较多、缅甸国内电力缺乏、部分站场自发电因素影响，泵机组运行故障停机次数较多。本文对管道投产以来4个站场共计10台泵机组的停机故障情况进行了统计，计算出站场及设备千小时停机率、泵机组可靠性、同种故障发生次数及平均无故障使用时间等数据，从外界因素和站场因素两个方面总结分析各种故障产生原因，并通过对比查找出主要故障。发现站场初期主要为天然气发电机的故障原因，后期主要为泵机组传感器失效和误报警的故障原因等，这些因素是泵机组异常停机的主要原因。本文根据故障分析的结果，结合站场实际情况，提出切实可行的解决措施，有效提高了泵机组的稳定性和可靠性，确保管道安全平稳运行。

关键词　中缅原油管道　天然气发动机　泵机组　故障分析

1　引言

中缅原油管道(缅甸段)为我国一带一路样板工程，西起若开邦马德岛，东到掸邦南坎，全长750.8公里，管径Φ813mm，设计压力8-14.5MPa. 全线设置4座泵站，1座计量站。由于缅甸电力资源匮乏且不稳定。泵站主泵都为天然气发电机驱动。泵机组整体由天然气发动机、齿轮箱、鲁尔泵和强制润滑系统4部分组成，由美国PSI公司成撬提供。其中以发动机较为复杂，全线投用燃气发动机10台，都为美国卡特彼勒公司的G3616型号。相对于电机，天然气发动机的构造较为复杂，组成系统多，维护保养更加频繁，机组的故障率也相对较高，这直接影响了原油管道的平稳运行。排查站场其他因素，我们对泵机组投产以来的故障进行了分析，找出主要因素，并针对这些故障提出了切实有效的意见，有效降低了泵机组的故障率，保证了原油管道的安全平稳运行，也为天然气发动机驱动的输油泵模式提供了参考实例。

2　研究方法与效果分析

2.1　CAT天然气发动机

Caterpillar G3616天然气发动机为活塞式V-16气缸四冲程内燃机，天然气发动机由点火系统、润滑系统、燃料和启动系统、曲柄连杆机构、配气机构、主体部分冷却系统、进排气系统和辅助系统组成。较一般燃油发动机，G3616采用贫气燃烧以保证燃烧充分、较好的动力性和排放低。结构上也采用了预燃室的方式。由于天然气发动机的复杂机械结构和众多的辅助系统，机器的故障率相较于大型电机要高。

天然气发动机通过启动气驱动启动马达启动，燃气和空气通过相应管道、气门进入气缸燃烧做功，推动活塞连杆运动带动主轴旋转，主轴带动齿轮箱，由齿轮变速后带动鲁尔泵对原油进行加压，并通过管道输送。中缅原油管道(缅甸段)泵机组分布情况如表 1。

表 1　中缅原油管道(缅甸段)泵机组分布

站　场	数　量	投用时间	备　注
马德首站	3	2016	多级泵并联
新康丹泵站	3	2016	多级泵并联
曼德勒站	2	2018	单级泵串联
地泊泵站	2	2016	单级泵串联

2.2　泵机组故障统计

中缅原油管道(缅甸段)共计 10 台泵机组，其中，8 台为 2016 年 10 月投用，另外 2 台为 2018 年投用。投用初期，由于机组调试、现场施工问题改造和运行人员缺少经验，导致泵机组停机率较高。经过前期的磨合，现在泵机组各部位设备逐渐进入最佳配合时期，由此进入安全平稳运行阶段，并且，站场运维人员也通过几年的运行和维护经验的积累，不断提升对泵机组故障的预先判断和对泵机组的维护保养，使泵机组处于完好状态，因此，故障率逐年降低。

从 2018-2020 年的 3 年时间来看，以 10 台泵机组本体的故障数据为基础，对其进行了统计分析。在这期间，泵机组共发生 113 次停机故障，以泵机组总运行时间、总停机次数、每千小时停机次数及平均无故障运行小时数等参数，综合进行故障统计和评估，得出各站场泵机组运行情况的趋势。通过分析，可以得出站场其他设备故障、自动化控制设备故障、机械设备故障及通信设备故障是导致泵机组停机的主要原因，其中，站场其他设备故障和自动化控制设备故障率累计占比 80%，是泵机组停机主要原因中的关键原因；并且，从 2018 到 2020 年期间泵机组平均无故障运行时间在逐渐增加，说明泵机组运行稳定性在逐年增强。中缅原油管道(缅甸段)泵机组运行情况统计(2018-2020 年)如表 2。

表 2　中缅原油管道(缅甸段)泵机组运行情况统计(2018-2020 年)

站场	泵机组数量	泵机组总功率	泵机组总运行时间	泵机组总停机次数	每千小时停机次数	平均无故障运行小时数
马德首站	3	10719kW	49478h	64	1.294	733h
新康丹泵站	3	10719kW	49430h	23	0.465	2149h
曼德勒站	2	7146kW	7159h	16	2.235	447h
地泊泵站	2	7146kW	26873h	10	0.372	2687h

2.3　站场其他设备故障

站场天然气发电机故障停机是导致泵机组停机的主要原因，占比 83%。由于泵机组是由天然气驱动运行，且当泵机组运行时，需要运行两台天然气发电机，以满足站场所需总功率的要求。但是，当天然气发电机出现启动系统、点火系统、进排气系统、冷却系统等部件故障时，则会导致其故障停机，与此同时，站场总功率负载会加载到另外一台正在运行的天然气发电机上，并由于总功率超过其额定功率导致该台天然气发电机停机，即无法实现供电，泵机组也会由于电机失电而导致停机。具体查看为马德首站 720kW 大功率天然气发电机故障率较高，应当根据其运行情况进行分析与论证，并采取有效改进措施，以实现天然气发电机运行的稳定性，进而降低因天然气发电机因故障停机而导致泵机组停机的比率。结合实际情况，建议加强天然气发电机的例行维护保养工作，以保证天然气发电机运行的可靠性。同时，针对天然气发电机的主要故障类型，应增加监控措施，建议增加缸温检测、振动检测、空冷器电机温度和电流检测、绕组温度检测等探头，并且，监测数据能够实时上传到上位机，即实现通过监测数据能够判断出参数的变化和趋势，并第一时间采取应对措施进行故障处理，做到及时发现问题和解决问题，不仅保证了天然气发电机运行的稳定性，而且相应的降低了天然气发电机的故障率。在此基础上，建立天然气发电机运行数据分析模型，并通过模型开展视情维修工作，这样在人力和时间成本上能够实现最优化。

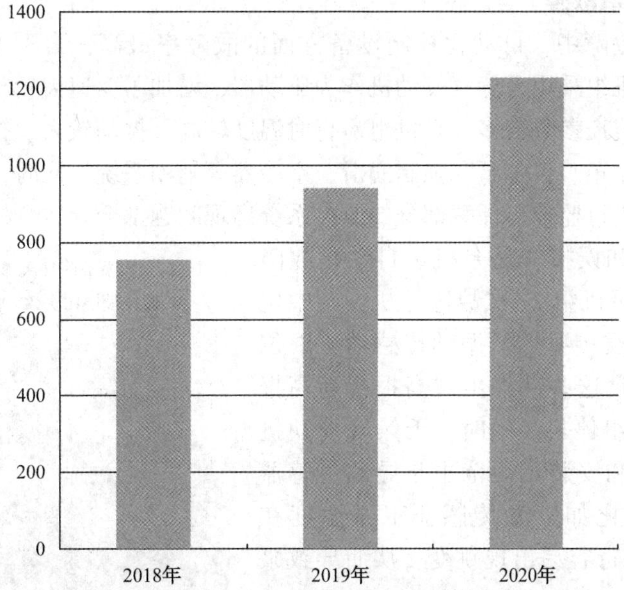

图 1　泵机组平均无故障运行时间

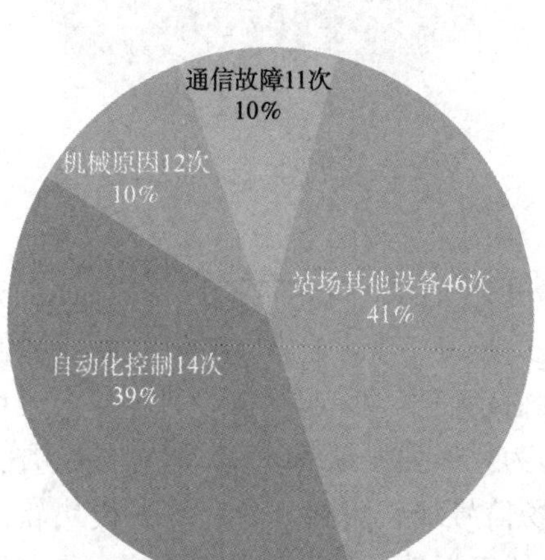

图 2　泵机组异常停机次数

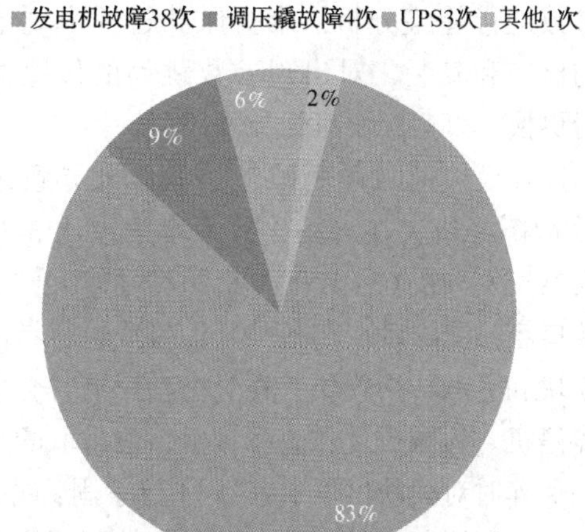

图 3　站场其他设备故障

天然气调压撬故障也占据一定比率，其主要是截断阀、接线箱接线、电动阀、模块等发生故障，则会导致截断阀截断，即无法实现天然气发动机供气，导致泵机组停机。由于天然气调压撬是露天设备，且长期处于强烈阳光或暴雨的气候环境中，大大减少了零部件的使用寿命。因此，建议增加挡雨遮阳棚，减少设备的暴露时间，保证了截断阀主皮膜、小皮膜、密封垫等零部件和模块的完好性，同时对设备及接线箱进行防潮密封处理，保持设备和接线箱内部的干燥。UPS 故障次数相对较少，其主要是由于控制柜内模块、风扇、蓄电池等原因造成，由于 UPS 设备在设备间内，在防晒和防雨方面能得到保证，应加强日常运维管理。考虑到缅甸的气候条件，一年中大部分时间都处于高温、高湿环境中，这也对泵机组的运行造成了一定影响，当环境问题过高时，泵机组振动和温度传感器的波动范围则会增大，一旦超出保护值范围则会发生报警而导致泵机组停机。

2.4 自动化控制设备故障

在泵机组本体故障中，自动化控制设备方面的故障率最高，占到了全部故障的 39%。其主要原因在于泵机组采用天然气发动机作为驱动器，增加了变速齿轮箱，控制系统较常规的电驱更为复杂，监控参数较多，且机组运行时温度较高，振动较大。控制系统集成了天然气发动机、变速齿轮箱、鲁尔泵和强制润滑、空冷器等辅助系统，同时，控制系统均是使用精密类仪器对设备进行监控，任意部分的监控系统出现问题都会导致泵机组停机。

传感器的故障和误报警是泵机组自动化故障的主要原因，导致泵机组 27 次故障停机，其中包括缸温传感器、爆震传感器、振动传感器、液位传感器等部件，一旦这些部件出现高报或高高报警，则会导致泵机组停机。同时，天然气发动机振动、工作温度高和安装不规范也是导致传感器失效的主要因素，比如缸温传感器工作温度在 500℃左右，长期运行容易出现跳变，从而导致泵机组故障停机。为减少此类故障发生，应采取的预防措施为：站场应加强对设备的巡检，上位机对参数进行趋势分析，维护保养过程中规范传感器的检查和安装，对出现参数跳动的传感器及时进行更换，以避免泵机组故障停机。

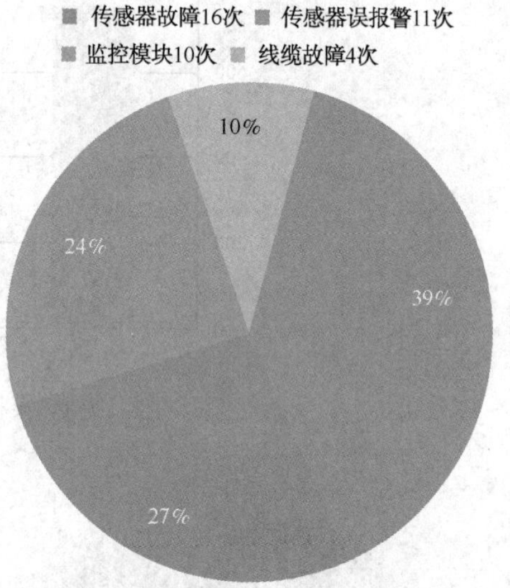

图 4　自动化控制设备故障原因

监控模块的故障和线缆的故障共导致泵机组 14 次故障停机，在自动化故障率中占比 34%。由于天然气发动机在工作时，机组振动较大，且现场温度处于高温高湿环境中，模块内部元件和接口容易受振动影响松动，信号线也容易出现老化磨损的情况。比如 METRIX 振动检测驱动模块和光电转换模块，在受振动影响时会出现模块松动而导致信号中断，进而导致泵机组故障停机。为减少此类故障发生，应采取的预防措施为：加强振动驱动模块控制箱检查，在维护保养时对模块的所有接头进行紧固，并保证现场信号线无虚接现象；统一模块软件配置，防止不同版本软件冲突；固定控制箱线束，防止线束振动导致模块数据跳变；控制箱内定期更换干燥剂，保证内部干燥；定期对电缆、信号线进行检查，进行绝缘、接地测试，保证电缆、信号线正常可靠。

2.5 机械设备故障

泵机组本体机械原因而导致泵机组故障停机为12次，故障率占比为10%。通过分析可以看出，主要是由于泵机组的辅助设备问题。针对现场空冷器多次出现皮带脱离、空冷器轴承失效、电机轴承失效等情况，应采取的预防措施为：建议传动皮带采用高强度三合一的三角带，500小时维护保养增加皮带的张力测试、注意皮带的清洁和皮带轮水平位置校准；建议增加空冷器振动检测系统，对空冷器振动进行长期跟踪，并在维护保养时增加扇叶角度检查、风扇水平度和轴的同心度检查，对偏离较大的风扇及时调整。对于空冷器电机，原装电机设计时为卧式安装，在实际使用时为立式安装，这不利于电机的长期运行，并且，电机前后都为普通深沟球轴承，未采用立式电机常采用的推力轴承，卧式电机立式安装且电机重量超过300公斤，在长期运行中存在加速普通轴承磨损的情况，建议与生产厂家沟通，更换为同型号的立式电机。

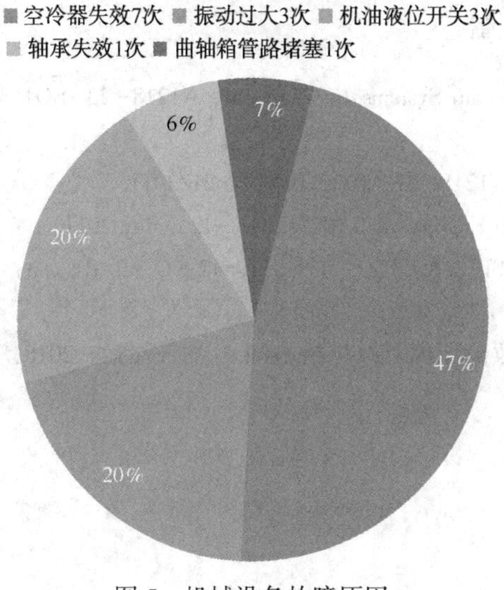

图5　机械设备故障原因

其他机械故障均为偶发性故障，不具备普遍性。轴承失效、振动过大、曲轴箱堵塞和机油液位开关故障等都为泵机组运行初期由于设计安装问题导致，经过后期的调整处理，现已恢复正常。

2.6 通信中断故障

泵机组本体通信故障而导致泵机组故障停机为11次，故障率占比为10%。其中通信线路中断出现9次，通信设备故障1次，雷击影响1次。为减少此类故障发生，应采取的预防措施为：建议加强线路接口检查，更换松动网线和光纤；对现场控制箱进行减震处理，将AP面板、I/O面板进行离撬处理，重新设置固定基础安装控制面板；延长通信闪断报警延时；做好电缆对信号线信号影响的屏蔽工作，并保证屏蔽线的单端接地；对通信设备的通信情况进行定期检测，及时更换丢包率高的设备；做好站场防雷防静电接地测试，对有室外传输的信号，做好两端防浪涌模块安装。

3 结论

中缅原油管道(境外段)由于工艺的特殊性，泵机组在“随机失效期”的主要停机原因为站场发电机等辅助设备运行不稳定和泵机组各种传感器的失效和误报警。本文对泵机组的故障原因进行了数据分析，能够更为直观的看出各类故障发生的比率，并针对以上故障情况提出了具体的解决方案和改进措施，目前部分措施在站场已完成了实施，并取得了良好的效果，为保证泵机组安全运行和管道平稳运行提供了有效支撑，对天然气发动机驱动的泵机组站场运行管理有一定借鉴经验。同时，泵机组作为站场的核心设备，应在日常的例行维护保养过程中，不断提升维护保养的规范性；对于泵机组的备品备件，由于大部分部件是进口部件，其采购和到货时间较长，应提前做好足量的储备；对于保养内容，应在每次例行维护保养中提出更切实可行的意见和建议，不断提升泵机组故障处理和运行管理的经验。并且，在泵机组故障停机分析中，应当仔细分析、充分论证、发挥团结合作的精神，针对分析结果提出更合理化的建议。最重要的是，要建立核心设备管理的责任意识，全力保证泵机组的平稳运行，为站场的安全平稳运行提供保障。

参 考 文 献

[1] Ibarralr, PLAN VIEW GENERAL ARRANGEMENT[Z]. Pump Systems International, N1218-23-BO1. 3. 4 Rev. 4, 12/30/2011.

[2] LRI, P&ID'S ENGINE COOLING SYSTEM[Z]. Rev. E, N1218-23-C03. 3. 3. 4, 1/21/2011.

[3] Caterpillar, Systems Operation Testing and Adjusting G3600 Engines[R]. RENR5908-12, May 2011.

[4] WRW, BAY ARRANGEMENT[Z]. CHART COOLER SERVICE CO, INC, 10612-O-2 REV.3, 1/16/2012.

[5] 李海娜，吴家勇，袁瑞娟，等. 输油管道非计划停输故障原因及改进措施[J]. 油气储运，2018，37(10)1-4.

提升中缅油气管道项目价值的几点思考

何恒远

（中油国际管道公司中缅油气管道公司）

摘　要　中缅油气管道项目在缅耕耘15年来，已经成为“一带一路”先导工程和互利共赢的国际化范本。中缅管道的战略价值达成，为进一步提升经济价值，需要结合缅甸社会经济发展需求，进一步发挥好“管道+”平台的优势，推进和深化中缅油气合作，拓展相关产业链，提升价值链，持续造福两国人民。

关键词　中缅管道　油气合作　项目价值

从2006年8月国家正式批复由中国石油全面负责中缅油气管道项目实施以来，项目已经走过了“十一五”“十二五”“十三五”，而今迈入“十四五”。过去15年，中缅油气管道项目的成功实施，已成为中缅两国经贸合作的典范和“一带一路”在缅先导示范项目。中缅管道“合作模式规范、经济效益优良、互利共赢典范”的优势持续体现，受到各界广泛关注。2020年8月25日中国石油首个海外项目“云开放”活动正式启动，选择了中缅管道项目作为首发；2021年1月17日中央《新闻联播》头条给予报道：“中缅油气管道项目是‘一带一路’先导工程，被称作互利共赢的国际化范本，项目完全体现了习近平主席在达沃斯提出的‘协同联动、公平包容的理念’”。下一个15年，如何进一步发挥好“管道+”平台的优势，推进和深化中缅油气合作，是摆在中石油企业面前的一个现实课题。

1　总体形势分析

1.1　提升战略管道的经济价值在于因地制宜拓展在缅业务。

为了绕开“马六甲海峡”、缩短海上运输距离，中缅管道的战略决策和战略价值毋庸置疑，但其经济价值却一直存在争议。总体上，原油管道的经济效益似乎没有受到太多的质疑，但是天然气管道的整体经济效益却存在一定争议。昆明炼厂的建成投产改变了我国西南地区成品油市场供应的格局、给云南的经济发展带来了直接效益，这是中缅原油管道价值所在。天然气管道投产以来，缅甸每年输往中国的天然气基本维持在大数40亿方。缅甸天然气到达中国边境的价格每方2.4元人民币以上，而国家发改委确定的云南省天然气门站价为每方1.59元人民币，在不计算国内段管输费的情况下，每方天然气亏损0.8元人民币，中国石油进口缅甸天然气每年亏损总额30亿人民币。进一步细算，缅气到达中国边境的价格构成中，75%是上游气田的出产价，25%是境外段管输费。因此，拓展在缅业务是减少进口气亏损的重要途径。

1.2　缅甸战略地位凸显，深化在缅油气合作意义重大。

与我国陆地相邻的14个国家中，缅甸的位置非常特殊。缅甸濒临印度洋，具有连接中国、东南亚和南亚区位优势，是美国等国家围堵中国C型包围圈海上与陆地的结合部，是中美博弈的重要国家，是印度“东向政策”的桥头堡和东盟向西发展的跳板，同时缅甸还是能够对马六甲航线施加潜在影响的国家。对中国而言，它不是一般意义上的邻国，关系到经济可持续发展、周边安全稳定。“远亲不如近邻”，两国政府历来高度重视双边外交关系。2020 是中缅建交 70 周年，年初习近平主席成功访问缅甸，两国领导人携手构建“中缅命运共同体”，开启中缅关系新时代，为“中缅经济走廊”建设注入了强大动能。

1.3 缅甸发展潜力巨大，机遇大于挑战。

过去缅甸长期推行军政统治，长达半个多世纪的“闭关锁国”，使缅甸沦为“世界最不发达国家”之一。2010 年缅甸新政府上台后，民主进程加快，推行了一系列改革和对外开放政策，缅甸经济步入快速发展车道。据权威机构预测，未来 20 年，缅甸年均经济增长率将达到 7%—8%，有望成为亚洲经济增长新星。目前缅甸被称为亚洲最后待开发的“处女地”，各国投资者纷纷涌入寻找机会。经济的快速增长，带动石油、天然气、电力等能源需求强劲，深化在缅能源合作处于重要战略机遇期。不过当前在缅开展业务，也面临缅甸政治改革前景和社会安全等方面的风险，但缅甸转型政治局势总体可控，发展机遇大于挑战。

1.4 历经二十年耕耘，中石油团队在缅已经扎下了根。

中石油从 2001 年开始参与缅甸油气合作，致力于为缅甸油气开发利用提供一体化解决方案，先后开展了三个深水区块油气勘探项目、参与了缅甸成品油供应和缅甸化肥厂总承包项目。尤其是 2005 年中国石油与缅甸能源部共同发起的中缅油气管道项目，得到了两国领导人的高度重视和大力支持，合作成效显著。同时，该项目也是缅甸目前最大的外资项目。经过几年努力，中石油在缅甸已经初步扎下了根。通过项目的实施和运营，提升了国际化与本土化运作能力，积累了丰富的实践经验，锻炼了员工队伍，形成了优良的管道资产、特有的企业文化、良好的政府关系、社区关系与企地关系，这些都为下一步深化油气合作奠定了良好基础。中缅管道项目的成功运营，项目持续造福两国人民、深入民心政心，铸牢中缅两国友谊桥梁和两国经贸合作的典范。中缅管道项目已成为中石油在缅业务发展的重要平台。

1.5 专家预测未来缅甸上游天然气资源面临枯竭的考验。

目前，缅甸天然气主要来自海上 4 个气田：耶德纳气田、耶德贡气田、若迪卡气田、税气田。这四个主力气田正逐步进入衰减期，很可能 2030 前面临枯竭。如果没有新的气源注入，中缅天然气管道将面临停输风险。尽管缅甸政府向全球开放了海上和陆上区块，很多国际石油公司也不同程度地介入了这些区块的风险勘探，但是至今收获不算大。就弥补能源供应缺口而言，缅甸政府基本上有三个选择：一是将所产天然气用于国内需求，减少出口；二是鼓励勘探开发活动以提高产量；三是进口 LNG 作为弥补供需缺口的一种措施。2020 年 5 月、6 月该国从马来西亚进口了两船 LNG，标志着该国加入了 LNG 进口国的行列。2016 年 8 月，缅甸国务资政昂山素季访华期间就曾表示从中缅管道增加缅甸下载天然气的愿望；同年 12 月电力能源部致函中国石油提出从中缅天然气管道的管输气中增加缅甸境内下载约 5 亿方天然气，因为照付不议的条款制约和小股东的分歧，这 5 亿方天然气的谈判目前没有结果。

2 深化在缅油气合作的思路和对策

“一带一路”倡议和“中缅经济走廊”建设，以及两国从“全面战略合作伙伴关系”升级为“中缅命运共同体”的外交关系，为我们深化在缅油气合作提供了难得机遇。未来深化在缅油气合作的总体思路是：把中石油在缅业务发展与国家“一带一路”倡议和“中缅经济走廊建设”有机结合，努力使中石油与缅甸的油气合作成为推进中缅两国经贸合作的重要战略支点；以管道为平台，坚持一体化发展思路，积极稳妥推动新项目开展，努力拓展业务链，延伸价值链，形成中石油在缅上中下游一体化产业链，分享缅甸经济增长红利，推进缅甸现代石油工业体系的建立，打造两国更加紧密的利益共同体和相互制衡的安全链，从而更好地维护中缅能源通道，推动中缅友好关系新发展。

2.1 CNG 项目

中缅天然气管道投产后，缅甸国内天然气利用业务正逐步发展起来。目前在缅开展CNG业务，具备资源、市场、效益等各方面条件。可以选择仰光、曼德勒大城市先行合作起步。原东南亚管道公司与缅甸有关部门开展过前期探讨，拟在缅甸曼德勒开展CNG项目，先期建设CNG母站和子站，后期视市场情况扩大母站规模和子站数量，同时发展其他重点城市的天然气利用业务及高端用户。

2.2 缅甸炼厂项目

缅甸成品油需求量以每年7%的速度增长，供需缺口大。目前缅甸国内的炼厂只能提供25%的成品油，且炼厂设备落后、开工率低，其余75%需依赖进口或走私。中缅原油管道投产后按计划每年将在缅甸境内下载200万吨原油，而缅甸国内目前尚没有成熟、成规模的炼油厂，巨大的供需矛盾促使缅甸政府有启动炼油厂建设项目的需求。

2.3 缅甸陆上管道项目

随着经济发展，缅甸政府正在加快推进油气管网规划和相应新管道项目建设。早在2014年，缅甸能源部公开征询关于组建合资公司开展缅甸陆上管道建设和维护业务的合作意向。比如，从中缅管道的仁安羌分输站到仰光有一条口径10英寸的天然气管道，由于腐蚀导致气体泄漏而停止运行，缅甸国家油气公司有意引入投资方对这条管道进行升级改造，目前正在实施仁安羌分输站到勃固省的撇市这一段管道的升级改造，为该市的发电厂升级提供燃料打基础。

2.4 缅甸天然气发电项目

缅甸是全球通电率最低的国家之一，目前国内电力供应严重不足，截止2019年12月，电力供应才基本覆盖到全国50%的家庭。电力不足，严重制约工业发展。以中缅天然气管道为依托，在缅甸开展天然气发电项目，市场潜力巨大。目前，中缅管道沿线已经建成了5座发电厂、未来很快要投产2座发电厂。近年来，中油国际管道公司和中国石油天然气销售公司谋求合作，策划在曼德勒建设发电厂。

2.5 缅甸 LPG 化工产品销售

近年来，受国际经济形势影响，国内LPG产品需求整体低迷，价格持续走低，而缅甸作为后发展国家，是石油石化产品销售的新兴市场和新的增长点。下一步，我们可以通过与在缅企业合资合作，开展在缅石油石化产品销售业务，为中石油化工产品销售开拓新市场。目前，中联油在缅销售业务已有了拓展。

2.6 马德岛 LNG 项目

长远来看，该项目既可作为中缅天然气管道补充气源和应急调峰气源，还可以充分利用中缅天然气管道的管输能力，提高管道项目的经济效益。目前，随着缅甸皎漂开发区的推进和深水港的打造，缅甸本土及外资企业都有意向就缅甸马德岛LNG项目的建设、管理和运营进行合作。未来将根据缅甸政府要求，结合国际LNG价格、下游市场需求等情况，可以适时推进马德岛 LNG 项目。

2.7 马德岛第二原油码头项目

为适应中缅油气战略通道未来发展需要，提升原油接卸能力，将来根据市场情况可以适时启动马德岛第二原油码头前期研究，以充分利用稀缺的码头海岸线资源。

2.8 中缅油气管道增输项目

未来，根据国内油气市场需求以及缅甸消费市场需求情况，可以适时实施中缅油气管道增输项目。天然气管道增输后，可实现输量 170 亿方/年，比现在设计输量增加 42%。中缅原油管道扩容增输后，管输能力可提高到 3000 万吨/年。未来如果市场还有更大需求，远期还可考虑建设中缅管道复线，使中缅油气通道能力达到 5000-6000 万吨/年。

3 保障措施

推进中缅油气合作，需要政府、民间、企业、社会友好人士等各个层面的大力支持。

一是深入实施企业社会责任等本地化项目，争做优秀企业公民。在现有基础上，积极完善企业社会责任项目的设计、建设、运营评估机制，做实做细企业社会责任项目。主动学习西方 NGO 组织的一些有效办法，对管道沿线社区具有实际影响力的个人、群体和公民社会组织加以甄别，建立定期沟通对话机制，有效了解社区诉求。可考虑设立小额基金，与缅非官方智库、当地民间组织开展联合研究，主动设置议题，引导社会舆论。高度重视人才本土化策略，更加注管道项目缅籍员工培养，与中方员工一样，晋升“没有天花板”。

二是密切跟踪国家“一带一路”战略实施过程中的相关财税、投融资等优惠政策。研究国家开发银行、进出口银行优惠贷款资金、专项扶持资，研究亚洲基础设施投资银行和丝路基金，促使项目资金进入缅甸油气合作领域和基础设施领域，促进共同繁荣，增进两国友谊。

三是建议缅北和谈加入管道两侧非军事区条款。中缅油气管道穿越缅甸北部掸邦，距离克钦边境不足 15 英里。近年来缅北地方武装与政府军冲突不断，影响管道安全。建议中国政府力促和谈，同时在政府交往和协助和谈中，建议将管道两侧一公里设为非军事区。如果能达成这类条款，中缅管道的安全问题，将进一步得到保障。

参 考 文 献

[1] 冯保国．关于深化中缅油气合作的思考[J]．北京石油干部管理学院学报，2020.4，61-65.

[2] 缅甸成 LNG 进口国以满足当前能源需求．June 26，2020-Upstream Analytics. www. rsytadenergy. com.

长输油气管道站控系统对燃料气撬电加热器控制的优化提升

闫 龙[1] 袁 野[2] 赵江会[2]

（1. 中油国际管道公司；2. 中油龙慧自动化工程有限公司）

摘 要 本文以长输油气管道站控系统对燃料气撬电加热器控制的基本原理、主要功能进行了分析和阐述，同时对燃料气撬电加热器控制的优化提升提出了解决方案，对优化提升的必要性、实现方式、预期效果以及积极意义等方面进行了阐述，旨在为实现站控系统对燃料气撬电加热器控制的创新和突破提供合理化解决方案和建议，提高长输管道辅助设备的自动化控制水平，为提高站场辅助设备的操作及监护效率，降低员工伤亡风险，保障生产安全起到一定的参考借鉴意义。

关键词 长输管道 燃料气撬 自动化控制

1 概述

作为长输油气管道站场重要的辅助设备，燃料气撬通常作为压缩机、发电机、燃气机组、生活用气等管道运行生产关键设备和区域的燃料来源，是将主管道的高压气体调节到满足压缩机、发电机、燃气机组所需的低压燃料气提供给用气设备的成套撬装设备。作为站场自动化控制系统的第三方设备之一，燃料气撬通常配有独立的控制系统，站控系统通过硬线连接、第三方通讯等方式实现与燃料气撬的数据采集与控制。目前国内外大多数长输油气管道站控系统对燃料气撬的监控参数通常包括流量、温度、压力、加热器状态、报警等，实现了燃料气撬系统的远程监视与控制基本功能。通过站控系统人机界面可实现燃料气撬参数的读取、阀门的开关、流量监视、报警管理、事件记录、历史趋势记录等功能。近年来，随着运营单位对“精细化管理”、“节支降耗”、“安全生产”等管理理念的深入实行，对站场辅助设备自动化控制水平的要求也逐步提升。如何实现对燃料气撬更优的控制，逐渐成为生产运营单位新的科研课题。

2 目的和必要性

天然气冰堵是燃料气撬在生产运行中面临的主要风险因素，其成因主要是气体减压时会对外做功，使部分管段温度降低，气体中的水蒸气产生凝结，严重时导致管段发生冰堵现象，对局部管段形成冰阻塞。天然气冰赌现象的发生会致使关键设备气源中断，导致设备损坏，严重的甚至会引起生产安全事故。目前国内多数长输油气管道站场利用加热炉、电加热器等加热设备对天然气管路进行加热，或在燃料气撬、阀门引压管等易堵管段安装电伴热带，使气体温度保持在水露点以上，实际应用效果明显。由此可见，燃料气撬电加热器系统是针对性防止和解决冰堵问题的关键设备。

结合目前国内外已建成长输油气管道现状，燃料气撬多作为站控系统外独立成撬的第三方辅助设备，设计过程中，仅要求站控系统实现对燃料气撬的基本数据采集和控制，一些关键操作如电加热系统启、停、故障复位、电加热器温度远程 PID 调节、燃料气系统故障监视等操作则通常需要由操作人员在现场完成，这大大降低了操作效率，增加了操作人员的工作量，对管道的安全平稳运行产生了一定的影响，亦不利于节支降耗的实现。

3 解决方案

根据上述实际情况，本文对长输管道站控系统对燃料气撬电加热器控制的优化提升提出了如下建议和解决方案。

3.1 总体思路

在站控系统上完全实现燃料气撬自有控制系统的全部功能，并将关键参数纳入站控系统数据库，实现数据备份、历史事件记录、报警记录、历史趋势等功能。通过站控系统操作员工作站实现对燃料气撬电加热器控制系统的远程监视和控制功能；在站控系统操作员工作站上增加电加热器控制面板，实现电加热器的远程启停、复位等功能；在站控系统操作员工作站上增加电加热器系统状态报警页面，实时显示电加热器报警、运行状态、温度、流量等参数；通过远程对加热器进行启停控制、温度监视或者自动 PID 温度调节，实现加热器系统的精准监控，提升加热器工作效率，达到节支降耗的目的；在站控系统中建立数据库，显示电加热器参数的实时趋势曲线和历史曲线；

3.2 方案简述

上述优化提升目的的实现，需要从燃料气撬新增状态采集、控制命令增加、RS485 串口通讯数据采集、PLC 程序编写、上位机画面组态、工作站数据库添加等几项内容出发，方案如下：

3.2.1 新增状态的采集

新增每台电加热器的运行、停止状态和故障报警状态。新增的状态通过在燃料气撬电加热器控制柜和 PLC 机柜之间敷设跨接电缆的形式，实现硬线信号的采集传输，将上述信号连接至 PLC 的备用数字量通道；在 PLC 程序中开发相应的程序，采集相应信号，分配供人机界面采集的数据地址。其他状态如电加热器的就地远控状态、手自动状态、断路器、接触器等状态则通过串口通讯方式，通过站控系统已有串口通信设备或增加串口采集设备实现数据采集。

3.2.2 控制命令增加

新增每台电加热器的启动、停止、复位等命令。需要对燃料气撬电加热器控制方式进行改造，通过修改接线、增加继电器等方式，实现就地和远程的双重控制模式；新增的状态通过在燃料气撬电加热器控制柜和 PLC 机柜之间敷设跨接电缆的方式实现状态采集和命令传输，将上述信号连接至 PLC 的备用数字量通道；在 PLC 程序中开发相应的程序，采集相应信号，分配供人机界面采集的数据地址。

3.2.3 RS485 串口通讯数据采集

根据需求完成对燃料气撬电加热系统 RS485 串口通讯数据的采集。对于已有串口通信设备且设备有空余通道的站场，将燃料气撬电加热器控制器中的相应信号，通过 RS232-485 转换器接入现有串口协议转换器；在上位机中完成相应数据库和通讯连接的建立，完成采集。对于没有串口通信设备的站场或串口通信设备无空余端口的情况下，通过增加串口通信模块、串口通信协议转换器的方式实现新增串口信号的采集。

3.2.4 数据库建立和画面组态

在站控系统上位机完成燃料气撬电加热系统数据库、通讯连接的建立，实现数据的采集和下发；在上位机中建立燃料气撬电加热系统的控制面板、组态画面、报警、参数列表、趋势等。在调控中心上位机完成燃料气撬电加热系统数据库、通讯连接的建立、画面的组态，实现调控中心的数据采集和下发。

3.3 预期效果

燃料气撬电加热器系统的优化提升本着充分利用现有软件和硬件设备和空余通道、原有数据库和上位机系统的原则，做到用最少的成本和工作量实现预期功能。电加热器启动、停止、运行、故障和复位等硬线信号接入现有 PLC 模板的空余通道，通过 PLC 编程，利用程序实现燃料气撬电加热系统的远程控制；加热器控制模式、加热芯温度、断路器状态、接触器状态等信号，通过站控系统现有通讯协议转换器进行信号采集和传输，在现有站控系统中实现数据库建立和画面组态。调控中心和站场可通过一个单独的上位机页面完成对本站场或全线所有站场全部电加热器的状态监视，以及启、停、复位等功能，也可以通过点击图标进入单独站场的加热器控制界面，实现与现场一样的更详细、更直观的监视和控制功能，实现对加热器各项性能参数的全方位实时精准监控，提升加热器工作效率，达到减少操作人员工作量和节支降耗的目的。

通过在站控系统中对电加热器系统启、停、复位、控制模式切换等命令，以及故障报警等状态进行事件和报警记录，实现报警、事件的记录的有迹可循；通过将加热器温度、流量等关键模拟量参数的趋势记录，实现加热器关键参数历史趋势可查；操作人员可通过温度 PID 调节面板实现从操作员工作站远程调节加热器温度的目的。

4 结论和意义

“精细化管理”和“节支降耗”是长输油气管道发展的必然趋势，站控系统对燃料气撬电加热器远程控制的优化提升能够有效减少现场操作人员工作量、提高站场辅助设备的操作及监护效率、降低管道冰赌等安全风险，该技术的推广将对提升长输油气管道自动化控制水平及站场运行管理水平起到一定的积极意义。

参 考 文 献

[1] 李文波，苏国胜．国外长输管道安全管理与技术综述[J]．安全、健康和环境，2005.
[2] 丁昱．燃气调压撬的设计与应用，中国新技术新产品，2012.
[3] 汪家旺．浅谈长输管道站场自用气调压撬应用，中国石油和化工标准与质量，2013.

输油泵叶轮口环卡死的故障分析与维修技术

闫　龙[1]　杨　锐[2]

（1. 中油国际管道公司；2. 中油龙慧自动化工程有限公司）

摘　要　本文分析输油泵叶轮口环卡死的故障现象，根据卡死状态的受力情况，通过计算数值表明流量、口环间隙与轴（径）向力之间的变化关系，结合实际给出输油泵故障的维修方法及注意事项。

关键词　输油泵故障　叶轮口环　维修技术

原油是工业的血液，而输油泵更如同原油管道运输的心脏。离心泵机组作为石油管道输送介质的主动力源，泵体内叶轮口环与泵体口环之间配合运转的好坏将直接影响设备的运行状态和工作效率。

目前，针对国外生产的多级鲁尔离心泵的叶轮口环与泵体口环出现"卡死"的设备故障，国内外知名泵机组制造商、行业领域专家和各大院校研究者所采取的技术手段基本都是通过对泵机组开盖、解体后再进行检查和维修，由于国外泵机组的制造规格严、装配精度高，所以对多级泵而言，开盖和解体不仅需要齐全的专用维修检测工具和专业的高级技师，同时还要聘请国外专家到现场指导，大大增加了设备维修的工作量、整体工期和维修费用。

为避免产生不必要的资源浪费，提高现场工作效率，降低设备故障对管道运行的影响，需要打破传统的观念和做法，探索出一条技术创新路，即通过"不开盖不解体"的方式利用"剪切力解咬合"来解决国外多级离心泵的叶轮口环与泵体口环"卡死"的技术难题。

1　故障分析

由于泵入口管路或过滤器内出现间歇性气阻，运行时泵流量小于允许的最小连续运行流量，导致泵转子振动加剧，泵壳内外温度快速升高；同时伴随着气蚀现象，加之润滑效果较差等，公差配合精密度高的部件产生摩擦粘连，致使叶轮口环与泵体口环"咬合"锁死。

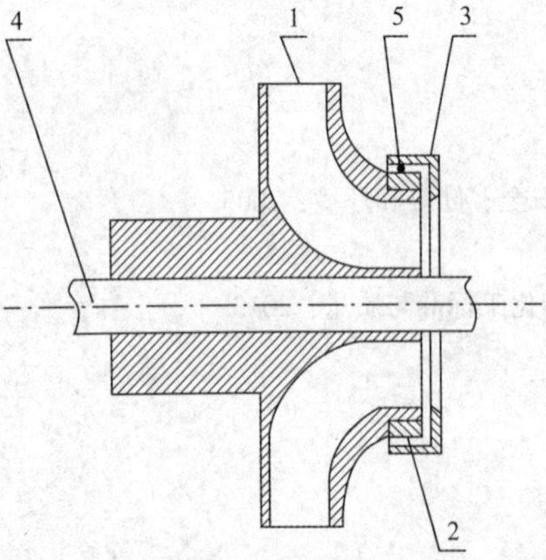

图 1　泵的叶轮转子与泵体口环的装配图

1—叶轮转子；2—叶轮口环；

3—泵体口环；4—泵轴；5—杂质

2　结构分析

口环，也叫密封环或耐磨环，通常由骑缝螺钉固定。其主要作用是防止出口端介质倒流回进口端介质也就是密封作用（因此有"密封环"这一名称）；同时也起耐磨作用，避免叶轮和泵壳直接接触损坏，有保护叶轮的作用（因此有"耐磨环"这一名称）。口环分为前口环（叶轮吸入口的）和后口环（叶轮背面的），有些离心泵只有前口环，叶轮背面设计成副叶片。口环的作用是隔开泵内高压区和低压区，防止液体大量地从高压区流向低压区。后口环一般结合平衡孔使用，主要作用是平衡轴向力、降低密封腔压力。

以国外鲁尔泵为例，其叶轮口环和泵体口环是一对配合件，泵体口环有变径台阶，而叶轮口环没有，主要作用是防止液体泄漏和防止磨，提高泵的运行效率。由于运转间隙要尽量小，所以要牺牲易损件保护重要零件，如叶轮和泵体。镶装口环方便与更换口环最重要的目的就是降低维修成本。一般泵体口环的材质没有叶轮硬度高，工作时让口环有磨损，在维修的时候只要更换口环即可，成本要比更换叶轮壳体便宜很多。

3 受力分析

3.1 流量、口环间隙与轴向力之间的变化关系

数学建模计算数值表明，叶轮在三种不同口环间隙值(0mm、0.25mm、0.5mm)下所受到的轴向力变化：当流量不变时，叶轮口环轴向力随着间隙的增大而增大，呈现正相关；当间隙不变时，轴向力随流量变化而变化，当流量<1200m^3/h，流量越小，轴向力越大，呈现平缓负相关，当流量>1200m^3/h，流量越大、轴向力越大，呈现正相关。

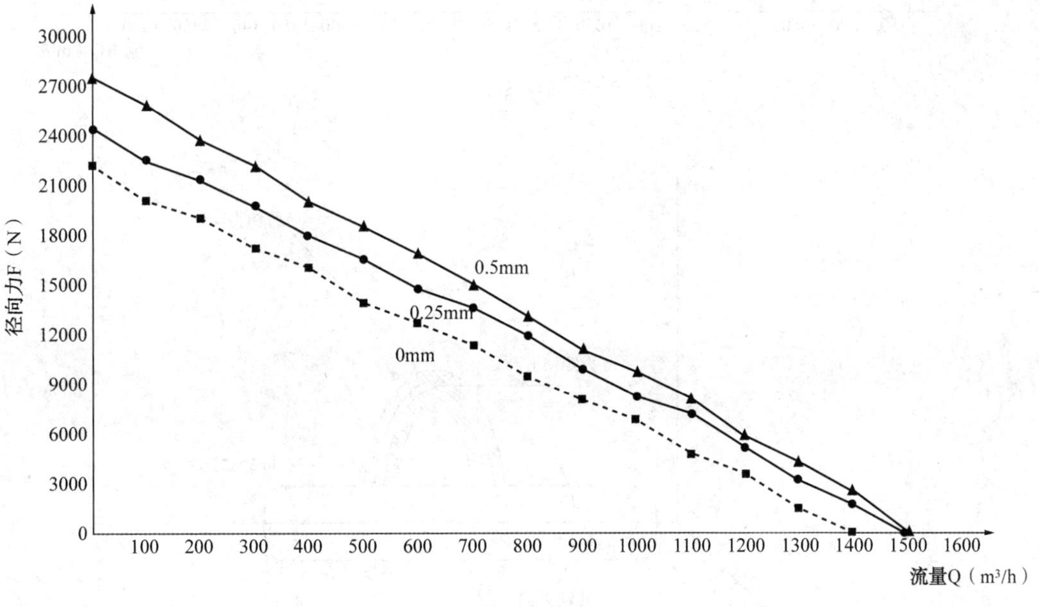

图 2

3.2 流量、口环间隙与径向力之间的变化关系

数学建模计算数值表明，叶轮在三种不同口环间隙值(0mm、0.25mm、0.5mm)下所受到的径向力变化：当流量保持不变时，径向力随着口环间隙值的减小而减小；当口环间隙值保持不变时，径向力随着流量的增大而减小。

4 剪切力计算

通过分析和计算，泵机组叶轮口环与泵体口环的剪切力修复模型如左图，利用施加三个不同台阶的剪切力来消除“咬合”应力。

(1) 泵体口环与叶轮口环之间的咬合力 F 咬：

间隙为 0~0. 5mm 时，F 咬 = 5492~9433N，水平夹角 θ = 29°~42°

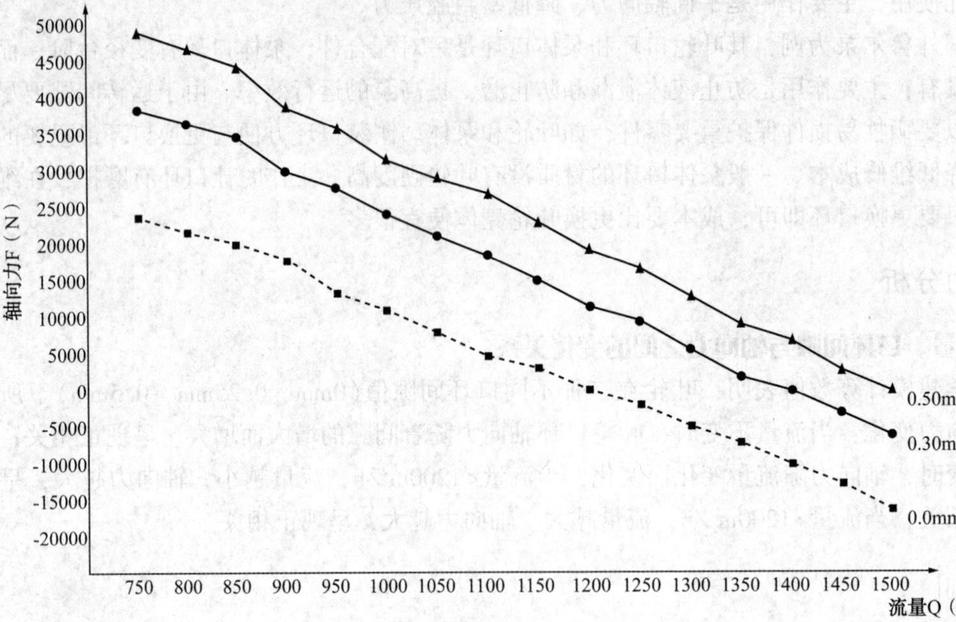

图 3

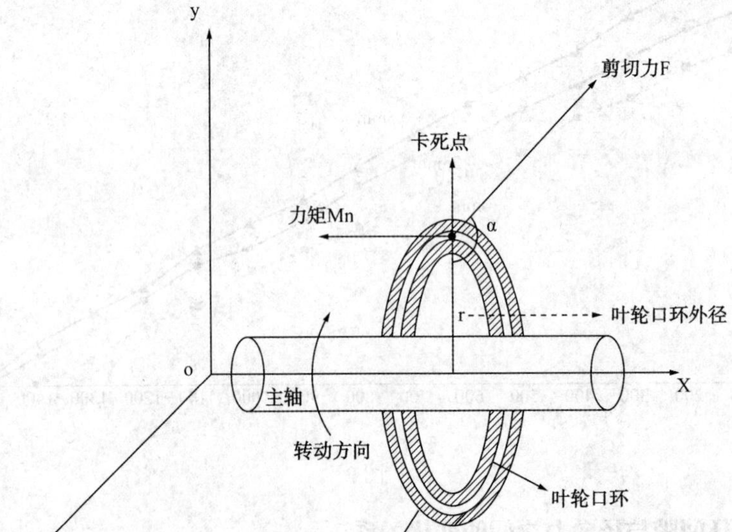

图 4　剪切力修复模型图

(2) 计算剪切力：

F = F 咬，F = Mn/r · sinα，α = 180° − θ，r 为叶轮口环外径

① Mn1 = F1 · r · sinα1 ≈ 470N · M

② Mn2 = F2 · r · sinα2 ≈ 520N · M

③ Mn3 = F3 · r · sinα3 ≈ 590N · M

(3) 理论计算与实践经验相结合：

施加剪切力范围为 250N·M～590N·M，按照三个不同台阶(250N·M～350N·M、350N·M～520N·M、520N·M～590N·M)逐渐增加。

5 维修技术

(1) 安装泵轴驱动端和非驱动端的滑动轴承下瓦和定位销后尝试进行盘车(不安装机械密封和止推轴承盘，确保水平方向串量)。

(2) 拆解两端腔体密封锁定盘，充分润滑各开启与隐蔽部位，包括驱动端和非驱动端的喉部衬套、腔体密封衬套等。

(3) 从泵体排气放空管路灌注抗咬合剂(其中二硫化钼是常用的润滑添加剂，Sipernat22 催化剂按质量 1∶20-30 组成符合添加剂，由复合添加剂与 LA40 燃气发动机油的混合润滑剂按质量比 1∶6-10 混合组成)进行强制润滑叶轮口环与泵体口环“粘连”或“卡阻”处，充分浸泡后再次尝试人工盘车。

(4) 若上述方法无效，则利用调整水平(垂直)方向串量与施加剪切力组合的方法。

① 水平方向：标记主轴初始位置(现场盘不动的位置)，因止推轴承未装，结合泵体口环与叶轮口环水平方向端面间隙约为 4mm，考虑调整时不破坏泵体和叶轮，因此调整水平方向串量的量程为±3.0mm，标记水平方向测试串量量程的上下限位置(-3.0～+3.0mm)，以 0.5mm 做为一个步长进行调整，记录并标记调整位置和调整量。

② 垂直方向：考虑调整时不破坏泵体口环和叶轮口环，因此垂直方向串量控制在 0.1～0.15mm 之间，记录并标记调整位置和调整量。

③ 施加剪切力：人工加力无效时，使用液压千斤顶作为辅助加力工具，通过环向盘车，逆时针和顺时针按照剪切力范围的三个不同台阶重复加力，克服“咬合”或“卡阻”所带来的轴向应力和径向应力，促使其回归到最稳定的初始状态，达到还原修复的目的。

6 结束语

石油资源是我国经济发展中的重要能源，为了提升长输油气管道的输送效率，输油泵在石油管道运输方面发挥着中重要的作用和价值。通过对输油泵内部结构的受力分析和叶轮口环卡死故障的维修技术分析，希望能对石油行业泵机组的运行与维护提供帮助，提升企业的生产运营效率，节约人工成本和维修费用，使得企业的经济效益有所提高。

参 考 文 献

[1] 周勇，廖凤，庞炳生．石化离心泵的故障分析及维护[J]．化学工程与装备，2008(12)：57-62.

[2] 孙胜微．多级离心泵故障分析及解决办法[J]．化学工程与装备，2012(05).

[3] 刘军峰．多级离心泵转子窜量分析及调整[J]．石油化工设备，2007(S1).

[4] 杜刚，王雅萌．多级离心泵常见故障分析与维修[J]．石油化工设，2009(S1).

[5] 林元茂．进口多级离心泵转子卡阻故障原因分析及处理[J]．石油化工设备技术，2014(1)：49-51.

[6] 张辉．多级泵离心泵窜量分析及检修[J]．科技信息(科学教研)，2007(22).

SCADA 系统在油气管道自动控制中的应用

闫　龙

（中油国际管道公司）

摘　要　随着我国社会经济的高速发展，当前时期社会对于能源的需求量也在不断地提升。当前，我国各领域之内使用的最多的能源就是油气能源。而开采油气能源的地区一般与使用能源的城市地区之间存在一定距离，在这种情况下进行的油气输送就需要通过油气管道。而为了有效地提高油气管道的工作效率和安全性能，有关单位就需要采取油气管道中的自动化控制系统来对于油气输送工作进行相应的控制管理。SCADA 系统就是属于一种数据采集与监视控制系统，通过这项系统的应用可以实时地监控油气管道中的各项事项，最大限度地提高油气输送的安全性和效率。因此，有关单位必须加强对于 SCADA 系统在油气管道自动控制中的应用研究，充分地发挥出 SCADA 系统的作用，有效地解决油气输送过程中存在的各项问题。

关键词　SCADA 系统　油气管道　自动控制技术

随着科学技术的进步，信息技术逐渐的应用于社会各个领域中，并且在当前时期，信息技术已经成为了多个领域发展的关键组成部分。由于我国对于能源的需求量不断的增长，使得我国进行油气输送的管道长度和管道的复杂性都出现了极大的变化，导致有关单位对于油气输送管道的监控和管理难度不断提升。而油气管道与其他管道之间存在着较大的区别，油气管道必须 24 小时不停歇地运行才可以满足实际的能源需求，正因如此，有关单位也必须针对油气管道保持 24 小时的监控，做好相应的管理工作。但是我国绝大多数的油气管道都是建设在较为偏远，并且人迹稀少的地区，在这些地区难以通过人力对于管道进行实时的监控和管理。在这样的情况下，就需要发挥出 SCADA 系统的作用，做好油气管道的自动控制工作，保障油气管道运行过程中的安全性。

1　SCADA 系统的概念

SCADA 系统指的就是数据采集与监视控制系统，这种系统是以互联网信息技术为基础的一种 DCS 与电力自动化监控系统。从该系统的应用实际来看，该系统拥有应用范围十分广阔的特点，能应用于电力、化工、石油以及燃气等领域。通过该系统的应用，可以在不同的领域内实现对于有关数据的实时采集和监视控制。SCADA 系统初次出现时是应用于电力领域当中，通过该系统的应用，可以帮助电力系统的工作人员及时地发现电力系统中存在的问题，并且进行解决。正因如此，SCADA 系统的优点逐渐展露出来，并且渐渐地应用于油气管道的领域中。而随着科学技术的发展，SCADA 系统也取得了极大的进步。

在油气领域中通过 SCADA 系统的应用可以帮助有关的工作人员对于油气管道整体进行全程的监控，同时采集好油气管道内的各项有关数据和信息，一旦油气管道在运行的过程中出现了异常现象也可借助该系统进行报警，在某些情况下也可以在系统内部运转相应的自我保护机制，将可能出现的安全事故扼杀在初期。所以通过 SCADA 系统的应用，可以极大地提高油漆企业对于油气管道的管理水平，最大限度地降低油气管道运行过程中发生安全事故的可能，有效提升油气企业的综合效益。

2 SCADA 系统的构成

在 SCADA 系统中主要分为两个部分：构成系统的硬件部分和构成系统的软件部分。通过系统中特定硬件和软件的互相配合，就可以充分地发挥出系统的作用，为相应的生产作业提供有力的支持。

2.1 SCADA 系统的软件构成

在 SCADA 系统中涉及了多种类的任务，同时系统中每一项任务都有其自身的独特功能，所以必须通过相应的软件才可做好对于系统整体的控制。在 SCADA 系统中，软件主要分为控制中心软件和站控系统软件。从实际情况来看，又可划分为系统软件和支撑软件以及应用软件。

系统软件属于 SCADA 系统中软件部分的底层设计，支撑软件和应用软件都是基于系统软件所运行的。在系统软件中包含了操作系统以及诊断系统和计算机运行的多种软件类型。系统软件的质量直接就关系到了 SCADA 系统整体的质量。而支撑软件就是由相应的软件体服务提供方以客户的实际需求进行提供的，主要就是起到支撑系统日常运行的作用，用户随时也可根据自身的实际需求对支撑软件进行相应地修改。应用软件就是在系统实际应用的过程中，根据实际情况编程出来的软件类型，同时这也是 SCADA 系统中最关键的组成部分。

2.2 SCADA 系统的硬件构成

一般的 SCADA 系统从硬件的角度来看主要划分为两个层面，分别是客户使用的终端设备以及系统的服务器。系统在运行的过程中，通过服务器来实现各个使用终端之间的信息传递，从而以此为基础，开展相应的数据运算和处理功能。在这一过程中，系统的客户主要就是借助终端设备进行人机交互，从而实时的对于设备的现场情况进行监测，并且进行相应的操作。在 SCADA 系统中的服务器可能会有一台或者多台，具体的数量依照实际情况进行确定，其中每一个服务器服务的客户数量也是不同的。每一个服务器和客户之间的连接都是通过以太网实现的，在特殊的情况下客户为了确保某些数据的安全性，也会通过连接服务器接口的方式进行 SCADA 系统的操作。

3 在油气管道自动控制中应用 SCADA 系统的意义

SCADA 系统是基于互联网信息技术所设计出来的一种系统类型，通过该系统的运用，可以有效地监测客户整体系统中的各项设备，同时根据客户的实际需求对于各项设备开展相应的控制。因此，在许多工业领域中都有着非常广泛的 SCADA 系统的应用。从油气运输管道的实际情况来看，油气运输管道具有以下几类特点。第一，油气运输管道需要经历非常多样化且复杂的运输环境。大多数情况下，油气的产地都是处于较为偏远并且人员稀少的地区，在这些地区完成油气运输管道的铺设时，不免需要经过荒漠、高山以及戈壁滩等多种地形结构。因此，油气运输管道所经历的运输环境是较为复杂的。第二，油气运输管道运送的物质较为单一。从当前我国的油气运输管道的运行实际情况来看，绝大多数的油气运输管道所输送的物质都是单一化的，很少有油气输送管道输送混合物质。第三，油气运输管道需要保持 24 小时不间断地作业。因为油气资源的开采生产区域往往较为偏远，因此在这一过程中可以依赖的人力资源较少，从生产到运输整个过程都需要高度的依赖自动化技术，这也就使得油气输送管道具有 24 小时不间断运输的特点。

而对于油气企业来说，在进行油气输送管道的运行过程中，最为关键的就是需要保障工作的安全。只有确保了工作的质量和安全，才可以采取合适的方式降低工作的成本。正是由于油气运输管道具有以上几项特点，因此，在对于油气运输管道进行自动化地控制时就应当充分地利用好 SCADA 系统，通过该项系统对于油气运输进行全程化的监控，最大限度地降低油气运输过程中安全事故发生的可能性，为油气企业的安全生产提供有力的支持。

4 SCADA 系统的通信方式

在 SCADA 系统中，对于有关信息数据的传输是非常关键的一环。该系统主要是通过各种类型的信息传输线路，将主计算机和分散于各个地区的 rtu 之间进行连接，从而让客户可以实时的应用该系统传递和处理信息。信息的传递是 SCADA 系统在油气管道自动控制中的关键。在油气管道自动化发展的初步阶段，SCADA 系统主要是借助通过电话线路和微波通信的方式进行信息的传递。而随着后续光纤和卫星通信技术的进一步发展，微信通信技术已经成为了系统中信息传递的主要方式之一。通过卫星通信技术进行信息的传递有许多的优点，例如可靠性较强以及信息传递效率较高，传递容量较大等。

5 SCADA 系统在油气管道自动控制中的应用

通过 SCADA 系统的应用，在油气输送管道中可以实现的主要功能包括了油气泄露监测、自动报警、输送预测以及安全管理。

5.1 油气泄漏监测

通过 SCADA 系统的应用，一旦油气管道在运行的过程中出现了油气泄漏的现象，那么所安装的监测器就会及时地就泄露的浓度进行监测和分析。并且自动对于油气泄漏量和泄露的体积进行监测和计算，同时和预设的门槛值之间进行实时的对比。通过这样的方式就可使得系统的客户随时可以通过系统监测油气输送管道是否存在着油气泄漏的情况。

5.2 自动报警

SCADA 系统在运行的过程中，会对于有关数据进行自动的监控和采集。一旦在进行数据监控和采集时，发现了有关数据超过了预设的标准值，那么就会自动的触发相应的报警信号进行报警。

在 SCADA 系统中主要划分了 16 种报警的级别，不同的报警级别所显示出来的报警提示也是不一样的。同时，控制中心的工作人员也可根据系统所提示的报警信息对于信号报警灯进行控制传达情况。而此时技术员就可根据信号报警灯的不同变化，同时开展相应的处置手段。例如，SCADA 系统监测到油气输送管道出现了油气泄漏的现象，这个时候系统就会自动地触发红色的报警灯来提示有关的技术人员，同时将出现泄漏的位置实时的在系统中进行展示。技术人员就可以根据系统的报警提示和泄漏位置展示实时的对于泄漏事故进行处理，最大限度地降低泄漏事故对于油气企业的经济损失。除此以外，SCADA 系统还可根据客户的实际需求，采取声音报警等多种报警形式进行实时的报警。

5.3 输送预测

油气输送管道在运行的过程中，每一项状态都可以实时地展示在 SCADA 系统中。而

SCADA 系统就可随时以某一时段油气输送管道的实际情况为出发点，根据油气输送管道整体运行的状况，对于输送的实际情况进行相应的预测。并且针对预测过程中发现可能会出现的安全事故，以警告的形式向有关技术人员进行呈现，从而通过这样的方式，让工作人员可以及时地采取相应的策略，避免意外事故发生的可能。在这一过程中，对于输送的预测可以划分为人工操作和自动化操作两种模式。技术人员既可以在系统中设置由系统自动化的定期，对于油气管道的输送情况进行预测，同时也可以根据实际需求，随时通过手动预测让 SCADA 系统对于油气输送管道的运行实际情况进行预测。

5.4 安全管理

SCADA 系统在油气输送管道当中的实际应用，主要就是通过系统将油气输送管道现场的实际情况以及有关信息进行收集，并且将信息的变化等实际情况向有关技术人员进行汇报，从而通过这样的方式，最大限度地提高油气输送管道运行过程中的安全性。同时，在 SCADA 系统中对于操作人员的权限也是有着较为严格的限制的。

未获得授权的操作人员是无法通过自身的身份信息对于系统进行操作的，而且 SCADA 系统还可以对于登录进系统的不同人员进行不同身份权限的授予。同时必须是拥有某类特定权限的工作人员才可登录进 SCADA 系统，然后依照实际的需求对于系统进行相应的操作。并且，SCADA 系统还可以实时的记录登录系统进行有关操作的工作人员的身份信息，最大限度地提高系统运行的安全性。

6 提高油气输送管道安全性能的策略

6.1 把握好管道经过区域中的自然环境要素

从现阶段我国的油气输送管道的实际情况来看，我国的油气输送管道需要经过多种较为恶劣的自然环境，这就使得油气输送管道在输送的过程中所经历的自然地质条件也是不同的。

当前，我国的油气输送管道的材质主要是由钢材构成这就使得管道很难良好适应不同的自然环境，要想有效地提高输送管道的安全性，那么有关单位就必须针对管道经过地区的自然环境要素进行充分的调查，并且根据调查的结果因地制宜地采取相应的技术手段，提高管道运行的安全性和可靠性。

6.2 解决油气输送过程中对于管道的腐蚀问题

随着油气输送管道使用时间的不断增加，管道也会由于长时间的油气输送对内壁产生一定腐蚀。而一旦腐蚀达到了一定程度，那么就会使管道出现油气泄漏现象。油气泄露不仅会造成巨大的经济损失，同时还会对于自然环境造成非常严重的破坏。所以，有关部门必须加大对于油气输送管道运行过程中管道腐蚀问题的研究力度，采取合适的手段提高油气输送管道的抗腐蚀能力，降低油气泄漏的可能。例如技术人员就可以从导致管道出现腐蚀的实际情况出发，在管道内部涂抹相应的抗腐蚀涂层，从而有效地降低管道内部被油气腐蚀的可能。

6.3 加大对于油气输送管道的巡视力度

由于油气疏通管道对于社会的发展来说具有非常重要的意义，所以油气企业必须安排专业技术人员定期的对于油气输送管道进行巡视管理。针对易发生安全事故的区域应当提高巡视的密度，一旦在巡视的过程中发现了安全隐患，那么应当立即上报并且采取相应的措施进行解决，从而通过这样的方式保障油气输送管道长期的安全运行。

7 结语

SCADA 系统是油气输送管道自动化控制过程中的关键，各地区的油气企业在应用 SCADA 系统的过程中，必须要充分的把握好 SCADA 系统的结构和作用，利用好 SCADA 系统有效地提高油气输送的安全性，为我国社会经济的增长提供有力的支持。

参 考 文 献

[1] 刘忠贺，周勃 . 油气管道中 SCADA 系统的功能需求分析[J]. 化工管理，2017(28)：112-113.

[2] 黄河，陈鹏，咸玉龙，等 . 基于 SCADA 系统的管道事故分析预警方法研究[J]. 电子科学技术，2017，04(01)：29-32+42.

[3] 蓝维波 . SCADA 系统在石油天然气管道上的应用[J]. 中国石油和化工标准与质量，2016，36(10)：52+79.

[4] 刘朋 . 天然气长输管道国产 SCADA 软件发展现状及展望[J]. 石油化工自动化，2016，52(02)：7-10.

[5] 梁洪卫，刘冬冬，阚玲玲，等 . 基于 VMD 改进算法的气体管道泄漏检测[J]. 吉林大学学报(信息科学版)，2019(5).

基于振动和噪声的空冷器故障监测系统

刘逸龙[1]　李灿荣[1]　才　建[1]

（中油国际管道有限公司）

摘　要　中缅原油管道的输油泵由CAT天然气发动机直接驱动，作为CAT冷却系统核心设备的空冷器主要由电机、皮带、风扇、翅片等组成，而各元件尤其是轴承磨损是空冷器设备故障导致泵机组停机的常见问题，但设备系统本身仅有开关量，不能实时监控系统运行状态。为了保障管道平稳安全运行，通过设计以检测轴承X-Y-Z轴振动为主、空冷器运行环境噪音为辅的系统，对空冷器轴承等元件的运行工况进行实时诊断分析。经现场实际安装应用，该监测系统能够为技术人员和调度人员提供可靠的运行数据，减少CAT机组因为空冷器故障而发生的异常停机，保障输油管道的安全平稳运行。

关键词　中缅原油管道　CAT机组空冷器　轴承　时域分析　故障诊断

1　前言

中缅原油管道是我国西南能源动脉，是"一带一路"倡议在缅甸实施的"先导项目"。管道的安全平稳运行，是我国云南石化安全生产的保障，也是我国西南经济发展的基础。

中缅原油管道采用密闭输送方式，一旦输油主泵异常甩泵将会导致全线停输，如何保障主泵安全平稳运行成为日常运维的工作重点。目前，国内管道输油主泵主要采用电驱，而中缅管道的输油主泵采用天然气发动机直驱。因此技术在国内比较罕见，能够借鉴的运维经验很少，所以需要不断创新和改进运维工作，才能保障中国西南能源通道的畅通。

中缅原油管道燃驱机组是从美国进口的CAT天然气发动机，而空冷器是CAT发动机的核心冷却设备，保障机组的运行温度维持在正常范围内。一旦发生故障，将直接导致CAT发动机停机，从而造成管道全线停输。

目前，CAT的控制系统通过采集空冷器振动的开关量信号来监测其运行工况。当空冷器的振动开关被触发后，控制系统将执行ESD紧急停车程序。而开关量信号无法对空冷器的运行工况进行实时监测，运行过程中曾几次发生振动开关未被触发前，空冷器滚动轴承发生严重损坏及部分滚珠脱落的状况，安全风险较高。若巡检人员没有及时发现，将会导致风扇叶、翅片等组件损坏甚至甩出的风险。输油管道会因此造成异常停机而产生水击现象，造成管道及设备损坏，而由于空冷器组件的采购周期较长和无备用机组运行的原因，也会影响管道正常的输油计划，所带来的间接经济损失无法估计。

因此，为了能够实时监测空冷器设备运行状态，保障管道的安全平稳运行，自主设计研制并安装了空冷器故障监测系统。该故障监测系统通过采集空冷器X-Y-Z的振幅频率及其噪音信号进行分析，以便技术人员和调度人员能够及时发现CAT发动机空冷器的异常工况，提前切换备用机组运行和进行预防性维护维修，减少管道停输的次数。

2 CAT 冷却系统典型故障

空冷器作为卡特天然气发动机的核心冷却装置，自投产以来陆续出现轴承磨损、皮带磨损等故障，并产生激烈的振动和异常声响，直接影响泵机组的安全可靠运行。典型故障有以下三种：

轴承磨损。轴承是主要的核心部件，因高速旋转易磨损。空冷器电机轴承、风扇轴承均出现过磨损现象。

图 1 风扇轴承轴承座磨损照片

图 2 电机滚动轴承磨损的滚珠

皮带磨损。空冷器风扇旋转运动是通过皮带传动。皮带经过一段时间的传动，易出现磨损现象，进而皮带松动，振动量增大。

皮带轮松动。皮带轮通过传动电机带动皮带运动，是主要的受力部件，一旦出现松动将直接导致皮带磨损严重，甚至皮带轮直接脱落。

图 3 皮带磨损

图 4 皮带轮松动脱落

3 故障监测系统设计

CAT 机组空冷器故障监测系统的功能设计，需实现对空冷器整体运行工况进行实时监测，其中包括对轴承、支撑架、皮带轮等组件的监测。在现场运维过程中发现，空冷器滚动轴承的磨损和损坏最为常见[1]-[2]，其次是皮带和皮带轮的磨损。经过现场实际测试，支撑架的故障特征频率与皮带和皮带轮的故障特征频率相符。根据轴承和支撑架的故障频率，对采集的频谱进行分析，以判断空冷器的运行工况是否正常。

此外，增加噪音信号作为判断空冷器故障的辅助依据。经过现场测试，选取空冷器正常工况下的噪音频率和阈值作为参考值。

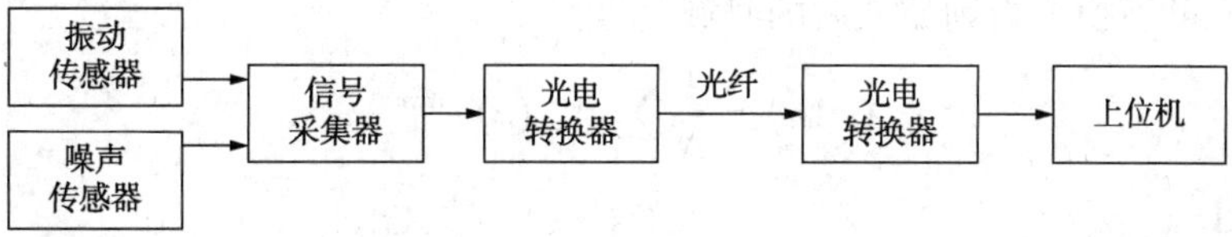

图5　故障监测系统图

3.1　信号分析

3.1.1　振动频率信号

电机、传动组件和风扇叶的故障都能够引起滚动轴承发生振动，同时滚动轴承本身的构造缺陷或者是结构特点也能引起轴承振动[3]-[4]。经过查找资料和现场测试得到滚动轴承故障特征频率：

$$F1=D/2d[1-(d/D)2\cos2\alpha]fr \tag{1}$$

支撑架故障特征频率：

$$F2=0.5[1-(d/D)\cos\alpha]fr \tag{2}$$

内外圈相对旋转频率：

$$fr=fi-f0 \tag{3}$$

式中　D——轴承节径：轴承滚动中心所在对圆的直径；

d——滚动体直径：滚动轴承的平均直径；

fi——内圈旋转频率；

$f0$——外圈旋转频率；

α——接触角：滚动体受力方向与内外滚道垂直线的夹角；

3.1.2　噪声信号

CAT机组空冷器的噪声信号分析是在振动信号分析的基础上，辅助诊断分析空冷器的运行工况。经过现场检测，提取出空冷器异常工况下的噪声频率。采集的噪声信号经过傅立叶变换后再取对数得出声级信号。

3.1.3　信号处理技术

傅立叶变换是一种分析信号的传统方法，本系统应用傅立叶分析方法对振动和噪声信号进行处理。它可以将信号从时域变换到频域，从而便于研究信号的频谱结构和变化。振动和噪声信号的处理分析步骤如下：

首先，对信号进行傅立叶变换，将信号从时域变换到频域；然后，将振动的故障频率和噪声的异常频率分量保留在频谱中，并滤除其他频率分量；最后，对处理后的频谱执行逆傅立叶变换，并获得滤波后的信号。对于一个长度为N的离散时间序列{X(n)}，n=1，2，3…N，其傅立叶变换为：

$$X(k)=\sum_{n=1}^{N}x(n)\,e^{-i2\pi n/N} \tag{4}$$

式中，$k=1, 2, 3\cdot\cdot\cdot N$，表示频率成分。然后通过故障特征频率带入进行滤波，即

$$X^*(k)=X(k)H(k) \tag{5}$$

$$=\begin{cases} X(k), & k_s \leqslant k \leqslant k_e \\ 0, & 其它 \end{cases}$$

式中，k_s和k_e分别是滤波器 H(k) 的起始频率和截止频率。最后，对滤波后的频域信号$X^*(k)$进行反傅立叶变换，得到滤波后的时域信号：

$$X^*(n)=\frac{1}{N}\sum_{n=1}^{N} X^*(k)\, e^{i2\pi n/N} \tag{6}$$

3.2 硬件部分

3.2.1 检测元件

CAT 机组空冷器故障监测系统的信号检测元件使用的是 CT1010SLFP 压电式三轴加速度传感器和 AWA14423+AWA14604 电容式声传感器。

X-Y-Z 三轴加速度传感器的灵敏度为 100mv/g，频率范围在 0.5~5K，最大量程为 50g，输出幅度为±5vp。电容式声传感器的灵敏度为 50mv/pa，频率范围在 0.01~20KHz，动态范围 17~140dB。

3.2.2 信号采集器

CT-DAQ-9185 工业级数采仪器 NI9234 是一种 4 通道动态信号采集模块，可对 IEPE 三轴加速度传感器进行高精度测量。NI9234 的动态范围为 102dB，并带有 2mA 恒定电流的集成电路压电式(IEPE)信号调理，用于对三轴加速度信号和噪声信号进行处理。4 路输入通道可同时以最高为 51.2kS/s 的速度进行采样。此外，模块还包含内置抗混叠滤波器，可以自动调节采样率，能够满足系统设计要求。

3.3 CT-ACCDAQ 诊断软件

该诊断软件是基于 LabVIEW 进行开发，具有实时动态曲线、历史数据查看、报警值设置等功能。振动的时域曲线和频域曲线如图 6，再根据现场运行工况进行报警值设定。噪声监测曲线如图 7。

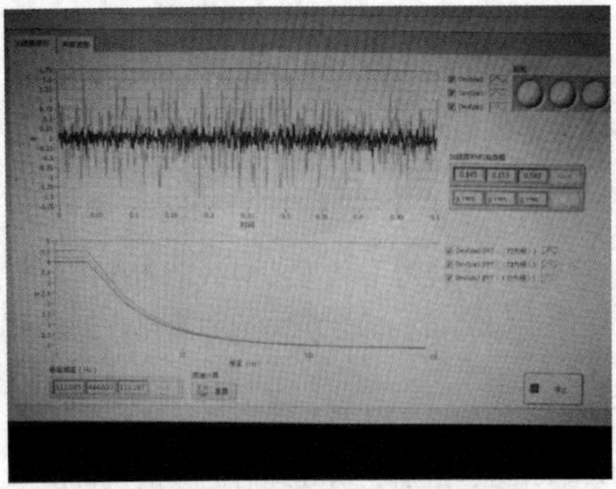

图 6　轴承振动的 FFT 谱图

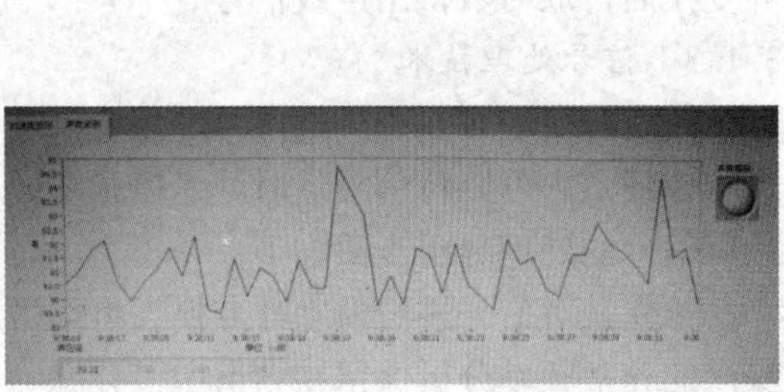

图 7　空冷器噪声监测曲线图

图 6 中 a0、a1、a2 分别代表 X-Y-Z 轴方向的时域曲线，加速度 RMS 有效值为实时最大振幅。根据现场设备运行工况，在正常工况时，X-Y-Z 轴方向最大振幅分别为 0.145mm、

0.135mm、0.542mm。如果振幅成倍增长，就说明空冷器存在故障，需要停机进行检查。

图7中为空冷器正常运行时周围环境噪声监测曲线，从图中可以看出最大噪声为94.5dB。因为该监控系统中，噪声监测作为辅助参考信号。所以当噪声信号突然增大时，需要结合图6中振动曲线，来判断是否需要停机检查。

4 结论

2018年8月自主完成空冷器故障监测系统的设计和研发，并应用于中缅原油管道地泊泵站P0403泵机组，实现了对空冷器的远程实时监测。通过一年半的使用，该故障监测系统能够准确的监测CAT机组空冷器的运行工况，技术人员通过查看振动曲线和噪声曲线，判断是否需要进行维护维修，做到提早预防。在发生突发状况时，报警提示可以辅助站控值班人员及时发现空冷器的异常工况，提前启动备用机组，消除了管道运行的重大安全风险。

自该系统投用以来，中缅原油管道地泊泵站再也没有因空冷器故障而发生异常甩泵事件，确保了中国西南能源通道的畅通，保障了云南石化的原油供给。由于该故障监测系统实际应用效果较好，成本低，可以在类似CAT机组的空冷器以及其他辅助设备上进行应用和推广，增加对空冷器及其他辅助设备运行工况的监测，保障设备的安全运行。

参考文献

[1] 滚动轴承性能不确定性与可靠性评估[J]. 常振，夏新涛，李云飞，刘红彬. 中国机械工程. 2017(18)
[2] 滚动轴承的故障检查及原因分析[J]. 王燕蓉，杨桂荣，张红霞. 黑龙江科学. 2014(05).
[3] 基于时域参数趋势分析的滚动轴承故障诊断[J]. 万书亭，吴美玲. 机械工程与自动化. 2010(03).
[4] 时频域特征因子诊断滚动轴承故障的试验研究[J]. 张万斌. 鞍钢技术. 1993(10)

油气行业加强设备国产化初探

刘逸龙[1]　邹立国[2]　才　建[1]　熊新强[3]　蔡庆文[3]

（1. 中油国际管道有限公司；2. 国家管网集团北方管道公司西安输油气分公司；3. 中国石油规划总院）

摘　要　改革开放以来，各大石油公司虽然在国产化进程上取得了较大进展，在部分设备上实现了国产化，但没有形成规模化、系统化和标准化，科技成果转化和应用率仍然较低。本文在分析油气行业设备现状的基础上，分析了取得的成绩和存在的问题，从增强技术创新意识、整合国内外资源、拓展创新途径、加大人才队伍建设等方面提出了加强设备国产化的途径。

关键词　油气行业　设备国产化　技术创新　人才培养

1　背景

科技在国际格局演变中一直以来扮演着核心角色，新兴大国的崛起过程就是对关键科学技术的模仿和突破，就是打破发达国家对核心技术的垄断。从第一次工业革命时期英国针对美国的科技防范到二战后美国针对日本的科技防范再到特朗普政府对中国的科技防范，历史证明发达国家为维护自身在科技领域的主导地位，就会遏制新兴大国获取关键科技，增加掌握科技的难度，延缓科技研发能力，使发达国家对科技保有绝对优势，维护其国家地位。2018 年美国通过出口管控、投资审查和签证收紧等方式逐步遏制中国科技的发展。2020 年美国更加紧推进对中国的科技防范与科技脱钩政策。其中，禁止使用美国技术的公司向华为出售相关产品就是典型例子。

随着我国经济的不断发展，政府陆续推出多项政策和措施，推进各行业设备国产化进程。国务院于 2016 年和 2018 年分别印发《“十三五”国家科技创新规划的通知》和《关于成立国家科技领导小组的通知》旨在加强关键核心共性技术研发和转化应用、突破关键领域核心技术，打造国家核心竞争新优势。2011 年和 2016 年国家能源局分别发布了国家能源“十二五规划”和“十三五规划”，重点强调了科技自主创新能力的重要性，提出要提高能源设备自主制造水平。

近年来，我国各大石油公司虽然在国产化进程上取得了较大进展，在部分核心设备和技术上实现了国产化，取得了一定的成绩，但部分国产设备在可靠性、节约原料、产品合格率等方面仍然具有很大差距。以油气储运行业为例，虽然泵、压缩机、流量计、自动化控制系统等部分核心设备完成了国产化的研究与应用，但是推广应用范围较小。只有少量在建或改建的项目(例如中俄东线)使用的是国产压缩机、泵和控制系统，大部分项目仍然采用进口设备。油气行业的进口设备基本是企业生产过程中的关键核心设备，需要第一时间排除故障恢复生产。此外，进口设备的备品备件采购周期较长。非消耗备品备件基本没有现货，需要下生产订单进行生产，其生产周期少则一个月多则数月，运输周期一般在 1 到 3 个月不等。为了保障生产正常运行，各石油企业储备的备品备件数量较多，严重占压资金使用率，公司运营效率较低。因此，急需加大力度推进油气行业国产化进程，为技术创新、成果转化创建良好环境。

2 国产化现状

2.1 国内外现状

我国统计局高新技术产品进口金额数据显示，2010 年约为 4126 亿美元，2018 年约为 6716 亿美元，十年间增长约为 2600 亿美元，这说明我国各行业的国产化道路依然崎岖难行。改革开放以来，油气行业技术和设备国产化工作在国务院和能源局的支持和帮扶下取得了较大进展。2012 年国家能源液化天然气技术研发中心依托中石油正式挂牌成立。截止至 2020 年 8 月，其先后承担了国家工信部和中石油 42 项重大科研项目，形成具有自主知识产权的天然气净化和液化、千万吨级 LNG 接收和再气化、LNG 储罐设计建造等 40 余项技术。2013 年中石油开展“油气管道关键设备国产化”科技专项工作，其中对输油泵、流量计以及阀门等在内的 5 大类 16 种管道设备实施国产化研制。此外，中石化成功研制新型乙烯裂解炉、溶剂脱蜡真空转鼓过泸机、锻焊结构热壁加氢反应器等设备；中海油实现导管架、采油平台以及辅助设施在渤海和北部湾海上油气田的应用。这些都加速推动了我国油气行业设备国产化进程。虽然部分核心设备实现了国产化，但主要的核心设备仍然掌握在美国等西方发达国家。

美国油气行业技术和设备国产化率非常高。有关数据表明，全球 70%的油气设备来自美国。虽然欧洲每年从美国进口的海上开发设备设施的金额超过 4000 亿美金，但像英国固定式采油平台和挪威水泥重力平台的技术和设备 80%实现自主研发和制造。其它国家也有自主掌握的先进技术，例如法国的高压石油软管制造技术和管线涂敷技术；荷兰的海底工程地质调查技术；瑞典的动力定位铺管技术等。

2.2 取得的成绩

以石油钻采装备为例，十三五期间，我国石油钻采装备在产品研发和科技创新方面持续进步，其中钻井装备形成了以超深井钻机、自动化钻机和高效钻头等为代表的系列化新产品；修井装备最大作业深度已经突破 9000m；带压作业装备全面实现国产化；连续管作业装备基本满足国内油气田生产需求；无水压裂、电驱压裂装备和技术日益成熟；人工举升装备不断挑战高温高压等开发条件极限；钛合金油套管、铝合金钻杆等特殊管的应用规模持续增加。石油钻采装备整体发展迅速，与国外先进水平之间的差距不断缩小。

2.3 国产化进程缓慢的原因与影响

油气行业设备国产化程度关系到企业的生产效率和企业的运营效率，最终关系到企业的竞争力。影响国产化进程的原因主要有以下四点：

2.3.1 管理理念守旧，科技创新意识不到位。

各大石油公司管理理念守旧，科技创新意识不到位，过度追求生产安全，应用冗余系统成为了大部分生产系统的标配。过度追求本质安全和设计配置冗余系统，严重阻碍了新技术、新设备、新工艺的试验和应用，降低企业科研创新的积极性。作为政府应该适度设置考核指标，作为企业应该树立全局意识，充分认识科技创新对经济社会进步和企业本身发展的重要意义，切实有效地全面推进企业技术创新战略的实施，增强员工技术创新意识。

2.3.2 研发投入不足，整体科技水平提升较慢

目前，我国油气行业投入研发的资金明显不足，国内企业每年的科研资金仅占销售额的

1%，而国外跨国石油企业的科研资金占比一般大于 3%。科研投入不足直接导致油气行业成果转化的数量减少，进而影响企业生产效率。在油气资源采收率方面，世界平均水平为 33%，而我国低于 30%。在油气行业技术方面，我国与世界先进水平存在 10-15 年的差距。各大石油企业应增加科研资金的投入比例，提高科研人员的待遇，制定激励政策等。

2.3.3 国产化设备较为零散未形成规模化、系统化和标准化

各大石油企业的国产化进程还处于单体设备国产化阶段，未形成规模化、系统化。此外，技术和设备在国产化过程中没有形成统一的标准，导致国产化设备的零散。以油气储运行业为例，核心设备经过多年的国产化研制和应用，已经取得阶段性成果。实现了输油泵、关键阀门、执行机构、流量计等核心设备和 X80 高强度管材的国产化。与设备配套的控制设备和部分控制系统依旧严重依赖进口。控制系统的仿真软件、编程软件、人机界面软件等均需要进口。

2.3.4 油气行业设备国产化顶层设计不足

各大石油企业在设备国产化的研发过程中，基本各自为战，对于同一类型设备重复研发，不仅造成资源浪费，更降低国产化速度。此外，科技成果的转化和应用具有较大的局限性，大部分科技成果仅应用于各石油企业内部，很难推广到整个行业。国家层面应出台顶层设计和规划，整合国内外研发资源，加大科技成果推广力度，实现科技创新到成果转化再到科技改进的良性循环。例如中石油引领陆地油气田的勘探开发领域、中石化引领炼化领域、中海油引领海上油气田的勘探开发领域的科技创新并建立统一的标准体系，每个领域的科技创新成果进行整个行业推广和应用，提高科技投入产出效益，增加设备的改进速度，最终加快我国油气行业设备的国产化进程。

3 实现国产化的途径

我国油气行业经过几十年的发展，虽然设备国产化率一直在提高，但在创新意识、国产化管理体系、技术创新的模式、整合科研资源和队伍建设等方面还需要进行加强。主要从以下几个途径实现油气行业设备国产化：

3.1 强化企业技术创新意识

加强企业技术创新意识，正确处理局部利益和整体利益、短期利益和长远利益的关系，促进企业的长久发展，提高企业的自主创新能力，重点把技术创新作为首要目标。加大企业宣传力度，使设备国产化理念深入每一位企业员工的内心。

3.2 建立国产化管理体系

目前，各大石油公司都有自己的发展战略、科技战略、人才战略、技术创新战略等。就整体而言，油气行业依然呈现技术创新行为不足和技术创新效果欠佳。其根本原因在于行业没有一套统一的国产化管理体系。国家应与各大石油企业一起制定中长期科研规划，确定各业务板块的科研重点与分工，建立人才队伍、技术引进、技术研究、应用研究、成果转化等一系列制度，形成统一的科研制度体系。消除影响国产化的制度、组织、资金、人才、能力和信息等因素，打通国产化科技成果转化通道。

3.3 拓展企业技术创新的模式

由于国外对我国部分技术实行长期技术封锁，在一定程度上导致油气行业技术水平处于较低水平。改革开放以后，各大石油公司立足于自主发展，同时有效利用技术引进的手段，

使国内技术水平有了质的飞越，但油气行业技术水平依然较为薄弱。所以，各大石油企业可以通过以下两点提高技术创新能力：一是通过购买国外先进技术、设备和经验，采用“引进技术→消化吸收→自主创新能力提升”的技术创新发展模式；二是企业通过培育国产化制度体系对于封锁的先进技术加以突破获取。

3.4 整合国内企业、科研机构、高校等资源

科研机构、高校在科研能力方面具有优势，企业在产品应用与现场数据收集具有优势。应加强石油企业之间、石油企业与装备制造企业、石油企业与科研机构、石油企业与高校的联合，成立合资研究机构或专业公司。建立全球研发网络，在国内组建联合研发战略联盟，在海外可以设立技术研究与开发机构。这将有利于企业紧随世界先进技术的发展步伐，更有利于监测技术发展和国际市场状况，把握国际前沿科技发展脉搏。通过学习、借鉴、创新和成果转换，逐步建立和巩固技术开发的能力和优势，提高企业科研和创新能力，为学习和赶超世界先进技术奠定坚实的基础，最终提高企业国际竞争力。

3.5 加强人才队伍建设与交流

完善战略联盟和技术研发机构的人才管理制度。首先，制定引进海外高层次技术人才制度、招聘专业技术人才和领军人才制度，形成深层次的专业人才队伍。其次，制定战略联盟之间的人才轮换交流制度和人才发展专项资金制度，打通企业、科研机构、高校之间的人才轮换交流通道，挖掘和锻炼高层次创新型和复合型科技人才。通过开展合作或者承建国家重大科研项目和重大工程，形成高层次创新型和复合型科技人才培养基地，加强领军人才、核心技术研发人才培养和创新团队建设，形成科研人才和科研辅助人才衔接有序、梯次配备的合理结构。最后，建立现代化人才考核、奖励、晋升和竞争机制，畅通科技人才晋级、晋职通道，给予高层次人才充分自主权，让他们安心做技术、搞科研，助力企业创新驱动发展。

4 结束语

未来油气行业的竞争，将更多地表现为高技术含量、高技术性能、高附加值驱动、高技术成果应用的价值链高端竞争。油气行业设备国产化就是要拥有更多的“中国芯”，瞄准高端，抢占高端，为我国油气行业走向世界提供技术支撑，使我国跨入世界油气行业强国的行列。

参 考 文 献

[1] 谭东杰，李柏松，杨晓峥，等．中国石油油气管道设备国产化现状和展望[J]．油气储运，2015，34(9)：913-918.

[2] Jinhu D U，He L I U，Desheng M A，et al. Discussion on effective development techniques for continental tight oil in China[J]. Petroleum Exploration and Development，2014，41(2)：217-224.

[3] Li Y，Xia Y. DES/CCHP：The best utilization mode of natural gas for China′s low carbon economy[J]. Energy policy，2013，53：477-483.

中缅原油管道计量设备远程检定模式创新

刘逸龙　方建新　才　建　李建廷

（中油国际管道公司）

摘　要　中缅原油管道（境外段）南坎计量站负责原油输量的商务计量，计量系统能否按时完成第三方检定工作，决定着中缅原油管道能否正常向国内输油。自 2020 年初国内外新冠疫情爆发以来，国际人员动迁难度增大，国内第三方检定机构无法安排检定人员赴缅开展检定工作，缅甸当地无具有检定资质的机构，中缅原油管道计量设备面临超期运行。为此，中缅项目组织技术人员，从国家相关检定标准、计量系统原理、检定操作流程等方面深入研究，探索出一套利用视频方式对计量设备进行远程检定的新模式，并制定了相关检定规程。中缅原油管道体积管和流量计远程检定模式在行业中属于首次应用，具有较大的推广前景。该远程检定模式不仅为公司节约了人工成本约 4.5 万美金（按照正常入缅检定人员差旅费计算），还保障了中国西南能源通道的畅通。

关键词　中缅原油管道　体积管　流量计　远程检定

1　前言

中油国际管道公司中缅项目负责中缅原油管道（境外段）的运营，每年向国内输送原油约 1200 万吨，其计量交接系统主要由三台刮板流量计、一台体积管、四台流量计算机和一台 PC 机组成。其中，流量计是管道输油的计量器具，体积管是标定流量计的标准容器。根据中缅原油管道计量交接协议，流量计和体积管需每半年和每三年进行一次第三方检定，流量计每月还需额外进行一次自标定。只有第三方检定和自标定均合格，计量交接数据才能合法合规。以往流量计和体积管每次进行第三方检定时，检定机构和交接各方均需派人到检定现场监督检定全过程。自 2020 年初国内外新冠疫情爆发以来，邀请国内第三方检定机构和交接各方人员赴中缅项目开展检定工作困难重重。特别是在 2021 年缅甸政局动荡和 Delta 病毒肆虐的双重影响下，人员动迁的难度更大。在此特殊情况下，如何在第三方检定机构和交接各方人员不能到达现场的条件下，按期完成流量计和体积管的第三方检定工作，成为中缅原油管道保障正常生产运营所亟需解决的问题。

2　计量标定系统组成

中缅原油管道南坎计量站计量标定系统由流量计量数据管理操作系统、标定控制系统、水标定系统组成如图 1。其中流量计量数据管理操作系统主要包括数据采集与管理上位机、SMITH 流量计算机和刮板流量计、管道消气装置和过滤器、压力和温度变送器等。标定控制系统主要包括 SMITH 双向体积管、体积管系统上位机、体积管手动控制箱、压力和温度变送器等。水标定系统主要包括二等标准容器、防爆电池阀、水泵及配套阀门、标准压力表、标准温度计等。

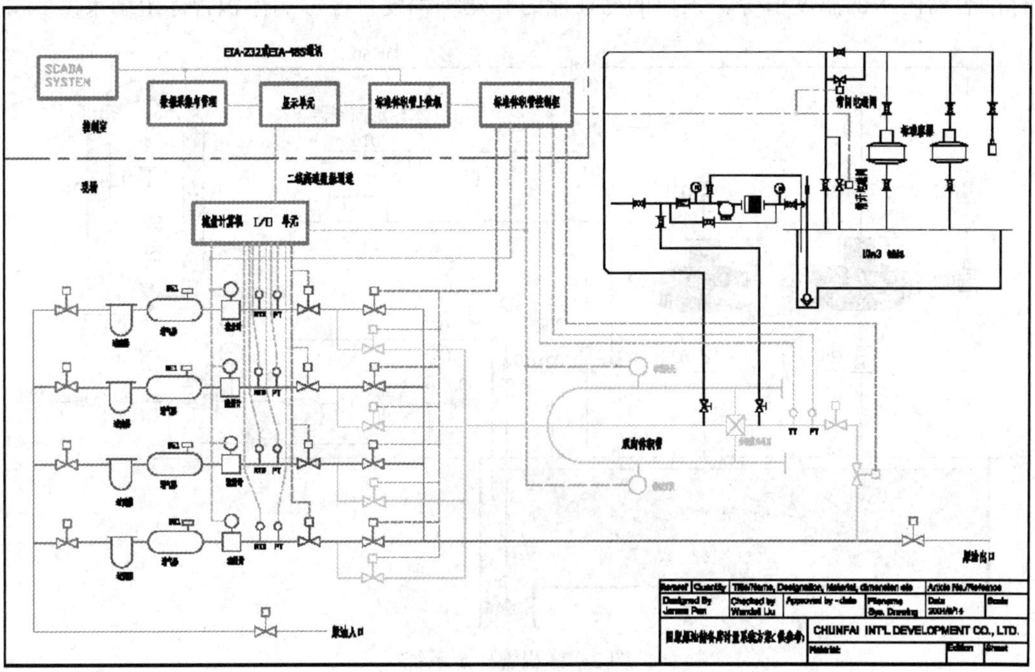

图 1　计量标定系统

流量计量数据管理操作系统由工业控制计算机、显示器、设备管理软件及各种输入/输出接口模块组成。配备应用软件的计算机，通过接口板与 SMITH 流量计算机进行通讯，采集计量过程中的各种参数如：温度、压力、瞬时流量、累计流量等参数，控制 SMITH 流量计算机进行发油管理和控制。整个工艺过程和参数可在显示器上进行动态显示，并可打印计量报表。对计量数据建立专门的数据库，可方便地对历次计量数据进行查询、检索。

标定控制系统和水标定系统由工业控制计算机，彩色显示器，各种输入/输出接口板及控制台组成。各种输入/输出接口板在软件控制下，按照检定流程要求将采集的数据发送到工控机，经过逻辑判断，按流程要求发出所需的控制命令(如：控制四通阀换向等)。对所采集的各种参数按照相应的规程进行数据处理，得出检定结果。整个过程在显示器上进行动态显示，并按规定的格式对检定结果进行制表，最后显示和打印输出，实现检定过程的全部自动化。执行的标准和规范有 JJG667-2010《液体容积式流量计检定规程》、JJG209-2010《体积管检定规程》、GB/T1885-1998《石油计量表》、GB9109《原油动态计量》和 GB/T 17287-1998《液态烃动态测量-容积式流量计统计控制》。

3　检定原理

3.1　体积管检定原理

如图 2 标定水池内的水通过泵进入到体积管内，四通阀控制体积管内的标定球的运动方向，水从体积管出来后进入标准容器内或通过旁通管线回流到标定水池。当标定球在体积管标准管段运动时，水进入标准容器内。当标定球不在体积管标准管端运动时，水通过旁通管线回流到标定水池内。经过对标准容器内水的体积计算，并与体积管标准段体积对比得出修正系数和重复性系数。系数只有在规范要求内，代表体积管可以作为标准容器标定流量计。

由于标定体积管时需要人工参与开关标准容器排水阀门、读取标准容器液位刻度值和测量标准容器内水的温度值等，人员的专业能力和熟练程度直接影响体积管标定结果。

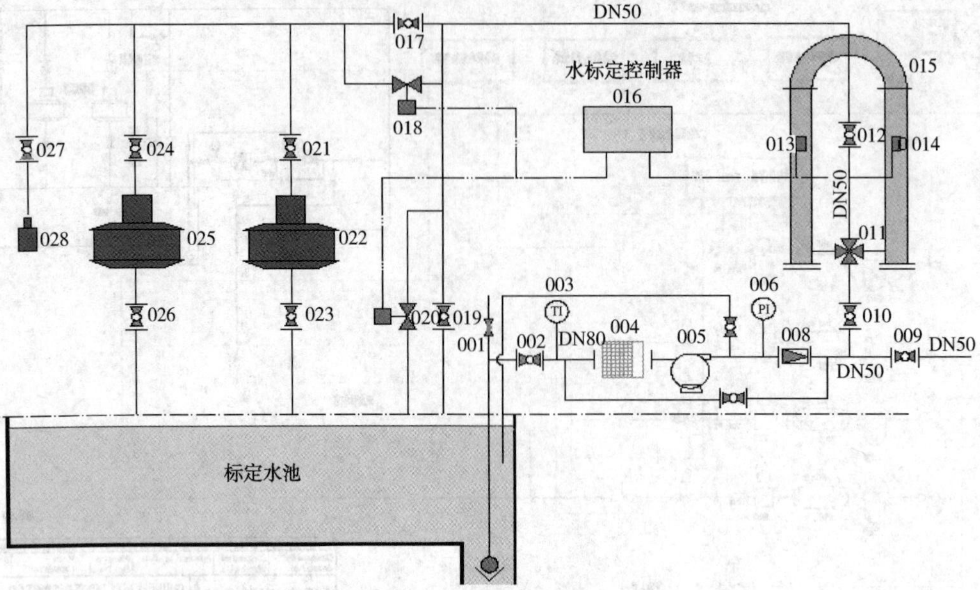

图 2　体积管标定系统

3.2　流量计检定原理

如图 3 当检定流量计时，原油通过流量计后进入到体积管内，四通阀控制体积管内的标定球的运动方向，原油从体积管出来后进入汇管出站。当标定球在体积管标准管段运动时，上位机软件记录流量计脉冲数。当标定球不在体积管标准管端运动时，上位机软件停止记录流量计脉冲数。经过对脉冲数的换算计算出流过流量计的体积，并与体积管标准段体积对比得出修正系数和重复性系数。系数只有在规范要求内，代表体积管可以作为标准容器标定流量计。

在检定流量计过程中，全程无需人为干预，对于人员的专业能力要求较低。

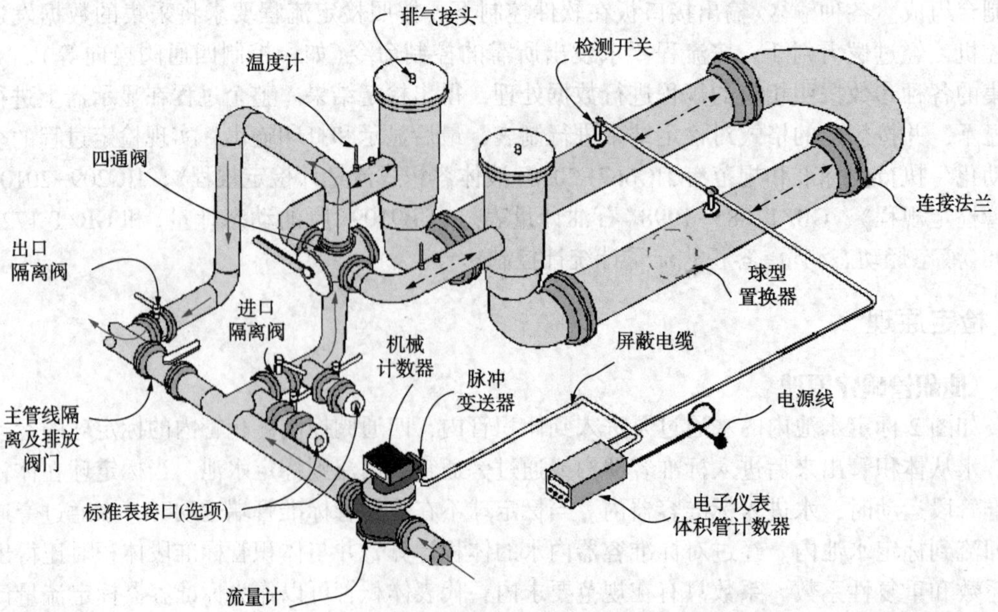

图 3　流量计标定系统

4 远程检定模式

为如期完成计量设备检定工作，对检定条件、检定标准、检定流程进行了详细研究，编制远程检定规程，提出远程检定创新方案。经过与交接各方和检定院进行多次探讨和修改，最终各方达成统一意见开展实施。

4.1 编制远程检定规程

目前，国内外无论是检定体积管还是流量计，采用在线或者离线检定，无论哪种检定都需检定人员在现场开展相关检定工作。远程如何实现检定，国内外尚无借鉴经验。中缅项目组织技术人员从国家相关检定规程、检定操作过程规范化、检定数据实时性和可追溯性等方面进行深入探讨和研究，编制《南坎计量站第三方远程视频检定操作规程》，提出以视频方式开展远程检定的创新模式。

该规程在国家相关检定标准的基础上，增加检定现场网络视频和语音架设标准，并根据远程视频检定的需求完善了现场操作人员的检定操作流程，使第三方检定人员与计量交接相关方能够实时查看检定现场画面、检定关键数据以及指挥现场人员进行相关操作。此外，建立检定通讯群，将关键节点检定数据同步发至群内，方便各方人员核实查看。在检定结束以后，为各方提供 2 天远程查看回放视频的功能，并做好检定期间照片、视频、检定数据的存档。此检定模式经中缅项目生产部同意，与各方人员进行了充分沟通，最终达成采取远程检定模式的统一意见。

4.2 建立远程检定系统

选用符合现场防爆、防水、高温等要求的海康网络摄像头和录像机建立视频语音平台。根据远程检定规程，对计量撬、流量计表头和器差、体积管间、水标间、标准容器刻度和排水阀、标准容器旁通管线排水口、标定软件界面、上位机工艺状态等重点位置架设摄像头。使用录像机对视频和语音数据进行统一管理、储存和传输。

选用华为无线设备搭建现场无线网络平台，建立网络摄像头与录像机之间的通讯。客户端能够同时实时查看现场检定画面以及与现场人员实时对讲，要求视频画面和语音无卡顿现象。

选用微信软件建立标定沟通交流工作群，对检定现场重点关注数据拍照发至工作群，对有异议的检定操作和检定数据能够及时提出，方便检定工作的顺利开展。

5 远程检定流程

在检定过程中，需在视频监控下完成全程操作。重点步骤操作和数据需录像和拍照并第一时间发至工作群。交接各方及第三方检定人员确认无误后，进行下一步相关操作。

5.1 体积管检定

(1) 对标定求外观进行检查(检查过程录像)，使用专用工具对标定球充液，标定球的直径应大于标准体积管标准管段内径的 2~4%。标定球充液后对其称重，并记录好球的直径、重量等原始数据(测量拍照)。

(2) 打开快开盲板，将充液后的标定球放入体积管内，关闭盲板。

(3) 启动水泵向体积管内充水，打开各排气阀排气(开阀录像)。使水经过水标定系统、体积管、标准容器流回水池。经过一段时间的水循环，当确认排气阀已无气泡排出时，关闭排气阀(无气泡和关阀录像)。

(4) 开启水标定控制器电源，将四通阀电动头的红色操作开关置于(LOCAL CONTROL)现场操作位置。(位置拍照)

(5) 扭动四通阀电动头黑色操作开关，使四通阀换向，待标定球触发两个检测开关后(当标定球触发第一个检测开关时，常开、常闭电磁阀由原来向水池出水转而向标准容器出水；当触发第二个检测开关时，出水情况则反之。)再反向操作黑色操作开关，使标定球反向运行。这样使标定球在体积管内来回运行几次，以使整个水循环系统的温度趋于平衡。

(6)当标定球在体积管内来回运行的过程中，关闭标准容器 R2 的出水阀，使进入标准容器的水充满容器(关阀门和容器进水状况录像)，以保证容器内壁充分湿润，然后打开标准容器的出水阀，把灌满容器的水放空，并按照规定的时间关闭阀门(记录时间和关阀录像)，使容器处于待用状态。标准容器 R3 也以此方法准备待用(相关视频资料同 R2 一样)。与此同时，用秒表测出四通阀换向到标定球触发第一个检测开关的所需时间。此间，分别测量体积管进出口、标准容器出口、标定水池内的水温，当确认各测量点的温度达到稳定时，即可进行标定。(各点数据拍照)

(7) 标定开始前，关闭容器注水阀 V1、V2、V3，打开 V5 球阀(操作视频)。扭动黑色操作开关，使四通阀换向至新的位置(拍照)，同时按动秒表计时，当秒表即将计到预先测定的时间时(一般提前 15 秒)，关闭 V5 球阀，此时仅常闭电磁阀出口向水池排水。当标定球触发第一个检测开关时，常闭电磁阀将标定水流切换到标准容器中，此时打开容器注水阀 R2，计量体积管的标准容积，当该标准容器内的水到达可读位置(200mm)时，关闭 V2，记录容器的刻度(拍照)，放空容器的同时测量水温(拍照)，放空后按照规定的时间关闭出水阀，打再开 V2 再进行计量。为加快计量速度，当该容器读数和放空时，可开启另一容器的注水阀 V3，当再度打开 V2 前关闭 V3。当 1#标准容器计量完三次后，打开 V3 进行最后一罐 500 升容积的计量。当被计量的水即将到达标准罐的颈部时，关闭 V3，使标定水流受三通电磁阀的控制，当标定球触发第二个检测开关时，三通电磁阀将水流自动切换至标定水池。一次标定过程结束，此时记录 2#标准容器的刻度(拍照)。此标定步骤内涉及的操作需全过程录像。

(8) 此标定过程至少连续来回反复做三次，如三次的标定结果满足要求的话，即重复性在+0.02%以内，则可结束标定，否则应连续标定，直到连续多次标定数据的计算结果满足要求为止。

5.2 流量计检定(已标定第一路流量计 FM501 为例)

(1) 检查标定系统中法兰连接面和其它连接面无渗漏、各阀门开关状态正确，相关设备工作正常。(检查过程录像)记录污油罐液位。(液位照片)

(2) 将四通阀 XV0530 切换至直通状态，全开 0521 阀，打开体积管排气阀门，将体积管内空气排净。(排气过程录像)

(3) 全开 0521，控制性打开调节阀 FV0530 阀和关闭调节阀 0506，当全关 0506 后全关 0515 切换四通阀至远控位置。(阀门状态照片)

(4) 当流量计温度 PT0503、体积管进口温度 PT0517 和出口温度 PT0518 趋于一致时，具备标定条件。(各点温度照片)

(5) 控制 FV0530 阀调节流量计 FM501 流量，当流量分别稳定在 1000m^3/h、700m^3/h、

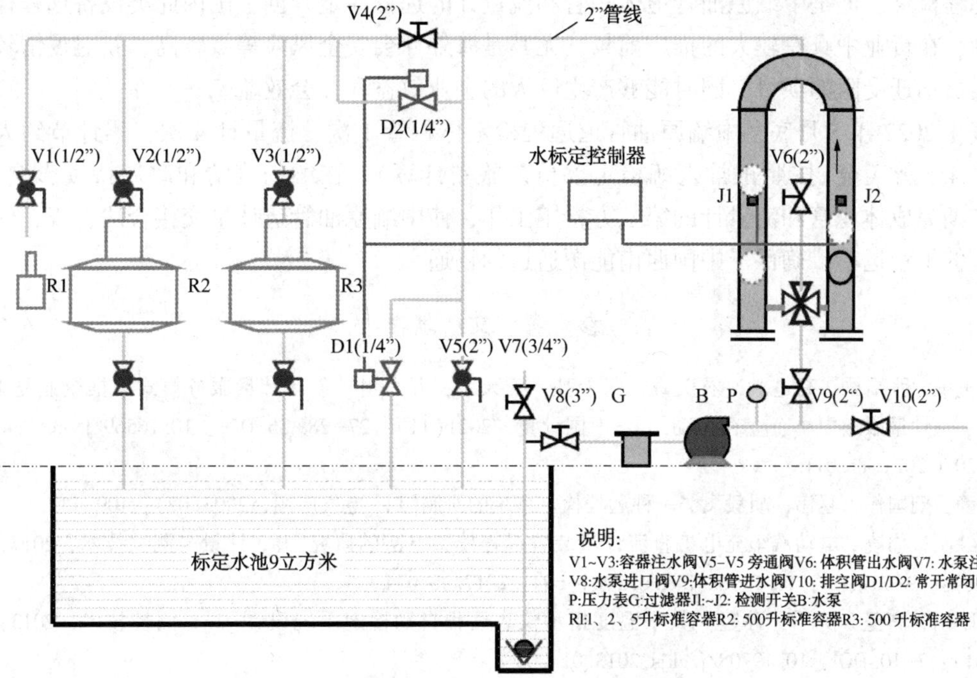

图 4　体积管标定系统流程图

400m³/h 时(流量稳定照片)，通过上位机标定软件进行自动标定。(软件操作过程录像；每个流量点标定结束数据照片；标定结束后标定数据报表照片)

(6) 标定结束后恢复工艺流程。

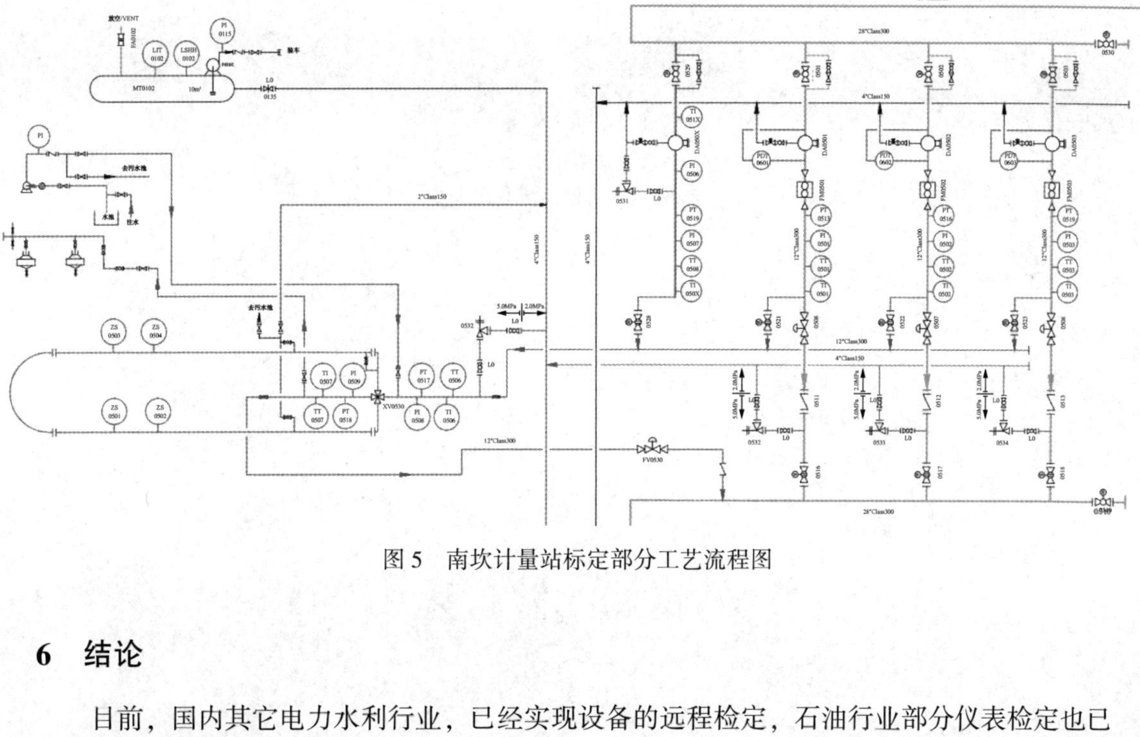

图 5　南坎计量站标定部分工艺流程图

6　结论

目前，国内其它电力水利行业，已经实现设备的远程检定，石油行业部分仪表检定也已实现远程检定，但是中缅原油管道体积管和流量计的远程检定开创了国内此类设备远程检定的先例，在行业中具有较大的推广前景，尤其是海外社会安全风险等级较高、新冠疫情较严重、人员动迁受阻的项目，同时能够产生巨大的企业效益和社会效益。

截止 2022 年 5 月底，中缅原油管道远程检定体积管 1 次、流量计 4 次，累计节约人工成本约 4.5 万美金（按照正常入缅检定人员差旅费计算）。在缅甸疫情和政局持续影响下，能够按期完成体积管和流量计的第三方检定工作，使中缅原油管道计量交接合法合规，保障了管道的平稳运行，确保了中国西南能源通道的畅通。

参考文献

[1] 赵玉敏，张嘉梁，高进胜，衣美霞，张天亮，王天宇，万大川．创新计量服务模式助推企业复工复产——计量服务中小企业在行动[J]．中国计量，2021(11)：27-28+35. DOI：10.16569/j.cnki.cn11-3720/t.2021.11.011.

[2] 吴静，刘国伟，赵伟，胡毅飞．一种远程检定系统的研制[J]．电气应用，2005(02)：109-112.

[3] 纪红刚，周凌．电动汽车充电桩直流计量装置远程校验方法的研究[J]．计量与测试技术，2017，44(06)：69-71. DOI：10.15988/j.cnki.1004-6941.2017.06.034.

[4] 王晓川，高坚，陈乐，孙坚．数字温度指示仪表远程自动检定系统设计[J]．测控技术，2013，32(01)：7-10. DOI：10.19708/j.ckjs.2013.01.003.

[5] 郑宏伟，刘喆，吴岩．天然气计量检定智能化技术探索与展望[J]．油气储运，2021，40(03)：287-292+318.

[6] 沈乐书．大量程液位计远程校准系统研究[D]．中国计量大学，2016.

[7] 王瑞斌．压力变送器自动化检定技术的研究与实现[J]．计量与测试技术，2017，44(10)：38-39+41. DOI：10.15988/j.cnki.1004-6941.2017.10.017.

缅北山区管道管理模式探究

陈加确　才　建　郭守德　丁　峰

摘　要　随着海外油气合作领域的增加，海外油气管道项目逐渐增多。相对国内长输管道而言，海外管道管理所面临的问题和挑战更多，尤其是管道所在国大多安全形势相对较差，社会经济发展相对落后等原因，给管道及线路管理造成了诸多困难。文章分析了中缅油气管道项目木姐管理处管道管理所面临的困难，对缅北山区管道及维抢修管理进行了实践探索，具有一定的参考意义。

关键词　缅北　山区管道　管理　探究

中缅油气管道项目是国家“一带一路”在缅甸的先导示范性项目，是我国四大战略能源通道之一，也是缅甸最大的能源项目。管道途径缅甸若开邦、马圭省、曼德勒省、掸邦，经中国云南省瑞丽市进入中国境内。管道所经地区包含海沟、山脉、平原等，环境恶劣，地势险要，给施工及后期管理造成了极大的困难。尤其是缅北山区，民族(地方)武装活跃、安全形势错综复杂、交通不便、降雨集中、地势高低起伏等因素给管道及维抢修管理带来了困难。因此，采取针对性措施，解决相应困难，保障管道的安全平稳运行显得尤为重要。本文将阐述缅北山区管道管理面临的挑战和困难，分析所采取的针对性管理措施及取得的效果。

1　概况

木姐管理处负责缅北 236. 8KM 油气管道的运营管理，辖区处于缅甸北部，属于多支民武活跃地区，武装冲突时有发生，油气管道和员工常年面临着冲突带来的各种风险。管道沿线吸毒人员较多，线路管理人员常年面临与吸毒人员间接接触和误踩针头等风险。市区、镇区民团众多，部分地区临近边境，当地居民以经商居多，而外来人员以务工为主，人员鱼龙混杂，文化水平偏低，政府管理难度较大。缅北地区政府部门比较注重经济发展，经济水平在整个缅甸来说相对较好，但教育水平、社会治安和基础设施建设较差，民众法律意识不强。这些特殊的地理位置和环境，给缅北山区管道管理带来了诸多困难

2　缅北山区管道管理面临的困难

2. 1　安全形势差，出行安全风险大

木姐管理处辖区有雷区且时常发生武装冲突，员工人身安全和出行风险比较大。因为地处民地武活跃区，管道管理人员和巡线工巡线期间常常遭受他们的困扰，他们有时索要过路费或食物，有时对车辆进行检查，有时征用车辆运兵，有时对当地民众征兵，巡线途中可能还会突遇民武交战等等。站场和阀室同样时常面临着武装冲突带来的各种风险，比如民地武到站“收税”或索要物资、民地武或政府军到阀室附近修建碉堡、冲突逼近、炮弹落入站场或阀室等。此外，民地武和政府军因军事需要，会在山区布设地雷，当地居民出行、劳作因踩雷造成伤亡的事件时有发生，木姐管理处所辖管道作业带及站场附近就有雷区，存在踩雷风险。据不完全统计，2018 年在辖区发生的安保事件达 130 起，2019 年达 171 起。

2018 年安保事件统计表

木姐运营中心 2018 年月度安保事件汇总表																	
序号	月份	安保事件（起）	安保事件类型						武装冲突地点								
			武装冲突	枪炮事件	武装拦截	解雷	爆炸	其他	滇缅公路	地泊泵站周界	地泊镇周界	木姐市周保	南坎站周界	南渡镇附近	孟苇镇附近	胶麦镇附近	管道沿线附近
1	2018 年 1 月	7		4	1			2				1	1		3		2
2	2018 年 2 月	5		1	1			3		1					1		3
3	2018 年 3 月	4			2		2				1					3	
4	2018 年 4 月	15	7			2	2	4	3		2	3		2		3	2
5	2018 年 5 月	18	11	2		1	4		3		2	3	2	3		2	3
6	2018 年 6 月	2				1		1				1	1				
7	2018 年 7 月	9	3	1		1	1	3		2	1			1	1	1	3
8	2018 年 8 月	21	14	1				3	3	7		2	2	4		1	2
9	2018 年 9 月	9	5				1	3	1		2	1	3	1			
10	2018 年 10 月	4	2			1		1			2		2				
11	2018 年 11 月	15	11	1			1	2		7		1	3	3		1	
12	2018 年 12 月	21	15	1	1	1		3	7	7		1		3		1	
总		130	68	14	5	7	11	25	17	24	10	13	14	17	5	12	15

2019 年安保事件统计表

木姐运营中心 2019 年月度安保事件汇总表

序号		安保事件类型							武装冲突地点					管道沿线附近		
		安保事件（起）	武装冲突	炮击/枪击事件	拦截	触雷	爆炸	其他	滇缅公路	地泊泵站周界	地泊镇周界	木姐市周保	南坎站周界	南渡镇附近	孟苇镇附近	胶麦镇附近
1	1			1			1									
2	9	6	1	2			1		8							
3	23	13	1	4		5	2	11		2	8					
4	13	9	1	1	2	1	2	2	3	4	1					
5	6	2		1	3		3	1	1	1						
6	15	12		1	2	5	2	3	3		2					
7	3	3			2		1									
8	34	13	4	1	3	13	24	2		4						
9	21	11	2	3	1	4	9	3	1	1	3		4			
10	13	5	1		7	6	5	1	1		4					
11	16	9	2	1	4	9	3		1	3						
12	17	4	1	1	11	1	2	2	3	1	1					
13																

巡检车辆陷入泥潭

3.2 降雨量大且集中，交通状况极差

缅北山区降雨量大而集中，道路状况极差，雨季“寸步难行”，管道抢修难度大。缅北基础设施建设薄弱，道路蜿蜒崎岖，山路是中缅贸易的主要通道，运输水果、粮食、甘蔗、矿产和木炭的货车众多，造成路面易坏难修，特别是管道途经的深山路段，路况更加糟糕。雨季雨量大且集中，年降雨量达 2000 毫米左右，缅北山区管道沿线地貌以红色、黄色砂岩或泥岩为主，土壤多为黏土，吸水性强，遇水易饱和。因此，雨季山区道路极其泥泞，且易出现滑坡，车辆通行极其困难、行车风险大，车辆经常陷入泥潭无法动弹，特别是 26#-28#阀室之间这段路。在这种情况下一旦管道出现险情需要抢修，车辆和设备根本无法及时到达现场，给雨季抢险带来了巨大挑战。

3.3 通讯不畅，信息传达、沟通联络困难

缅北山区地广人稀，偏僻落后，通讯建设跟不上，部分地区信号时有时无，加上道路条件差，出现了“出行靠走、通信靠吼”的情况。这又给管道日常管理出了一个难题，信息传不出去，即使巡线工发现了问题也要花费很大功夫和很长时间才能向上汇报，管理人员也无法对巡线工的工作状态进行有效监管。这种条件下，无论是日常管理工作还是开展维修抢险工作都存在着诸多不便。

沿线手机信号统计表

管道沿线手机信号统计表					
序号	阀室	村庄	信号	备注	
1	26-27 阀室	26 阀室	MPT		南坎站管辖 74.5 公里，沿线 15 公里信号，5 公里信号弱，其余无信号，无信号及信号微弱地区占 80%
		26 阀室-南罕村	MPT	特定小区域才有信号	
		外罗村	mytel	信号弱，有时会关闭	
		温坝村	mytel	信号弱，有时会关闭	
2	27-28 阀室	27 阀室-孟伟村	telenor mytel	特定小区域才有信号	
		孟伟村	telenor mytel		
		孟伟村至 28 阀室	telenor mytel	特定小区域才有信号	
		28 阀室-南坎站	telenor mytel MPT	特定小区域才有信号	

3.4 教育薄弱、管道安全意识不强，管道保护难度大

缅北管道所经地段大多是偏远山区，经济落后，人烟稀少且相对分散，甚至还有部分是“无人区”。那里的民众日常生活都比较困难，文化教育自然也就比较落后，用当地人的话来说“山旮旯里长大的嘛，大多数人都是文盲，不识字不会说缅语（缅北主要说傣语）”，他们对管道可谓是一无所知，中缅管道建设后他们才第一次见到油气管道，对管道保护的重要性依然是不知晓不重视。这不仅给管道日常保护带来了困难，还给管道宣传造成了困扰。

4 缅北山区管道管理创新探索

4.1 多方面协调、多举措降风险保安全

针对人员出行安全风险大的问题，木姐管理处与相关政府部门和安保部门(边防、国安、缅甸军方、相关部队组织)定期走访沟通，确保信息及时、准确和通畅，积极做好对外协调工作，并通过国安系统定期提醒相关地方武装组织，让武装冲突远离中缅管道及站场。将管理处所有车辆照片及车牌号、员工各类工作服照片提供给相关部门，通过他们与沿线民地武开展协调工作，对管理处车辆及员工给予照顾(员工出行时着工装，提高辨识度)。此外，依托阀室保安、巡线工、管道沿线村长、镇长、警长及承包商等多渠道收集安保信息，为员工出行提供参考。木姐管理处通过采取上述措施、多管齐下，安保工作取得了不错的成效，管道及员工安全得到了有效保护。

4.2 安装雨量检测仪，设置防汛物资存放点，发挥好巡线工作用

缅甸属于热带季风气候，每年 5 月开始，缅北山区便迎来漫长的雨季，一直持续到 11 月。汛期雨势的大小是牵动每个管道管理人员心的弦，降雨量的大小也直接关系着管道及其附属设备和水保工程的安全，及时、准确地获取缅北的雨量信息，对保证管道的安全平稳运行有着重要意义。因此，木姐管理处在阀室和站场安装雨量监测设备，监测每日降雨情况，及时发现瞬间较大降雨量，提前研判险情，尽早采取措施，将险情控制在萌芽状态，保证管道安全平稳度汛，节省抢险风险和投资。缅北雨季降雨集中，瞬间降雨量大，大部分土壤属于黏土，易引发地质灾害，加上交通不便，依托社会力量来抢险受限，更何况当地没有可依托的资源。管理处结合实际，在总结历年管理经验的基础上决定，在沿线村庄合理设置防汛物资存放点。一旦出现水毁，巡线工就可以立刻根据情况自行组织力量处理，及时有效防止险情扩大。目前，木姐管理处所辖管段地质灾害治理取得了良好效果，没有出现大的险情，管道得到了有效保护。

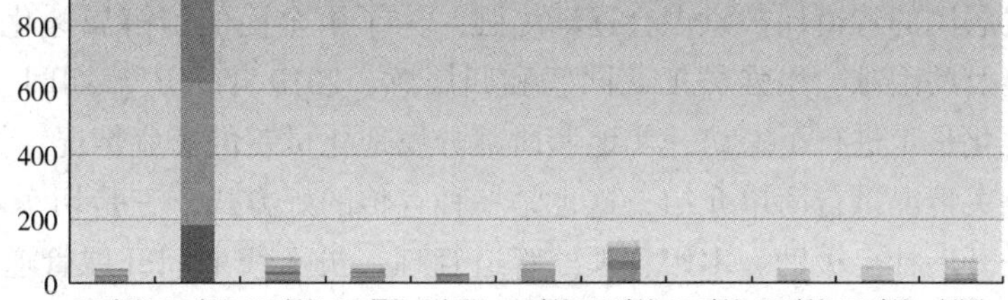

5 月降雨量统计表

4.3 多措并举，提高管道抢险能力

为了解决交通不便、抢修设备依托匮乏的问题，进一步提升缅北山区抢险能力，木姐管

理处采取了针对性措施。道路方面，设法在合适的时间以合理的方式对沿线无法通行的道路进行维护，并与当地公路局进行有效沟通，避免重复建设。车辆方面，为了增强雨季期间车辆通行能力，雨季租赁当地炮车，既可在巡检车辆无法通行的路段提供支援又可用来运输维修道路所需材料。同时，对车辆进行改装，调研并购置履带车轮，对山区巡检车辆进行改装，以便雨季可以在山区行驶；将维修队医疗车改装成越野货车，以满足山区抢险需求。山区抢险设备、资源无依托，木姐管理处不等不靠，结合实际情况想方设法自主解决问题，在线路上合理位置设置抢修设备及物资存放点，并安排人员看守，定期对设备进行保养；在充分调研的基础上适时将基地抢险车辆开到山区，对其通行能力进行测试。此外，多途径开展培训和演练，如组织各种抢修设备实操实训，组织管道开孔、排油、溢油回收、切割、组对、焊接、堵漏、换管、物资装车、光缆抢修等等，全面提升员工各项技能，提升山区抢险能力。

4.4 加大巡线工培训力度，加强巡线管理

线路管理很大程度上都要依靠属地化巡线工，加上缅北山区通讯不畅，需要他们具备更强的业务水平，木姐管理处编制了缅文版巡线工手册并制定考核制度，巡线工入职后就进行培训，每年定期组织技能竞赛，通过培训和竞赛，结合奖惩制度(考核制度)增强属地化员工的业务水平。为了实现在手机信号不通的情况下对巡线工进行监督的目的，管理处调研了适用的 GPS 巡检设备，并在辖区全线应用，掌握了巡线工的工作情况，及时发现问题解决问题。

4.5 夯实基础，加大宣传和援助，保管道安全

随着缅北经济的发展，修建道路、房子及仓库等施工也越来越多，第三方施工的风险自然也就增大。针对当地居民管道安全意识不强，易造成第三方施工破坏的问题，木姐管理处主要从三个方面采取相应的管理措施。一是夯实基础工作，建立管道途经户主信息档案并定期沟通，重点关注重点宣传，逐渐增强其管道保护意识，保证发现风险时能及时找到相关人员进行处理。二是加大管道宣传，注重因地制宜创新方法，除了日常的现场讲解之外，组织灵活多样的赛事活动，在当地重要节日庆典时进行赞助宣传，通过视频软件或其他媒体宣传管道。2019 年木姐管理处在沿线村庄学校组织了第一届“管道安全知识漫画比赛”，学生们都踊跃参加，并画出了许多优秀作品，学校老师对此次活动非常重视并建议将获奖作品印制后长期放在学校宣传栏公示。在此过程中，他们既学到了管道知识，又能体会作画比赛的乐趣，还获得了奖品，可谓是一举多得。随着类似的活动增多，随着这些学生将管道知识传播出去，相信沿线居民的管道保护意识会逐渐增强。为了更全面的了解属地化员工家庭情况，为其解决力所能及的困难，增强员工认同感和归属感，2019 年国庆节期间，管理处领导和相关人员对属地化员工进行了家访，实地调研部分属地化员工的家庭情况，为他们送去慰问品，并对管道相关情况进行简单介绍，这也是一种宣传的好方式。三是切实掌握当地居民需求，有针对性的开展社会援助。木姐管理处管道管理人员上线期间开展管道日常巡检之余，还会与当地居民沟通，对当地存在的困难和需要解决的问题进行了解，或者对当地援助项目进行回访并做好记录。知道当地学校需要教材和办公用品、缺运动器材、缺水管、公共建筑维修资金不足等问题时，管理处会尽快在能力范围内制定解决计划，按程序组织落实，对不能解决的也会向当地反馈。通过这种沟通交流和援助，慢慢和他们成为了朋友，感情逐渐加深，工作上也就获得了他们的支持，随着沟通的加深，管道安全知识也就不知不觉传给了

他们。

4.6 加大科技手段应用，鼓励小改小革，降本增效，不断提升管理上水平

南坎站边坡整体坡度较陡，地层主要为人工填土层，在强降雨或持续降雨条件下，坡体稳定将降低，易失稳滑塌、溜滑，甚至形成滑坡。2018 年，因为强降雨影响，南坎气站边坡出现坍塌，坡面自下而上第一级、第二级马道和排水沟出现裂缝，部分损毁，2019 年木姐管理处对南坎气站边坡进行治理。为了进一步了解边坡治理的效果，掌握边坡的稳定性，管理处调研国内同类滑坡的监测手段，借鉴国内成熟技术应用，完成了南坎气站边坡地质灾害监测系统建设工作，监测斜坡体的变形发展趋势以及对管道的影响情况，为管道安全运营提供数据支持。

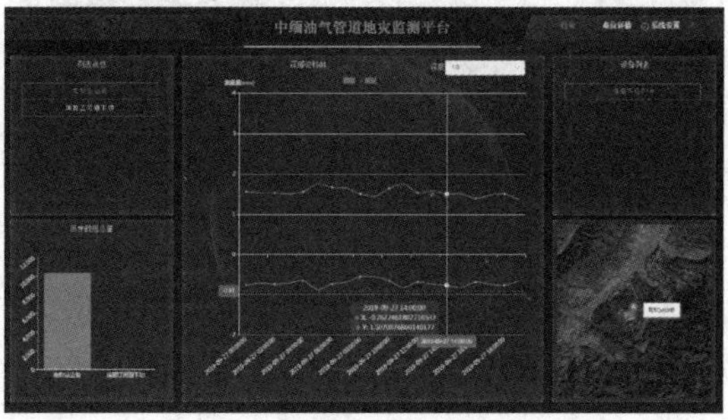

南坎气站边坡检测系统

木姐管理处管辖管道穿越瑞丽江，瑞丽江底部土质松散，且江边常年存在挖沙现象，随着长时间的河流冲刷，有河床下切造成管道埋深不足，甚至漂管的风险。为了更好地掌握瑞丽江段管道埋深情况，及时发现风险排除风险，木姐管理处经过调研并确认可行后，与国内专业单位合作，在瑞丽江穿越段设置地灾灾害监测预警系统，实现了对穿越管道埋深的监测，确保管道安全。

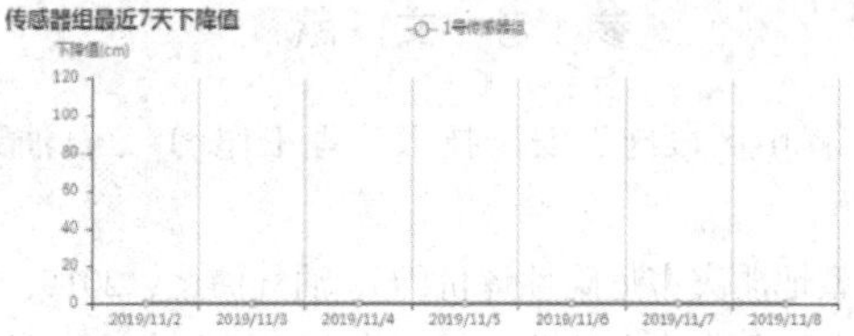

日期时间	传感器组号	下降值（cm）
2019/11/2	1	0
2019/11/3	1	0
2019/11/4	1	0
2019/11/5	1	0
2019/11/6	1	0
2019/11/7	1	0

瑞丽江河床检测数据

木姐管理处原有三桩为钢筋混凝土结构，需预制、刷漆，单体重量大，且三桩安装位置多为山区，无道路依托、运输难度大、维修更换难、成本高。过去，每年都有三桩丢失、破损、掉漆现象，每年都需要投入巨大精力和费用进行补充、更换和维护，三桩维护成为了管道管理工作中的一大难点。为解决实际困难，木姐管理处努力探索，多方调研，并积极借鉴学习国内同行先进管理技术和应用，用“一体式高纤维玻璃钢+树脂”新型三桩更换已损坏的

三桩，补充丢失三桩。新型三桩坚固耐用、重量轻、安装及更换便捷、桩体内容免刷漆、美观大方、购置及维护成本低。目前，新型三桩使用效果良好，不仅节约了大量运营成本，还减少了三桩维护的精力和压力，提高了工作效率。

新旧边界桩对照图

5 结束语

目前，我国继续加强海外能源合作，海外油气管道项目快速发展。但是，海外项目所面临的挑战和困难相对国内更多、更复杂，比如安全局势、社会经济落后、气候环境等因素的影响比较突出，通过分析缅北山区管道管理面临的困难和挑战，有针对性地采取措施，开展管理提升工作，并取得了良好效果，提升了缅北山区管道及维抢修管理能力，确保管道安全平稳运行，助力世界先进国际化管道公司建设，这些探索创新的实践过程可以为其他同行提供借鉴。

参 考 文 献

[1] 蔡文虎．中缅输油气管道工程山区段施工安全技术管理工作[J]．石油天然气学报，2018,，4(3)：132-136.

[2] 钟威，高剑锋．油气管道典型地质灾害危险性评价[J]．油气储运，2015，34(9)：934-938.

[3] 李任远，梅廉夫，胡孝林等．缅甸中央盆地北部新生代古地貌重建[J]．地勘科技情报，2018，37(3)：126-133.

[4] 郭磊，刘英男，项卫东等．长输天然气管道坡面水毁风险敏感因素识别[J]．油气储运，2015，34(5)：477-481.

[5] 魏少伟．线性工程地质灾害监测新技术及发展趋势[J]．铁道建筑 2019，59(2)：57-63.

[6] 李亮亮，邓清禄，余伟等．长输油气管道河沟段水毁危害特征与防护结构[J]．油气储运，2012，31(12)：945-949.

缅北安保体系的建立与管理

韩宜坤　郭守德　丁　峰　陈加确

摘　要　木姐管理处所辖管道沿线及滇缅公路段地处缅北掸邦境内，为缅北地方武装组织较为集中的区域，因地方武装组织与政府的矛盾日益加剧，导致缅北社会安全事件频发，给木姐管理处的日常管理工作及人员出行带来了极大的困难和挑战，通过安保体系的建立能够合有效的提高社会安全风险管控能力，从而达到对海外员工安全防护的目的。本文通过列举缅北地区常见的几类安保事件，阐述如何利用半定量法-风险矩阵法对风险进行评价，针对缅北安保事件的评估结果如何因地制宜地建立一套完整的安保体系。

关键词　缅北　地方武装组织　社会安全事件　安保体系

自美国“9. 11”事件后，国际安全问题日益突出，集团公司海外项目(包括非洲、中亚、拉美、中东及亚太五大合作区)同样面临着社会安全事件对人员财产损伤的风险，作为亚太合作区成员之一的缅甸，近年来暴力恐怖事件居高不下，缅甸佛教徒与穆斯林罗兴亚人的冲突不断，而缅北地区的社会安全事件尤为突出，为了避免员工遭受武装袭击，使人员处于无危险、无侵害、无事故的安全状态，需要建立一套完整的安保体系。

本文简述了中缅管道缅北段的概况，对缅北的安保形势、社会安全事件的风险评估进行了阐述，分析了缅北地区主要面临的安全事件类型，社会安全事件的风险评价方法、结合缅北地区的实际情况建立一套完整的安保体系。

1　中缅管道缅北段的概况

中缅管道缅北段主要是指木姐管理处所辖的南塘河大峡谷北岸至中缅边境瑞丽江管段，单线所辖管道里程共计约 236. 8km，所辖站场包括 1 座计量站-南坎计量站、1 座原油泵站-地泊泵站及 19 座阀室(19-G28#气阀室、O23-O31#油阀室)。

木姐管理处所辖管道及滇缅公路段全部分布在缅甸掸邦境内，管道途经 8 个乡镇、55 个自然村，共计 25 万人左右。沿线反政府武装活跃区域从南到北主要集中在胶脉、地泊、邦龙、曼散、南渡、南罕、孟苇、南坎等村镇，其间广泛分布有缅、傣、德昂、景颇、汉等民族；当地民众中主要宗教信仰为佛教，也有少部分伊斯兰教、基督教等宗教信徒。管道沿线区域内主要有克钦独立军、掸邦民族军、果敢同盟军、德昂民族解放军、民兵自卫队等武装力量分布。缅甸政府对该地区控制薄弱，区内基本为村社自治，治安状况较差，尤其是南罕至孟苇一带约 56 公里为地方武装实际控制区域，因地方利益及民地武区内自治的诉求，致使各组织之间、组织和政府之间常常会发生武装冲突，对中缅管道员工人身安全及管道运行造成了严重威胁。

2　缅北安保形势的概况

缅北地区是指缅甸北部主要包括包括掸邦、克钦邦、实皆省等地区，自 1948 年 1 月缅甸政府摆脱英国殖民统治宣布独立以来，缅甸境内 135 个民族(政府承认的主要少数民族包括掸族、孟族、德昂族、克钦族、果敢族等少数民族大多集中分布在缅甸北部)并未完全实现和解，缅族与缅北地区少数民族之间因语言、宗教、文化上的巨大差异已形成长期的隔阂和矛盾；加上民族之间居住地域上存在的分隔、经济发展的不平衡、实际利益的冲突也给缅甸的民族和解造成了现实的困难，尽管缅北地方民地武组织和缅甸政府达成了政治和解或全国停火协议(始于 2013 年 11 月，由吴登盛政府推动，缅政府和地方民族武装在大约两年时间里举行了九轮和谈，最终敲定该协议)，但中央政府对民地武组织也并非“一视同仁”，部分民武组织在签署协议的问题上依然存在严重的分歧(历史积怨太重，少数民族对中央政府缺乏信任等原因，使这些协议并不能立竿见影地解决问题)，后缅甸政府为缓解民族矛盾召开多次“21 世纪彬龙会议”(由民盟领导人昂山素季推动)，其意图是通过政治手段而非武力来争取和平，但同样也是因少数民武装组织认为缅政府在地域、资源及经济利益的分配不公，刺激了缅甸的地方军事冲突和民族问题不断加深。综上种种因素致使目前缅北地区的数支地方武装组织为寻求独立自主与政府军形成长期武装对抗的局面。在双方根本利益上的矛盾未得到切实解决之前，未来很长一段时间缅北地区民武组织与政府之间的武装冲突仍然会持续。

木姐管理处所辖管道沿线及滇缅公路段也同样面临着政府军与地方武装组织冲突的威胁，其中主要包括武装冲突、武装拦截、枪炮袭击、触雷等事件，通过 2017-2020 年木姐管理处辖区发生的典型安保事件及安保事件统计表作为说明。

表 3-1　2017-2020 年木姐管理处所辖管道及滇缅公路发生的典型安保事件

序号	事件发生时间	安保事件类型	安保事件简述	造成影响	人员伤亡记录
1	2017 年 12 月 21 日凌晨 5：20	枪炮袭击	南坎计量站 15 分钟内遭到 5 发炮弹袭击，期间站内人员共听到炮声 14 声、枪声 40 余声。	站内发现四枚炮弹残骸、站外发现一枚炮弹残骸，站内化验室、消防箱遭到不同程度损坏	无
2	2018 年 5 月 12 日清晨 5：15	武装冲突	约有 100 名武装人员先后在木姐市至南坎镇沿途在两处区域发起了 2 起激烈的武装冲突	3 枚火箭弹和一些流弹落入中方境内	共造成 19 人身亡，27 人受伤
3	2019 年 8 月 15 日凌晨 5：00	武装冲突	若开军、德昂军、果敢同盟军三支“民地武”组织对曼德勒省彬乌伦国防军技术大学(DSTA)、囊秋缉毒检查站、地区驻军营部、谷特峡谷警察哨所、囊秋收费站等机构、设施进行了有计划、有预谋的武装袭击。	囊秋收费站等场所被焚烧，滇缅公路谷特大桥被炸毁，造成缅北至曼德勒方向交通中断	共造成过 15 人不幸身亡死亡，4 名警员无故失踪，超过 3000 名当地民众流离失所
4	2020 年 5 月 11 日夜间 20：30	武装袭击	距木姐基地直线距离约为 150 米处的木姐市入城收费站遭炸弹袭击	收费站受到严重破坏：收费站岗亭的玻璃被炸碎，电脑等办公设备遭击毁，顶棚也有天花板掉落	造成 1 名收费站内的工作人员脸部遭破碎的玻璃划伤

木姐管理处2019年月度安保事件数据表

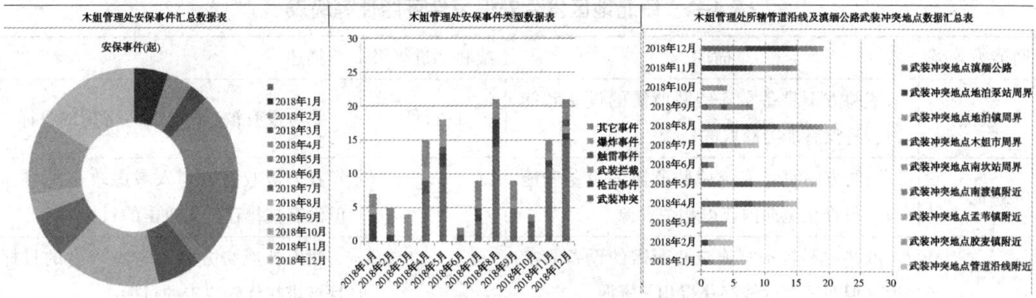

木姐管理处2019年月度安保事件数据表

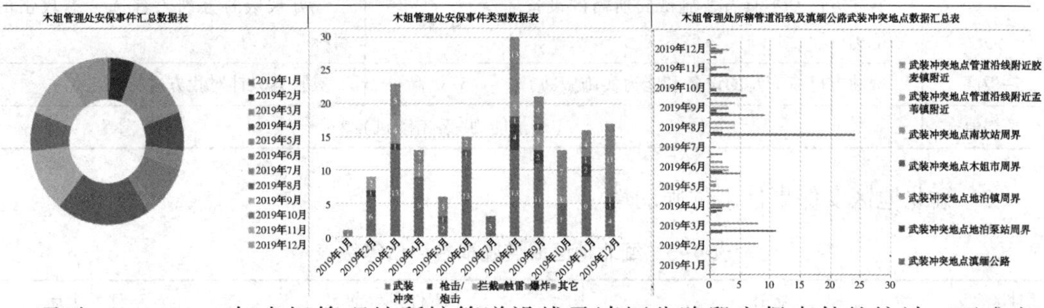

通过 2018-2019 年木姐管理处所辖管道沿线及滇缅公路段安保事件的统计，不难发现安保事件主要为民地武组织与政府军之间的武装冲突事件(占据安保事件的 51.4%)，其次为其他事件(25.6%)、枪炮袭击事件(8.3%)、武装拦截事件(5.3%)，为此应对武装冲突事件的给我方带来的风险显得尤为重要。

3 安保风险等级评估

为了加强对缅北安保事件风险的控制，逐步实现社会安全事件风险评估的全覆盖，需制定科学有效的安全风险评估方法，根据风险评价结果的量化程度可将风险评价方法分定性评价法、半定量风险评价法、及定量风险评价法，此评估方法同样适用于缅北地区的社会安全风险评估，因具有较好的数据基础(根据每年木姐管理处安保事件月度表对社会安全事件发生的次数、安保事件类型、威胁方等的统计)能够作为社会安全较为全面的评价，且宜采用半定量法-风险矩阵法进行缅北地区安保事件的风险评估。

一套完整的安保体系的建立，需要对所在地区社会安全突发事件的可能性、事件发生后产生的不良后果及威胁方展开蓄意攻击成功的几率，即事件威胁的可能性-严重性-脆弱性(L/E/V)进行评估。

表 4-1　缅北地区社会安全风险评估

序号	评估元素	代表符号	定义
1	严重性	E	社会安全事件发生后，对单位人员、设备设施、声誉、环境、当地社区或缅甸国家可能产生的不利影响及后果。
2	可能性	L	缅北地区某一类社会安全事件发生的可能性
3	脆弱性	V	威胁方对木姐管理处(包括所辖管道及场站)有针对性地实施恐怖袭击、劫持、绑架等行为，对单位人员、财产和声誉造成了损害，间接反映了某个蓄意攻击的成功几率。

（1）缅北地区安保事件发生的可能性

表 4–2　缅北地区发生安保事件可能性等级表

威胁能力等级	描述	威胁动机等级	描述
1–极低	威胁方不具备实施威胁所需的设备和能力，且没有能力获取的资源	1–极低	我方没有被威胁方列入考虑的目标
2–低	威胁方不具备实施威胁所需的设备和能力，很难在短期内获得相关资源	2–低	我方被威胁方列入考虑攻击的目标，但没有被排在优先攻击的目标
3–中	威胁方不具备实施威胁所需的设备和能力，但在短期内能够获得相关资源	3–中	我方被威胁方列入考虑攻击的目标，且被排在优先攻击的目标
4–高	威胁方已基本具备实施威胁所需的设备和能力	4–高	我方被威胁方列入首选考虑攻击的目标
5–极高	威胁方已有充足的设备和能力实施威胁	5–极高	威胁方只针对我方进行攻击
平均值	（袭击能力+袭击动机）/2		

（2）缅北地区安保事件事件脆弱性

表 4–3　缅北地区武装脆弱性评估等级表

脆弱性等级	描述	事件发生前	事件发生后
1	有社会安全管理体系和管理程序，责任明确，风险管理活动有记录并有效降低了风险	对风险管理的有效性进行审核和监测，风险控制措施始终有效	应急恢复措施始终有效
2	社会安全管理体系和程序运作良好，有明确的纠正改进计划，但尚未完全实施	已制定风险管理和纠正改进计划，尽管没有对风险管理计划有效性的正式监测制度，担有确切证据显示风险管理措施得到落实，风险控制措施大多数情况下有效	应急恢复措施大多数情况下有效
3	建立了社会安全管理体系和程序，但需要正式动态风险管理的责任制已得到有效明确和落实，需要正式风险得到积极管理	无正式的风险管理改进计划，风险控制措施总体有效	应急恢复措施总体有效
4	建立了控制重大风险的社会安全管理体系和管理程序，但其实施的有效性还无法得到证实	员工对风险管理一无所知，风险管理措施基本无效。	应急恢复措施基本上无效
5	无社会安全管理制度和程序，风险处置措施缺失或无效	无风险控制措施或控制措施无效	应急恢复措施无效

（3）缅北地区安保事件严重性

表 4–4　缅北地区武装严重性评估分级表

分级	人员	财产	环境	声誉
1	轻微伤	轻微损害	轻微影响	小影响
2	轻伤	局部小的损害	影响较小	中等影响
3	重伤	重大破坏	影响有限	影响巨大

续表

分级	人员	财产	环境	声誉
4	完全丧失劳动能力、人员死亡或被绑架	大范围破坏	重大影响	在国家范围内造成巨大影响
5	多人死亡或被绑架	巨大破坏，作业损失	巨大影响	造成国际影响

(4) 风险评分标准

表 4-5　缅北地区社会安全风险评估

威胁方	可能性 L	严重性 E	脆弱性 V	风险评分 L * E * V	等级
反政府武装	5=几乎确定 4=很可能 3=可能 2=不太可能 1=极不可能	5=重大 4=严重 3=中度 2=轻度 1=轻微	5=极差 4=差 3=中 2=好 1=优	65-125	极高
				28-64	高
				9-27	中
				1-8	低

(5) 木姐管理处面临的主要安全事件的风险评分

表 4-6　安全事件的风险评分

序号	威胁活动区域	风险描述	风险分析				
			严重性	可能性	脆弱性	评分 L * E * V	等级
1	辖区线路及滇缅公路	路边炸弹和汽车炸弹武装冲突	4	5	5	100	极高
2	辖区线路及滇缅公路	简易爆炸装置和地雷	4	4	5	80	极高
3	木姐、地泊、南坎	外出期间遭绑架	5	3	5	75	极高
4	站场/基地、辖区线路及滇缅公路	缅甸政府军与民地武组织的武装冲突	4	4	5	80	极高
5	站场/基地、辖区线路及滇缅公路	极端主义威胁	5	4	4	80	极高
6	木姐、地泊、南坎	不友好/腐败军警借口检查证件勒索	4	5	4	80	极高
7	木姐、地泊、南坎	执政党和军方的博弈	4	4	3	48	高
8	木姐、地泊、南坎	民团恐吓威胁	4	3	4	48	高
9	木姐、地泊、南坎	抢劫	3	4	3	36	高
10	木姐、地泊、南坎	设施破坏	4	3	3	36	高
11	木姐、地泊、南坎	宗教冲突	5	4	2	40	高

根据历年木姐管理处辖区发生安保事件的统计可以从上述三个方面分别展开对社会安全风险进行有效地评估，通过风险矩阵法对木姐管理处面临的常见安保事件的风险计算，均达到三级高以上风险等级，为了减低安保事件对我方人员生命财产及生产运行带来的损失，需要通过相应的安保防护措施去降低风险，需要结合缅北实际情况及集团公司对海外项目高风险地区固定场所设施安全配备标准管理规定建立相应的安保体系。

4　安保体系的建立与管理

本体系的建立是基于 ALARP 原则（最低合理可行-As Low As Reasonably Practicable）上进行的，该原则依据严重程度将可能出现的风险进行分级，划分为风险严重区（高风险区）、

ALAPR 区(中风险区)和可忽略区(低风险区)，而高风险区-和中风险区是缅北地区安保事件风险辨识的重点所在，必须尽可能地找出相应的风险，并且通过一些技术手段尽可能去降低风险带来的损失。

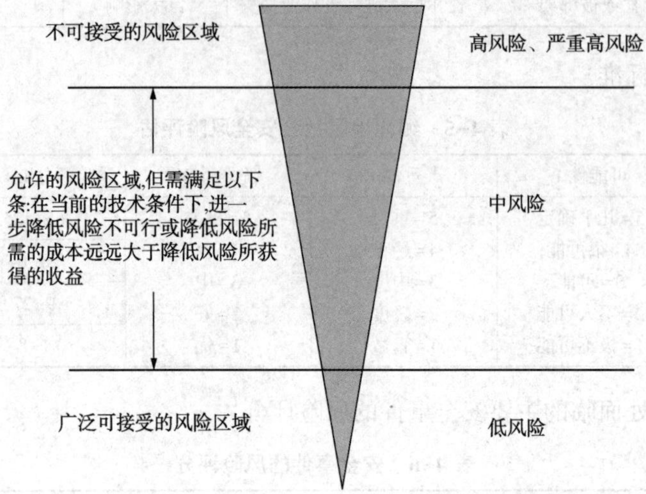

图 5-1　ALARP

本体系从人防、物防、技防、信息防四个方面制定、明确组织机构与职责、安全风险评估与风险处置，形成系统化、常态化、规范化、可操作化的安保体系。

(1) 人防体系

本着“以人为本，预防为主，员工生命安全高于一切，不以牺牲员工利益换取企业的发展”的理念，结合缅北地区的实际情况，制订可操作性强、分层分级的安保规章制度，建立健全日常安全管理、海外安全防控培训、安保投入和应急反应机制优化等方面的规章制度，明确海外安保组织机构职责，固化管理流程和工作方法，规范海外安全风险防控工作，主要从以下几个方面入手：

图 5-2　日常安全管理

1) 加强保安队伍的梯队建设

根据缅北安保形势的实际需求，为加强木姐运营中心保安队伍管理建设，提高保安队伍精气神和工作积极性，充分发挥保安队伍的作用，维护好管理处的治安环境，预防和打击对木姐管理处形成违法犯罪的行为，需要改变现有保安管理模式，进行一系列大胆改革和有益探索，实现保安队伍建设从经验式管理向科学管理转变、从粗放式管理向规范管理转变、从应急式管理向长效管理转变，主要通过以下四种机制：

① 组织管理机制

针对基地、站场保安队伍精神懒散、工作积极性不高、人员素质偏低等共性问题，从端正保安的思想认识入手，加强保安的思想政治教育，引导其树立正确的人生观、价值观及从业观，培养学保安、干保安、爱保安的热情。为此应定期组织开展保安队伍集中教育整顿活动，逐步摸索建立保安教育培训机制以达到提高保安队员整体素质的目的。

② 教育培训机制

实行“岗前必训、任前必训、每月必训”，基地及站场安保负责人保证每月组织不少于一次理论教育培训和实战演练，理论培训内容包括汉语学习(特别是交际、问候礼貌用语)、安保视频培训教材的学习(通过典型案例分析判断突发事件及处理措施)、保安职业道德及礼仪交际；实战培训内容包括军事化训练(培训时间不少于两周，强化提高保安的全局意识、团队意识和责任意识，增进队员相互的了解、信任与支持、建立彼此间的信任感和合作精神)、队列训练(站姿、立正、跨立、稍息、停止间转法、出入列、行进与停止等)、自卫术培训、急救常识、消防知识(包括消防器材的使用)、交通指挥、电子安保设施(巡逻更、火灾报警器、视频监控系统等)的使用和操作，对讲机等通讯设备的使用，对暴力恐怖事件(破坏、偷盗、非法闯入、抢劫、恐怖袭击等)的应对措施等。

③ 监督考核机制

为强化保安培训效果及保证日常巡检的质量，每周进行1次考核和抽查(包括汉语口语的测评、日常操练动作的规范性、安防器材的使用熟练程度、保安巡逻出勤率)，确保保安业务水平和素质的能够达到设定的标准。

④ 奖惩机制

通过对保安的考核和抽查结果纳入到属地化绩效考核中，每季度根据考核成绩和出勤率进行季度考核与评比，对表现优异的保安进行物质和精神嘉奖，成绩不达标的人员进行批评和重新考核，能够激励保安进行不断学习和自我提升，切实提高保安队伍水平。

2）加强员工安全防范意识

针对缅北地区可能出现的突发事件(武装拦截、枪击事件、劫持等)，有针对性地编制社会安全事件处置卡，指导员工在面对突发安保事件时应如何快速响应规避风险，并通过海外安全防恐培训熟练掌握个人安全防护技能(根据地形环境的特点，灵活利用匍匐姿势寻找掩体进行躲避、防卫与控制、日常出行注意的安全事项、野外求生技能、安全设备的使用等)，通过以上措施能够切实有效地提高员工面对突发事件时应急处置能力。

3）组织应急演练

根据缅北地区的风险等级、风险特点和周界环境特征，分类分级制定有针对性和可操作性的应急预案(如突发事件应急预案、一站一案、紧急预案、车辆拦截等)，明确岗位职责、工作流程、采取措施等，并定期组织员工进行桌面推演和模拟实战演练，根据可能发生的安保事件的形势变化和情况及时调整完善，确保应急预案有效实用；制订潜在突发事件的预警、应急反应和社会安全管理计划，提供应急物资资源保障，确保安全有效地履行职责。结合可能发生的紧急情况，通过模拟实战演练对应急预案的有效性进行验证，确保应急预案有效实施(如可能面临的一些社会安全突发事件及其处置流程-即社会安全事件应急处置卡)；定期组织安保会议的审核和修订，对应急预案及社会安全管理计划等内容进行补充和完善，确保应急机制有效运转。

以下是木姐管理处常见6类安保事件及其处置流程

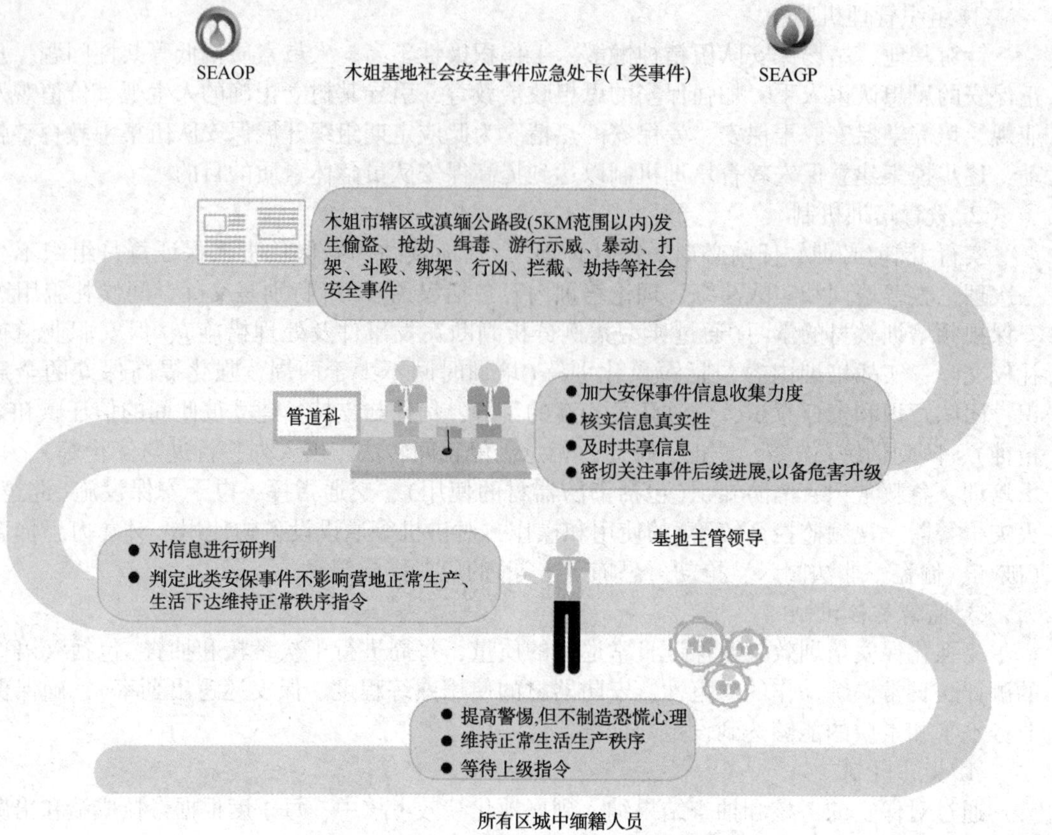

图 5-3 Ⅰ类安保事件及其处置流程

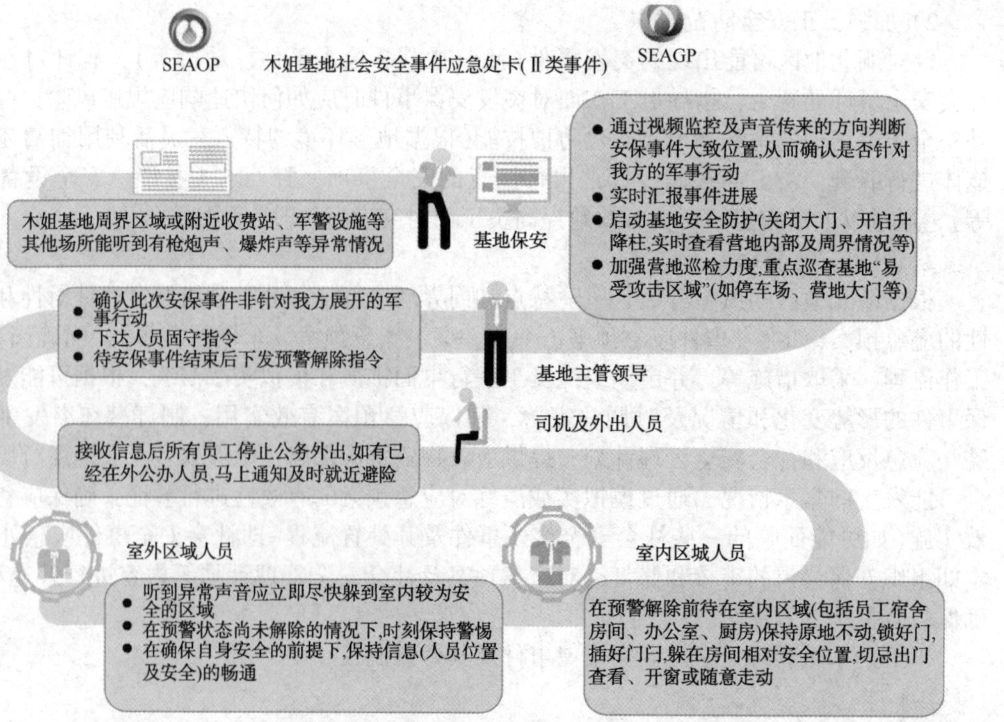

图 5-4 Ⅱ类安保事件及其处置流程

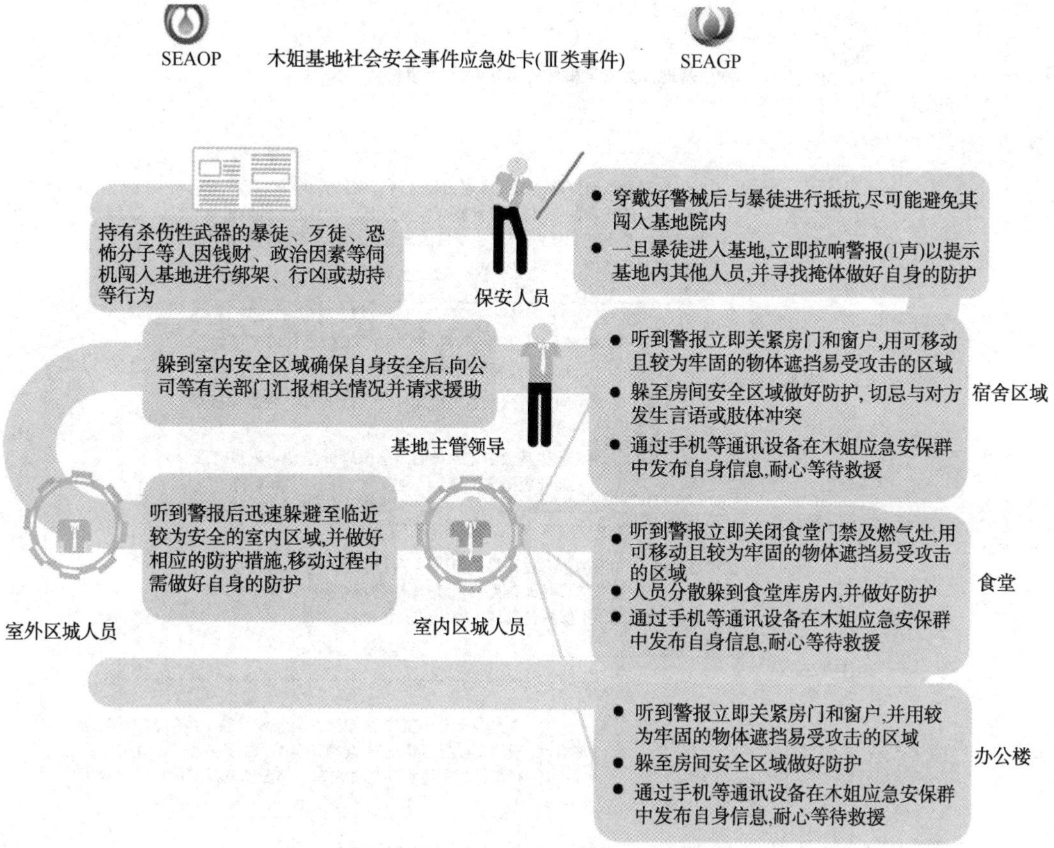

图 5-5　Ⅲ类安保事件及其处置流程

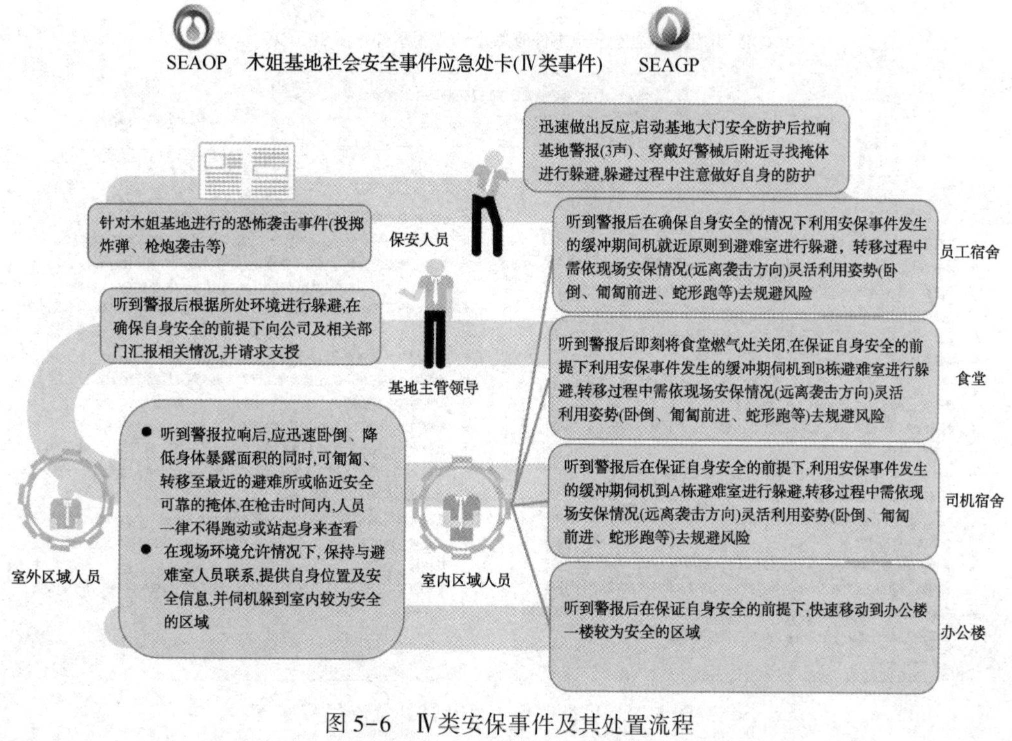

图 5-6　Ⅳ类安保事件及其处置流程

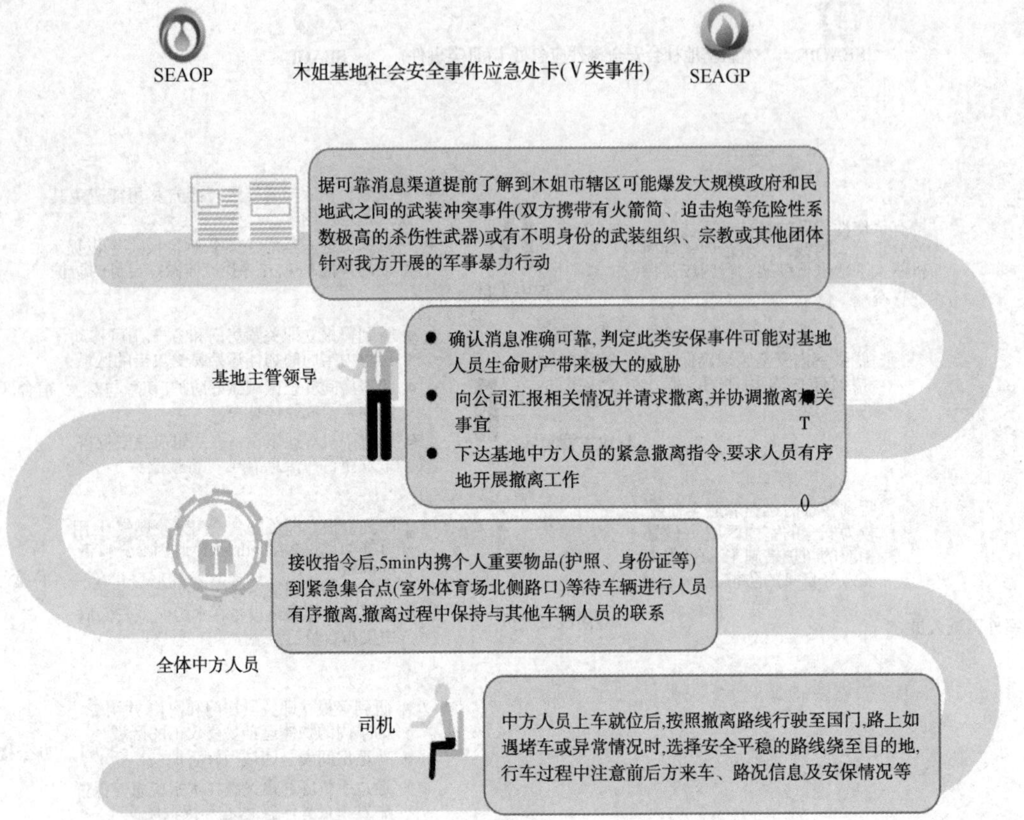

图 5-7　Ⅴ类安保事件及其处置流程

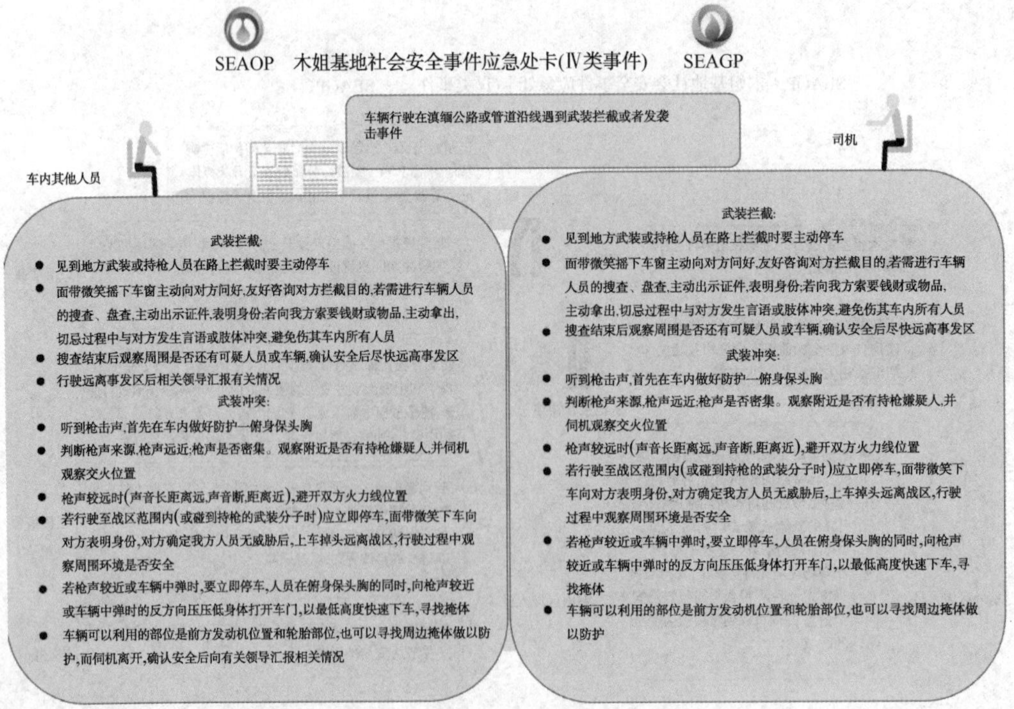

图 5-8　Ⅵ类安保事件及其处置流程

（2）物防体系

针对所在营地的环境并结合缅北安保实际情况，参照集团公司等相关文件，以营地为中心进行点线面物防体系的分布建设，其中包括：

1）通往营地出入口的道路设置路障，加装有升降柱及移动拒马等车辆防冲撞设施（严防外来车辆肆意进入）；

2）营地周界设置有至少 2m 高的互连的金属围栏，并配有横向的支撑线，顶部设立带刺铁丝网，底部加装有防蛇网，保障围栏外的视野开阔。

3）营地出入口设有人员车辆检查的全天候值守的保安室（外来人员及车辆进入营地需经有业务往来科室的同意，保安进行人员信息识别后要求外方佩戴基地出入许可证并对车辆进行检查）；

4）营地设置覆盖周界环境区域的照明系统；

5）对内部宿舍房间进行改造，按照相关标准建设避难所（围绕墙内设置一圈以铆、栓、焊等方式固定的厚 10mm，高 1.5m 的钢板，避难所配套有独立卫生间、空调和排风扇等设施，防弹头盔、防弹衣、警棍等安保防护器材及瓶装水、压缩饼干、泡面等应急食品）；

6）宿舍及办公室等建筑玻璃门窗均装有经 TYSC-500 5M 法落锤冲击测试系统测试合格的防爆膜，宿舍门后均加装有防盗链；

通过以上由点到面，有外到里的安防布局能够形成一套完整可靠的物防体系，能够切实有效的保证营地的安全。

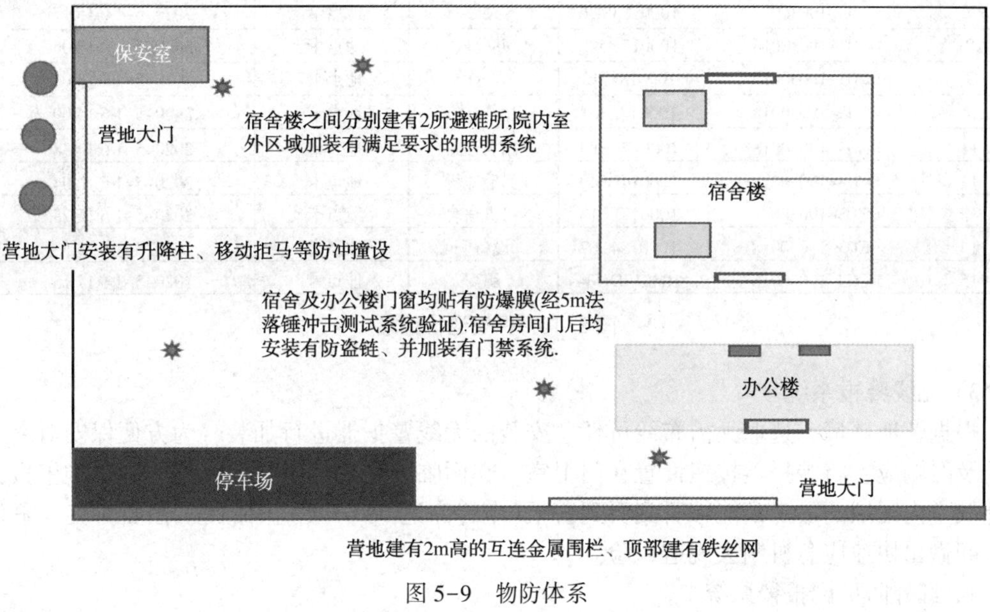

图 5-9　物防体系

（3）技防体系

结合所在地区的安保形势及周界环境选择性铺装技防系统，通过技防措施，可以提高营地人员第一时间应对突发事件的能力，加强抵御风险、保护人员安全的能力，并将系统整合共同实施，可有效提高现场的安全程度，设置包括：

1）视频监控系统

- 满足室内室外区域摄像全覆盖，确保营地区域内无盲区；
- 电子监控摄像头满足安装在距地面 3m 以上；

- 监控数据应至少保留 30 天；
- 配有辅助电源 UPS。
- 所有采用的摄像头应为彩色摄像头，分辨率至少达到 1080p 清晰度，并带有夜视功能。

通过视频监控的设立，门卫室值守保安能够有效地对周界环境进行实时监护，在预防偷盗、持刀抢劫等突发事件上，给保安人员戴上了一副“眼镜”，在发生重大突发事件时，通过视频监控系统能够及时准确了解外界情况，及时向领导汇报，有时间做好突发事件的应急准备工作。

2）电子巡更管理系统

为了保证保安日常巡检质量，提高巡逻工作的规范化及效率，更好地对保安日常出勤及巡逻进行数据监控，合理布局，在营地一些重点区域上贴有带有夜光功能的巡更点，保安手持巡更器可到巡更点进行打点数据采集，数据通过系统能够上传到电脑，方便监控人员在电脑系统上就能查看到保安人员所在巡检路线及巡检质量，保证营地环境的安全。

序号	设备号	卡号	信息	类型	发生时间
1	0C03-19030018	100017F301	宿含B栋	地点卡	2020-5-1 0:11:53
2	0C03-19030018	100017FEF4	宿含A栋	地点卡	2020-5-1 0:12:21
3	0C03-19030018	100014B342	羽毛球场	地点卡	2020-5-1 0:3:49
4	0C03-19030018	100017FE13	司机宿舍	地点卡	2020-5-1 0:14:13
5	0C03-19030018	10001841E7	设备间	地点卡	2020-5-1 0:14:41
6	0C03-19030018	100017DD84	厨房	地点卡	2020-5-1 0:15:00
7	0C03-19030018	10001838D6	菜园	地点卡	2020-5-1 0:15:17
8	0C03-19030018	100017D540	办公楼	地点卡	2020-5-1 0:17:06
9	0C03-19030018	1000181713	车库	地点卡	2020-5-1 0:18:04
10	0C03-19030018	100017F301	宿含B栋	地点卡	2020-5-1 6:14:09
11	0C03-19030018	100017FEF4	宿含A栋	地点卡	2020-5-1 6:14:38
12	0C03-19030018	100014B342	羽毛球场	地点卡	2020-5-1 6:16:04
13	0C03-19030018	100017FE13	司机宿舍	地点卡	2020-5-1 6:16:28
14	0C03-19030018	10001841E7	设备间	地点卡	2020-5-1 6:16:55
15	0C03-19030018	100017DD84	厨房	地点卡	2020-5-1 6:17:13

图 5-10　保安巡检记录

3）无线警报系统

根据营地环境，选取无需布线可任意安装的无线警报器进行加装，为方便保安对突发事件的及时响应，将警报器按钮设置在门卫室，在面临突发事件时，保安可立即拉响警报，在室外及室内区域的员工都能够听到听到警报（声音高达 90 分贝）从而员工在面对突发事件时有时间做出快速应急机制去规避风险。

4）红外防护网报警系统

在营地侧边大门加装红外防护网，盗窃者等不法分子攀爬进入营地时能够触发警报，发出刺耳的尖叫声，一方面能够震慑侵犯者让其惊慌失措，另一方面能够有效提示营地的员工，从而进行快速应急反应去规避风险。

（4）信息防体系

实时关注缅甸的地缘政治和社会治安动态，全面梳理高风险地区员工和机构情况，包括人员数量、分布、状态、面临的主要安全风险等。通过加强与缅甸移民局、警察局、瑞丽国安局等相关方的沟通，利用对方对当地情况的熟悉优势，能有效提供安全风险情报线索和信息，协助研判有关风险情况，还可通过媒体（微信公众号、Facekook、Twitter 等）、施工承包商、巡线工、沿线安保信息联络员等多方面渠道，进行情报的预警和动态监测，拓宽安全事件的信息搜集渠道。整合汇总各类风险信息资源，建立多层级的风险监控预警机制和信息收集工作流程，明确各单位人员的岗位职责，加强对缅北重点区域(胶脉、南渡、南坎等地)的安全风险的监测，及时研判，做好安全预警和风险防范工作(对员工管道线路巡检和日常出行起着重要的指导作用)。建立风险信息报告制度，通过安保日、周、月报的形式进行安保信息的上报和汇总，形成规范报送流程，确保各类风险信息及时、准确传达到基层站队的每位员工，重大风险信息应及时向公司及有关部门汇报，如遇到紧急突发状况，应及时通过各地应急安保微信群中发布安全预警信息，按照应急预案的要求做好相应的准备和应对工作。

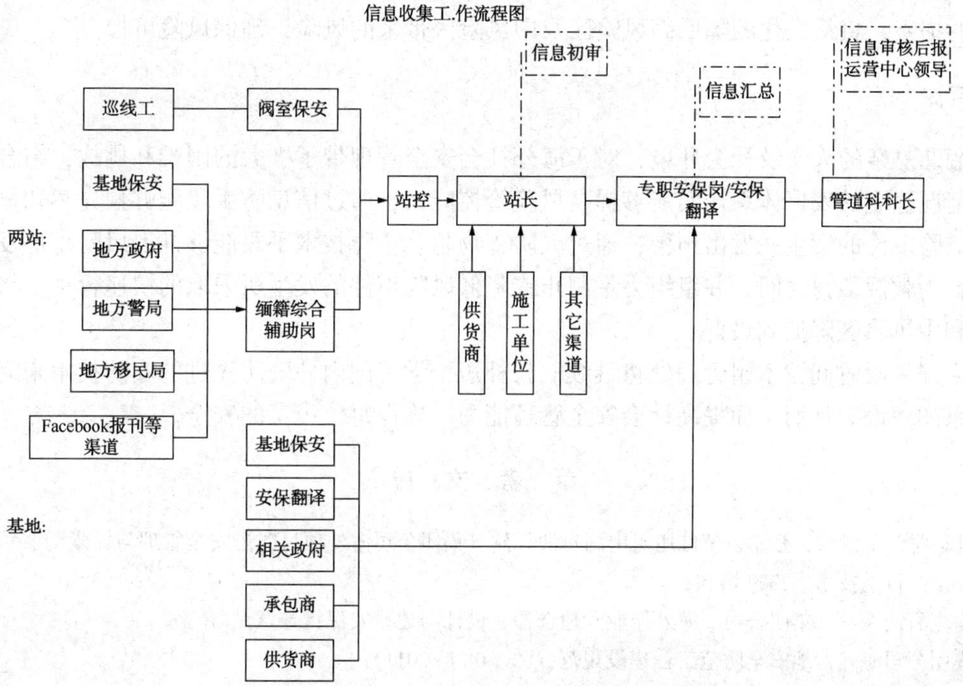

图 5-11　信息收集工作流程图

木姐管理处2019年月度安保事件汇总表

序号	月份	安保事件类型							武装冲突地点							
														管道沿线附近		
		安保事件(起)	武装冲突	炮击/枪击事件	拦截	触雷	爆炸	其他	滇缅公路	地泊泵站周界	地泊镇周界	木姐市周界	南坎站周界	南渡镇附近	孟苇镇附近	胶麦镇附近
1	2019年1月	1						1					1	1		
2	2019年2月	9	6	1	2					1				8		
3	2019年3月	23	13	1	4			5	2	11			2	8		
4	2019年4月	13	9		1		1	2	1	2		2	3	4		1
5	2019年5月	6	2			1		3			3		1	1		1
6	2019年6月	15	12			1		2	5	2	3		3			2
7	2019年7月	3	3						2				1			
8	2019年8月	34	13	4		1	3	13	24	2			4			4
9	2019年9月	21	11	2	3	1		4	9	3	1	1	3			4
10	2019年10月	13	5		1			7	6	5		1	1			
11	2019年11月	16	9	2		1		4	9	3			1	3		
12	2019年12月	17	4	1		1		11	1		2	2	3	1		1
13	总	171	87	11	11	6	4	52	59	29	2	6	23	25	0	13

图 5-12　木姐管理处 2019 年月度安保事件汇总图

在建设信息防体系中必不可少环节就是需要加强与缅甸公共关系的建设，应对由海外公共关系造成的安全风险短板。始终坚持"互利双赢、共同发展"的合作理念，积极投身于当地社会援助的公益事业中，如向医院捐赠药品医疗设施，向孤儿院捐助必要的生活用品、向沿线村庄搭建校舍购置教学设施等。充分发挥当地华人华侨、施工单位和管道沿线村民的作用，加强企地之间的联系，促进公司文化建设不断融入当地社会。同时做到尊重每位缅籍员工的宗教信仰及生活方式，关心当地雇员的工作和家庭生活，构建和谐友好的企业文化，增强中缅员工的凝聚力。

通过以上四防技术手段的建立与管理能够有效降低社会安全事件对员工生命财产、设备设施的损害，将最大化的降低高风险区及中风险区带来的风险，确保风险可控。

6 结论

缅北复杂的人文及社会环境，对于海外社会安全管理带了极大的困难和挑战，结合缅北实际情况建立的安保体系切实能够提高风险管控能力，通过信息防手段能够预先感知显性及隐形风险事件的发生并发出预警，通过人防、物防、技防技术手段能够推迟风险事件发展的进程，为救援赢得时间，并组织力量制止或降低风险事件的发生所采取的快速行动，将高风险区和中风险区降低到最低。

未来一段时间，木姐管理处将继续取长补短，学习国内外安防先进的安防技术来完善安保体系的建设。从而全面提高社会安全管理能力，确保每位员工的安全。

参 考 文 献

[1] 韩树举，王洪涛，张军，贺红旭．中国石油天然气集团公司海外项目防恐安全管理与探索[J]．中国安全生产科学技术，2009 增刊．

[2] 中国石油天然气集团公司．海外作业营地选择、设计与建设安保指导意见[R]．

[3] 集团公司海外营地安全防范工程建设规范(Q/SY1428-2011)[J]．

中缅管道 ESD 系统误触发原因分析与预防

冀强胜

（北方管道有限责任公司长沙输油气分公司）

摘　要　ESD 系统是中缅管道应对紧急风险的主要安全技术措施之一。而输油气生产过程中 ESD 系统误触发的情况时有发生，经常会造成设备、输油气站场乃至整条管道的非正常停用，严重影响中缅输油气管道的绩效。通过借鉴危害因素辨识方法，从环境因素、产品质量、施工质量、管理水平等几个方面入手，结合自身工作经验对中缅管道 ESD 系统误触发的原因进行了系统分析，并给出相应的预防及解决办法。可为中缅管道乃至其他长输管道的运营管理人员更好应用 ESD 安全保护技术提供借鉴和指导意义。

关键词　ESD 系统　误触发　分析　预防　本质安全

中缅油气管道是我国继中亚管道、中俄管道和海上通道之后的第四大能源进口战略通道，由天然气管道和原油管道两部分组成。沿线主要旋转设备由燃气发动机驱动，生产和生活用电由燃气发电机供给。类似于国内其他长输油气管道，ESD 系统是中缅管道应对紧急风险的主要安全技术措施。

ESD 是 Emergency Shut Down 的英文缩写，按照功能保护的对象和区域划分为三级：设备 ESD、站场 ESD 和全线 ESD。设备 ESD 主要指发电机、发动机和输油泵机组等关键设备的自保护紧急停车；站场 ESD 主要指防止工艺站场的事故扩大，迅速停运站场内设备，并将工艺站场与管道干线有效隔断；全线 ESD 主要指发生洪水、地震、海啸、泥石流、第三方施工破坏等危及整个管道安全运行的事故事件时，将全线输油气站场及 RTU 阀室紧急截断的安全保护系统。

ESD 保护系统可分为硬件和软件两个组成部分。硬件部分由电源、传感器、输入电路、逻辑控制器、输出电路、终端元件及附属元件（如电缆、电线、浪涌保护器、安全栅、接线端子等）组成；软件部分主要指 ESD 逻辑保护程序。

1　ESD 系统控制逻辑

ESD 系统独立于输油气生产的基本过程控制系统，在结构及功能方面独立设置，数据交换通过硬线连接实现，避免了安全功能和控制功能同时失效的可能性。降低了对基本过程控制系统软、硬件修改无意中影响 ESD 安全功能的风险。

1.1　设备 ESD 控制逻辑

设备 ESD 系统按触发条件可以划分为 AI（模拟量输入）触发和 DI（数字量输入）触发。AI 触发是指与设备运行状态密切相关的模拟量参数检测超限，设备自响应进行保护停车。这些参数包括压力、温度、流量、液位、振动、频率、转速、电压、电流、爆震、启动时间等。不同设备相对应的保护参数及极值各不相同，当检测参数达到第一级限值时高/低报警，达到第二级限值时高高/低低报警并紧急停车（为避免检测误差，部分停车程序中会辅以延时逻辑确认)，对机组进行保护。DI 触发是指与设备正常运行密切相关的关键或辅助系统状态异常(冷却风机、冷却水泵停运等)及现场手报按钮触发的设备 ESD。

1.2 站场 ESD 控制逻辑

站场 ESD 系统触发条件包括：①、中心下发站场 ESD 命令；②、任一区域火焰探测器报警数量大于 1 个时触发全站 ESD；③、任一区域可燃气探测器高高报警数量大于 1 个时触发全站 ESD；④、站控室 ESD 按钮触发；⑤、工艺区手报按钮触发。

站场 ESD 触发后，系统按预定程序使控制室警铃响起，紧急停运给油泵、输油主泵并关断进出口电动阀，当检测到所有给油泵、输油主泵都停止后，程序下发进出站 ESD 阀关断指令。当进出站 ESD 阀全关且没有超时，标志站场 ESD 过程完成。

1.3 全线 ESD 控制逻辑

全线 ESD 触发是指调控中心接到洪水、地震、海啸、泥石流、第三方施工破坏等危及整个管道安全运行的报告时，发出全线 ESD 指令，执行全线紧急停输，并远程截断 RTU 阀室干线阀门；另一类是指系统自动接收到干线阀门离开全开位或者站场 ESD 信号后，触发全线 ESD 对管道进行安全保护。

2 ESD 系统触发机理及误触发原因分析

ESD 触发分人工指令触发和自动触发。人工指令触发是指中心或者站控操作人员完成风险确认环节后在 HMI 人机界面直接下发指令执行 ESD 逻辑程序，误操作可能性较小，这里不作讨论。自动触发是指传感器检测到风险信号或者现场人员发现油气泄漏、火灾、爆炸等紧急险情时通过手报按钮自动执行 ESD 逻辑保护程序。这里主要探讨自动触发系统中可能导致 ESD 系统误触发的原因及解决办法。

自动触发 ESD 逻辑保护程序的节点分为两类：一类为“常闭”(这类应用占大多数)触点触发，另一类为“常开”(这类应用较少)触点触发。按照危害因素辨识理论，分别从 ESD 系统的组成结构及相关作业活动两条主线展开探讨。

2.1 “常闭”触点触发 ESD 系统时误触发原因分析

所谓“常闭”触发，是指正常情况下触点闭合，ESD 控制回路是带电的。ESD 系统中的各个环节随时都处于被监控状态，这样既能保证了 ESD 系统的可靠性，又能满足安全完整性需求，但是 ESD 系统误触发的几率也大一些。因为一旦控制回路失电，ESD 系统即认为被触发，会自动执行 ESD 逻辑保护程序。中缅油线所有手报按钮都是取的“常闭”触点。ESD 控制回路中有电源、传感器、输入电路、逻辑控制器、输出电路、终端元件及附属元件(如电缆、电线、浪涌保护器、安全栅、接线端子等)等，任何一个环节失效，都有可能导致 ESD 系统误触发。

因此，从 ESD 系统组成结构依次排查，造成控制回路失电的原因有：①、系统回路电源故障；②、传感器故障或者误差太大导致测量值超限；③、浪涌保护器或安全栅故障；④因锈蚀、氧化、振动、拖拽等原因造成的接线端子虚接或脱落；⑤电线因受外力挤压、摩擦、啮齿类动撕咬等折断；⑥、地表沉降、外来施工作业等造成的电缆损害；⑦控制器或输入电路故障等造成的回路失电；⑧、程序逻辑错误(点表错位、程序未经联调测试)等。

从输油气站场作业活动层面分析，影响 ESD 系统误触发的作业活动主要分维检修作业和外来人员误触发两类。按照 JSA 作业安全分析法及 SCL 安全检查表法排查，可能导致误触发的危害因素有：①、入场安全教育及培训工作不完整或者缺失；②、技术交底不细致，风险辨识不彻底；③、现场监管、监护工作不力；④、接线端子标识不清、标识错误或无标识；⑤、电缆铭牌缺失、走向标识不清等；⑥、停输期间对锈蚀、氧化、振动等隐患排查整治工作不到位；⑦、手报按钮无警示标识、无防护罩；⑧、未及时汇报调控中心，安全措施不健全等。

2.2 “常开”触点触发 ESD 系统时误触发原因分析

所谓“常开”触发，是指正常情况下 ESD 控制回路处于开路状态，当突发异常状况时，常开触点闭合，ESD 控制回路得电，系统自动执行 ESD 逻辑保护程序。中缅气线除站控室以外的手报按钮都是取的“常开”触点。

类似于常闭触点，从系统组成结构分析，造成控制回路闭合误触发 ESD 的主要危害因素有：①、传感器故障或者误差太大导致测量值超限；②、检修作业人员接线失误导致的回路导通；③、接线无标识或端子标识有误等；④、接线盒或接线箱进水短路；⑤、信号线因为毛刺儿处理不当发生的短路；⑥、小动物或其他外力挤压手报按钮；⑦、程序逻辑错误(点表错位、程序未经联调测试)等。

从输气站场作业活动分析，影响 ESD 系统误触发的作业活动同样主要来自两个方面，即维检修作业和外来施工人员导致的误触发。按照 JSA 作业安全分析法及 SCL 安全检查表法排查，可能导致误触发的危害因素有：①、入场安全教育及培训工作不完整或者缺失；②、技术交底不细致，风险辨识不彻底；③、现场监管、监护工作不力；④、停输期间对锈蚀、氧化、振动等隐患排查工作不到位；⑤、手报按钮无警示标识、无防护罩；⑥、与调控中心请示、汇报不及时，未屏蔽 ESD；⑦、电缆走向无标识或标识有误；⑧、ESD 系统现场安全防护措施不熟悉等。

3 ESD 系统误触发的预防措施

根据中缅管道投产以来影响管道安全平稳运行的各类危害因素分布(图 1)情况，环境因素和输油气站场的管理水平对 ESD 系统误触发的影响最大。在输油气管道设计、建设、运营的不同阶段，结合上述可能导致 ESD 系统误触发的危害因素分析，可以从以下几个方面采取措施来预防和规避 ESD 系统误触发情况的发生：

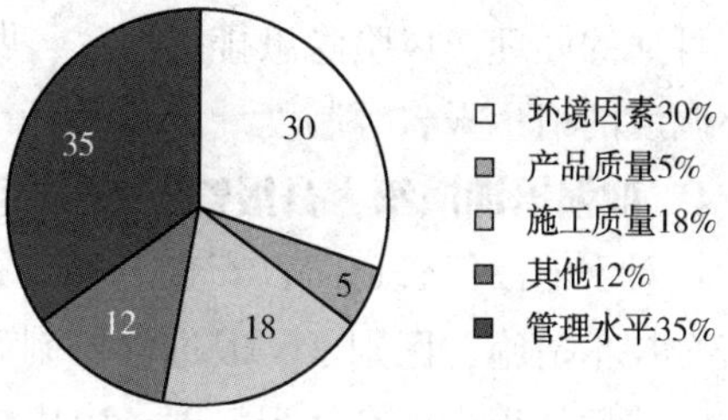

图 1 中缅管道投产以来各类危害因素分布

3.1 强化 ESD 系统全过程管理，保障系统的可靠性

ESD 系统固有的安全可靠性与其设计、施工、安装及调试过程是密不可分的。

设计选型方面：选用安全完整性等级高、性能可靠的硬件设备；软件上采用延时响应的方式来规避模拟量、数字量的瞬间扰动对系统造成的影响；对部分 ESD 触发条件在上位机增设人工确认环节以消减系统误触发风险；为方便维修更换手报按钮，在 ESD 机柜中增设手报屏蔽开关；ESD 截断阀应有独立动力源，且至少能满足阀门两个全行程的能量要求等。

施工安装方面：要求电缆走线合理、布局规范、端子排紧固、标识齐全完整，不符合要求或存在误触发隐患的，要及时进行整改。手报按钮警示标识醒目，防水防潮防护措施完备。工程交接验收前，要全面进行 ESD 系统功能完好性测试，以排除因软件故障、产品质量、安装及施工缺陷等导致的系统可靠性问题。

严格执行变更管理程序，开展工艺安全分析和制定削减控制措施，变更后的相关作业要做好技术交底，实行安全监督确认。

3.2 注重环境因素排查，针对性采取预防措施

环境因素是影响 ESD 系统误触发的主要危害因素之一。在各种恶劣环境因素的共同作用下，往往会降低设备设施的本质安全水平，对设备 ESD 的影响尤其严重。结合中缅油气管道的实际运行情况，针对不同环境因素采取的管控措施如下：①、定期开展防水防潮检查工作，并采取制作防雨罩、更换干燥剂等相应防护措施。缅甸热季最热月平均气温高达 35℃，紫外线强烈，设备设施固有的密封措施易老化、变形失效；而雨季长达半年之久，加之施工原因，接线箱、接线盒、凝露进水等现象时有发生。经常会导致仪器仪表设备的损坏、端子排氧化锈蚀、接触电阻增加、进水短路及因锈蚀导致的断路情况发生。②、做好停输期间关键设备的检查、维护保养工作。振动、高温、氧化等是发动机、发电机、输油泵机组等旋转设备正常运行的重要危害因素。经常会造成螺丝松动、端子虚接、电缆受热变形、绝缘层受损、接触电阻升高、传感器损坏等情况的发生。③、加强管控措施，改善设备运行环境。海上的盐雾腐蚀、季节性烧荒习俗引发的烟尘、种类繁多的飞虫、啮齿类小动物撕咬电缆等都严重影响设备设施的正常运行。

3.3 落实属地管理责任，做好外来施工队伍管理

外来施工作业是导致 ESD 系统误触发的重要原因之一。大部分外来施工项目都具有临时性、偶然性等不确定性特点，而外来人员的素质参差不齐，这些因素极易影响输油气生产秩序，增加站场管理风险。输油气站场管理人员要履行好属地管理职能，各个环节的管理工作都要做细做实，以更好的管控风险。诸如熟悉作业方案、做好入场安全教育、严格作业许证可证的办理、风险隐患排查彻底、做好安全技术交底、落实现场监管责任，及作业前与中心调度的请示报告等制度。

3.4 加强培训演练，升级管控 ESD 系统

对于输油气管道而言安全平稳运行是常态，ESD 系统则是管道应对紧急风险一种主要安全技术措施，区别于一般过程控制系统，输油气站场管理人员对 ESD 系统的应用频次有限、感性认识少，在认识深度、应用熟练程度方面往往存在不足。而 ESD 系统误触发会直接导致设备停运、站场关闭或全线停输风险，因此加强站场员工对 ESD 系统组成结构、运行机理、操作原则、风险管控等相关知识的培训演练，升级管控 ESD 系统误触发风险必要且紧迫。

4 结论

ESD 系统误触发是中缅油气管道企业绩效考核的重要指标，也是输油气站场管理人员需要经常直面的棘手课题。本文借鉴危害因素分析理论，通过 ESD 系统结构组成及相关作业活动两条主线，结合环境因素、产品质量、施工质量、员工培训、过程管理等要素，全面辨识 ESD 系统中可能存在的误触发风险，并提出针对性的预防应对措施，对逐步提升 ESD 系统本质安全特性，管控 ESD 系统误触发的风险，降低输油管道非计划停输损失，提升中缅油气管道运营绩效非常有现实意义。

参 考 文 献

[1] 袁运栋. 输油管线水击超前保护与 ESD 系统的应用研究[D]. 西安石油大学, 2010.
[2] 宋春红. 成品油管道安全控制系统的设计[J]. 石油化工安全环保技术, 2009, 25(02): 53-56+70-71.
[3] QSY 65.1-2010 油气管道安全生产检查规范[S].
[4] 廖珈博, 曹志柱, 郭渠江. 川气东送管道站场 ESD 系统误触发原因及对策[J]. 油气储运, 2014, 33(06): 680-684.
[5] 路红梅. 安全 PLC 系统是 ESD 系统的优先选择[J]. 化工自动化及仪表, 2001(02): 55-57.
[6] 李圣彦, 张立恒, 秦伟, 张天娇, 王厚锐. 西二线 5~#压气站 ESD 阀异常动作的分析及安全管理[J]. 油气田地面工程, 2016, 35(08): 85-88.

南坎原油计量站余压透平发电可行性分析

关 宇 龚 琳 刘逸龙 王 强 唱君成

(中油国际管道公司　中缅油气管道项目)

1　南坎计量站供电现状

南坎原油、天然气计量站分别为中缅原油、中缅天然气管道的末站，两座计量站毗邻建设，目前采用市电为主电源，天然气发电机为备用电源的供电方式，两站各自拥有一套独立的供、配电系统。

11kV 外电专线引自南坎供电局，线路全长约 7.3km，由两处外电终端杆分别接入南坎原油、天然气计量站。南坎原油计量站设有 200kVA 变压器 2 台，不启回注泵时，日常负荷约 55kW；天然气计量站设有 160kVA 变压器 1 台，日常负荷约 45kW。两站各配有一台 80kW 燃气发电机作为备用电源，外电中断后自动启机。

南坎原油、天然气计量站没有压缩机、泵机组等大型运转设备，在全站停电的情况下，UPS 可以保障站内通信、自动化、ESD 阀门等重要负载的供电，因此两站对电力的稳定供应要求并不高。

南坎原油计量站作为末站，约 4.5Mpa 的余压通过节流降压的方法直接释放，不仅造成能量的损耗，而且也会产生巨大噪音和振动，存在一定的安全隐患，同时对员工的办公和生活也带来了负面影响。

2　余压透平发电系统简介

(1) 工作原理

透平机是将流体介质中蕴有的能量与机械能相互转换的机器，最主要的部件是转子，或称叶轮，安装在透平轴上，具有沿圆周均匀排列的叶片。流体所具有的能量在流动中，经过喷管时转换成动能，流过叶轮时流体冲击叶片，推动叶轮转动，从而驱动透平轴旋转。透平轴直接或经传动机构带动其他机械，输出机械功。透平机的工质可以是气体，也可以是液体，工质进入液力透平后直接推动转子旋转，从而降低油品流动压力，液力透平装置以机械能的方式带动发电机发电。

(2) 系统构成

主体由液力透平机和异步发电机构成，其它设备包括自控系统、发电机配电柜、ESD 阀、球阀、流量调节阀、流量计、止回阀和变送器等。

地泊泵站来油在进站后，分别经过过滤、减压、计量后出站。如图 1 所示：FV0127、FV0128 为南坎站两台主减压阀，日常一用一备。图中虚线部分为余压透平发电系统。投运后，余压透平发电装置将和一路减压阀共同运行，流量调节阀和减压阀的开度由余压透平系统的发电模式、干线流量和站内负载共同决定。

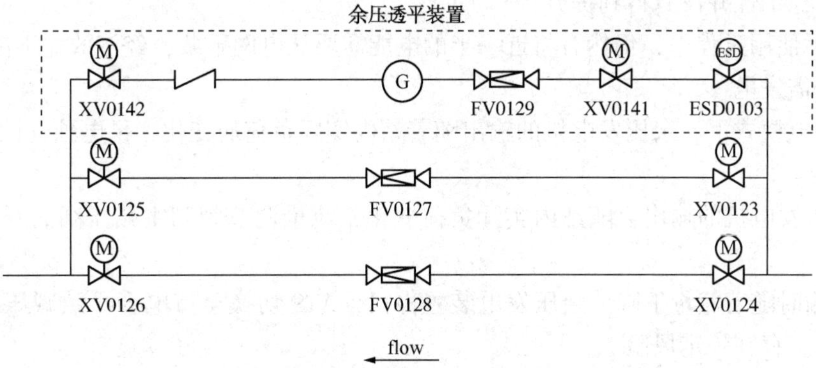

图 1　南坎原油计量站余压透平装置预设示意图

3　两种发电模式的比较

(1) 定额发电

定额发电模式下，余压发电机的输出功率恒定，流量调节阀和主减压阀的开度保持相对稳定，无需频繁调节。

① 大功率定额发电

站内全部负载均通过余压发电机供电，发电机的输出功率恒定，功率需满足南坎油、气两站最大总负荷(约 120kW，考虑到日后的负荷调整，也可适当选择大功率发电机)。使用过程中，除实际用电设备外，发电机额外输出的电能需要通过外加假负载消耗。

缺点：

1) 站内实际负载随时变化，但假负载无法实现自动调节；

2) 若使用蓄电池(UPS)充当假负载，当电量充满后会自动切断输入，同样无法应用于实际；

3) 假负载故障后，余压发电装置无法投用；

4) 假负载(负载箱)会产生大量热辐射，对周围环境造成影响；

5) 停输时随着流量下降，余压发电装置停机，ATS 切换至市电会导致减压阀控制模式的自动切换，存在一定风险；

6) 在全站实际负荷较低时，大部分电能通过假负载消耗，造成能源浪费。

② 小功率定额发电

站内负载的电能通过余压发电机和市电共同供给，发电机的输出功率恒定，功率低于南坎油、气两站最小总负荷(约 35kW)，其余部分的电能通过电网下载。

缺点：

1) 市电和余压发电机同时接入会产生谐波，同时存在反送电的风险；

解决方案：

反送电：在 11kV 进线加装智能电表，设定逆功报警。逆向功率达到报警值后，向余压发电机发出停机指令。

谐波：在低压母排上游增加隔离变压器，实现电源、负载相互隔离。

2) 缅甸电网稳定性较差，市电停电后，余压发电机也会因为过载而停机，于站内负载而言，供电稳定性并没有得到提升；

3）实际使用过程中，仍然有将近一半的电能需要从电网下载，经济效益不高。

(2) 按需发电

按需发电模式下，余压发电机的输出随着站内实际负荷而变化，供电独立性较强。

缺点：

① 余压发电机的输出会随站内实际负荷变化，流量调节阀和主减压阀的开度也会随之变化；

② 停输时随着流量下降，余压发电装置停机，ATS 切换至市电会导致减压阀控制模式的自动切换，存在一定风险。

解决方案：

将减压阀的动力电源和控制电源改线至 UPS，或者加装小型太阳能供电系统，实现不间断供电；

在中控上位机增加余压发电机控制界面，当中控得知某泵站甩泵后，手动停余压发电机，也可和全线水击保护连锁。或者以 O29#阀室压力下降速率为参数，达到设定之后自动停机。

(3) 三种供电模式的比较

表 1 供电模式量化对比

	大功率定额发电	小功率定额发电	按需发电
可行性	较差(2)	可行(5)	可行(5)
实施难度	一般(3)	一般(3)	容易(4)
供电稳定性	较差(2)	一般(3)	较好(4)
运行期工作量	大(1)	一般(3)	小(4)
对干线的扰动	较小(4)	小(3)	一般(2)
节能效率	差(1)	较差(2)	较好(4)
综合评价	不推荐(13)	一般(19)	最优(23)

结论：

通过以上六个方面的对比，按需发电可作为首选发电模式。余压透平发电装置对干线的扰动还需要进一步研究，如果扰动较大，则可通过自控系统实现干线流量与主减压阀和流量调节阀阀位的连锁，从而保证工艺上的稳定，大功率定额发电由于可行性较差则不予考虑。

4 供电模式的改变

(1) 按需发电的供电模式

主用电源：原油管道启输时，通过余压发电机向站内供电；

备用电源：余压发电装置停机后，通过市电向站内供电；

应急电源：在市电停电，并且余压发电装置停止的情况下，通过燃气发电机向站内供电。

三种电源自动切换的实现：

采用两级 ATS 的配置模式，即可以实现三种电源的自动投切，又可以避免谐波的产生，规避反送电的风险。

原理：新增 ATS 双电源，余压发电机作为新增 ATS 的主电源，市电作为新增 ATS 的备用电源。新增 ATS 双电源的输出端作为现有 ATS 的主电源，燃气发电机作为现有 ATS 的备用电源(保持不变)，即可实现供电顺序：余压发电机(主)→市电(备)→燃气发电机(应急)的自动切换。(见图 1)

(2) 小功率定额发电的供电模式

主用电源：原油管道启输时，通过余压发电机和市电共同为全站供电；

备用电源：市电停电后，余压发电机也失去启动条件，通过燃气发电机为全站供电。

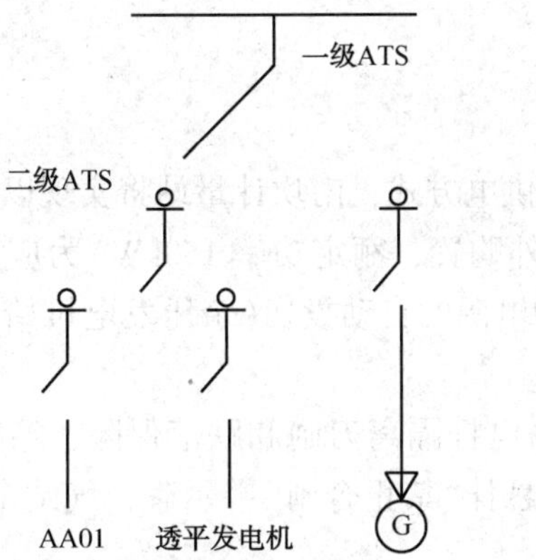

图 2　两级 ATS 配置示意图

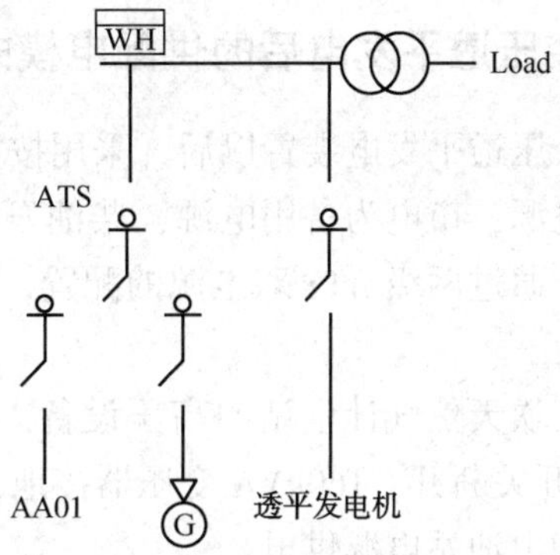

图 3　小功率定额发电模式 3 种电源的配置

谐波和反送电风险的规避：

余压发电机输入至油站箱变配电抽屉，新增隔离变压器，使电源和负载隔离开，避免谐波对负载造成影响。

在 AA01 新增智能电表，具备功率监测及阈值设定的功能，当逆向功率达到设定值后，向余压发电机发送停机指令，避免反送电。

5　气站供电模式的改变

引入余压发电装置后，气站变电设备可以停止使用，整个气站可以视作油站的外加负载。通过油站箱变配电抽屉引电缆至气站 AA01 配电柜开关上游，解除变压器进线的连接，并断开变压器出线开关。安全起见，也可以断开气站箱变 11kV 进线开关，变压器接地，断开电杆隔离刀闸或跌落保险。

① 燃气发电机的改造

在外电停电，且余压发电机停机的工况下，油站、气站负载全部通过油站 80kW 燃气发电机供电。为避免油站燃气发电机过载，需要将气站发电机至艾默生 ATS 的控制线，改线至油站 ATS，实现油站 ATS 向两台燃气发电机同时发送启/停机指令。增加并机柜，两台发电机均启动完成，并具备并网条件后，GCB 合闸，接入低压母排。

② 改用大功率柴油发电机

额外购置一台大功率柴油发电机，停用现有的油站、气站燃气发电机。并将油站 ATS 备用电源的控制线接至柴油发电机，停用气站 ATS 双电源。当主用电源停电后，仅需启动柴油发电机即可向两站同时供电。

使用大功率柴油发电机的优点在于：

1）相较于改造燃气发电机，额外购置柴油发电机的改造量小、工程难度小、费用低。

2）柴油发电机运行稳定，可有效保障南坎油站、气站的电力供应，尤其适合按需发电模式。在按需发电模式下，柴油发电机启动时间往往比较短，具有较好的节能效益。

3）改用柴油发电机后，由于站内再无以天然气为燃料的设备，两台燃气发电机，以及两座气撬均可以停止使用，可以有效降低场站设备运行风险(自用气撬泄漏、电伴热带着火、发电机房火灾爆炸等)、减少设备维检修项目、减少每年备件采购，和邀请厂家入缅维护维修的高额费用，具备长远的经济效益。

6 引入余压透平发电后的供配电模式概述

引入余压透平发电装置以后，采用按需发电的供电方式，南坎计量站将实现以余压发电机为主用电源，市电为备用电源，柴油发电机(额外购置，额定功率 150kW)为应急电源的供电模式，通过两级 ATS 双电源的配置，实现三种电源的自动投切(余压发电机始终通过人工启动)。

停用南坎天然气计量站的高压设备，断开气站电杆隔离刀闸和跌落保险，箱变高压侧 11kV 进线开关断开，160kVA 变压器接地，此三处悬挂“禁止合闸”警示牌，气站全部生产、生活负载均由油站电源供电。

余压发电机采用按需发电的模式，在余压发电机运转期间，南坎油站、气站的全部负载均通过余压发电机供电，不消耗市电。原油管道停输，或余压发电装置故障的时候，ATS 自动切换至市电电源，油站、气站的全部负载均通过油站 200kVA1#变压器供电。在余压发电装置停机，且市电停电的情况下，柴油发电机启动，为油站、气站的全部负载供电。

7 效益和二期工程预想

(1) 余压透平系统发电量计算

按进站压力 5. 0MPa、流量分别按 $1800m^3/h$ 和 $1500m^3/h$ 计算，大约 4. 5MPa 的动能全部转化为电能，输出功率大约为 1653kW 和 1377kW。

计算公式如下：

$$P=9.8*(\rho_{油}/\rho_{水})*(Q/3600)*H*\eta$$

式中 Q——流量；

H——扬程；

η——效率。

当 ρ 油为 $870kg/m^3$，η 为 75%时：

$$H=[(进口压力-出口压力)/比重]*100$$
$$=(5-0.5)/0.87*100=517m;$$

当 $Q=1800m^3/h$ 时，

$$P=9.8*0.87*(1800/3600)*517*0.75=1653kW;$$

当 $Q=1500m^3/h$ 时，

$$P=9.8*0.87*(1500/3600)*517*0.75=1377kW。$$

(2) 二期工程预想

全部进站流量均通过余压透平装置，除保证计量撬0.5MPa的压力外，全部进站压力均用来发电。两台主减压阀停用，但阀门开度仍和余压透平系统的流量调节阀保持连锁，主减压阀处于备用状态。余压发电机的输出全部入网，南坎原油、天然气计量站恢复市电为主，柴油/燃气发电机为备用电源的供电模式。

(3) 效益

① 经济效益(每年)

余压发电机可节省南坎油站、气站电费约50万元人民币；

节省气站电气设备预防性试验及检修费约5万元人民币；

节省自用气撬备件采购及例行维护费用约10万元人民币；

节省天然气发电机备件采购及例行维护费用约10万元人民币。

综上，每年共可节省运行及维护费用约75万元人民币。

② 企业效益

1) 降本增效方面具有显著成效；

2) 停用天然气发电机和自用气撬，可有效降低南坎气站、油站的运行风险，提升场站运行稳定性；

3) 停用天然气发电机和自用气撬，可有效减少日常巡检项目，和每年维检修项目；

4) 有效降低减压区振动情况，和振动带来的安全隐患；

5) 有效降低南坎油站的噪声污染，可显著改善员工的工作和生活环境；

6) 南坎气站、油站设备的供电稳定性得到显著提升。

燃气发动机气门研磨技术在实践中应用

贾玉成

（中油国际管道公司　中缅油气管道项目）

摘　要　当前，我国正处在从工业大国向工业强国迈进的关键时期，国家越来越重视基础工业提升和磨砺，培养和弘扬严谨认真、精益求精、追求完美的工匠精神，对于建设工业强国具有非常重要的战略意义，大力弘扬“工匠精神”已成社会共识。本文以燃气发动机气门磨损成因，修复和研磨实践应用为例，为保证发动机工作效率，提升设备维护保养水平，降低维检修成本提供借鉴。

关键词　气门　修复　研磨　密封

气门作为常规天然气发动机、柴油发电机、汽车发动机设备的重要部件之一，其作用是向发动机内输入燃料并排出废气，具有设计结构相对简单，成本较低，维修方便，运行稳定，低速性能较好等特点。气门良好工作状态是保证发动机平稳运行重要技术保障之一。

1　发动机气门磨损原因

气门在工作过程中，气门头部长期受到高温、高压气体的冲刷、机械磨损、化学腐蚀，致使工作面起槽变宽、局部剥落和斑点等，影响了气门的密封性。使气门头部和气门杆歪斜、裂纹，杆部及下端面的磨损。气门密封面因磨损过量、磨偏、烧损引起漏气，影响机组的工作效率。气门研磨目的就是增强气门和气门座圈接触面密封性能，保证发动机工作效率。以帕金斯 4016-61TRS 系列燃气发发动机为例，出现下列情况时应进行气门研磨：

1. 气门工作面磨损，无法修复需要更换新气门时。
2. 气门座圈磨损严重，无法修复需要更换新气门座时。
3. 气门杆变形无法修复需要更换气门时。
4. 气门工作面出现磨损起槽变宽、局部剥落和斑点等。
5. 天然气发动机完成大修周期(64000h)或者机组运行达 8 年周期。

2　气门研磨作业

2.1　研磨准备

研磨气门之前应做好相关准备：研磨机、研磨膏(粗砂、细沙)、柴油(清洗)、气门吸附皮把头、气门座铰刀、压缩机(吹扫清洁用)、干净棉布；以及口罩、手套等相关劳保用品。将缸头放置水平位置，气门和气门座洁净。研磨气门分为手工研磨和机械研磨，无论哪种研磨方法，均采取先粗砂研磨，后细沙研磨工序。

2.2　手工研磨

1) 将气门盖平放在工作台上，使气门座朝上先将气门及其座圈和导管清洗干净，在气门斜面上涂少许气门砂(先用粗砂再用细砂)后插入导管，用带皮碗的研磨工具，吸在气门顶上，然后捻转皮碗的手柄使气门在气门座上磨合。研磨时要不时地提起和转动气门，以保证研磨均匀，用力均匀不能过猛，也不要使气门敲打气门座，以免损坏气门座。在研磨过程中，略施压力使气门与座贴合后转动约 1/4 圈，放松压力离开座面后回转 1/4 圈。如此连续往复旋转，顺时针拍打并旋转气门与气门座的相对位置，使工作面上各点均能相互研磨。研磨约 3-5 分钟，检查气门和气门座磨出一条较整齐而无斑痕磨点的接触环带时，将粗砂洗去换成细沙，按上述方法继续研磨，直到气门工作面上出现一条无光的环带时(约 1. 5-2mm 宽度)。

2）气门研磨不以研磨的时间长短为标准，以密封程度为标准。研磨后的气门密封线要求在气门锥面的中部偏下位置，进气门带宽为 1. 2-1. 5mm；排气门带宽为 1. 5-2mm。气门面与座圈之间应为线接触，可提高气门面与座圈间的接触压力，有利于密封。

3）研磨完成后用汽油或者煤油撒在气门表面，在 5 分钟内没有泄漏就视为合格。如果泄漏需要继续研磨，研磨合格然后清洗干净研磨砂，涂上机油备用即可。

2. 3 电动研磨

电动研磨广泛采用吸盘研磨机，不仅减少了技术人员的劳动强度，研磨更均匀，快捷。具体方法：

1）使用时将磁铁位置选好，把吸附器对准被研磨气门，调整好需要的高度，拧好顶丝，接通电源开启开关，根据实际需要先高速和后低速研磨。

2）研磨过程中，约 2-3 分钟左右检查一下观察研磨情况，防止研磨过量。气门和气门座磨出一条较整齐而无斑痕磨点的接触环带时，将粗研磨砂洗去，再把粗砂洗去换成细沙，按上述方法继续研磨，直到气门工作面上出现一条无光的环带时(在气门工作面的中下部，进气门带宽为 1. 2-1. 5mm；排气门带宽为 1. 5-2mm,)。

3）研磨完成后用汽油或者煤油撒在气门表面，在 5 分钟内没有泄漏就视为合格。如果泄漏需要继续研磨，研磨合格然后清洗干净研磨砂，涂上机油备用即可。

2. 4 气门密封检查

气门与气门座研磨后，需进行麻烦性试验：

a）渗油检验法：将缸盖水平放置，将气门放入相配的气门座中，平面倒上汽油或者煤油，观察其是否有渗漏现象，若 5min 内无渗漏现象，即可表明气门密封性能良好。

b）划线检测法：用软铅铅笔在在气门工作面上划若干条分布均匀的素线，然后将气门插入气门座内，轻敲或转动，取出气门观察所画素线是否均匀切断，如果有线条未被切断则表明密封不严，则需进行研磨。

c）红丹油鉴别法：在气门工作面上淡淡地涂抹 1 薄层红丹油，将气门压在座圈上旋转 1/4 圈后取出。如气门被刮去的红丹油布满阀座接触面且无间断现象为合格。

d）仪器检查法：采用带有气压表的气门密封性检验仪进行检验。先将检验仪的空气容筒紧紧地压在装有气门的气门座上，捏动橡胶气囊，使空气筒内具有 60~70kPa 压力时，停留 30s，如气压表指示压力不下降，即密封性合格。

e）拍打检测法：即将气门在相配气门座上轻拍数次，然后观察气门与气门座工作面，如有明亮又完整的光环，表明已达到要求。

3 气门研磨注意事项

A. 每一个气门研磨完成后，对应的气门底座和气门做好记号，气门和底座不能弄混。

B. 研磨前和完成后一定要将研磨的气门和气缸清洗干净。可以用干净棉布或者压缩空气吹扫干净。安装时用洁净的发动机机油润滑气门杆。

C. 气门经修磨后，气门顶边缘厚度不得小于 0. 8mm。

D. 研磨时间不能过长，研磨过长会使气门密封带过宽，容易导致密封漏气。

E. 安装使用新气门与气门座时，一定不能干磨，要用研磨膏研磨，保证密封面精度。

F. 注意检查气门杆与导管的配合间隙，防止间隙过大导致气门中心线偏移，密封带偏移漏气。

4 结束语

气门平时运行中的维护保养至关重要，气门漏气会造成发动机气缸漏气，降低发动机功率，油耗和增加耗气量，燃料在气缸燃烧不充分，严重时使发动机启动困难，使发动机工作平衡受破坏，运行过程中振动异常。因此，技术人员平时应加强设备维护保养，定期清洁空气滤芯，减少气门积碳。定期检查和正确调节气门间隙，发现气门异常时及时进行检修。气门研磨完成后应按照规范进行装配，检查气门座与气门的配合，气门头部和气门座接触环带平滑等。平时避免发电机在超负荷运行，防止发动机温度超高，烧坏气门结合面而漏气。通过专业技术人员对发动机设备全面精细化维护保养，确保机组高效、平稳运行，降低机组的故障率，提升设备管理水平。

参 考 文 献

[1] Perkins4000 型 4016-61TRS1 天然气发动机拆解和组装手册(中文版 03 2014).

[2] Perkins4000 型 4016-61TRS1 天然气发动机维护保养手册(中文版 03 2014).

[3] 孟昭宁《南方农机》气门的研磨与检修 2006(000)002.

[4] 谭影航《广西农业机械化》2002 年第三期.

中乌天然气管道 A/B 线阀室自关断保护功能测算分析

林 棋[1] 娄 晨[2] 徐 飞[2] 叶尔博[1] 向奕帆[1] 李国斌[1] 齐 涵[1]

(1. 中油国际管道公司；2. 中国石油天然气管道局投产运行公司)

摘 要 中乌天然气管道沿线阀室的自关断保护功能，是基于 Lineguard 控制器统一的压降速率及延迟时间设定(0.15MPa/min、120s)，存在一定的局限性及不确定性。为此本文基于 SPS 仿真模拟开展阀室自关断保护功能测算评估，模拟计算了在不同泄漏孔径、泄漏点位置及压力下，泄漏事件发生后管线压降速率及延迟时间的变化规律，量化分析了因气源失效及工况调整所潜在的阀室误关断风险。研究结果表明：目前保护功能设定仅可监测泄漏孔径约为 300mm 以上的泄漏事件，且在不同区域及工况下的阀室设定存在进一步的优化调整空间。本文研究成果可为长输天然气管道干线阀室的保护功能优化设定提供参考借鉴。

关键词 天然气管道 泄漏 阀室 自关断保护 压降速率

0 前言

中乌天然气管道 A/B 线为中亚天然气管道乌国段，起始于土乌边境，终止于乌哈边境，A/B 线为双管并行敷设，由 26 条跨接管线连接，单线线路长度约 529km，管道设计输量 $300×108Nm^3/a$，双管管径 Φ1067mm，设计压力 10MPa。全线共设置 3 座压气站、1 座计量站、5 座清管站及 36 座线路截断阀室。

长输天然气管道每间隔一定距离设置的线路截断阀室配置有自关断保护功能，该功能是指在输气干线管道发生爆管或破损泄漏情况下，能紧急快速关断阀门以确保非事故管道安全，减少气体泄漏量，降低经济损失。其主要设备单元包括：干线球阀本体、气液执行机构及电子控制单元，保护功能启动的判别条件主要有压力限值及压降速率两类，若监测点压力或压降速率检测值超过设定值，且延迟时间超限，则将执行关阀动作。而目前中乌天然气管道 A/B 线则是借鉴行业经验，全线阀室采用统一的压降速率设定，由此存在一定局限性及不确定性，一是可能无法监测压降速率相对较小的小孔径泄漏事件；二是可能存在非管道爆管破裂工况下的阀室误关断风险。因此有必要结合管道实际运行工况开展线路截断阀室自关断保护功能测算，以评估分析该保护功能的可靠性、合理性。

1 中乌天然气管道 A/B 线截断阀室概述

1.1 阀室自控水平

中乌天然气管道 A/B 线于 2010 年 10 月全面建设投用，双线阀室共有 36 座，包括 30 座普通阀室及 6 座 RTU 远程监控阀室。为提升管道自动化水平、保证管道安全平稳运行，30 座普通阀室于 2015 年完成了改造升级，采用“一体式集成设备”实现监视干线普通阀室内管线温度、压力、清管球通过指示、线路截断阀门状态等信号，并保留阀门开关控制命令信号接入(在特殊情况下调控中心对阀门的远程手动控制)，由此实现了由普通阀室向“远程监视阀室”(即 Lite RTU，简称 LRTU)的升级(图 1)。目前中乌天然气管道 A/B 线阀室均可实时监测干线截断阀阀位状态、进阀室干线压力、出阀室干线压力、压降速率、阀室干线温度、阀室供电系统电压及可燃气体报警等。

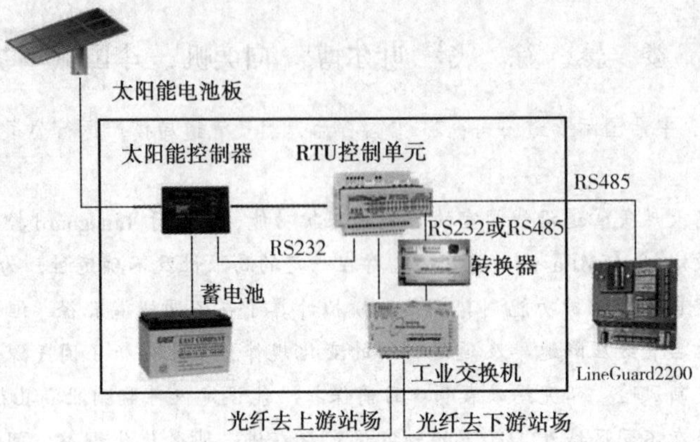

图 1　LRTU 阀室控制系统配置

1.2　阀室自关断保护功能配置

中乌天然气管道 A/B 线阀室自关断保护功能的设备单元由 Valvitalia 球阀、Shafer 气液联动执行机构及自控核心部件 Lineguard2200 控制器构成(图 2)。控制器由电源、CPU、电磁阀、压力传感器及端子排组成，系统由浮充蓄电池及太阳能供电板供电，控制器每 5s 自动采样一组管道压力数据，计算压力均值并与前 1min 的压力均值进行对比分析。目前全线 36 座阀室的压降速率设定值均采用经验值设定(表 1)，由于中乌天然气管道 A/B 线为并行敷设，且与中乌天然气管道 C 线存在互联跨接，水力系统灵活复杂，全线采用统一经验值的做法将可能导致截断阀室在事故工况下不动作或正常工况调整下误动作，为此为确保阀室自关断保护功能动作的准确性及及时性，需对其功能进行测算分析。

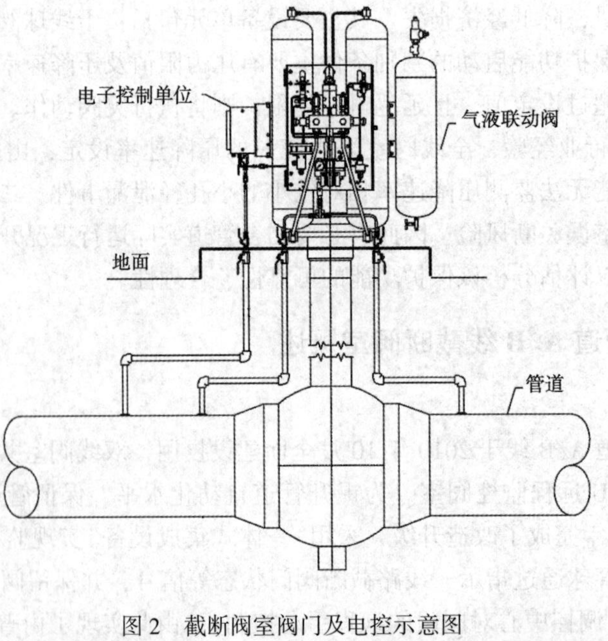

图 2　截断阀室阀门及电控示意图

表 1 中乌管道 A/B 线截断阀室 Lineguard 参数设定

保护功能类型	使能状态	设定值
管道低压切断	激活	2MPa
管道高压切断	激活	9.8MPa
管道压降速率超速切断	激活	0.15MPa/min
管道低压报警	非激活	–
管道高压报警	非激活	–
管道压降速率超速报警	激活	0.10MPa/min
延迟时间	激活	120s

2 自关断保护功能测算分析

2.1 有效性检验

本文采用 Synergi Pipeline Simulator(SPS) 软件开展线路截断阀室模拟测算分析，SPS 软件是 DNV GL 公司旗下的一款专业的管道模拟仿真软件，适用于油、气管道的水力热力计算，可采取在线和离线两种方式运行。SPS 仿真软件已具有近 50 年的仿真工程经验，在中国乃至世界范围内近乎成为水力仿真领域的行业标准。为校验软件有效性，选取中亚天然气管道某干线阀室异常误关断的瞬态工况为例(图 3)，对比分析仿真模拟与实际工况数据。

图 3 干线阀室误关断流程示意

该阀室因取压检测管冰堵导致压力变送器检测压降速率变化过快而触发阀室自关断保护功能，异常关断后现场首先顺序开启阀室上下游的跨接管线，其次导通阀室旁通管线进行平压，在主阀前后压差降至 0.45MPa 后由中控调度远程开启阀门，最后关闭上下游跨接管线恢复正常工况运行。如图 4 所示，按照相同时刻工况调整进行仿真模拟，仿真计算的阀室上下游压力变化与现场实际监测数据基本吻合，且旁通管线的最终平压压差也基本相当。由此验证说明了利用 SPS 开展截断阀室功能模拟测算分析具备较高精度。

2.2 仿真模拟测算分析

由表 1 可知中乌天然气管道 A/B 线全线阀室的压降速率超速切断设定值为 0.15MPa/min，延迟时间设定值为 120s，主要目的是在干线泄漏事故发生后可实现相邻阀室紧急切断，同时应避免正常工况调整时出现阀室误关断事件，即压降速率设定的合理性将直接关系到干线截断阀动作的准确性及及时性。为此，基于 SPS 仿真模拟研究不同运行工况下干线阀室压降速率变化，以测算评估目前阀室自关断保护功能。

2.2.1 不同泄漏孔径

选取日常管输基础工况：日输气量 $7400\times10^4 Nm^3/d$，7#及 8#阀室的压力分别为 8.1MPa、

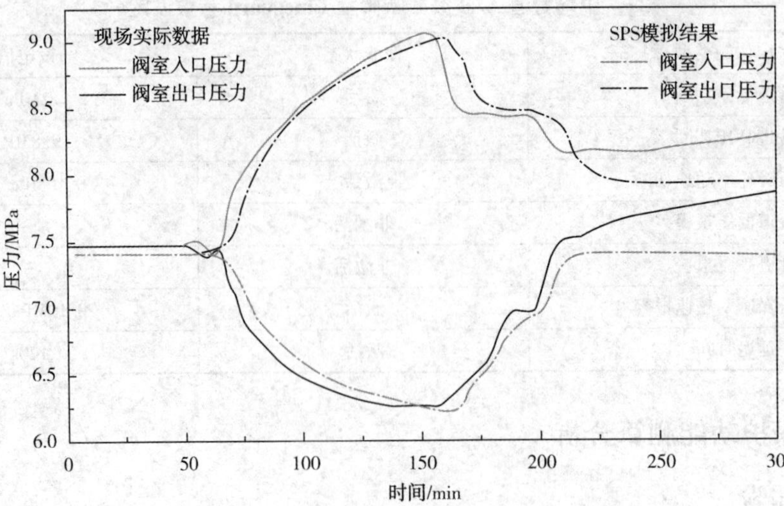

图 4　SPS 仿真模拟有效性检验

7.8MPa。假定发生爆管泄漏位置为 7# ~ 8# 阀室中间点(图 5)，模拟计算 5 种泄漏孔径(100mm、200mm、300mm、400mm 及 500mm)下 8#阀室的压降速率变化情况。

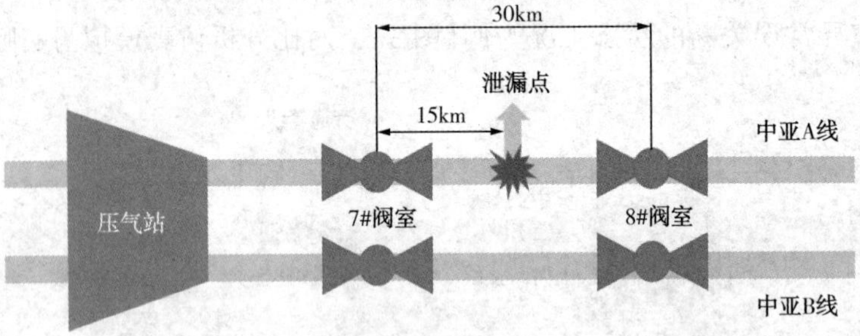

图 5　泄漏工况示意图

模拟结果如图 6 所示。以泄漏孔径 300mm 为例，随着泄漏时间推移，8#阀室的压降速率迅速上升至峰值(约 0.42MPa/min)，再逐步降低，按照压降速率超速切断设定值及延迟时间设定值，压降速率大于 0.15MPa/min 的时长为 124s(大于 120s)，为此该泄漏工况将触发 8#阀室紧急保护关断；对比小尺寸泄漏孔径，由于最大压降速率及延迟时间未能达到设定值界限，因此将无法触发阀室保护功能；随着泄漏孔径的增大，压降速率将大幅上升，延迟时间也将越长，越容易实现阀室的自关断保护功能。综上所述，目前 Lineguard 参数设定仅能监测孔径大于 300mm(约为主管道内径的 1/3)的泄漏事件，若要监测更小孔径的泄漏则需要降低压降速率或延迟时间设定值。

2.2.2　不同泄漏点位置

以 7# ~ 8#阀室间发生爆管泄漏为例，7#及 8#阀室压力分别为 8.1MPa、7.8MPa，假定泄漏孔径为 300mm，模拟计算 4 处不同位置发生泄漏时下游 8#阀室的压降速率变化情况，泄漏点与 8#阀室的距离分别为 10km、15km、20km 及 30km(图 7)。

模拟结果如图 8 所示。在泄漏孔径相同及泄漏点压力基本相当的情况下，泄漏点距离 8#阀室越远，则压降速率越小，达到压降速率峰值的时间越长，且压降速率变化幅度约平

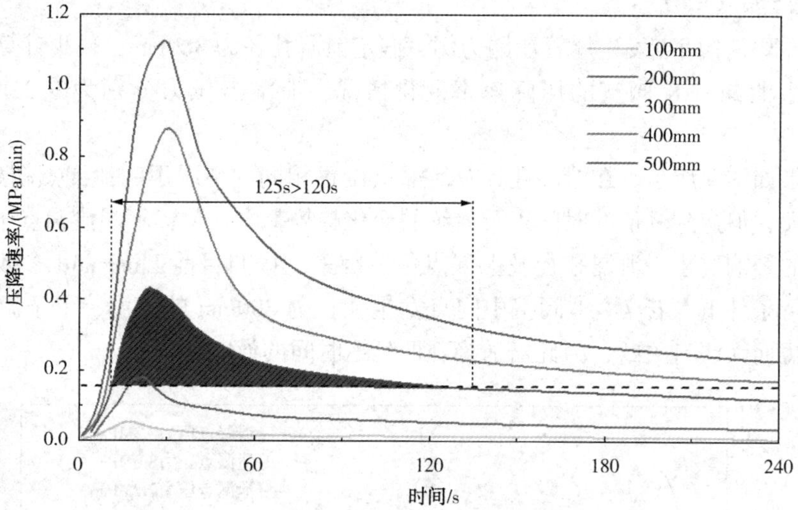

图 6　不同泄漏孔径下的压降速率曲线

缓；不同泄漏点位置对压降速率变化幅度的影响要小于泄漏孔径因素；按照目前 Lineguard 参数设定，若 7#阀室发生孔径为 300mm 的泄漏，则下游 8#阀室将无法自关断，为此需同时适当降低压降速率及延迟时间的设定值。

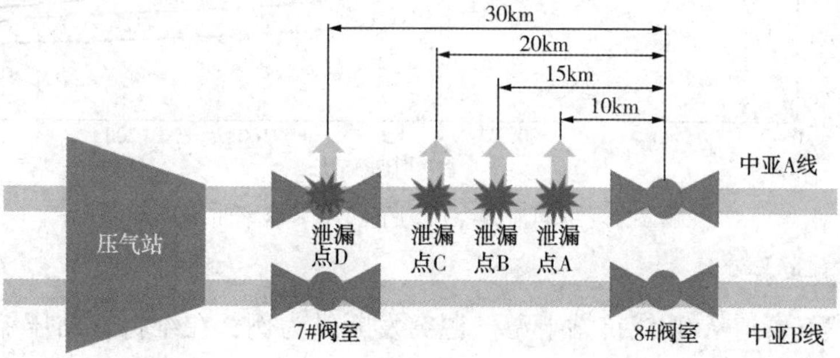

图 7　泄漏工况示意图

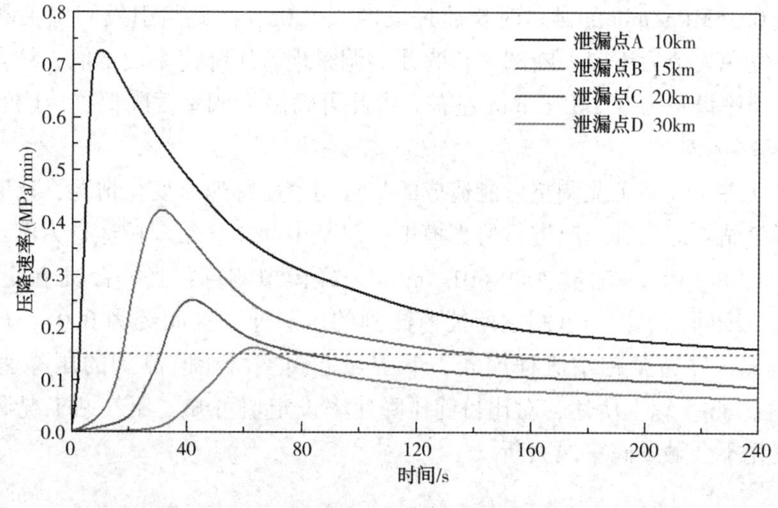

图 8　不同泄漏点位置下的压降速率曲线

2.2.3 不同泄漏点压力

以 7#~8#阀室中间点发生爆管泄漏为例，假定泄漏孔径为 300mm，模拟计算 3 种不同工况压力下发生泄漏时 8#阀室的压降速率变化情况，泄漏点压力分别为 8.3MPa、8.0MPa 及 7.7MPa。

模拟结果如图 9 所示。在泄漏孔径及泄漏点位置相同的情况下，泄漏点初始压力越高，压降速率越大，但达到峰值的时间以及后续的变化趋势基本一致；不同泄漏点压力对压降速率变化幅度的影响要小于泄漏孔径及泄漏点位置因素；按照目前 Lineguard 参数设定，在管道低管存运行条件下，若 7#~8#阀室中间点发生孔径为 300mm 的泄漏，上下游阀室可能因延迟时间过短而无法自关断，为此需适当降低延迟时间的设定值。

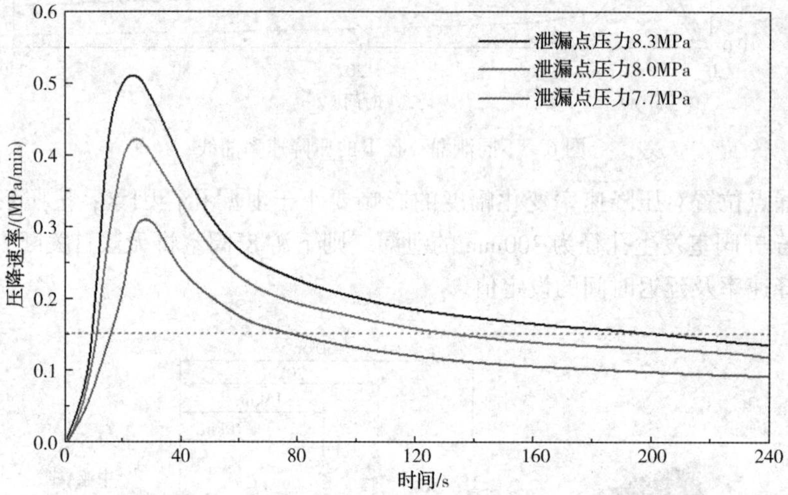

图 9 不同泄漏点压力下的压降速率曲线

2.2.3 上游气源失效

以中乌天然气管道 A/B 线首站上游气源突发断供为例，在维持首站压缩机组转速不变条件下，模拟计算气源与首站(管段长度 10km)间 1#阀室的压降速率变化情况。结果如图 10 所示：在 2min 内阀室压力由 6.3MPa 下降至 6.0MPa 以内，压降速率峰值为 0.4MPa/min，压降速率大于 0.15MPa/min 的延迟时长超过设定值 120s，由此将引发阀室关断。而按照工艺操作原则，气源失效后不应关断阀室，为此应调整现有压降速率设定值，结合泄漏工况模拟，需将压降速率设定为 0.2MPa/min 左右，由此可确保 1#阀室截断保护功能的合理性。

2.2.5 压气站工况调整

为进一步获悉压气站工况调整可能造成的临近阀室压降速率变化情况，选取压气站单台机组停机及压气站停运两种工况进行仿真模拟。以某中间压气站双机运行为例，进出站压力分别为 6.0MPa、8.6MPa，输量 $7000 \times 10^4 Nm^3/d$。经模拟测算：当一台机组发生故障停机，在恢复双机运行期间，下游邻近阀室所能监测到的压降速率区间约为 0.01~0.03MPa/min；当压气站停运，在导通全越站流程期间，下游邻近阀室所能监测到的压降速率区间约为 0.04~0.07MPa/min。综上所述，对比目前压降速率设定值可知，压气站工况调整造成的邻近阀室压降变化不会触发阀室误关断。

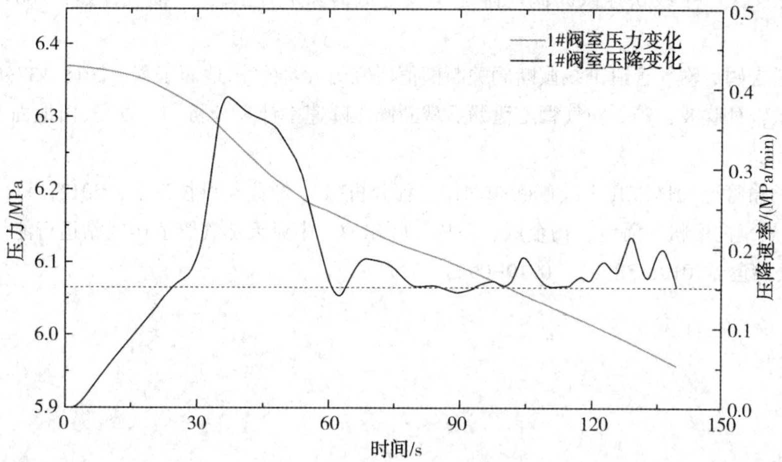

图 10　气源失效后 1#阀室压力及压降速率曲线

3　结论与建议

1）当中乌天然气管道 A/B 线干线管道发生孔径为 300mm 以上(主管道内径的 1/3 以上)的泄漏事件时，目前阀室电子控制单元的设定可实现自关断保护功能的触发。当泄漏孔径小于 300mm 时，泄漏点上下游阀室可能无法自动截断。

2）影响泄漏压降速率的主要因素依次为泄漏孔径、泄漏点位置及泄漏点压力。泄漏孔径越大、泄漏点位置越近、泄漏点压力越高，则压降速率大、延迟时间越长，也越容易触发邻近阀室的自关断保护功能。

3）邻近上游气源的管线阀室应适当增大压降速率设定值，以避免因气源失效导致阀室误关断；沿线压气站的日常工况调整仅可能造成小范围的压力波动，不会导致邻近阀室误关断发生。

4）全线阀室采用统一压降速率设定值存在局限性及不确定性，一是无法监测小孔径泄漏事件；二是可能存在非管道爆管破裂工况下的阀室误关断风险。目前中乌天然气管道已进入平稳运行期，不存在投产初期工况大幅波动情况，为此建议借助仿真模拟手段，结合运行工况历史数据(日常工况最大压降速率)，合理化、差异化的量化调整不同区域阀室的压降速率或者延迟时间设定值，以更好的发挥阀室自关断保护功能，提升全线管道可靠性。

参　考　文　献

[1] 刘刚，林棋，边学文 . 工业控制网络安全性分析：以中亚某天然气管道为例[J]. 石油工业技术监督，2021，37(8)：29-32.

[2] 孙啸，安垚，李旺，等 . 某天然气长输管道线路截断阀保护能力研究[J]. 北京石油化工学院学报，2018，26(3)：36-41.

[3] 汪世军 . Shafer 气液联动阀执行机构功能与维护[J]. 油气储运，2010，29(4)：296-298+237.

[4] 苏欣，章磊，刘佳，等 . SPS 与 TGNET 在天然气管网仿真中应用与认识[J]. 天然气与石油，2009，27(1)：1-3+10+67.

[5] 范振宁，梁海宁 . 天然气长输管道爆管时线路截断阀关断压降速率的选取[J]. 油气储运，2015，34(4)：422-425.

[6] 王广辉，张文飞．干线快速载断阀压降速率设定值的确定方法[J]．油气储运，2004(11)：37-39+4-60.
[7] 李庚莲，任吉娟．输气管道干线截断阀关断阈值研究[J]．油气田地面工程，2018，37(09)：47-50.
[8] 杨毅，向敏，孙晓波，等．输气管道泄漏后截断阀压降速率计算分析[J]．油气田地面工程，2020，39(1)：40-44.
[9] 徐文强．长输管道 SHAFER 干线截断阀动作过程分析[J]．产业与科技论坛，2012，11(9)：71-73.
[10] 林棋，娄晨，向奕帆，潘涛，杨金威，左栋，叶尔博．中亚天然气管道压气站运行能耗优化模拟计算[J]．油气储运，2019，38(8)：0919-0925.

中亚管道某压气站分布式能源系统运行优化

段志刚[1]　魏心童[2]　肖　俏[1]　秦　阳[1]　周　鑫[1]　赵　炜[1]

（1. 中油国际管道公司；

2. 中国石油大学（北京）机械与储运工程学院，城市油气输配技术北京市重点实验室）

摘　要　发展分布式能源对实现能源可持续发展有重要意义，分布式能源具有能源利用率高、能效梯级利用、运行灵活等优点。为了提升长输管道压气站的经济效益，从能源结构角度优化以进一步达到节能降耗的目的，本文针对中亚管道某压气站，对分布式能源系统的运行方案进行合理规划，建立了分布式能源系统运行优化的混合整数线性规划（MILP）模型，该模型以分布式能源系统总耗气量最低为目标函数，考虑了系统中不同设备的能量平衡约束以及运行约束，以不同设备的开启方案与选定设备的负荷分配为决策变量。最后，以中亚管道某压气站作为计算实例，该模型得出了最优的分布式能源系统运行方案，并通过能耗、经济计算论证了该方案的合理性。

关键词　压气站　分布式能源系统　MILP　优化

压气站如同天然气长输管线的“心脏”，通过不断加压，保证天然气长距离输送。在天然气管网整体运行成本中，压气站的自耗气成本占长输天然气管道运行成本的50%以上。合理配置压气站资源，以能耗最省为目标对压气站进行运行优化可带来可观的能耗节省。

目前，针对压气站的能耗优化思路多在算法层面，也有学者通过建立数学模型，调整压缩机组的工作参数来达到最小能耗，还有部分研究从负荷分析的角度来提升压缩机组的利用率。而我们认为，从优化能源结构、能源合理分配的角度同样可以进行压气站能耗的优化，在站场应用分布式能源系统就是一种新的思路。

分布式能源系统是一种以梯级利用、合理分配为原则的能源系统，能够实现“热电联产”的效果，一次能源利用效率可达80%~90%，并使二次能源利用成为可能，有利于降低能耗，提升经济效果。近年来，对天然气分布式能源系统的研究成为了一个热点问题。如张丽君等针对天然气分布式能源系统进行了节能减排效益分析，认为分布式能源系统可以可观的减少碳排放量。为了有效提高能源综合利用率，张璇哲等对天然气分布式能源系统的“以热定电”和“以电定热”两种运行模式进行研究，提出了以“年平均综合利用率”、“热电比”、“供热比”三个参数作为合理选择系统运行模式的参考定量指标；而蔡广星等按“以热定电”的原则设计了油气集输分布式能源系统，并以实例计算证明了该系统能量利用率较传统方式有所提高；吴洁等针对小型建筑空间设计了一套燃气分布式能源系统，是该分布式能源系统既可作为独立能源供能、又可与其他分布式能源共同工作，提升了分布式能源系统的灵活性；王歆宇对某典型酒店燃气冷热电分布式供能系统进行了负荷特征分析，对负荷随时间的波动进行了预测，通过负荷分配提高了分布式能源系统的能源利用率；李正茂等则强调了自动化技术的应用，采用天然气分布式发电与网电构成双电源模式，在某油气田集气站引入了智能管控系统和能控制三通阀开度的自动控制装置，实现了数据实时传输，提高了系统的安全性；在能源结构优化角度上，王宝琳提出最优的运行方式即燃机满发余热全利用的运行方式，从提高分布式能源系统的8 效3 1 E率角度上实现天然气的梯级利用；崔悦等探讨了油田集输分布式能源系统的构成与节能思路方面的构建问题，认为我国的燃气分布式能源系统以燃气轮机热电联产方式比较普遍；Davor BIŠĆAN 等从能源利用的角度对长输管道压气站进行了能耗优化，为了利用站场的热能，引入余热锅炉进行余热回收，并在经济效益上寻求了8 损失成本和余热锅炉投资成本的折中。

因此，一个可行的节能降耗思路是将分布式能源系统中常用的热电联产设备应用于油气集输联合站和长输管道压气站中，并对设备运行情况、开启方案策略进行最优化设计。实际上，燃气发电机组等设备虽然可以产生热能、电能作为系统供能能源，但其同样需要与压缩机组共同消耗天然气，显然燃气发电机组的设备选型、运行台数确定就至关重要。站场系统的能耗量不仅仅与能源结构有关，而与设备开启的方案策略也有关。为保证在应用多种能源形式的过程中系统能够稳定运行，并且尽可能减少资源浪费，从整体上提升经济效益，在保证该分布式能源系统的能量输出与压气站的能量消耗相平衡的前提下，需要对不同分布式能源系统运行方案进行比选，并进行一项对不同的机组中进行开机、停机选择，在选定的机组之间进行负荷分配的优化工作，从而使得在满足用电和供气负荷与各种约束条件的前提下，能够保证能耗最省。因此，本文构建了压气站分布式能源系统，以能量流向平衡和设备运行为约束建立了混合整数线性规划(MILP)模型，对采用分布式能源系统为供能结构的压气站的运行方案进行优化。

1 问题描述

以中亚输气管道某压气站为例。中亚天然气管道共三条管道，采用 AB/C 线并排敷设。其中 AB 线共用沿线的压气站，可以近似于同一个水力系统；C 线是一个独立的水力系统。WKC1 是 AB 线的首站，UCS1 是 C 线的首站。由于两个站相隔只有 500m 左右，所以有能源优化的空间。WKC1 站场共 5 台压缩机组、3 台燃气机发电组(见表 1)，目前现场工作时(在下文称为方案一)运行两台 GE 压缩机组、两台 GE 燃气发电机组，余下一台 GE 压缩机组、两台 SOLAR 压缩机组和一台 GE 燃气发电机组作为备用。UCS1 站场共 4 台压缩机组、4 台燃气发电机组(见表 1)，工作时运行一台 SOLAR 压缩机组、一台 KAT 燃气发电机组，余下 3 台 SOLAR 压缩机组、3 台 KAT 燃气发电机组作为备用(见表 1)。由于站场上所有压缩机组和发电机组均为燃气机组，燃烧后的气体直接排放，不仅造成能源浪费且影响生态。

表 1　该压气站场设备参数

	燃气压缩机组		燃气发电机组	
	GE	SOLAR	GE	KAT
额定功率/kW	30000	15000	1415	1000
最低运行功率/kW			300	300
压缩机组每小时所需天然气/kg	4015	2030		
效率/%	35	35		

续表

	燃气压缩机组		燃气发电机组	
	GE	SOLAR	GE	KAT
发电率/%			40	40
产热率/%	90	90	50	50
WKC1 站场中设备的数量	3	2	3	0
UCS1 站场中设备的数量	0	4	0	4

该分布式能源系统由输入能源模块(天然气)、能源转换与储存装置模块(燃气发电机组、燃气压缩机组)、电能需求模块(生活生产用电、电驱压缩机组)三个模块组成。该系统的输入能源为天然气，输出能源为电能，中间能源为燃气发电机组、燃气压缩机组产生的热能。

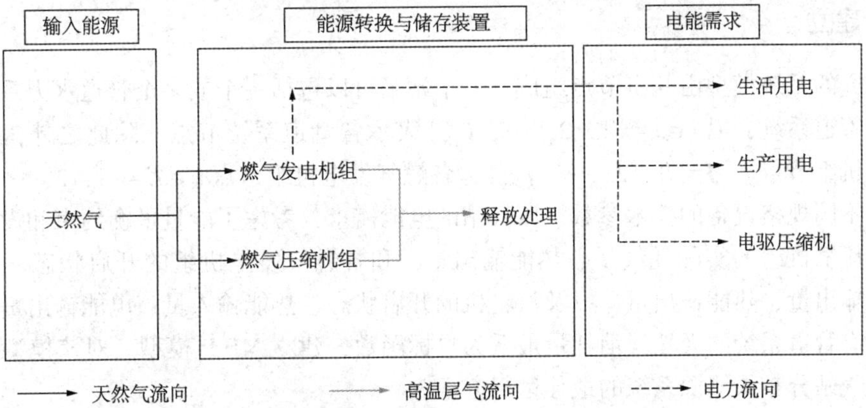

图 1　方案一压气站系统能源流向示意图

通常情况下 WKC1 运行 2 台 GE 压缩机组和 2 台发电机组；UCS1 运行一台压缩机组和 1 台发电机组(下文称为方案一)。现拟投资 1.2 亿元人民币进行改造，加入一套蒸汽轮机回收两个站的余热用于发电(下文称为方案二)，驱动电驱压缩机组。将燃气发电机组、蒸汽轮机用于系统中，天然气流入燃气发电机组中，连续流动的天然气为工质带动叶轮高速旋转，将天然气的化学能部分转化为机械功，并输出电功，而从透平中排出的高温废气排至蒸汽轮机入口，即将热能流向蒸汽轮机。压缩机组出口的温度常超过 400℃，使蒸汽轮机利用压缩机组高温排气携带的这部分热能也被蒸汽轮机高效利用。在蒸汽轮机中，蒸汽在涡轮内膨胀推动涡轮做功，完成了热能——动能——电能的转化。而这种分布式能源的结构，实现了热电联产，有利于能源的多级利用，提升了能源的利用效率。

方案二的系统能源流向如图 2 所示。与方案一不同的是，燃气发电机组和蒸汽轮机产生的电能用来满足系统的电能需求。

在某些来气量较小的时期，WKC1 站场只需开启一台 GE 压缩机组和一台 SOLAR 压缩机组、UCS1 站场开启一台 SOLAR 压缩机组即可(下文称方案三)，考虑同样采用方案二的用能方式并驱动电驱压缩机组。下文将对三种方案进行运行优化，并对方案一与方案二进行能耗对比分析。

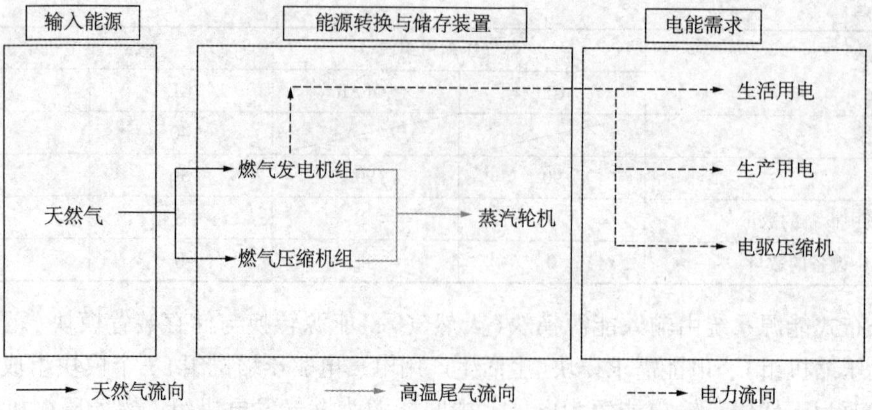

图 2　方案二、方案三压气站系统能源流向示意图

2　模型建立

所研究的系统模型由几组节点组成。一个站场可以包括一个或多个管道水力系统，为了区分这些管道系统，以 $i \in I = \{1, 2, \cdots, i_{\max}\}$ 表示各管道系统节点。除此之外，模型还包括各压缩机组节点 $j \in J = \{1, 2, \cdots, j_{\max}\}$，各燃气发电机组节点 $k \in K = \{1, 2, \cdots, k_{\max}\}$。

已知不同规格设备的技术参数、压气站的电能需求，考虑了能量平衡约束和设备运行约束，以各压缩机组的实际耗气量、热能输出量，和各燃气发电机组的开启状态、实际耗气量、电能输出量、热能输出量，以及汽轮机的开启状态、热能输入量、电能输出量为决策变量，以所有管道系统的天然气消耗量最低为目标函数，建立 MILP 模型。对该模型求解，即可得到压气站分布式能源系统的最佳运行方案。

2.1　目标函数

以设备的开启、关闭运行状态的选取为决策变量，以所有管道系统的天气消耗量最低为目标函数，建立压气站分布式能源系统优化模型。

保证各个约束条件按满足的情况下，目标函数可以表示为

$$\min f = \sum_i P_{GASi} \Delta t \tag{1}$$

式中　P_{GASi}——i 管道系统的天然气消耗量，kg；

Δt——模型的时间步长，h。

2.2　约束条件

2.2.1　能量平衡约束

(1) 一个站场中可以包括多个管道系统，对于每个管道系统而言，每小时天然气的消耗量等于所有燃气发电机组与压缩机组的输入能量：

$$P_{GASi} = \sum_k P_{GTINi,\ k} + \sum_j d_{COGAi,\ j},\quad \forall i \tag{2}$$

式中　P_{GASi}——i 管道系统每小时的天然气消耗量，kg；

$P_{GTINi,k}$——i 管道系统的 k 燃气发电机组每小时的天然气输入量，kg；

$d_{COGAi,j}$——i 管道系统的 j 压缩机组每小时的耗气量，kg。

(2) 对于每个管道系统的燃气发电机组而言，每小时输出的电能与输入气量、天然气热值、发电效率有关：

$$P_{GTOUTE\,i,k}=\eta_{GTEi,k}\cdot\vartheta\cdot P_{GTIN\,i,k},\ \forall i,\ k \tag{3}$$

式中 $P_{GTOUTE\,i,k}$——i 管道系统的 k 燃气发电机组每小时的电能输出量，kW；

$\eta_{GTEi,k}$——i 管道系统的 k 燃气发电机组的发电率；

ϑ——示天然气热值，(kW·h/kg)。

(3) 对于每个管道系统的燃气发电机组而言，每小时的输出热能与输入气量、天然气热值、产热率有关：

$$P_{GTOUTS\,i,k}=\eta_{GTSi,k}\vartheta P_{GTIN\,i,k},\ \forall i,\ k \tag{4}$$

式中 $P_{GTOUTS\,i,k}$——i 管道系统的 k 燃气发电机组每小时的热能输出量，kW；

$\eta_{GTSi,k}$——i 管道系统的 k 燃气发电机组的产热率。

(4) 对于每个管道系统的压缩机组而言，每小时的输出热能与输入气量、天然气热值、效率和产热率有关：

$$P_{COOUTS\,i,j}=\left(\frac{P_{COEL\,i,j}}{\eta_{COEL\,i,j}}-P_{COEL\,i,j}\right)\eta_{COSi,j},\ \forall i,\ j \tag{5}$$

式中 $P_{COOUTS\,i,j}$——i 管道系统的 j 压缩机组每小时的热能输出量，kW；

$P_{COEL\,i,j}$——i 管道系统的 j 压缩机组每小时的额定电功率，kW；

$\eta_{COSi,j}$——i 管道系统的 j 压缩机组的产热率；

$\eta_{COEL\,i,j}$——i 管道系统的 j 压缩机组的效率。

(5) 对于蒸汽轮机而言，每小时的热能输入量等于所有燃气发电机组和压缩机组的热能输出量：

$$P_{STIN}\leqslant\sum_i\sum_k P_{GTOUTS\,i,\,k}+\sum_i\sum_j P_{COOUTS\,i,\,j} \tag{6}$$

式中 P_{STIN}——蒸汽轮机每小时的热能输入量，kW。

(6) 对于的蒸汽轮机而言，每小时的输出电能与输入热能、发电效率有关：

$$P_{STOUTE}=\eta_{STE}\cdot P_{STIN} \tag{7}$$

式中 P_{STOUTE}——蒸汽轮机每小时的电能输出量，kW；

η_{STE}——蒸汽轮机的发电率。

(7) 对于两个站场系统而言，天然气发电机和蒸汽轮机产生的电能可用于生活、生产、电驱压缩机组。

$$\sum_i\sum_k P_{GTOUTE\,i,\,k}+P_{STOUTE}=\sum_i\sum_j d_{COEL\,i,\,j}+\sum_i d_{LIEL\,i}+\sum_i d_{PREL\,i} \tag{8}$$

式中 $d_{COEL\,i,j}$——i 管道系统的 j 压缩机组每小时的电功率，kW；

$d_{LIEL\,i}$——i 管道系统每小时的生活所需电功率，kW；

$d_{PREL\,i}$——i 管道系统每小时的生产所需电功率，kW。

2.2.2 设备运行约束

(1) 对于每个管道系统的燃气发电机组而言，其运行功率不得超过相应额定功率。若其处于运行状态($B_{GTi,k}=1$)，其运行功率不得低于相应下限。

$$B_{GT\,i,k}\cdot\gamma_{GTi,k}\leqslant P_{GTOUTE\,i,k}\leqslant B_{GTi,k}\cdot s_{GT\,i,k},\ \forall i,\ k \tag{9}$$

式中 $s_{GTi,k}$——i 管道系统的 k 燃气发电机组每小时的额定功率，kW；

$\gamma_{GTi,k}$——i 管道系统的 k 燃气发电机组每小时的最低运行功率，kW；

以二元变量$B_{GT\,i,k}$判断 i 管道系统的 k 燃气发电机组是否处于运行状态：若该燃气发电机组处于运行状态，则 $B_{GTi,k}=1$；否则，$B_{GTi,k}=0$。

(2) 对于的蒸汽轮机而言，其运行功率不得超过相应额定功率。若其处于运行状态($B_{ST}=1$)，其运行功率不得低于相应下限：

$$B_{ST}\cdot\gamma_{ST}\leqslant P_{STOUTE}\leqslant B_{ST}\cdot s_{ST} \tag{10}$$

式中 s_{ST}——蒸汽轮机每小时的额定功率，kW；

γ_{ST}——蒸汽轮机每小时的最低运行功率，kW。

以二元变量 B_{ST} 判断蒸汽轮机是否处于运行状态：若该蒸汽轮机处于运行状态，$B_{ST}=1$；否则，$B_{ST}=0$。

2.3 模型求解

基于 Inte(R)Core(TM)i7-9750H CPU @ 2.60GHz 处理器环境下，用 GAMS Studio win64 30.2.0 编程建立了 MILP 模型，并使用 CPLEX 12.7 求解器进行求解。

3 算例分析

3.1 算例基础数据

建立 MILP 模型，设置时间步长 Δt 为 1h。目前输入压气站的天然气热值为 13.78kWh/kg。站场设备的数量与参数见表 1。

已知该压气站的每小时每个管道系统的消耗情况如下：WKC1 系统的生活所需电功率为 100kW，生产所需电功率为 1，000kW；UCS1 系统的生活所需电功率为 0kW，生产所需电功率为 600kW。

3.2 对比求解

方案一的系统能源流向如图 1 所示，方案二、方案三的系统能源流向如图 2 所示。两个压气站组成的系统电能共用，认为燃气压缩机组每小时的耗气量不变。选择额定功率为 20，000kW，最低运行功率为 2，000kW，发电率为 20%的蒸汽轮机。

将以上参数输入模型。对两种不同的分布式能源系统中不同时间段的设备开启方案策略进行最优化处理，比较两种能源结构的耗气情况，结果如下：

3.2.1 三种方案下的最优运行结果

表 4 方案一的开启状态

	运行的压缩机组数		运行的燃气发电机组数	
	GE 30MW	SOLAR 15MW	GE 1，415kW	KAT 1，000kW
WKC1 站场	2(燃驱)	0	2	0
UCS1 站场	0	1(燃驱)	0	1

方案一方案运行状况如表 4 所示，WKC1 系统运行两台 GE 燃气压缩机组，2 台 GE 燃气发电机组。UCS1 系统运行 1 台燃气压缩机组，1 台 KAT 燃气发电机组。

表5　方案二的开启状态

<table>
<tr><td rowspan="2"></td><td colspan="2">运行的压缩机组数</td><td colspan="2">运行的燃气发电机组数</td><td>运行的蒸汽轮机台数</td></tr>
<tr><td>GE
30MW</td><td>SOLAR
15MW</td><td>GE
1，415kW</td><td>KAT
1，000kW</td><td rowspan="3">1</td></tr>
<tr><td>WKC1 站场</td><td>2(燃驱)</td><td>0</td><td>0</td><td>0</td></tr>
<tr><td>UCS1 站场</td><td>0</td><td>1(电驱)</td><td>0</td><td>0</td></tr>
</table>

由表5可得，在方案二中，该功率为20，000kW的蒸汽轮机利用燃气压缩机组出口的热能发出的电就已经可以满足站场的生活、生产电能消耗，并可利用产生的电能，将UCS1站场一台功率为15MW的燃驱SOLAR燃气压缩机组的供能方式改为了电驱。该方案中站场的燃气发电机组可全部撤下。

表6　方案三的开启状态

<table>
<tr><td rowspan="2"></td><td colspan="2">运行的压缩机组数</td><td colspan="2">运行的燃气发电机组数</td><td>运行的蒸汽轮机台数</td></tr>
<tr><td>GE
30MW</td><td>SOLAR
15MW</td><td>GE
1，415kW</td><td>KAT
1，000kW</td><td rowspan="3">1</td></tr>
<tr><td>WKC1 站场</td><td>1(燃驱)</td><td>1(燃驱)</td><td>2</td><td>0</td></tr>
<tr><td>UCS1 站场</td><td>0</td><td>1(电驱)</td><td>0</td><td>0</td></tr>
</table>

由表6可得，在方案三中，在WKC1站场中开启2台GE燃气发电机组，UCS1管道系统中的燃气发电机组全部撤下，两个站场的燃气压缩机组和发电机组的热量共同驱动蒸汽轮机运行为最优运行方案。该方案利用燃气发电机组和蒸汽轮机产生的电能，同样可在满足站场生活、生产电能消耗的情况下，在UCS1站场以电驱方式驱动一台功率为15MW的SOLAR燃气压缩机组。

3.2.2　能耗计算

由目标函数的优化计算结果分析可知，方案一的耗气量为10，346.7kg/h，方案二的耗气量为8，030.6kg/h，方案三的耗气量6，378kg/h。方案二较现场目前采用的方案一每小时节约22.4%的天然气。经计算，与方案一相比，采用方案二的分布式能源系统一年可为该压气站场节省20，289.04吨天然气。查当地天然气价格为2.55元/m^3，换算为1.97元/kg，计算可得一年节省的耗气费用为39，969，400元。这是因为方案二中将燃气压缩机组、燃气发电机组的高温尾气携带的热能得以利用，将UCS1站场的一台SOLAR燃气压缩机组以电驱方式供能，从而降低了耗气量。对比拟投入的1.2亿元资金，可以得出方案二改造方案预计在3年内可以将投入的资金回收。

4　结论

（1）本文在能量平衡约束和设备运行的约束下，以所有管道系统的天然气消耗量最低为目标函数，通过建立求解压气站分布式能源系统的混合整数线性规划(MILP)模型，对压气站在不同时间段内的运行方案进行了优化选取。

（2）本文针对中亚天然气管道某压气站场，通过耗气比较，改进了当前站场采用的方案，一年可为该站场节省20，289.04吨的耗气和3，996.94万元的耗气费用，约3年可以将投资回收。证明了以该分布式能源系统模型优化得出的运行方案节能效果较好，实现了能量梯级利用、高效利用，对进一步改善压气站经济效果、节能减排具有重要意义。

参 考 文 献

[1] 林棋，娄晨，向奕帆，等．中亚天然气管道压气站运行能耗优化模拟计算[J]．油气储运，2019，38(8)：919-925.

[2] 王希勇，熊继有，袁宗明．运用关联矩阵建立压缩机组站优化运行模型[J]．天然气勘探与开发，2003(4)：51-54.

[3] 高松竹．输气干线压缩机组站优化运行研究[D]．成都，西南石油学院，2002.

[4] 郁辰阳，余川，朱一萌，等．压气站优化运行模型及算法研究[J]．石油规划设计，2015，26(5)：11-14，53.

[5] Milosavljevic P，Marchetti A G，Cortinovis A，et al. Real-time optimization of load sharing for gas compressors in the presence of uncertainty[J]. Applied Energy，2020，272：114883.

[6] 刘子晓，梁伟．气体参数对燃驱压缩机效率影响的对比分析与预测[J]．北京石油化工学院学报，2017，25(4)：59-64.

[7] 杨金威，刘锐，陈玉霞，等．中亚天然气管道的运行优化与能耗控制[J]．油气储运，2018，37(9)：1030-1036.

[8] Rose D，Schmidt M，Steinbach M C，et al. Computational optimization of gas compressor stations：MINLP models versus continuous reformulations[J]. Mathematical Methods of Operations Research，2016，83(3)：409-444.

[9] Xenos D P，Lunde E，Thornhill N F. Optimal operation and maintenance of gas compressor stations：An integrated framework applied to a large-scale industrial case[J]. Journal of Engineering for Gas Turbines and Power，2016，138(4).

[10] 刁洪涛．天然气管道压气站的技术现状及运行优化分析[J]．中国石油和化工标准与质量，2016，36(17)：49-50.

[11] 郭刚，高仕玉，卜乾．西气东输管道燃驱压缩机组节能改造的实施与效果[J]．燃气轮机技术，2017，30(2)：64-67.

[12] 张巍，张鹏，王华青，等．天然气管道压气站燃气轮机的性能测定与分析[J]．油气储运，2016，35(3)：311-314.

[13] Kurz R，Lubomirsky M. 天然气增压站经济优化：压缩机运行[J]．天然气与石油，2015，33(2)：9，23-30.

[14] Cortinovis A，Mercangöz M，Zovadelli M，et al. Online performance tracking and load sharing optimization for parallel operation of gas compressors[J]. Computers & Chemical Engineering，2016，88：145-156.

[15] 国旭涛，蔡洁聪，韩高岩，等．分布式能源技术与发展现状[J]．分布式能源，2019，4(1)：52-59.

[16] 王建，李兴源，邱晓燕．含有分布式发电装置的电力系统研究综述[J]．电力系统自动化，2005(24)：90-97.

[17] Faria P. Distributed energy resources management.[J]. Energies. 2019，https：//doi. org/10. 3390/books978-3-03897-719-3.

[18] Pepermans G，Driesen J，Haeseldonckx D，et al. Distributed generation：definition，benefits and issues[J]. Energy policy，2005，33(6)：787-798.

[19] ALANNE K，SAARI A. Distributed energy generation and sustainable development[J]. Renewable and Sustainable Energy Reviews，2006，10(6)：539-558.

[20] 张丽君，孙宇翔．天然气分布式能源系统节能减排效益分析[J]．石化技术，2019，26(7)：238-239.

[21] 张璇哲，孙峻．天然气分布式系统“以电定热”与“以热定电”运行模式分析研究[J]．科技创新与应用，2019(36)：80-82，85.
[22] 蔡广星，许康，马猛．油气集输分布式能源系统的构成及节能效果[J]．油气储运，2015，34(10)：1119-1123.
[23] 吴洁，奚玲玲，王福禄．小型燃气分布式能源系统的设计[J]．上海电气技术，2019，12(4)：27-32.
[24] 王歆宇．燃气冷热电分布式能源系统运行分析及优化[D]．北京：北京建筑大学，2019.
[25] 李正茂，王红涛．天然气分布式能源联供技术在油气田集气站的应用[J]．发电与空调，2017，38(1)：1-5.
[26] 王宝琳，天然气分布式能源系统节能和经济性分析[J]．节能，2020，39(3)：45-48.
[27] 崔悦，杨树人，刘学．油气集输分布式能源系统的构成及节能思路构建[J]．石化技术，2016，23(7)：71.
[28] Bišćan D，Lončar D. Optimization of waste heat utilization in gas turbine pipeline compressor station[J]. Strojarstvo：časopis za teoriju i praksu u strojarstvu，2010，52(4)：475-487.
[29] 高思静．分布式能源系统适应条件及配置的研究[D]．济南：山东建筑大学，2013：1-7.
[30] Wang W，Liu J，Zeng D，et al. Modeling and flexible load control of combined heat and power units[J]. Applied Thermal Engineering，2020，166：114624.
[31] 闫亚敏，梁永图，李焯超，等．油田联合站分布式能源系统优化[J]．油气储运，2019，38(4)：445-450.

天然气长输管道压缩机振动监测方法与故障诊断处理

刘 岩

摘 要 离心式压缩机振动高是常见故障，其振动信号与故障密切相关。本文针对压缩机振动故障机理，分析了振动信号与故障机理的关系，提出了一套振动检测方法，为准确识别判断和分析处理压缩机振动故障积累了经验。最后，通过 WKC2 站压缩机驱动端振动高问题的实际案例，使用该振动检测方法进行了分析，并对压缩机进行部分分解检查，最终成功确认并解决了问题，进一步验证了本文提出的压缩机振动检测方法的可行性和有效性。

本文最终结合压缩机运行实际经验，提出应建立完善的设备状态监测体系和标准化点检监测作业标准，提高动设备管理水平的同时，达到保障设备安全运行的目的。

关键词 旋转机械振动 振动监测 故障诊断 振动监测图谱

1 引言

PGT 25 PLUS SAC+HSPT 燃气轮机是由 GE/BH 公司生产的，带有 17 级高压压气机的双轴的燃气轮机，燃气轮机安装有单一的环形燃烧室和带有二级高速动力涡轮所组成。采用简单循环方式，基本功率为 31364KW 额定转速 6100RPM。高速动力涡轮 HSPT 通过一根连轴器和燃气轮机的动力涡轮输出端通过法兰连接在一起。动力涡轮在燃气发生器排放气体的驱动下转动，同时带动压缩机（PCL800 型）旋转输出轴功率见 GE 燃气轮机/压缩机组基本结构示意图 1。对天然气做功后将天然气从上游传输至下游，对天然气作长距离输送。

图 1 GE 燃气轮机/压缩机组基本结构示意图

2 GE 压缩机故障监测诊断基本图谱介绍

GE 压缩机配备有一套本特利内华达公司的状态监测 System 1 系统，是一个模块化的机械管理平台，适合于工艺和设备的优化、状态监控和事件诊断之用。可以使用 System 1 软件收集并处理数据、导入数据，并可与其他平台交换数据，让工程师能够快速地的判别、评估和回应重要事件，从而增加设备的可靠性、可用性。

对于旋转机械的功能实现主要靠转子旋转来完成，故转子是其核心的部件。旋转机械发生故障时伴随着异常的振动和噪声，我们对其振动信号进行分析可以有效提取机器故障特征信息。因此，了解和掌握旋转机械转子振动基本概念，是监测机组运行状态和提高诊断故障的准确度的核心基础。

物体或质点相对于平衡位置所作的往复运动叫机械振动，简称振动。振动的分类振动就是物体围绕平衡位置做往复运动。从振动力学的观点来看，振动有以下四类：

2.1 自由振动

即系统只受初始激励产生的主振动，这是一种理想的振动，它忽略了系统阻尼的影响。系统一次获得必须的能量输入，振动的特点由系统的固有特性决定。

2.2 受迫振动

在持续不断的周期力激励下系统的振动，当设备存在不平衡、不对中、不同心、摩擦、过大间隙等故障时，常造成这种振动。

2.3 自激振动

指系统在受到初始激励后，将持续作用的能源转换成周期作用的能源，从而维持或发展系统的振动。例如钟摆、电铃铃锤振动、乐器、呼吸、心跳以及油膜涡动、喘振、机翼颤振密封产生的气动力引起的振动等等。

2.4 参变振动

由于系统的物理参数(刚度为主)发生变化引起的振动。例如主刚度不相等的弹性轴转动12时，转子挠度将周期变化。还有齿轮齿接触刚度的变化、滚动轴承滚珠与滚道的接触刚度的变化引起的振动等。振动用的基本参数、即所谓“振动三要素”—振幅、频率、相位加以描述。描述振动的三种物理量有：位移、速度、加速度。

1）频率

振动物体单位时间内的振动循环次数称为频率f，单位是赫兹[Hz]。频率是振动特性的标志，是分析振动原因的重要依据。对旋转机械来说，转子每旋转一周就是完成了一个振动过程，为一个周期，或者说振动循环变化了一次。因此转速n、角速度ω都可以看作频率，称为旋转频率、转速频率、圆频率，或n、ω、f不分，都直接简称为频率，它们之间的换算关系为：$f=n/60$，$\omega=2\pi f=2\pi n/60\approx0.1n$，其中转速$n$的单位为转/分钟[r/min]，角速度$\omega$的单位为弧度/秒[rad/s]。

2）振幅

振幅是物体动态运动或振动的幅度。振幅是振动强度和能量水平的标志，是评判机器运转状态优劣的主要指标。振幅的量值可以表示为峰峰值(pp)、单峰值(p)、有效值(rms)或平均值(ap)。峰峰值是整个振动历程的最大值，即正峰与负峰之间的差值；单峰值是正峰或负峰的最大值；有效值即均方根值。

GE压缩机的振动，是通过振动位移的波峰峰值[μm]表示，用装在轴承上的非接触式电涡流位移传感器来测量转子轴颈的振动；一般转动设备的振动用振动速度的有效值[mm/s]表示。

3）相位

相位是振动在时间先后关系上或空间位置关系上相互差异的标志(例如同一部件不同位

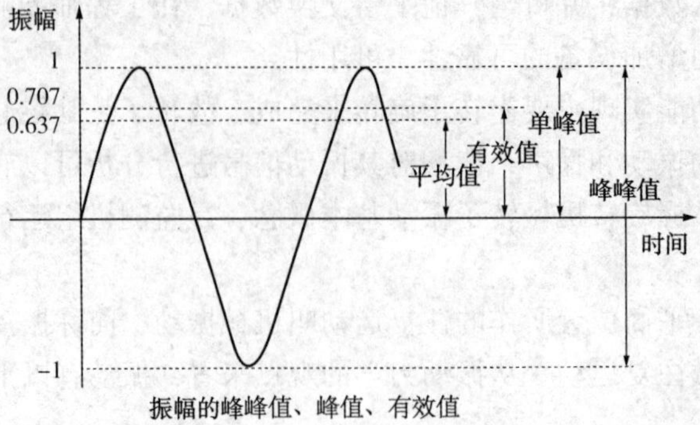

图 2　振幅各量值示意图

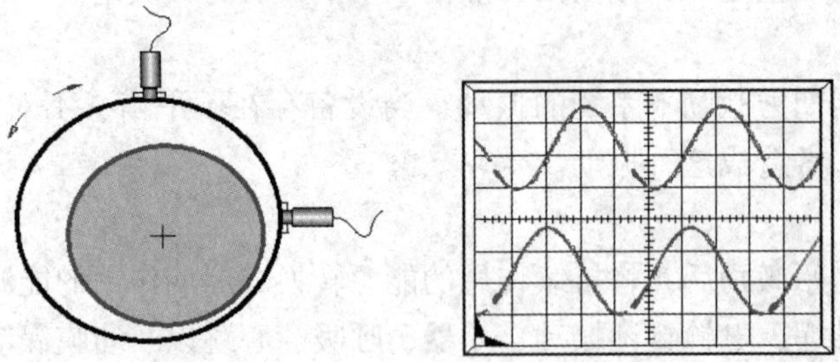

图 3　两只传感器各自形成的波形意图

置处的振动或不同部件之间的振动)，单位是度[°]。相位的测量需要有专门的测量传感器和在转轴上的专门标记如：凹槽、凸键或反光带。

GE 机组用于监控振动的本特利状态监测 System 1 ©系统，可以通过基本图谱分析对振动故障进行诊断。本套系统可以通过静态数据和动态数据测量，静态数据可以表示为一个数或一组数的数据：振动幅值(峰-峰值、单峰值、平均值、均方根值，滤波值如 1X 幅值相位，2X 幅值相位等)。动态数据以一个波形表示的振动数据波形的周期通常大于一个每个波形或周期内的采样点数需满足采样定理以保证测量质量，每波形或周期的采样点数是由数据采集系统的采样速度所决定的。该系统软件分析工具可提供波形图、图谱图、轴心轨迹图、极坐标图、轴心位置图、全息谱图、波德图、阶次谱阵图、三维谱阵图等多种振动图谱分析工具，接下来简单介绍一下这些分析图谱和基本应用方法。

- 波形图

形图显示了振动位移与时间的关系，又称幅值时域图。波形图显示了振幅、周期(即频率)、相位，特别是波形的形状和状态。波形图既可以是通频波形图，即显示通频总振值与时间(周期)的关系；也可以是选频波形图，即一倍频波形、二倍频波形、0.5 倍频波形、…等。

振幅为正峰与负峰之间的位移量，比较各周期对应的峰高，即可知振幅值是否稳定；二个波峰之间为一个旋转周期，波形图的周期数可以选取，比较各周期对应峰与零位的间隔，可以粗略了解振动相位(发生的时间、位置)是否稳定。

- 频谱图

频谱图显示了各振动分量的频率及其振幅值。对于旋转机械来说，正常运转状态下的频谱图通常是：一倍频最大，二倍频次之、约小于一倍频的一半，三倍频、四倍频…x 倍频逐步参差递减，低频(即小于一倍频的成份)微量或无，其他频率成分基本上不存在。

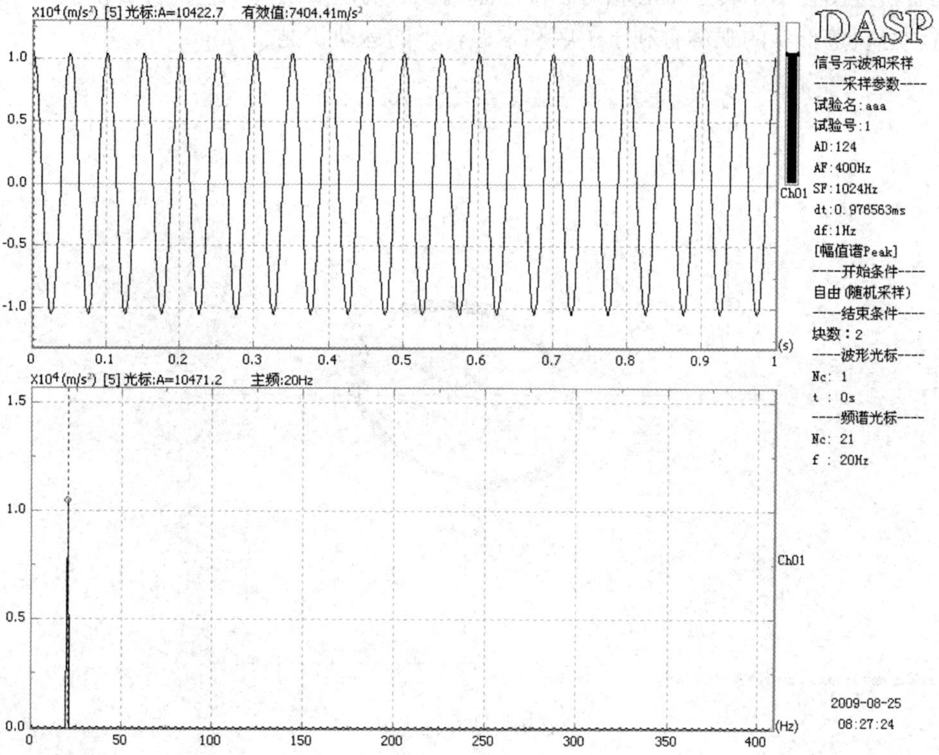

图 4　波形图

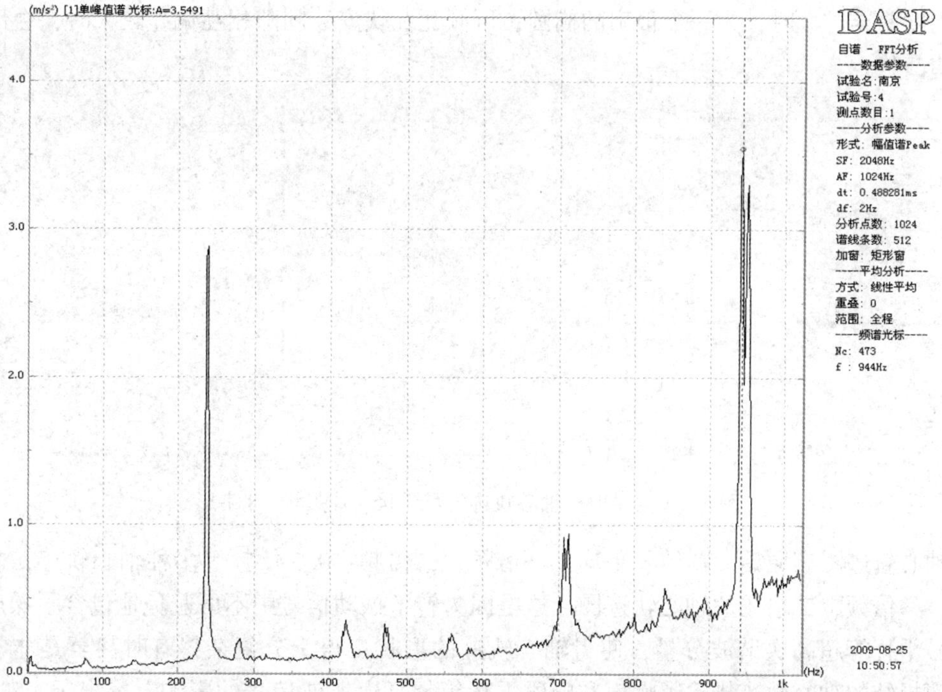

图 5　频谱图

- 轴心轨迹图

轴心轨迹图显示了转子轴心相对于轴承座涡动时的运动轨迹。它反映了转子瞬时涡动状况。对轴心轨迹形状的观察有利于了解和掌握转子的运动状况。

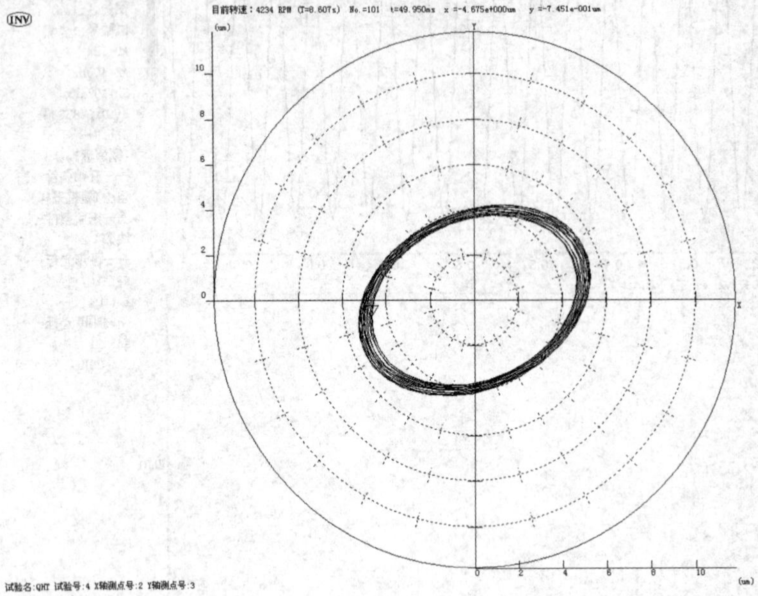

图 6　轴心轨迹图

正常的轴心轨迹应该是一个较为稳定的、长短轴相差不大的椭圆。不对中时，轴心轨迹为月牙状、香蕉状，严重时为 8 字形；发生摩擦时，会出现多处锯齿状尖角或小环；轴承间隙或刚度差异过大时，为一个很扁的椭圆；可倾瓦瓦块安装间隙相互偏差较大时，会出现明显的凹凸状。

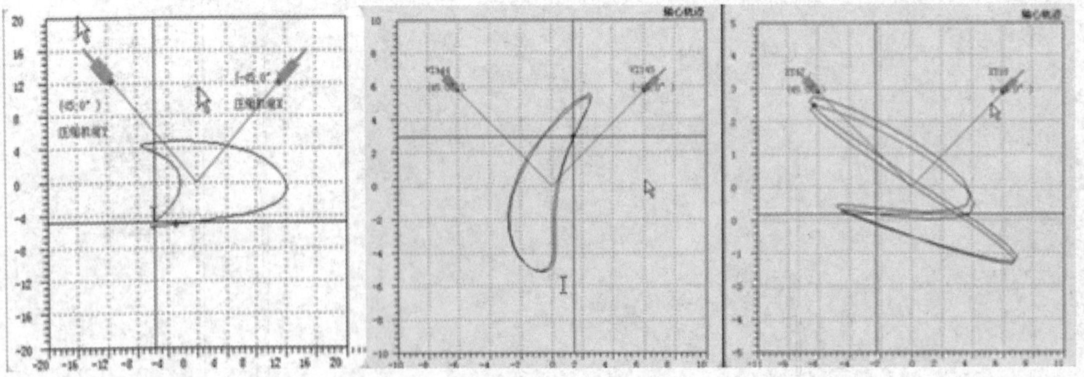

图 7　不对中时，轴心轨迹为月牙状、香蕉状、8 字形

轴心轨迹图有原始、提纯、平均、一倍频、二倍频、0.5 倍频等多种轴心轨迹，主要看提纯、一倍频、二倍频的轴心轨迹图。这是因为转子振动信号中不可避免地包含了噪声、电磁信号干扰等超高次谐波分量，使得轴心轨迹的形状变得十分复杂，有时甚至是非常地混乱。而提纯的轴心轨迹排除了噪声和电磁干扰等超高次谐波信号的影响，突出了工频、0.5 倍频、二倍频等主要因素，便于清晰地看到问题的本质；一倍频轴心轨迹则可以更合理地看

出轴承的间隙及刚度是否存在问题，因为不平衡量引起的工频振动是一个弓状回转涡动，工频的轴心轨迹就应该是一个圆或长短轴相差不大的椭圆，而如果轴承间隙或刚度存在方向上的较大差异，那么工频的轴心轨迹就会变成一个很扁、很扁的椭圆，从而把同为工频的不平衡故障和轴承间隙或刚度差异过大很简便地区别开来；二倍频轴心轨迹则可以看出严重不对中时的影响方向等。通过轴心轨迹图，还可以判断转子的涡动是正进动、还是反进动。

- 极坐标图

极坐标图实际上就是振动向量矢端图。振动向量可以是各阶谐波的振动分量。极坐标图可以看成是伯德图在极坐标上的综合曲线，它对于说明不平衡质量的部位，判断临界转速以及进行故障分析是十分有用的。

极坐标图也可以描述在定速下旋转机械由于工作条件或负荷变化而导致的基频或其他谐波幅值与相位的变化规律。

极坐标图具有以下一些的优点：

① 利用极坐标图上每一种转速所对应的矢量位置，可以找到转子上不平衡质量的方位，因此对转子动平衡提供了很多方便。

② 同一转速时，在转子轴向的几个截面上用极坐标图同时观察，可以看到转子工作时的空间振型，同样，各个转速下转子的振型也就看的很清除。

③ 机器在任何转速下都存在轴的弯曲，因此检测到的振动信号中包含了弯曲轴转动时的幅值和转轴本身的振动幅值要把这两种幅值分开，用极坐标图来观察就非常清楚。图中的慢转矢量即属于出示弯曲信号。因为轴的初始弯曲在慢转状态下的相位是不变的。

④ 转子以外的元件振动，如管道、联轴节、机壳和基础对转子产生的谐振作用，随着转速变化，旋转矢量点的轨迹会在极坐标图上出现一个个干扰小圆圈，而在伯德图上就难辨别出这些干扰信号。

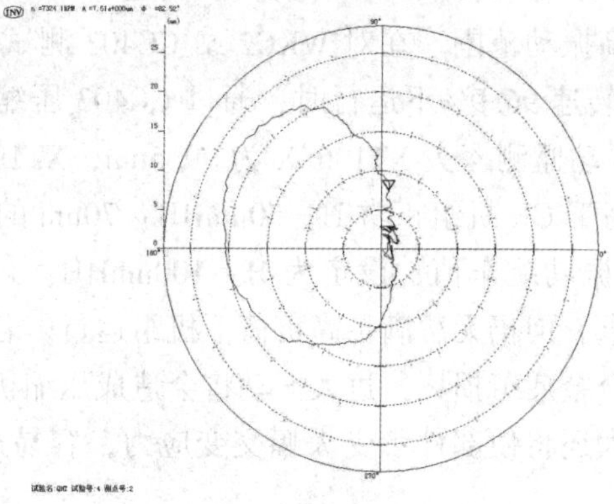

图 8　极坐标图

- 轴心位置图

轴心位置图显示了转子轴心相对于轴承中心的稳态(即忽略振动)位置。通过轴心位置图可以看出偏位角、偏心距、最小油膜的厚度，从而判断转子运行是否平稳。一般来说，大机组转子轴心位置的偏位角应该在20°~50°之间，最小油膜厚度大约为30~200μm。如果偏位角过大，表明轴心位置上移，预示着转子很容易发生不稳定涡动；如果最小油膜厚度变薄，则表明油温或瓦块温度明显增高，并可能出现磨损。

• 阶次谱阵图

许多旋转机械在工作过程中其旋转速度并非处于绝对匀速状态，而是在一定的转速范围内不断变化；特别是在启动和停车的过程中，其转速是不稳定的。若人为地将这类信号假定为平稳信号进行处理，结果将产生严重的“频率模糊”现象。

阶次分析就是一种阶次跟踪和数字重采样分析技术，相当于等相位采样分析。能更好的反应与转速相关的振动信息。能有效解决“频率模糊”现象，准确反映系统工况。

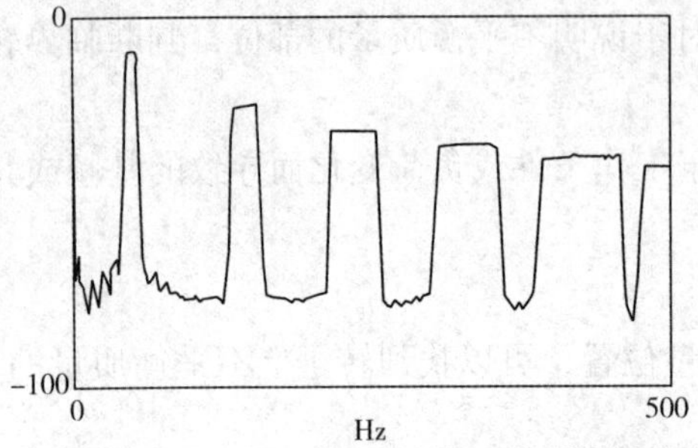

图 9　频谱图

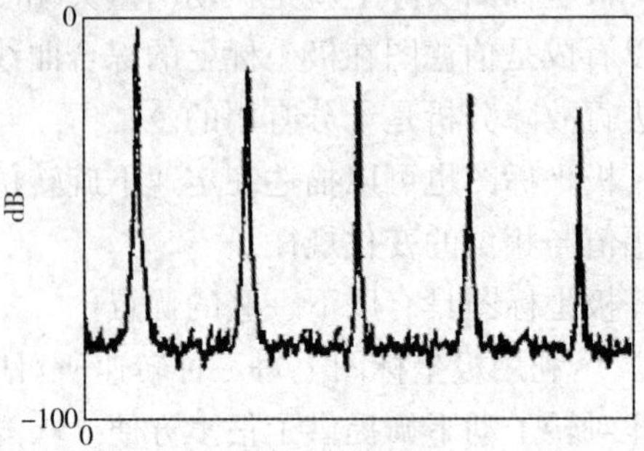

图 10　阶次图

3　实际案例分析之 GE 机组振动故障诊断与排除

中油国际管道中乌项目某压气站安装有 GE 机组 3 台，压缩机选用 PCL802 型离心压缩机。基本参数如下：机器结构：桶型机壳，两端开口，进出口法兰垂直于轴线；叶轮级数：2 级；额定运行转速：6100RPM；最大允许运行转速：6405RPM；跳闸转速：6710RPM；机组额定效率：87%；轴密封采用：串联干气密封。

自 2012 年 6 月 CC403 压缩机投产以来，压缩机在 PT 转速 90—96%正常工况下运行时，压缩机驱动端监测值始终处于高振动范围。在对 WKC2 站 CC403 测试运行中，当 CC403 机组在 GG 转速为 92.0%、PT 为转速 96.9%下运行时，通过 CC403 压缩机振动 HMI 截图（图 11）可以看见，压缩机驱动端振动监测探头 XT196/X 为 99.5um，XT196/Y 为 51.4um（机械监测探头位置分布见图 12）远高于 GE 机组正常 H：50umHH：70um 的设定，现场通过更改 MAKVI 后台设定，调高了机组振动跳车值，设定为 H：100umHH：168um，可以基本满足机组正常符合运行不跳车的要求，但仍无法满足高负荷下机组运行。若机组持续在高振动下运行，将可能会导致轴承巴氏合金疲劳损坏，过大振动将会造成压缩机通流部分磨损，严重时将会导致大轴弯曲。振动过大还将使部件承受大幅交变应力，容易造成转子、联结螺栓、管道、地基等的损坏。

3.1　压缩机振动故障分析

能引起压缩机驱动端振动高故障的原因较多，通常造成压缩机高振动原因有如下几种：

1）压缩机与 PT 对中不好超出安装规范标准；

2）压缩机转子自身不平衡或设计、制造缺陷；

3）压缩机叶轮损坏出现掉块或磨蹭、刮碰到其他部件；

4）联轴节故障或不平衡，安装错误尺寸超出规范要求；

5）轴承安装错误或轴承损坏；

6）油压、油温的不正常或油中有污垢、不清洁，使轴承磨损造成间隙超差；

7）压缩机喘振气体通过管路的应力传递给机壳，由此引起机组不对中；

8）压缩机附近有机器工作产生固有振动频率重合，激起压缩机共振频率；

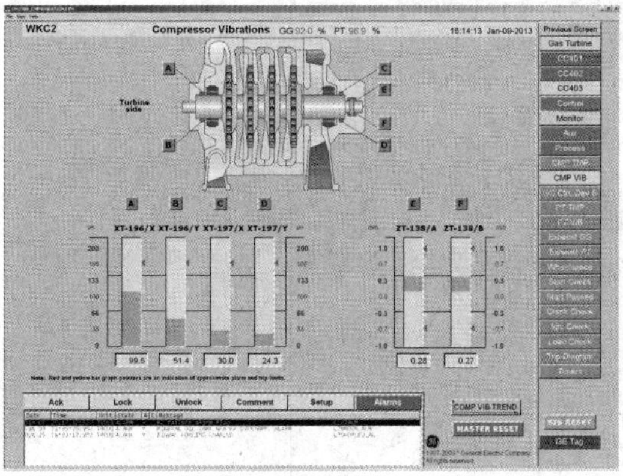

图 11　CC403 压缩机振动 HMI 图

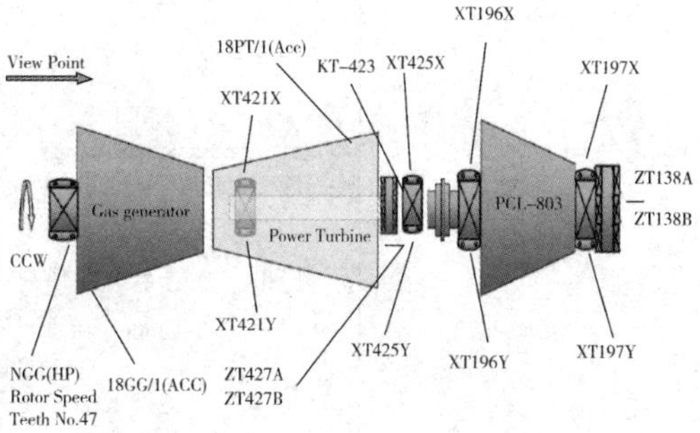

图 12　CC403 传感器配置机械布置图

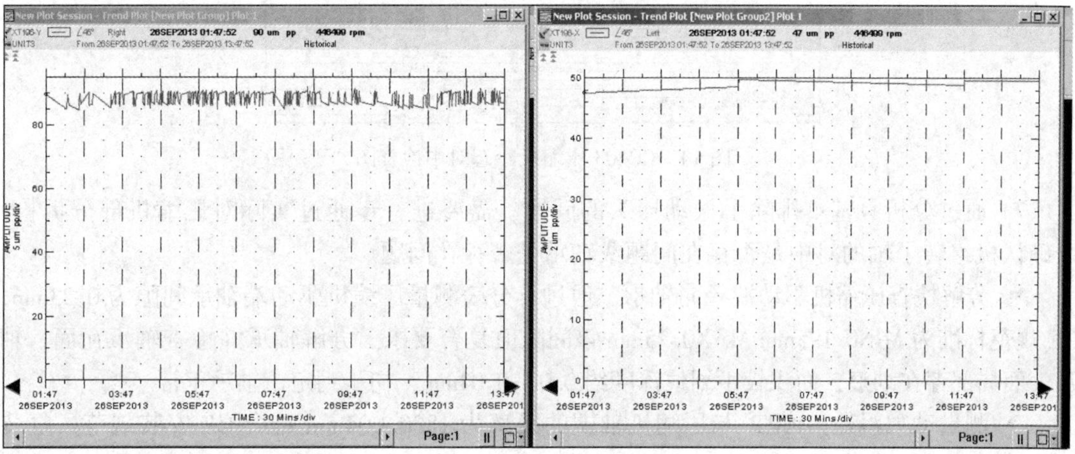

图 13　CC403 压缩机振动本特利监控画面截屏图

3.2　现场压缩机分解与检查

1）首先检查机组运行时矿物油温度和压力均正常，润滑油管路无泄漏情

2）分解压缩机联轴节护罩和相关管路，用 100N・M 的力矩扳手校检联轴节筒体安装螺栓力矩，均已达到安装力矩要求。

3）检查联轴节连接螺栓为同一批次，外观无裂纹损坏。

4）用精度误差为 0.01 克电子天平秤，对螺栓进行称重检查，并检查螺栓生产批次，属于同批次同规格符合厂家手册技术要求值。

5）分解联轴节筒体进行对中检查，通过 CC403 压缩机冷态对中后得到检查图（图 14），对中数据显示该机组在运行 8000 小时后，在与 GE 对中规范值比较径向左右产生 1.2mm 的偏差，由于缺少机组原始对中数据无法进行对比。

6）检查轴向对中数值轴向仅比规范相差 0.01mm。由于现场采用冷态对中与机组运行情况下的真实对中情况有一定偏差，该柔性联轴节热态补偿量为 4 毫米。结合该机组停机前振动频谱图和轴心轨迹图，符合现场对中检查结果，即该机组存在冷态不对中的情况，主要表现为动力涡轮(HSPT)端，但不对中偏差量不足以引起该机组压缩机驱动端振动高高报警主要原因。

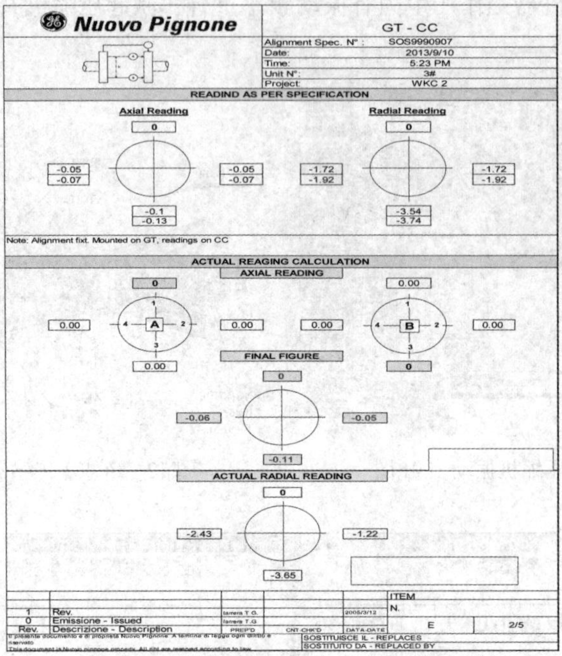

图 14　CC403 压缩机冷态对中检查图

7）通过分析，基本排除了振动探头的问题，需要进一步通过实际对压缩机部分拆检，以确认机组转子轴的对中是否存在问题或轴承是否存在问题。

- 分解检查压缩机驱动端径向轴承。通过百分表测量压缩机驱动端轴承间隙为 0.23mm，GE 规范标准为 MIN0.195mm MAX0.25mm 该间隙值复合要求。分解轴承并检查轴承瓦面，轴瓦表面局部存在划痕，面积较小划痕深度约 0.02-0.04mm，初步判定该轴承正常。
- 测量动力涡轮(HSPT)与压缩机轴端的距离为 1800.004mm 符合 GE 安装规范，复装压缩机驱动端径向轴承和靠背轮。
- 测量压缩机靠背轮到 PT 靠背轮间距离，并计算垫片数量。通过测量和计算对比原始安装测量数据，发现机组原始安装垫片计算错误缺少了 5 片，根据每片 0.381mm 的厚度计算出现了 1.905mm 的偏差，根据 GE 提供技术资料该膜片式靠背轮有 4mm 的热补偿量，将两个值进行叠加该机组在运行时靠背轮弹簧膜片实际热态补偿量 5.905mm。由于垫片安装偏差使膜片联轴节在运行情况下，联轴节热态补偿出现偏差，引起靠背轮膜片形成一定角度的变形，使靠背轮法兰端面不平。加之机组热态对中径向偏差，在双重作用下造成机组在运行时动力涡轮端和压缩机驱动端振动偏高的故障。

问题已经通过机组拆检得到确认，考虑到机组对中需要较长的调整时间，结合现有相关数据和对故障的分析以及以往机组对中调整经验，现场决定暂时不进行压缩机对中调整，先根据新测量数据计算垫片数量，复装压缩机测试运行观察振动情况。

3.3　机组测试与数据图谱分析

回装后，分别进行了两次满负荷运行测试。测试发现在 PT100% 转速下，压缩机 XT169/X 振动值为 23.1um，XT169/Y 振动值为 19.6um 均属于 GE 机组运行规范内。在该转速下观察 PT 轴 2 号轴承探头 XT425/X 振动值为 36.7um，XT425/Y 振动值为 37.8um。从 HMI 压缩机振动监测图(图 15)画面，可以看到机组在 GG94.5% PT100%的转速下运行，压缩机驱动端 A、B 振动探头 XT196(X/Y)，非驱动端 C、D 振动探头 XT197(X/Y)，以及位移探头 ZT138(A/B)监测到的数据均正常，满足 GE 运行手册压缩机振动相关要求。

分析本特利 PT&CC 振动趋势轨迹图(图 16)，机组在 6400RPM(105%)转速时，PT 端振动监测值略高，其原因应该是机组对中引起的，由于 PT 轴的振动没有跳车设定也未设定 H 和 HH 报警值，GE 官方认为 PT 端的振动监测结果是可接受的。

通过 XT425&XT196 振动 1X 倍频趋势波形图(图 17)和频谱图(图 18)，轴中心线轨迹图(图 19)可以完整的看到机组在启动、怠速、加载运行三个阶段 PT 和 CC 驱动端的振动趋势情况。当压缩机通过 1X 倍频即(第一临界转速)时出现最大振动量，通过后进入加载运行阶段振动区域平稳，机组 HP 在通过 6400RPM(105%)转速时，监测到一点 2X 倍频振动属于转子特性的正常情况。通过 XT196 波德图(图 20)动态记录轨迹曲线，可以清楚的看到压缩机在通过 3000RPM 时开始逐步出现高振动，当达到 3370RPM 时达到振动峰值即转子第一临界转速，压缩机继续升速至 6400RPM(105%)整个过程中振动开始缓慢平稳下降，机组在 6400RPM(105%)工况下稳速运行 5 分钟，通过现场检查纵览整个机组包括工艺管线，完全满足 GE 运行规范手册相关要求。该机组于 2013 年 10 月 14 至 2013 年 10 月 15 进行机组 24 小时高负荷测试，压缩机驱动端高稳定问题没有再出现，XT196(X/Y)振动监测值始终保持在 19um-23um 间。

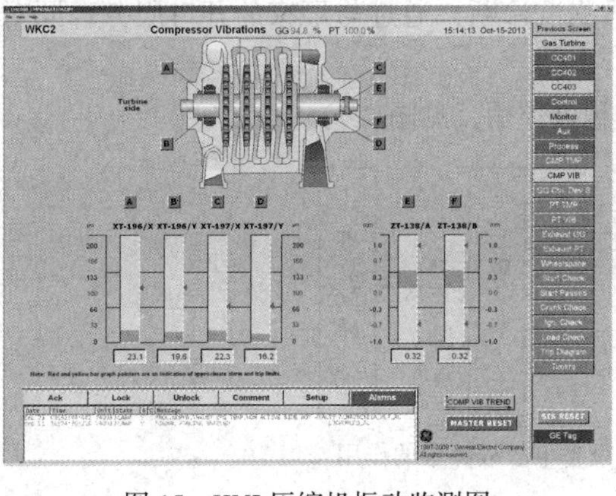

图 15　HMI 压缩机振动监测图

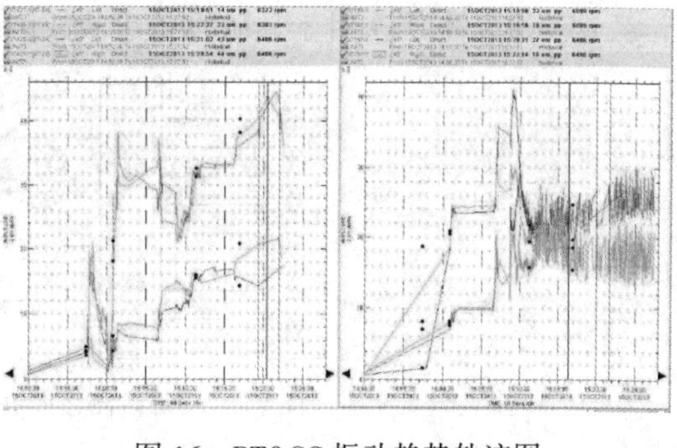

图 16　PT&CC 振动趋势轨迹图

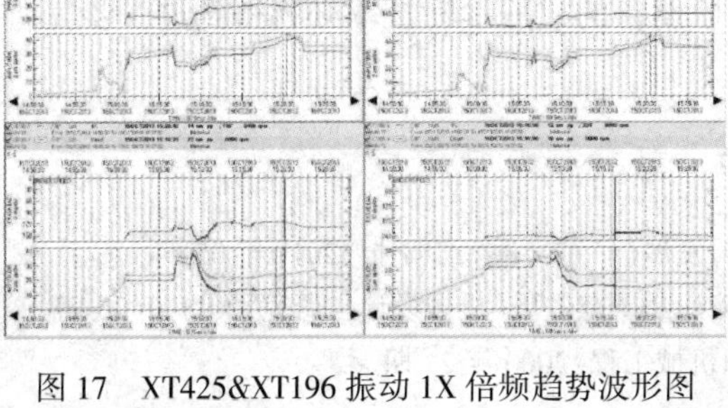

图 17　XT425&XT196 振动 1X 倍频趋势波形图

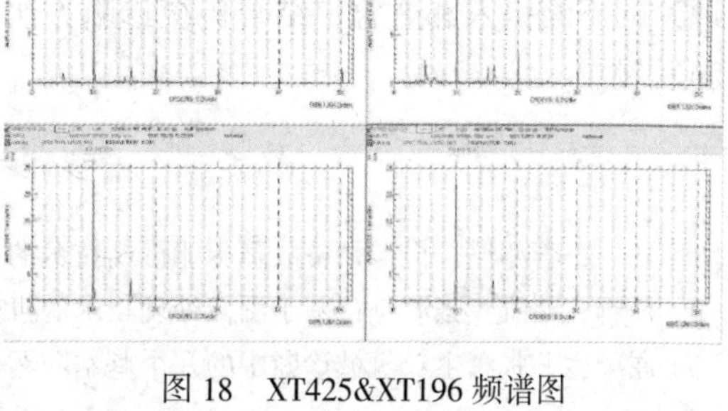

图 18　XT425&XT196 频谱图

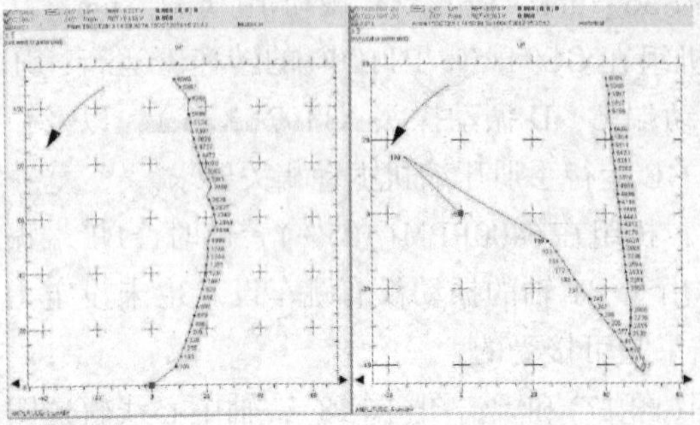

图 19　XT425&XT196 轴心线轨迹图

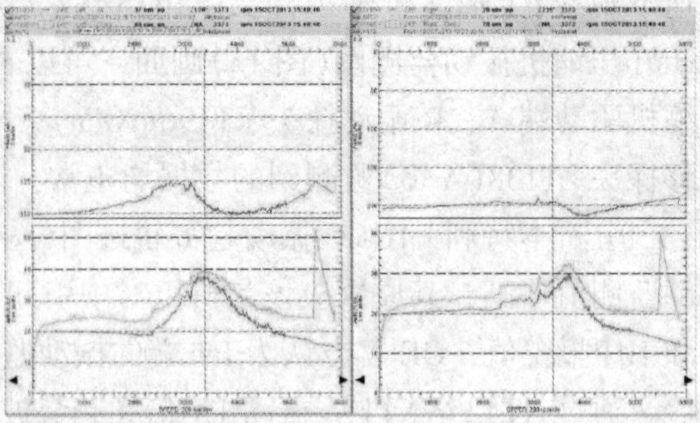

图 20　XT196 波德图

4　建议及结论

经过 5 年的压缩机运行与维护经验的积累，建议建立完善的监测组织体系和标准化点检监测作业标准，要根据设备的具体情况完善设备故障分析库，配置适当的监测仪器。具体实施时有多种方式，主要取决于设备管理的方式。初步建议可以建立“群检——专业点检——精密点检(故障诊断)”三个层次。

日常检：场站日常巡检，用仪器或感官、经验简易检查。

专业检(专业工程师级点检)：由专业工程师对压缩机定期保养检查，并通过第三方的专业机构定期使用仪器测试诊断。

精密检(故障诊断)：针对故障使用精密仪器测试诊断，通过与厂家的开口服务合同对故障进行精密诊断。

这三个基本层次对于预防设备事故故障都有积极作用，见图(27)。

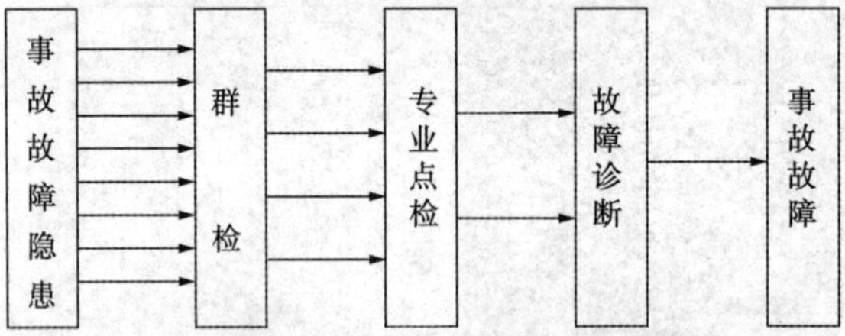

图 21　设备检测诊断在预防设备事故故障中的作用

本文通过建立详细的旋转设备振动检测方法，对某站压缩机驱动端振动高问题进行了合理分析，成功找到了问题原因，最终通过压缩机分解进行了验证，问题得以彻底解决，进一步验证了本文提出的旋转设备振动检测方法的可行性和有效性。随着相关学科的新技术、新理论的不断引入和融合，结合传统诊断方法，机械设备的故障诊断技术必将得到进一步完善和发展。

参考文献

[1] 杨超，李亦滔；机械设备故障智能诊断技术的现状与发展《华东交通大学学报》2011 年 05 期 .

[2] 任辉，刘凯，张海燕；基于图像处理技术的机械故障诊断研究进展《机械设计与研究》2011 年 06 期 .

[3] 屈梁生，张海生；机械诊断中的几个基本问题《中国机械工程》2000 年 21 期 .

天然气长输管线压缩机组燃气轮机超速停机问题分析

刘 岩

摘 要 中油国际管道乌兹别克斯坦项目简称中乌项目，中乌天然气管道起始于土库曼斯坦和乌兹别克斯坦边境，终止于乌兹别克斯坦与哈萨克边境。其中AB线安装9台GE PGT25+燃气轮机驱动的压缩机组。本文通过对GE公司PGT25+SAC型燃气发生器的一次实际超速故障的排查，阐述了燃气发生器可变静子叶片系统的作用和工作原理，分析了可变静子叶片系统故障导致机组超速的原因和故障点，在解决问题的基础上提出了避免此类故障再发生的解决办法和维护注意事项。

关键词 燃气发生器 超速 可变静子叶片系统VSV

1 引言

作为压缩机的一种驱动设备，燃气轮机既燃气发生器(gas generator，以下简称GG)是长输天然气管道压气站中的核心设备，其运行稳定性直接影响输气管线的输送能力。中油国际管道中乌项目某压气站一台GE PGT25+SAC燃气发生器运行过程中，GG转速在10s内出现波动并持续升高，由9300rpm上升至10146rpm，触发超速保护停机(超速保护设定值为10100rpm)。查阅机组控制历史数据，超速前GG两个速度SE307A/B探头(见图a红圈位置)工作稳定数据一致，现场测量电阻等均正常，故判断机组实际出现超速现象。深入分析此次超速故障对于理解GG的工作原理，提高机组运行维护水平，发现并排除问题隐患，提高机组的运行稳定性很有必要。

图1

2 超速故障现象与分析

停机前机组处于动力涡轮(PT)转速控制，PT 转速稳定且燃料气调节阀工作稳定。但超速前燃烧室后温度(T48)有明显波动，且波动曲线和 GG 转速(NGG)曲线一致，当 T48 升高时，GG 转速同样升高(图 2)。

进一步比较 GG 压气机进口温度 T2，压气机排气温度 T3 和 T48 以及 NGG 的关系，可发现在 GG 转速波动期间，T2 稳定，T3 随 T48 和 GG 转速波动，且波动曲线一致(图 3)。可以判断超速的原因来自 GG 压气机。

进一步比较压气机可变静子叶片系统(Variable Stator Vanes，以下简称 VSV)反馈值 VSVSEL 和压气机排气温度 T3、压力 PS3 以及 NGG 间关系，发现 VSV 反馈值的波动和 T3 的波动一致，即 VSV 行程反馈增大，角度增大时，T3 升高，此时 PS3 降低，GG 转速升高(图 4)。

进一步检查 VSV 系统历史数据，可以发现，VSV 系统两个线性可变差动传感器(LVDT)的反馈值(VSVA、VSVB)连续且一致，可以排除 LVDT 反馈错误，但 VSV 位置目标值(VSV_POS_DMD)的波动和 VSV 反馈值(VSVSEL)相反，且出现较大偏差，在跳车前目标值为 6.49%，而反馈值为 32.79%(图 5)。

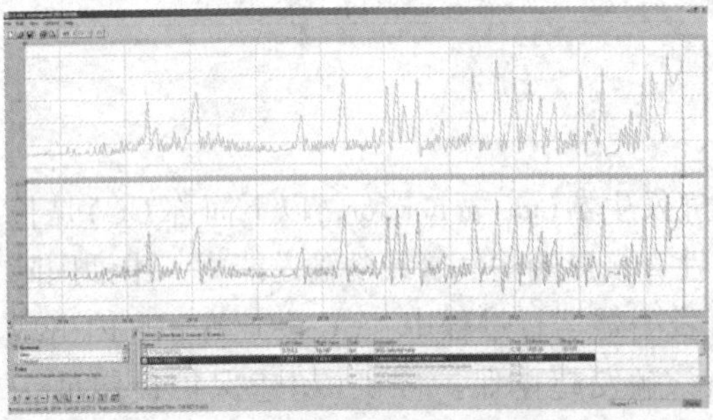

图 2　NGG 与 T48

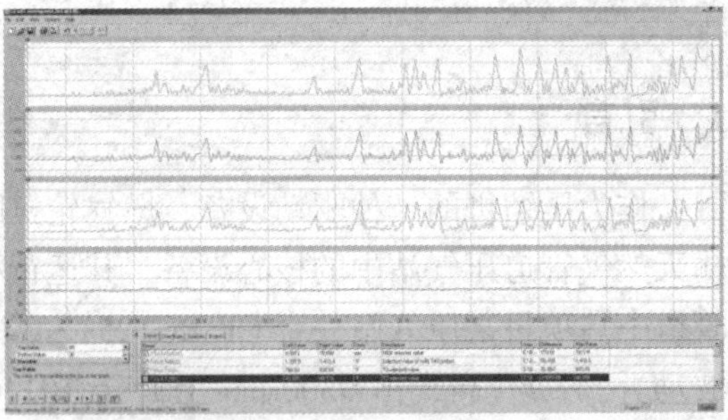

图 3　NGG、T48、T3、T2

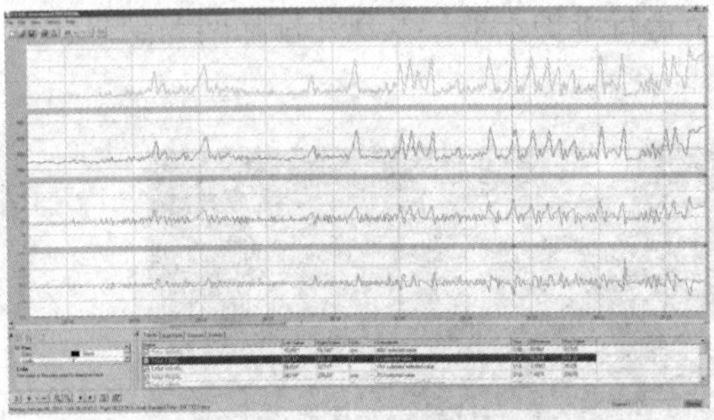

图 4　NGG、T3、VSVSEL、PS3

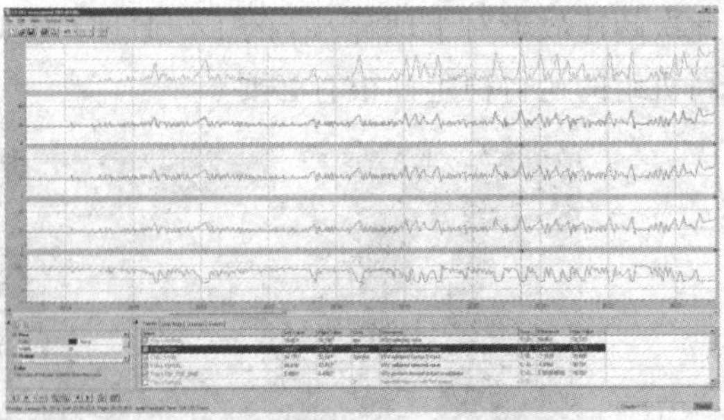

图 5　NGG、VSVA、VSVAB、VSVSEL

VSV 目标值的计算参数为 T2 和 NGG。当 T2 稳定，NGG 升高时，VSV 目标值降低，此时 VSV 角度减小，使得压气机压气效率更高，从而导致 PS3 升高，通过压气机的空气流量更大。如果此时 VSV 实际角度增大，使得压气机的压气效率降低，从而导致 PS3 降低，T3 升高，通过压气机的空气流量降低。在这种情况下，进入燃烧室前空气温度升高且冷却燃烧室的空气流量降低，在燃料气供给不变的情况下导致燃烧室后温度 T48 升高，从而造成 GG 转速升高，进而超速。

所以可以判断 VSV 目标值输出与反馈的不一致，使得 VSV 角度在应减小时异常增大，进而导致了 GG 超速。为了进一步分析 VSV 角度变化异常的原因，首先需要了解 VSV 系统的作用和工作原理。

3 VSV 系统作用与工作原理

3.1 VSV 系统作用

当转速较低时，压气机前级将比后级压缩更多的气量，从而压气机的后级气流逐渐形成了回流及漩涡，严重时发生喘振。喘振的根本原因是动叶片进气流攻角过大，使气流在叶背处发生分离，这种气流分离扩散到整个叶栅通道，压气机叶栅的扩充增压能力降低或丢失，不能将气流推向后方，克服后面较强的反压，于是流量急剧下降。

为了防止喘振的发生，PGT25+SAC 燃气发生器设计有 1 级入口导向叶片（Inlet Guide Vane）和 7 级可变静子叶片（Variable Stator Vanes）。通过旋转 IGV 和 VSV 导流叶片，使其出气角改变，从而使流入压气机上一级动叶的气流攻角处于正常位置。

VSV 系统的调节功能使得燃气发生器的压气机在最大压气效率和喘振限制之间工作，并使压气机在偏离设计工况下仍能保持正常工作。转速升高时，VSV 角度变小以增加压气机的压缩效率，但大于喘振控制角度，使气流在动叶叶背不会分离。转速降低时，VSV 角度变大以使压气机前后级气流通畅，不会喘振。

3.2 VSV 系统工作原理

PGT25+SAC 燃气发生器 VSV 系统由安装在附件齿轮箱（AGB）上的液压泵、电控液压伺服阀以及一套可调静子叶片总成组织。

PGT25+SAC 燃气发生器液压泵为 Woodward 3055 系统，该型液压泵为容积式齿轮泵，由燃气发生器齿轮箱驱动，向 VSV 系统输送定量的合成油。当泵的流量超过输出需求时，液压泵内部的压力调节阀会将部分流量引流回润滑油系统，使液压泵出口压力和流量保持稳定。液压泵附带的油滤将液压泵出口的润滑油过滤后再供给伺服阀系统，防止合成油中的杂质影响伺服阀工作。

Woodward 3055 系统伺服阀为双喷嘴单挡板式伺服阀，它主要由力矩马达调节喷嘴挡板来获得压差，通过该压差调节二级滑阀组建。其工作过程为：输入到力矩马达线圈的直流位置控制信号在衔铁两端产生磁力，使衔铁组件偏转，通过衔铁上的挡板来调节挡板两侧两个喷嘴的流量和压力。这样可得到与挡板位置变化相对应的喷嘴背压，背部压力增加到喷嘴空腔相通的阀芯端部，推动阀芯移动，从而控制去 VSV 促动筒（VSV actuator）的油压。

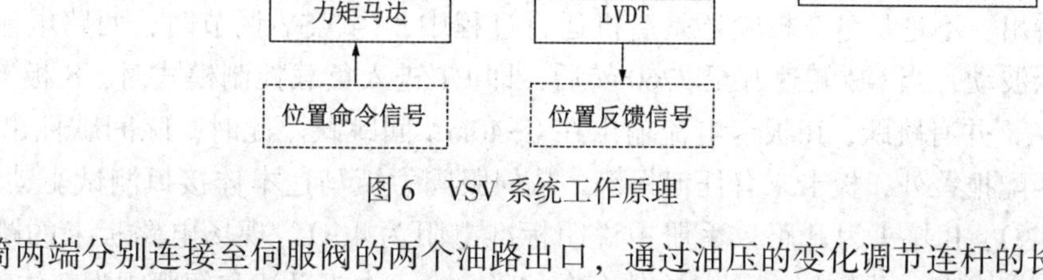

图 6 VSV 系统工作原理

促动筒两端分别连接至伺服阀的两个油路出口，通过油压的变化调节连杆的长度，并由端部的线性可变差动传感器（LVDT）检测连杆动作的精确长度，提供位置反馈信号。

齿轮箱带动液压泵向伺服阀提供稳定压力的润滑油，伺服阀通过精确调节供给促动筒的油压来调节促动筒的动作，促动筒连接扭转轴的末端，扭转轴通过各级驱动环和连接件连接各级可变静子叶片，从而使得促动筒可通过扭转轴来驱动可变静子叶片。

4 VSV 系统故障排查与处理

4.1 机械故障排查

由于 GG 出现超速紧急停机(ESD)并执行锁机，对 GG 进行内窥镜检查作业，未发现压气机转动叶片与静叶有任何异常。对 GG 进行盘车测试，通过软件输出 VSV 位置命令，观察不同角度的 VSV 位置命令对应的位置反馈值，以及 VSV 促动筒、传动轴、传动环等各执行机构动作情况。

测试中发现，当 VSV 角度在 30°时，VSV 执行机构有卡涩现象，检查 VSV 扭矩传动轴总成，发现左侧后轴承磨损，对其进行更换后并进行盘车校验，卡涩故障现象消失。

检查 VSV 促动筒、液压泵等油压参数和油路情况，未见异常。

4.2 控制系统排查

在对机组进行 VSV 校验盘车过程中，两个 LVDT 在全行程中反馈迅速且数值与输出目标值一致，未出现 GG 超速时 VSV 输出目标值与反馈值相差过大的问题。但两个 VSV 输出电流值相差较大，出现报警，且两路输出电流不规律跳跃。启动机组测试，虽然 VSV 反馈值和目标值一致，可以正常进行 VSV 调节，但电流波动情况持续(图 7)。

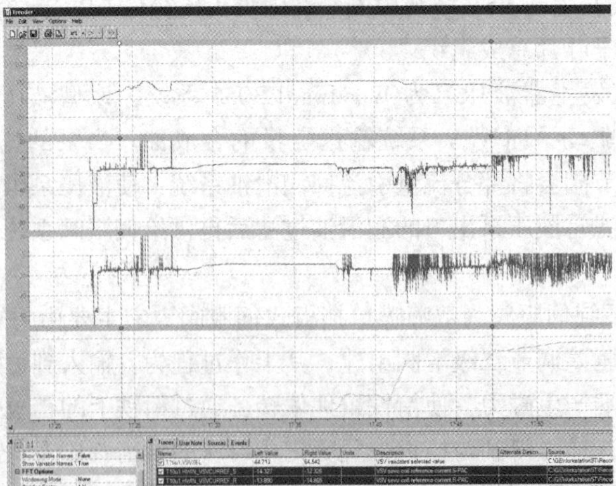

图 7　盘车及启机过程中 VSV 反馈与输出电流值

从图中曲线依次为 VSV 反馈值(VSVSEL)、S 板卡电流输出、R 板卡电流输出、GG 转速。可以看出，不论是盘车校验还是启机运行过程中，当 VSV 调节时，两路电流值均出现阶段性跳跃波动，当 GG 转速升至 7760 转后，即 PT 进入负载控制模式时，S 板卡电流输出维持在 0mA，并有跳跃，R 板卡电流输出在 0-40mA 间跳跃。此时，除间歇性出现 VSV 输出电流不匹配报警外，板卡未有任何报警。从伺服阀力矩马达本体接口测试驱动线圈电阻，A 接头为 37Ω，B 接头为开路，手册中说明标准电阻为 40Ω，现场电路板卡的跳线选择为 40Ω。所以初步判断伺服阀力矩马达本体存在故障。由于力矩马达和伺服阀为整体安装，对伺服阀整体进行拆卸，检查拆卸的伺服阀，发现力矩马达 B 接端内部有一根接线断开(图 8)。

图 8　伺服阀力矩马达内部接线开路

结合电流曲线，判断该接线端的内部接线虚接，当 GG 高速运行时，本体产生的振动导致接线断开，从而使 S 板卡的输出电流为 0mA。但根据伺服阀手册说明，该力矩马达马达两路电流输入 A 和 B 互为冗余，当有一路电流输入正常时，即可驱动伺服阀正常进行调节。更换新伺服阀后继续测试，对 VSV 系统进行盘车校验，VSV 行程反馈与输出目标值一致，输出电流稳定，未出现任何报警。对机组进行启动机组并加载，加载运行 5 小时后，两路控制电流输出再次出现较大波动，同时出现电流不匹配报警，通过复位可以暂时消除，详见图 4-9。

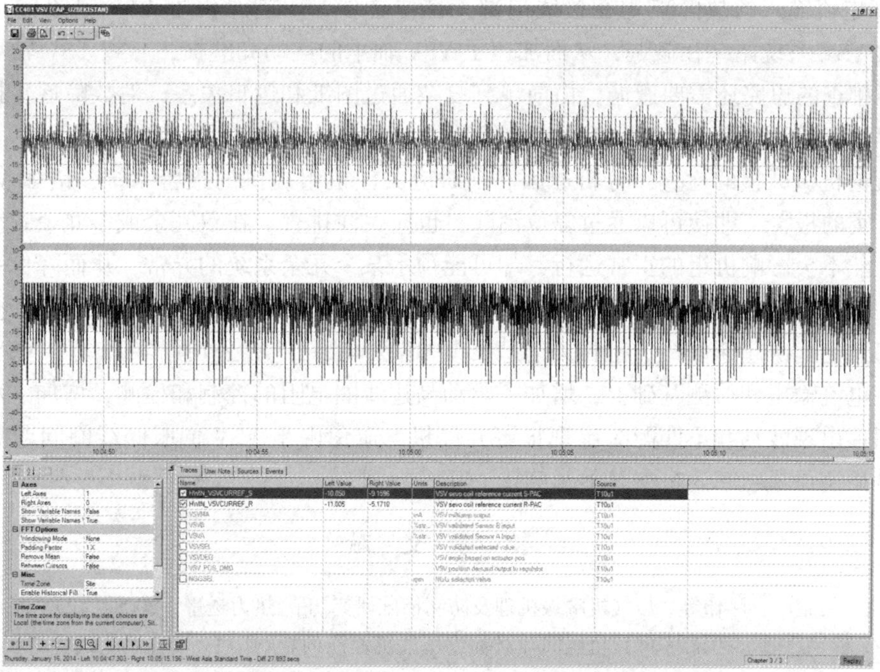

图 9　两路板卡位置命令信号电流

从图中可以看出，之前长时间维持 0mA 的 S 板卡电流在 6~25mA 间波动，主要维持在 9mA，R 板卡电流在 0~32mA 间波动，经常出现 0mA。继续对 VSV 电流输出回路进行检查，观察到当机组低速运行时，电流稳定，一旦进入加载提速后，电流出现波动。但在机组低速运行时，如果用力快速摇晃与力矩马达 A 口相连接的电缆，电流同样出现阶段性跳跃式波动。经过反复试验，判断与 R 板卡，也就是到力矩马达接口 A 处的航空电缆内部存在接触不良，当 GG 低速运行，振动较小时无影响，当机组加载振动升高时，该接触不良导致回路断开，力矩马达接收不到电流输入。对该航空电缆进行更换后，两路电流输出均恢复正常。

盘车进行 VSV 校验后启机运行 72 小时，VSV 系统工作正常，且未出现任何报警。故障得以解决。

5 结论

从超速原因来看，由于 VSV 伺服阀力矩马达驱动线圈一路内部接线不良和另一路驱动线圈外部航空电缆接触不良，导致力矩马达的双冗余电流输入在某时刻同时失效，而从使力矩马达不能调节伺服阀喷嘴挡板而使二级滑阀保持在一定位置来维持供给 VSV 促动筒的油压。当 VSV 作动筒内失去油压时将自动向初始位置恢复，即 VSV 叶片角度在增大。VSV 叶片角度的增大将使得 GG 压气机的压气效率降低，压气后压力下降，温度上升，流经燃烧室气流量减少，用于冷却燃烧室的气流降低(一般为 60%~70%)。在燃料气供给不变的情况下造成燃烧室后温度升高，从而使得高压涡轮带动 GG 转速升高。GG 转速升高要求 VSV 叶片角度进一步减小，但实际上 VSV 叶片角度由于失去液压在增大，从而导致 GG 转速进一步升高，最终超过额定转速，超速保护系统工作，使得机组紧急停机。

此次 GG 超速故障原因点多发，存在非常规、较隐蔽，涉及机械和自控多个系统特点。两路 VSV 电流输入的故障点均在接线内部，且位置不一。同时由于 VSV 电流输入的不稳定，导致 VSV 系统始终在微调，从而加速了 VSV 轴承的震动和磨损，导致 VSV 轴承需要更换。故障排查的思路还需要遵循，由简单到复杂通过图纸和逻辑关系，对故障逐步排查，既要结合以往经验要通过故障现象分析系统问题。同时在机组运行和维护保养中，应加强 VSV 系统的机械磨损的检查，分析原因。同时应关注机组提供的报警系统，诸如 VSV 电流不匹配一类的报警，即使可以通过复位消除，也应关注排查。在双冗余或多冗余系统中，此类报警虽然不会影响机组的正常运行，却可能预示某个冗余系统的异常，从而降低系统的可靠性。在此次超速故障中，如果能及早发现电流输出的异常问题而进行深入排查，及早发现隐患，可避免此次超速停机。将相关信息反馈 GE 公司后，GE 公司已经升级了 VSV 的控制系统，在电流输出和检测基础上，增加了驱动马达线圈电阻的控制和检测，增加一层保护设置，当阻值出现波动和不匹配时出现报警并停机，避免由于 VSV 伺服阀线圈问题导致机组超速，从而避免机组超速带来其他影响。

参 考 文 献

[1] 谢彦文，崔耀欣，顾伟等．压气机喘振机理及防喘措施研究[J]．热力透平，2008，(2)．

[2] 蒋志军，兰发祥．可调静子叶片机匣间隙对轴流压气机性能的影响[J]．燃气涡轮试验与研究，2012，(2)．

[3] 彭泽琰．航空燃气轮机原理．国防工业出版社，2008.

乌兹别克斯坦绿色低碳能源及应用概述

朱瑞华　孙　涛　何　伟

摘　要　乌兹别克斯坦(以下简称乌国)是丝绸之路经济带上重要国家，绿色低碳能源储量丰富，该国的绿色低碳能源潜力约为510MTP，技术可用潜能为182.32Mtoe，绿色低碳储量为该国年开采一次能源的3倍，其中太阳能约为50973Mtoe、风能约为2.2Mtoe、水能为9.2Mtoe。乌国已签署《巴黎协定》并颁布了《关于批准巴黎协定》的法律，确定了温室气体减排目标，同时该国出台了一系列的政策和法规鼓励发展绿色低碳能源利用。因绿色低碳能源应用起步较晚，现开展的绿色低碳能源利用均为引进国外技术和设备合资进行项目建设工作，氢能、地热、生物能等绿色低碳能源仍处于技术研发阶段。乌国发电主要依靠煤炭和天然气，电厂和输电线路大部分建设于苏联时期，效率低、老化严重、事故频发。随着经济发展和用电需求增长，乌国近年启动了新电厂建设和部分电厂改造工作，2021年乌国已启动全国低压输电线路大规模改造工作。本文对乌国绿色低碳能源储量、资源分布、资源应用情况进行了介绍，浅析了绿色低碳能源资源可合作方向，可为意向合作企业提供参考。

关键词　乌兹别克斯坦　绿色低碳能源　节能减排　输电线路　合作方向

乌国属于干旱的大陆性气候，气候炎热、干燥且多风，特别是戈壁沙漠地区风能、太阳能、地热等绿色低碳资源丰富，发展绿色低碳能源应用基础较好。乌国对绿色低碳能源应用研究较早，2010年该国就在恰尔瓦科尔斯水库附件建设了170kW的风力试验装置，上世纪已开展浅层地热资源应用，因受技术限制，一直未形成工业大规模应用。近年来，乌国积极引进资金、技术积极开展绿色低碳资源的工业应用，政府不断加大对绿色低碳能源应用的支持力度。随着商务环境不断改善，绿色低碳应用领域合作已成为各国能源公司在乌国投资合作的重要方向。

1　乌国绿色低碳能源资源情况及分布

乌国可大规模利用的绿色低碳能源主要为太阳能、地热能、风能和水能，乌国可利用绿色低碳能源汇总见表1。该国全年平均日照时间超过3000个小时，拥有大面积高太阳能辐射土地，部分地区太阳能辐射功率可达1kW，每年接受的太阳能总辐射量大大超过该国探明化石能源总能量，非常适合发展太阳能产业。乌国太阳能区域分布图见图1，区域能量分布统计见表2。

表1　乌兹别克斯坦绿色低碳能源资源汇总表

能源类型	水能		太阳能	风能	生物能	地热
总量(Mtoe)	河流 8.0	河渠及水库 1.2	50973	2.2		6700000
技术可用(Mtoe)	1.81	0.51	176.68	0.4	0.5	0
已利用(Mtoe)	0.56	0.16		0.08	0	0

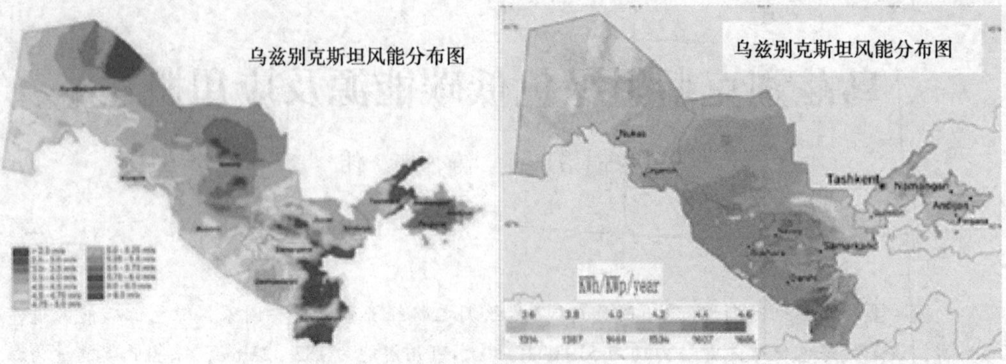

图 1　乌兹别克斯坦风能及太阳能区域分布图

表 2　乌兹别克斯坦太阳能区域分布表

区域(州、市)	安集延	布哈拉	费尔干纳	吉扎克	卡什卡达利亚	花子模	那沃伊	撒马尔罕	苏尔汗河	锡尔河州	塔什干	卡拉卡尔帕克斯坦
能量(MTOE)	129	4747	215	2090	3027	542	14388	1073	2554	327	1462	19548

乌国属于干旱的大陆性气候，戈壁、沙漠和山区地区的风能资源丰富，据国际金融机构可行性研究报告分析，该国可建设风力发电厂的风能潜力高于世界已建设风力发电厂平均风能潜力，该国风能可用系数是世界平均水平的 1.5 倍，年风能可利用时间超过 3900 小时，国内区域风速及持续时间统计见表 3。

表 3　乌兹别克斯坦区域风速及持续时间统计表

区域(州、市)	安集延	卡拉库里	木易那克	努拉塔	达姆德	顿伊杰巴	恰姆巴伊	亚恩各尔	纳里恩	哈衣大尔干
风速>3 米/秒时间(小时/年)	1760	3960	5540	3170	5010	1320	4400	4660	1670	2630
风速>5 米/秒时间(小时/年)	790	1760	2960	1320	2550	880	1760	2730	400	980
风速<3 米/秒时间(小时/年)	7000	4800	3220	5590	3750	7440	4360	4100	7090	6130

乌国是中亚地区水资源供应量少、气候干旱和人口最多的国家，自身水资源不足，国内用水严重依赖中亚地区的跨界水资源。该国水电资源潜力估计为每年约为 275 亿 KW · h，现仅使用了约 30%的潜能。现开展的水能应用主要为对现运行水电站进行现代化改造和建设新的中小型水电站。

乌国地热资源极为丰富，该国地热资源主要为地下 3 至 6 公里处的干热岩和地热水，热源温度为 700 至 3000 度。据勘测和统计，该国最具利用价值地热资源位于阿姆河盆地、普利拉里亚等地地下 3 公里处，该国地下 3 公里处干热岩地热资源可用能可达 6700 亿 MTP。

2　乌国碳排放及绿色低碳能源发展政策

2.1　乌国节能减排承诺和目标

2017 年 4 月 19 日，乌国驻美国大使在美国纽约联合国总部签署《巴黎协定》。2018 年 10 月 3 日，乌国总统签署了《关于批准巴黎协定》的法律，法律确定了“到 2030 年单位 GDP 温室气体排放量较 2010 年减少 10%”的目标，并承诺将继续努力降低经济、社会和咸海地区对气候变化的影响。为保障签署《巴黎协定》顺利实施，乌国成立了跨部门工作组对该国经济发展和温室气体排放进行了全面评估和预测。2017 年至 2019 年，乌国出台了一系列的政策和法规，乌国 2018 年碳排放 1. 11 亿吨 CO_2，2019 年碳排放 1. 10 亿吨 CO_2，2020 年碳排放 1. 08 亿吨 CO_2，碳排放量已连续 3 年持续减少。

2. 2 乌国碳减排及绿色低碳能源应用政策要求

2017 年 5 月 26 日，乌国发布《关于 2017-2021 年进一步发展绿色低碳能源、提高经济和社会领域各部门能源效率措施方案》总统令，其中确定推动水电工业发展，至 2025 年将水电能源使用扩至 1. 7 倍，加大绿色低碳能源利用，缩减一次能源生产并开展节能工艺应用。2019 年 4 月 16 日，乌国颁布了《绿色低碳能源使用法》，法律确定了使用绿色低碳能源的国家授权管理机构为国家内阁，专门管理机构为国家能源部，具体执行机构为各级政府机关。法律鼓励绿色低碳能源利用，保障利用绿色低碳能源发电企业接入电网并对使用绿色低碳能源的税务优惠进行了详细规定。乌国已出台政策均为减排鼓励政策，未对企业减排做出指标要求，暂未对现运行高碳排放企业的生产经营造成影响。

2021 年初，在欧洲复兴开发银行与日本政府支持下，乌能源部、投资与外贸部等部门与国际专家团队合作，开始着手制定 2050 年乌兹别克斯坦电力生产碳中和工作路线图，力求到 2050 年实现电力行业脱碳，能源领域零排放。

2. 3 乌国绿色低碳能源政策和财税优惠

乌国《绿色低碳能源使用法》明确，对使用绿色低碳能源企业实施海关及其他税收特惠，对使用企业实施设备进口海关税优惠，使用绿色低碳能源进行生产的企业免除企业资产税和土地使用税。对开展绿色低碳能源自用企业免除许可申请。

3 乌国绿色低碳能源工业发展现状

3. 1 太阳能开发及主要参与企业信息

因发电能力不足和资金短缺，政府非常欢迎外国投资者在发电和送电产业领域进行投资，包括翻新旧的发电站、建设新发电站、翻新和新建电缆和变压器、跨国输电走廊的建设。现乌国各州拟建设光伏发电站主要有在纳沃伊州，Masdar(阿联酋)公司建设的 100MW 光伏发电站项目投产(中国电建所属山东电建三公司为施工总承包)2021 年 8 月投产；Phanes Group(阿联酋)公司建设的 200MW 光伏发电站计划 2023 年投产；在撒马尔罕州，Total Eren(法国)公司建设的 100MW 光伏发电站计划 2021 年 12 月投产；Masdar(阿联酋)公司建设的 220MW 光伏发电站计划 2023 年 12 月投产；在吉扎克州，Masdar(阿联酋)公司建设的 220MW 光伏发电站计划 2023 年投产；在布哈拉州，Aksa Enerji(土耳其)公司建设的 220MW 光伏发电站 2021 年 12 月投产；在苏尔汗河州，Masdar(阿联酋)公司建设的 457MW 光伏发电站计划 2023 年投产。

此外，在布哈拉州即将建设 250MW、在花剌子模州即将建设 150MW 和在纳马干州即将建设 100MW 三座光伏发电站项目，已启动招标工作。在卡什卡达里亚和费尔干纳州两座装机容量为 400MW 的光伏发电站，正计划招标。

3. 2 风能开发及主要参与企业信息

为改善能源消费使用结构，乌国现积极引资发展风力发电。据乌国能源部发布消息，日前乌国各州在建风力发电项目总装机容量为2200MW，即将招标建设200MW风力发电项目，主要包括在纳沃伊州，Masdar(阿联酋)公司建设的500MW风力发电站将于2023年投产；在布哈拉州，ACWA Power(沙特阿拉伯)建设的两座500MW风力发电站将于2024年投产；2019年11月11日，辽宁立德投资控股集团与乌兹别克斯坦3500MW风电项目签约，预计分8期完成，目前，项目已启动了600MW(200MW×3)风力发电项目，2019年9月22日，在布哈拉州举行了该项目测风塔竣工仪式，测风塔设置于布哈拉州吉日杜万区；在卡拉卡尔帕克斯坦自治共和国，Masdar(阿联酋)公司建设的100MW风力发电站将于2024年投产。此外，在卡拉卡尔帕克斯坦自治共和国计划建设的200MW风力发电站计划开始招标。

3.3 其他绿色低碳能源利用信息

乌国氢能应用还处于研发阶段。2020年4月，乌国总统签署《发展乌兹别克斯坦绿色低碳能源和烃能的措施》，批准了成立绿色低碳能源利用研究院，对研究院主要职能进行了详细规定，并要求革新发展部、能源部和缩减贫困部2021年底完成《国家绿色低碳能源及氢能利用发展战略规划》联合编制并报内阁审批。2020年8月30日，乌国革新发展部与能源部代表举行会议，讨论“成立氢能工艺革新科研中心”建议，研究氢能利用共计需投入近40万美金，完成了24个专题研究项目。

上世纪70-80年代，乌国利用地热水资源建造了较多的温室大棚开展蔬菜种植，大规模利用地热资源供热和发电还处于研究阶段。乌国的生物能及其他绿色低碳能源应用也暂处于研究和试验阶段。

4 乌国电力设施概况

4.1 乌国电力行业法规

2009年4月，乌国颁布了《电力法》。规定国家内阁为电能领域授权管理机关，负责电力企业改革、组织电力生产和需求平衡、审批新建项目投资和建设程序审批及绿色低碳能源发电利用。其中规定，热电企业和绿色低碳能源发电可接入国家电网和私有电网，水力发电企业需接入国家电网，发电自用企业不需获得许可，自发电企业不可接入国家电网，自发电企业出售电量需经过私有电网。

乌国大力引进外部投资实施发电项目建设并制定了相应的税务支持政策。对于投资项目较大的项目可申请专门总统令给与特殊支持，如该国对Masdar公司在纳沃伊州投资建设的500MW风力发电项目下发了专门总统令；其中批准了投资协议、发电电网回购价格并确定采用外币进行购电结算，为投资商开设外币账户用于贷款汇入和建设费用支付，免除投资商的土地使用费，确定了项目的环评、人员劳务许可、国家鉴定提供支持的各部委负责人。

4.2 乌国主要电力企业

乌国电力的运输和分配实行分业经营。电力行业由国家垄断，私营及外国资本不参与电力企业的管理。乌兹别克电力国家股份公司是乌兹别克斯坦最大的国有电力企业，乌兹别克电网公司专门从事电力运输业务。现有的主要发电企业包括纳沃依火电厂、穆巴拉克热电厂、塔什干热电厂等。

4.3 乌国主要发电方式及规模

乌国发电主要依靠煤炭和天然气。煤炭和天然气发电量占电力需求总量的85%，每年需消耗165亿立方米天然气、230万吨煤和8.6万吨燃油。发电站装机容量为14140MW。其中，热电12129MW、水电1878.7MW、其他发电为132.9MW。天然气发电占2/3，2018年，总发电量为60.7TWH，其中天然气发电40TWH，占比66%；煤炭发电11.7TWH，占比19%；水力发电8.1TWH，占比13%。2018年，该国出口电力1.85TWH，占总发电量的3%，主要向阿富汗出口。该国现有水电站56座(包括在建)，热电站13座(包括1座在建，1座规划)。2020年，总发电量为65TWH。

4.4 乌国输电线路主干网改造及电力规划

该国制定了2020年至2030年行业战略发展目标，战略目标包括以有竞争力的价格提供电力，并确保均衡发展，吸收国际经验、紧跟全球电力行业的发展趋势。乌国将实现发电装机容量和可用发电量将从12.9GW增加到29.3GW，新增容量中，太阳能发电站将占5GW，风力发电厂将占3GW。到2030年，实现绿色低碳能源占比达到该国容量的四分之一以上。同时，乌国发电量将从63.6亿kW·h增加到120.8kW·h；天然气消耗量将从165亿立方米减少到121亿立方米。到2030年，该国电力传输损耗将降低到2.35%，配电损耗降低到6.5%。

为保障该国电力系统正常运行，2021年该国启动了发供电系统大规模改造升级工作；签署了建设热电、太阳能及风发电厂的10个合同，新建设发电厂装机容量达4341MW，为该国现有电站装机容量的三分之一；在纳沃伊和撒马尔罕两个州分别投运一个(单个装机容量为100MW)太阳能发电站，首个光伏项目-纳沃伊州100MW光伏电站已于2021年8月底并网发电，该项目由中国电建所属山东电建三公司为施工总承包承建；投运热部分电站和太阳能发电站，乌国发电装机容量将达1800MW，为乌国历史新高；将在17个变电站安装1568兆伏安高压变压器；启动15000公里低压输电线路改造工程；完成4000座变电站自动化改造工作。

5 绿色低碳能源领域合作浅析

5.1 合作方向浅析

2016年，米尔济约耶夫就任乌国总统，政府对经济政策进行了大量调整和完善，在吸引外资发展经济方面进行改革进行大胆探索和实践。2019年底，乌总统批准《2019-2030年乌兹别克斯坦向绿色经济过渡战略》，提出要进一步加强光伏、风力、水力、沼气等绿色低碳能源发电项目建设，到2030年将绿色低碳能源发电量份额提高到25%以上。在此战略引领下，乌国绿色低碳能源发电项目引资建设进程不断加快，开展绿色低碳能源业务的可行性将不断增强。近几年，中国企业在“一带一路”政策支持下积极参与乌国绿色低碳领域项目合作，并在设备出口、风力发电厂建设等建设项目中取得了较好的成绩。随着乌政府加大对外企引入的政策支持和税收优惠，越来越多的中国企业必将选择进入乌国绿色低碳能源行业开展业务合作。经对乌国绿色低碳能源现状分析，建议参与绿色低碳能源合作考虑以下几个方向。

5.1.1 开展绿色低碳能源发电合作

乌国属于干旱的大陆性气候，夏季漫长、炎热，太阳光照充足，隔壁沙漠地区风能资源丰富。目前，乌国政府正在积极发展绿色低碳发电业务并启动了电网改造工作，可以综合考研究乌国对可绿色低碳利用的扶持政策和总体规划、综合调研太阳能和风能发电上网和销售条件，探索戈壁荒漠无人地区开展绿色低碳能源发电业务的可行性，按照“合资共建，利润分成”或“签署购电协议，开展绿色低碳能源发电项目合作。

5.1.2 开展绿色低碳能源应用设备出口及技术转让合作

2022 年 3 月 28 日，国家发改委发布关于推进共建“一带一路”绿色发展的意见提出，深化绿色低碳能源国际合作，推动能源国际合作绿色低碳转型发展，鼓励太阳能发电、风电等企业“走出去”，推动建成一批绿色能源最佳实践项目。我国已经建立涵盖全产业链条的绿色低碳能源产业，拥有较强研发、制造、安装和运维能力，形成了特有的产业优势及数量众多的优秀企业，特别是在风电、光伏、氢能、火电综合升级改造等领域尤为突出。可充分利用我国用用的先进技术和设备，深化绿色低碳能源技术装备和技术领域合作，重点围绕高效低成本绿色低碳能源发电、智能电网、氢能、储能、二氧化碳捕集利用与封存等与乌国开展技术转让交流和设备出口合作，借助共建“一带一路”倡议，进一步扩大交流合作、推动我国绿色低碳能源和火电技术、设备走出去。

5.1.3 开展天然气制氢项目前期研究合作

氢能是当前最有前景的清洁能源之一，天然气制氢是目前全球最主要的制氢方式。随着天然气制氢技术不断成熟，制氢成本已不断降低，天然气制氢的经济优势越来越明显。乌国有较为充足的天然气资源，随着乌国天然气进口政策放开，可使用乌国或者进口天然气实施制氢，并将氢回注至中亚天然气管道输送至中国，达到实现制氢项目效益和为国内提供清洁能源、实现我国减少碳排放的双重目的。

5.1.4 开展地热资源研究合作

乌国地热资源丰富、应用前景广阔，受到化石能源逐年减产影响，乌政府对地热资源具有强烈的开发和利用需求。可积极与乌国开展地热领域的国际合作，以地热的技术、装备、科研、产业等为载体，积极参与该国地热资源开发和利用的研究工作，带动我国技术和装备走出国门，共同做好绿色低碳能源应用，构建人与自然命运共同体和责任共同体。

5.2 合作风险浅析

乌国绿色低碳能源合作投资前景好，可合作项目多。在选择和执行项目合作过程中，应做好调研、策划和资料收集，合理规避商业和技术风险。

5.2.1 商务风险

乌国商务环境较为复杂，具有政策多变、总统令频出的特征。随着开放政策的实施和行业机构改革的深入，政府部门进行了重新整合，国有企业进行了重组，部分法律进行了修订。企业开展项目合作应深入调研和分析商务风险、制定规避措施表，合理规避商务风险。

5.2.2 技术风险

乌国现应用的设计、施工和验收规范均为前苏联规范，仅对规范进行简单修订，规范自成体系，具有“大安全系数”特征。企业在开展项目合作期间应深入调研项目使用规范。另外，当地工程资源匮乏，施工和验收均采用前苏联模式。企业在开展项目合作前，应综合分析项目设计、采办和施工面临的风险，制定合理的技术执行方案。

参 考 文 献

[1] 戴思嘉．绿色发展规划先行[J]．中国设备工程．2013，(09)：10-11.
[2] 蒋懿．《关于完善能源绿色低碳转型体制机制和政策措施的意见》的解读[J]．大众用电．2022，37(04)：7-10.
[3] 高志星．碳中和下的首个央企行动方案[J]．企业观察家．2021，(06)：4-7.
[4] 许松林．加强设备监理为电力工业实现绿色低碳能源发展服务[J]．设备监理．2013，(03)：1-8.
[5] 杜祥琬，周大地．中国的科学、绿色、低碳能源战略[J]．中国工程科学．2011，13(06)．3-6.
[6] 谢克昌．发展低碳能源技术创造美好未来太原理工大学学报[J]．2010，41(05)9-12.

中乌两国管道建设标准合作的系列问题与建议

朱瑞华　倪春江　殷起良

（中油国际管道公司）

摘　要　为推动在中亚天然气管道D线乌兹别克斯坦段的建设中应用国际标准ASME31.8，对乌兹别克斯坦现行建设标准情况进行了系统梳理，对现应用建设标准的特点及存在不足进行了研究、分析和评价，并对该国标准管理机构职能、分工及对外合作情况进行了介绍。通过对该国应用其他国家及国际标准的审批流程系统梳理，研究分析出应用该报批流程实施标准落地存在的难度及存在的问题。根据系统梳理、分析和研究，创新采用“曲线”推动战略，成功实现ASME31.8标准在该国落地应用。最后，提出了在该国项目中应用国内、国际标准的可行性及开展标准合作的建议，可为更多国内投资、建设企业在该国投资建设项目中推动国内、国际标准落地应用、实施标准合作研究提供参考，为构建中国标准走出去的合作新格局提供借鉴。

关键词　现行建设标准　标准管理机构　落地应用流程　D线专用技术标准　合作建议

1　引言

乌兹别克斯坦共和国（以下简称乌国），是一个位于中亚的双内陆国，是“丝绸之路”古国之一，在古丝路上曾经发挥过重要作用，该国与中国有着悠久的贸易、文化往来。乌国经济结构较为单一，加工业也较为落后，农业、畜牧业和采矿业发达。自独立以来，中乌间的经贸合作已有30多年历史，中乌两国合作日渐深入，两国贸易额逐年攀升。特比是随着中亚天然气管道、安格连-帕普铁路卡姆奇克隧道建设、沙尔贡煤矿现代化改造等一大批合作建设项目的建成投产，两国合作范围已涵盖能源、交通、化工、高科技等领域，现中国已成为乌国第二大贸易伙伴和第一大投资来源国。

随着两国合作逐渐深入，两国间的标准差异已很大程度上影响两国间经贸合作进展，特别是建设标准差异对很多合作项目的投资总额和建成收益均造成较大影响。中亚天然气管道D线（以下简称D线）设计压力为12.0MPa，乌国现行KMK2.05.06-97《干线管道设计规范》中最高设计压力仅为10MPa，不能满足项目设计、建设及运营需求。乌国合作伙伴拟通过编制新标准或者直标准接采用俄罗斯企业标准开展D线乌国段设计和建设工作，应用标准问题一直为中乌双方争议的焦点。为提高工程建设标准，实现D线全线建设标准统一，需深入研究乌国现行建设标准特点，乌国引入第三国及国际标准落地应用流程，努力实现国际标准ASME31.8在D线乌国建设中应用。

2　ASME31.8在D线乌国段建设中应用的方法研究

2.1　乌国现行建设标准现状

乌国现行的建设标准体系主要有ГОСТ、СНиП、KMK标准体系。ГОСТ标准体系，前苏联时期编制的标准体系，为前苏联的国家标准，现为欧亚经济联盟国家承认并使用标。

1992 年，乌国独立后与其他部分前苏联国家签署协议，继续承认 ГОСТ 标准作为国家间标准。CHиП 标准体系，前苏联时期国家建设委员会编制的建筑标准体系，乌国对标准进行了部分修订和应用，现为乌国主要施工建设标准。KMK 标准体系，乌国对前苏联时期标准进行简单修订编制的标准体系，该标准体系基本涵盖建设项目的设计、施工及运行。上述三个建设标准体系有较大交叉，标准内容差异不大，基本可以交叉使用。

2.2 乌国建设标准存在问题

(1) 自成体系，多年未修订

乌国建设标准体系为前苏联标准体系延用，专业覆盖全面、自成体系。乌国经济发展缓慢，前苏联标准体系如今对乌国仍然有较大的适用性，而对引入和新建的“新技术、新工艺”项目存在较大不适用性。因乌国经济发展慢和专业技术人才流失等原因，标准已多年未进行修订，KMK 标准体系大部门仍然沿用 1997 年版。

(2) 标准安全系数过大，与现代设计理念不符合

乌国是苏联的原加盟共和国之一，多年来一直沿用苏联标准体系。虽然独立后依据自身情况对部分标准进行了简单修订，但前苏联标准体系“大安全系数”理念一直未变。例如 KMK2. 05. 06-97 中不仅要求管道距离建筑物具有 250-350 米的安全距离，而且管道壁厚计算系数也较高。

(3) 标准覆盖不全，某些建设领域已存在无标准可依

随着乌国引入外资优惠政策的颁布，大量外资高新技术项目在乌国相继落地实施。项目大多为在乌国首次设计、建设和运营，乌国部分建设领域已出现无标准可依的情况。为实施项目建设，乌政府部分项目直接采用俄罗斯标准建设，部分项目通过颁布总统令直接应用项目投资国标准实施建设的方案设计、建设。

2.3 乌国建设标准管理机构职能及对外合作情况简介

乌国内阁为国家标准化组织和标准制定的主管部委，技术法规领域的国家授权机构为乌国家标准和计量认证局，隶属于乌内阁，主要职能为维护、鉴定、编号及发布国家及行业标准的机构。国际及其他国家标准在乌国落地应用需经过该局审查、鉴定、批准和编号注册。乌国卫生部，乌国建设部为职权范围内开展建设技术法规领域工作的国家管理机构。

乌国近些年陆续加入了部分国际化标准组织如国际标准化、区域标准化组织并与部分国家标准委员会开展技术合作。迄今，乌国加入了国际标准化组织 ISO、国际法制计量组织 OIML 和国际实验室认可合作组织 ISAC，加入欧亚标准计量认证委员会 EASC、欧亚计量合作组织 COOMET 等区域化计量组织，开展技术合作的主要单位有斯洛伐克标准研究院、韩国技术和标准管理局、新加坡标准生产和创新委员会，乌国暂未与我国开展标准认证及合作工作。

2.4 外国标准乌国落地应用方式及流程

依据乌国标准管理相关规定，外国标准落地乌国应用有两种方式。一是根据乌国 1993 年颁布的《标准化法》规定，国际标准及其他国家标准在乌国使用应根据“与乌国政府签订的政府间合同和协议”并经国家标准和计量认证局或主管部委进行确认。二是根据乌国 2019 年颁布内阁令《乌兹别克斯坦应用国际、区域及其他国标准规定》确定，需“依据政府标准化授权机构同意(协议)”为依据按规定流程报批。主要报批流程为，首先标准使用单位向乌国家标准和计量认证局发送使用国外标准申请，乌国家标准和计量认证局收到申请后向国外标准

编制单位发送使用标准请求。得到国外标准单位同意使用回复后，乌国家标准和计量认证局组织技术委员会会议，会议邀请国外标准编制单位和项目建设乌国相关管理单位参会讨论。根据技术委员会讨论情况，乌国家标准和计量认证局做出部分使用、全部使用和拒绝使用的决定，如同意使用标准，乌国标准局将对采用标准注册、编号和发布。

2.5 标准 ASME31.8 乌国应用存在的问题

因中乌两国未就标准应用签订政府间协议，无法以乌国《标准化法》中相关条款作为依据在 D 线项目中应用标准 ASME31.8。根据《乌兹别克斯坦应用国际、区域及其他国标准规定》内阁令实施实 ASME31.8 标准在乌国落地应用存在协调难度大、报批程序复杂及审批时间冗长等特点。

按照乌国实施项目报审流程，设计各个阶段文件均需获得当地设计院和合作单位的共同审查、签署。同时，根据项目投资规模和业务归属特点，设计文件还需报送国家政府相关单位审查、批准。当地设计院、项目合作方及政府机关应用前苏联标准已近 100 年，存在思想保守、不熟悉国际标准的特点。协调当地设计院及项目合作方参与技术委员会审查，同意使用 ASME31.8 标准很难达成一致，甚至存在应用标准申请无法发出的情况。根据标准和计量认证局审批国外标准流程，D 线应用 ASME31.8 建设标准应用申请在顺利的情况下报批流程约需时间 7 个月，而且在每个环节中存在被拒绝应用的可能。

3 中亚天然气管道 D 线应用 ASME31.8 建设标准乌国落地应用措施

经过对乌国现行规范特点、国外标准乌国应用流程研究，借乌国油气管道设计建设标准 KMK2.05.06-97 不能满足 D 线设计压力 12MPA 要求的有利条件，在充分调研的基础上，创新采取“高层沟通、联合编制、应用考察、部委报批”的曲线战略推动标准落地应用，主要落地流程总结如下。

(1) 推动政府高层签署《以 ASME31.8 标准为依据编制专用技术标准行动计划》纪要，计划确定了编制单位、审查部委及审批部委。面临受相关规定条款限制、项目无法实现直接采标的情况，推动乌政府按照“折中”方案签署编制标准的纪要，为协调标准转化落地奠定基础。

(2) 协调标准编制单位严格按照 ASME31.8 标准条款完成标准转化。针对合作伙伴及标准转化编制单位反对应用 ASME31.8 标准的实际情况，为了加快执行标准落地使用，采取了“关键条款保留，部分条款融合，共同参与编制，联合审查定稿”编制策略，经过多次往复审查标准编制顺利完成。

(3) 组织审批部委开展实地考察 ASME31.8 标准应用实例。因长期受“大安全系数”长期影响，部委部分专家对引入标准意见也持有怀疑态度。为增加审查专家对拟用标准的信服度，组织 ASME 标准应用专家调研团前往国内参观标准应用实例。经实地考察，审查专家消除了拟用标准安全性疑虑，为标准后续审批奠定了基础。

(4) 建设部组织技术会议审批 ASME31.8 标准落地应用。经多方审查和征求意见，乌国建设部利用技术例会对标准应用进行最终讨论，并与相关部委联合签署批准 ASME31.8 标准在 D 线使用的例会纪要，实现标准最终落地应用。

4 与乌兹别克标准合作建议

自 1992 年中乌两国正式建立外交关系以来，中乌政治、经济及人文等各领域合作得到全面快速发展并取得丰了硕成果。2020 年乌中贸易额在乌外贸总额中占比高达 17.9%，我国已成为乌国最大贸易伙伴国。2020 年我国在乌企业已达 1652 家，其中独资企业已超过 120 家，已成为乌国最大的投资来源国。随着我国与乌国合作逐渐深入，合作领域将不断拓展、合作项目将逐年攀升，标准差异将严重影响合作项目增长和收益。中国标准引入乌国不仅有利于消除贸易壁垒、促进乌中贸易流通发展，同时也可促进中乌合作项目发展、实现项目投资设定收益。

随着对外对外贸易增长和外国投资项目实施，乌国政府已意识到“现行标准和经济发展严重不符合”的问题，对于某些大型外资建设项目出具总统令明确使用国际标准和投资国标准实施设备采购和建设工作，同时也令责成标准局引入国际标准开展本国标准修订工作。我国在国际标准制定和促进世界经济合作、互联互通中发挥着重要作用，已有多项标准被认定为世界标准，完全具备将中国标准引入乌国的能力。借助我国实施“一带一路”建设、实现国际合作和乌国修订标准机遇，实施两国标准合作，积极推动中国标准引入乌国将极大程度实现贸易互惠和项目合作，完全符合两国经济、贸易合作共同需求。为充分实现合作项目经济效益和社会效益，推动我国标准走出去，实现标准技术研究和转化合作，建议如下。

(1) 积极推动签订“标准采用”政府间协议。政府间协议是外国标准落地乌国的法律依据，建议推动政府签订标准合作协议，开展标准合作。或在与乌国开展项目合作时，推动政府间协议中明确采用中国标准开展项目建设和运营工作。

(2) 参与乌国标准的编制和升版工作。随着经济发展，乌国已意识到标准更新滞后对经济发展的影响。2021 年 5 月，乌总统令要求相关部门引入 11000 国际标准对本国相应标准进行替换。因乌国技术人员对国际标准熟悉程度有限，仅可对标准进行简单修订。建议借乌国引入国际标准的有利时机，积极推动标准编制合作，将中国部分标准引入乌国落地应用。

(3) 开展标准互认工作。共建“新一带一路”使中乌双方的合作关系进入发展的黄金时期，建议利用合作机会推动“标准互认”工作。我国已与英国、法国、阿尔巴尼亚数等数十个国家标准化机构签署深化合作协议，协议确定在双方共同关注的领域，相互采用对方标准。建议我国也与乌国签订标准互认协议，推动我国大批次相关领域标准进入乌国，推动合作领域的中国标准在乌国落地应用。

(4) 采取“曲线”战略，推动标准落地。对于实施比较迫切的项目，可采取“曲线”战略推动标准落地。利用乌国现行标准不能满足项目设计需要的契机，采取“高层推动，跟踪落实”的工作方法敦促标准落地。针对经济发展缓慢的现实情况，对于乌国存在标准空白区域，也可以利用“曲线”方式开展联合编制方式推动标准落地。

参 考 文 献

[1] 王一斌．乌兹别克斯坦油气领域发展及与中国的合作[J]．商业评论 2017，2：10-11.
[2] 党学博，李怀印．中亚天然气管道发展现状与特点分析[J]．油气储运，2012，32(7)：692-697.
[3] 王越，王楠，张静．对中亚三国油气合作现状及分析[J]．中国矿业，2009(4)：4-7.
[4] 孙晓蕾，何琬．我国海外油气利用的战略选择研究[J]．中国能源，2011(12)：14-18.
[5] 张延萍．乌兹别克斯坦油气工业的现状与未来[J]．国际石油经济，2010(1).

基于遗传算法和深度学习模型的天然气日输量预测

谷思昱　丁　祎　安振山　万　鹏　袁运栋　郝　郁　武晓彩　刘海鹏

（中油国际管道有限公司）

摘　要　天然气管道输气量预测是一个复杂的任务，其中涉及到多个国家的天然气开采、工业、人口、温度、政治等诸多因素，且数据往往存在无规律大幅度震荡，难以精准预测。在对中国-中亚天然气管道的乌兹别克斯坦供气线路和转供国内线路合计的每日输气量数据分析基础上，着重于特征选择和精准预测，构建日输气量预测模型。本次研究提供优化的遗传算法用于选择全局最优的特征组合，改进方法在进行种群选择时不仅考虑模型准确率和特征相似度，也考虑特征之间的业务相关性；在预测模型中，对深度学习模型 LSTM 进行了改进，针对序列中的异常值添加惩罚函数，提升遗忘门的权重的同时降低输入门的权重，使得模型更多的学习历史信息而非当前的输入数据。

关键词　遗传算法　LSTM　天然气输气量预测　特征工程　中亚天然气

1　引言

中亚天然气管道是我国第一条跨多国进口天然气管道项目，也是规模最大的陆上天然气进口通道。自 2018 年冬季供应起，中国-中亚天然气管道日输气量已达到 1.6 亿立方米，达投产以来最高值，管道负荷率几乎达到 100%，生产压力和保供压力巨大，天然气供需处于紧平衡状态。在实际运行中，各气源国均由于资源开采能力、本国需求变化以及其他政治因素而影响向中国出口天然气的能力，并且天然气的需求量存在明显的季节趋势，冬季需求旺盛，但是储气库的调峰能力远低于国际水平，因此精准预测管道供应量对保障供应、调整供需有重大意义。在实际运行中，存在很多困难：

影响供应的因素复杂，涉及中亚、俄罗斯、欧洲多国的天然气开采、本国工业和民生用气量、中亚各国和俄罗斯和欧洲间的天然气贸易量、可替代能源相关、汇率、天气、政治等诸多因素。

市场透明度低，数据获取难度大，重要影响因素的数据缺失严重。气田采气量、本国消耗量、天然气贸易量等数据属于国家机密，无法获得或购买；人口数据只有年颗粒度；政治的影响很大，但政治影响难以量化。

预测每日供气量，建模难度大。历史供气量数据存在许多无规律大幅度震荡，需要把很多业务知识纳入模型以提高预测准确性。

天然气输气量预测准确性很大程度上依赖于特征的选取和预测的模型。近年来也有一些相关领域的研究成果，从生产、需求、市场波动、弹性等方面进行综述和研究。中国-中亚管道的天然气输气量影响因素非常复杂，BožidarSoldo 曾在 2011 年发表了一篇 survey 分析和综合了当时已发表的预测天然气消耗的论文，包括对应用领域的见解，使用的数据、模型和取得的成果，对我们挖掘影响天然气输气量的影响因素有很大帮助。Dongmin Qian 使用多参数训练 ANN 模型进行小时级天然气负荷预测，参考和对比了诸多影响因素，例如天气数据、节日等等，He，Guang-jing 的论文中提到了工业、城市、人口等因素。

天然气输气量预测是一个典型的序列预测问题。Saud M. Al-Fattah 采用时间序列的方法预测美国天然气产量。Nil Aras 预测了天然气的居民消费量，使用遗传算法估计多元线性回归的参数，表示了天然气消耗量与影响因子之间的定量关系，为模型提供很好的解释性。Zia Wadud 使用动态计量经济模型预测天然气需求量，Gutiérrez 结合 Gompertz 模型预测了西班牙的天然气使用情况，Vondracek 采用非线性模型解决个人住宅或小型商户的天然气消耗问题。这些都是采用比较经典的预测模型，对于大幅度、无规则的震荡序列预测准确度有限。R. H. Brown，I. Matin 提出对比线性回归和神经网络模型的预测效果，RokHribar 曾经使用城市居民数据用于天然气需求预测，参考对比了多种机器学习和神经网络模型，Xiaoyu Wang 对比了计量经济学、神经网络和灰色预测的方法。这三篇论文的对比结果都是神经网络在预测准确性方面表现更好。事实证明神经网络是个非常有效的预测模型，多位学者在这方面不断进行改进和优化。Nan Wei and Changjun Li 曾经采用优化后的 PCA 和 LSTM 进行特征选择与模型预测。在另一篇论文里也提到了另一种解决方案，采用 FSA-LGA-SVR 进行因子选择和序列预测。但是这种方法存在一些局限性。这里提到的特征工程算法只能对单一特征的重要性进行排序，不能对特征组合进行筛选，更不能生成衍生特征。我们在特征选择上考虑了更好的解决方案。Feng Yu，Xiaozhong Xu 采用改进后的 BP 神经网络预测天然气短期负荷，其中通过实编码遗传算法对网络进行优化，加快收敛速度，改善动量因子。A. Khotanzad 和 H. Elragal 提出了结合自适应神经网络的模型进行负荷预测。是通过集成三个单独的预测器形成一个组合模型提升预测准确性，并将人工神经网络（Artificial Neural Network）应用于天然气消耗预测。Konstantinos Papageorgiou 采用自适应神经模糊推理系统预测了希腊日用天然气消费量。Ioannis P. Panapakidis 才用了小波变换、遗传算法、自适应神经模糊推理系统和前馈神经网络预测了每天的天然气消耗量。这些方法都对我们针对数据特点改进神经网络提供很好的借鉴。除此之外，Huai Su，Enrico Zio 致力于小时级天然气消耗预测。首先采用小波变换进行分解，降低任务复杂性然后采用 Bi-LSTM 进行预测。但是在我们的数据中不适用这种模型方法。小时级数据是当然更好，因为通过数据探查发现数据的自相关性很强。但是用于输气量预测的小时级数据不可得。天级别的数据几乎不存在周期性，并且存在大幅度的震荡，即使采用小波变换也存在很大预测误差。

2 模型框架

在本案例中共有 300 多个可用特征，因此进行特征筛选是有必要的。我们采用遗传算法进行特征选择，在作为选择依据的适应度函数中，除了考虑特征相似性和对目标变量预测的准确性之外，还添加了关于业务相关性的判断指标，采用特征相关矩阵表示特征两两之间的业务相关性，对于相关性越强的特征组合赋予更高的适应值，有利于加快收敛、选择全局最优特征组合和满足可解释性。

在特征工程之后，经过多种试验考虑采用 LSTM 模型进行预测。为了提升准确率，减小由于无周期性的大幅度震荡带来的预测误差，考虑在单元状态的更新函数中加入惩罚函数。首先依据统计学方法判断异常值，如果当前输入为异常值，则在单元状态的更新函数中尽量多的考虑历史信息而不是当前的输入状态。这样做的目的是在输气量异常后回到正常水平时，避免因为异常值的存在而影响预测准确性，从而提升预测效果。

2.1 基于遗传算法的特征筛选

2.1.1 遗传算法

遗传算法的基本思想是仿效生物进化与遗传，根据“生存竞争”和“优胜劣汰”原则，借助选择、交叉、变异等遗传操作，使所要解决的问题从初始解一步步地逼近最优解。它将每个可能的解看作是群体中的一个个体(染色体)，并将每个个体编码成字符串的形式，根据预定的目标函数对每个个体进行评价，给出一个适应度。算法开始迭代时，总是随机地产生一些个体，根据这些个体适应度，利用遗传算子对这个个体进行遗传操作，保留优等个体，淘汰劣质个体，得到一群新的个体，新个体继承了父代的优良性状，因而要优于父代，使算法朝着更优解的方向进化。遗传算法对复杂的优化问题不需要进行复杂的计算，只用几种算子(选择、交叉、变异等)就能得到最优解，是一种全局寻优算法。这种算法的主要特点不仅是采用群体搜索策略和可实现群体中个体之间的信息交换，且搜索过程不依赖于梯度信息。它尤其适用于处理传统搜索方法难以解决的复杂和非线性问题。

遗传算法的伪代码思路如下所示：

```
1) 初始化参数，随机生成第一代种群 parents
2) 执行循环
   a) 计算种群中每一个个体的适应度 F(i)
   b) 初始化一个空的种群 new_parents
   c) 执行循环
      i. 根据适应度以比例算法从种群 parents 中选出 2 个个体
      If   random(0, 1)<交叉概率
           执行交叉操作
      Elif random(0, 1)<变异概率
           执行变异操作
   d)将 2 个新个体加入 new_parents 中
   e)停止循环直到 M 个子代被创建
3) 用 new_parents 替代 parents
4) 停止循环直到所有个体适应度函数都超过阈值或繁殖代数超过阈值
```

2.1.2 特征筛选

特征选择是对原始特征空间采取的降维措施，即从一组候选特征中选出一些最有效的、对任务贡献最大的特征组成一个最优特征子集。从优化角度来看，特征选择的过程实际上是一个特征优化组合的过程。特征选择的目标是用少量的特征达到相同或更好的效果，因此，对于相同表达能力的个体，其特征数目越少越好。本文拟采用遗传算法用于天然气输气量特征项的选择，是基于如下的考虑：

首先，当特征空间很大时，特征选择是一个非常困难的优化工作。特征选择问题，其实就是确定每个候选特征项在最终特征项集合中是否出现，从而确定一个最优特征项集合的组合优化问题。已经证明，该问题是 NP 难的。因为对于 m 个候选特征，它可能的特征组合总共有 2^m 种可能(每个特征项都有出现或不出现两种可能)。穷举法的做法是穷举这 2^m 种可能来搜索使分类器性能最好的一种组合，从而得到最优的特征项集合。很显然，穷举法可以

得到全局最优特征子集，但这种方法计算量太大，尤其对于大特征集的处理任务，不具备实际可行性。而现有的特征选择算法，采取的是回避这个组合爆炸问题的策略，它们不搜索整个可行域空间，也就是说，并不去尝试每一种可能的特征组合，而是对每一个特征项计算一个统计值，按值排序取较大者。这种做法的缺陷是很明显的，因为没有搜索到所有的可能空间，所以，很难或者说不可能取得全局最优解。而遗传算法恰好适用于解决这类由于规模复杂而用传统方法难于解决的问题。遗传算法的本质并行性的特点，决定了它对于处理这一类问题是很有优势的。它采用简单的编码技术来表示各种复杂的结构，并通过对一组编码表示进行简单的遗传操作和优胜劣汰的自然选择来指导学习和确定搜索的方向。由于它采用种群(即一组表示)的方式组织搜索，这使得它可以同时搜索解空间内的多个区域，并相互交流信息，这种搜索方式使得它虽然每次只执行与种群规模 N 成比例的计算，而实质上已进行了大约 $O(N^3)$ 次有效搜索。这使得遗传算法能以较少的计算获得较大的收益。而且用种群组织搜索的方式使得遗传算法特别适合解决这一类大规模问题，在取得全局最优解的同时，保证搜索到所有的可行空间。

把由不同特征项组成的特征向量看作个体，基于个体相似度不断搜索问题域空间，使其不断得到进化。也就是说，在这样的处理方式中，最终的特征项集合包含的特征是在不断的根据个体适应度动态自适应变化的，在算法结束时得到的最优解中，所包含的特征项由算法自适应确定，然而在天然气输气量预测任务当中，不同的输气管道的预测对应着不同的特征集且特征与特征之间具有对应的相关关系，如果只是考虑使用遗传算法自适应确定特征集，会忽略具体场景的业务知识，因此，本文在遗传算法的基础上引入业务知识，充分将特征之间的业务相关性与自适应的算法相结合，在提升模型的效果同时也使得模型具有较好的解释性。

2.1.3 具体流程

1. 初始种群

初始种群由一系列的个体随机构成，种群中的每个个体都包含一系列的待选特征，代表一种解决方案。初始种群的编码方式有多种，例如实数编码、格雷码、整数编码和二进制编码。本实验采用的是二进制编码方式，待选特征是天然气输气量预测相关的特征构成的一个 n 维特征空间。n 维的特征空间被编码为 n 维的向量，通过二进制编码的方式对 n 维的向量进行编码，当向量的第 i 位为 1 时则代表第 i 个特征被此个体采用；当向量第 i 位为 0 时则代表第 i 个特征被此个体抛弃。

2. 适应度函数的构造

在遗传算法中，适应函数是用来区分群体中个体好坏的标准，是算法演化过程的驱动力，是进行自然选择的唯一依据。改变种群内部结构的操作皆通过适应值加以控制，因此，适应度函数是遗传算法实现的关键，直接影响到遗传算法的收敛速度及能否找到最优解，不同的适应度函数往往得到不同的优化特征子集，适应度函数与要解决的问题空间密切相关。本文综合分析任务的特点，适应度函数的构造应满足如下目标：

1) 所选特征子集必须满足一定的业务相关性。本文根据先验知识预先定义了特征相关矩阵 feature，矩阵当中的权重代表业务相关性的大小，用于衡量两两特征之间的业务相关性，从而将业务知识引入遗传算法当中，于是，每一个染色体中的业务相关性大小可通过其基因在特征相关矩阵的权重来衡量，其业务相关性越突出，染色体 x_i 的权重越大，表示该染色体所对应的特征组合的重要性越大，因此应赋予较高的适应值。

$$w(x_i) = \sum_{j}^{m} \sum_{k}^{n} feature_{jk} \tag{1}$$

2）尽量靠近最优特征子集。可通过个体之间的相似度来度量，一个较优的个体，在表示同一目标的种群内应该具有更多的相似个体，而一个较差的个体则具有很少的相似个体，第 j 个个体的相似度可以采用下式计算：

$$\text{simdeg}(x_j) = \frac{1}{m} \mid simnum(x_j) \mid \tag{2}$$

$$\text{simnum}(x_j) = \{\text{set}(x_j) \mid i=j \wedge \text{sim}(x_i,\ x_j) \geqslant \theta\} \tag{3}$$

$\mid simnum(x_j) \mid$ 为与 x_j 相似度超过 θ 的个体数目，θ 为设定的相似度阈值，$\text{sim}(x_i,\ x_j)$ 表示个体 x_i 和个体 x_j 的相似程度，可用余弦相似度。

3）采用提前准备好的预测数据计算 accuracy 作为适应度函数衡量模型好坏

4）定义适应度函数：

$$f(x_j) = \alpha \times w(x_i) + \beta \times \text{simdeg}(x_j) + \gamma \times accurary \tag{4}$$

3. 选择

选择的过程是在个体经过适应度函数的计算之后进行，与适应度函数有密切的联系，再通过选择算法选择用以产生下一代个体的父母个体，为种群繁殖做准备。常见的选择算法有轮盘赌选择法（roulette wheel selection，RWS）、锦标赛选择法和随机遍历抽样法等。轮盘赌选择法是遗传算法中最常用的算法，在本实验中，采用轮盘赌选择法，根据轮盘赌选择法，则种群中第 i 条个体入选成为父母个体的概率公式为：

$$P(i) = \frac{\text{Fit}_i}{\sum_{i=1}^{n} \text{Fit}_i} \tag{5}$$

Fit_i 表示的是种群中第 i 条个体的适应度函数值，根据初代种群中设置的数量进行相应次数的选择，由此得到与初代种群数相同数量的个体，作为父母个体，进行下一步操作

4. 交叉

交叉是将通过选择操作后留下的父母个体进行特征互换，特征互换的多少是根据交叉概率来决定的，交叉算法根据种群编码方式的不同而各不相同，二进制编码的交叉方式有均匀交叉、融合交叉、单点交叉和多点交叉等，在本文中，采用交叉概率为 0.7 的多点交叉方式，形成新的个体。下图为父母个体最后一位特征交叉互换产生新个体的示例：

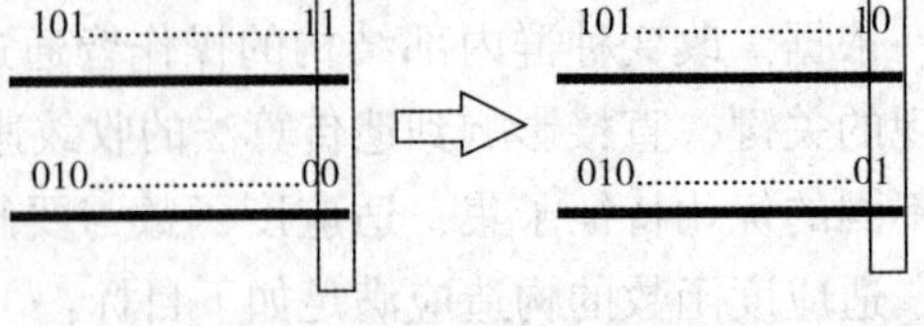

图 1　交叉示例

5. 变异

变异操作是针对单个特征的操作，根据变异的概率来确定发生突变的特征的数量，在二进制个体当中，变异方式是将 0 变 1 或是 1 变 0，通过这样的方式产生新的个体。变异的方

式也有很多种，例如非均匀变异、边界变异、基本位变异和均匀变异等。下图为特征位当中的最后一位发生变异的示例：

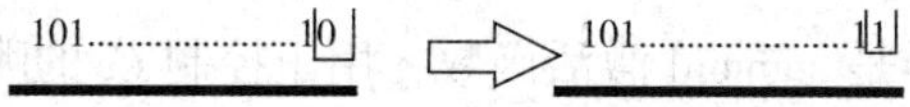

图 2　变异示例

2.2　优化 LSTM

2.2.1　LSTM 模型

影响天然气供应的机理复杂，影响因素众多，涉及历史输气量、管道沿线温度、能源期货价格、天气、节日等众多影响因素。并且对历史输气量进行数据探查发现，数据呈现高度的自相关性，而且时常会出现无规律的震荡，且波动范围非常大，异常值很多。因此准确预测的重点在于如何准备预测异常值并降低这些异常值对序列预测的影响。

LSTM 是目前序列预测中应用最广泛的神经网络，具有非线性逼近、长期依赖、自适应学习能力，适合天然气输气量复杂震荡、自相关性强、非线性的序列预测模型。

LSTM 最核心的部分叫做单元状态，如图所示，他自始至终存在于 LSTM 的整个链式系统中。

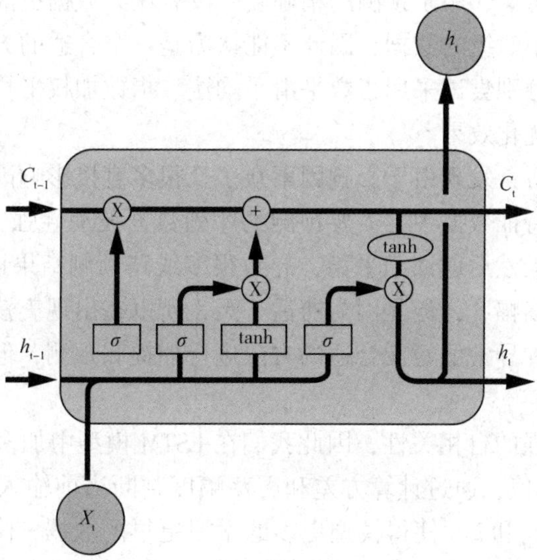

图 3　LSTM 单元

其中

$$C_t = f_t \times C_{t-1} + i_t \times \tilde{C}_t \tag{6}$$

$$f_t = \sigma(W_f \cdot [h_{t-1}, x_t] + b_f) \tag{7}$$

f_t 称为遗忘门，是[0，1]范围内的 sigmoid 激活函数，表示 C_{t-1} 的哪些特征被用于计算 C_t。

$$i_t = \sigma(W_i \cdot [h_{t-1}, x_t] + b_i) \tag{8}$$

$$\tilde{C}_t = \tanh(W_C \cdot [h_{t-1}, x_t] + b_C) \tag{9}$$

$\tilde{C}_t$ 表示状态更新值，由输入数据 x_t 和隐节点 h_{t-1} 经由一个神经网络层得到，单元状态更新值的激活函数通常用 tanh。

$$C_t = f_t \times C_{t-1} + i_t \times \tilde{C}_t \tag{10}$$

i_t 是输入门，同 f_t 一样是 sigmoid 激活函数，用于控制 $\tilde{C}_t$ 的哪些特征被用于计算 C_t

$$o_t = \sigma(W_o \cdot [h_{t-1},\ x_t] + b_o) \tag{11}$$

$$h_t = o_t \times \tanh(C_t) \tag{12}$$

最后，为了计算 $\hat{y}_t$ 和生成下个时间片完整的输入，需要计算隐节点的输出 h_t。h_t 由输出门 o_t 和单元状态得到，其中 o_t 的计算方式和 f_t 以及 i_t 相同。

2.2.2　序列预测

在使用传统 LSTM 模型进行拟合和预测时，有尝试过多种其他方案：一是采用机器学习模型进行预测，LGBM，XGBoost 等模型在序列预测中也经常被广泛使用，但是在本实验中，LGBM 和 XGBoost 的预测准确度普遍低于传统的 LSTM，原因是预测结果过于平滑，对于序列的波峰和波谷预测都存在较大偏差；二是采用更细粒度的数据，输气量数据本身具有很强的自相关性，因此如果可以获得更细粒度的数据那么将大大减小不规则大幅度波动，不幸的是，小时级的数据是瞬时数据，是该小时内某个时刻的瞬时输气量，并非每小时输气量的统计值，因此不具有统计意义，用于预测的精确度并没有比天数据更高，然而几乎所有的相关因素和外部特征都没有小时级的数据，因此不能认为是一个合适的方案；三是考虑在数据预处理是进行数据平滑，分别尝试采用指数平滑平均法、指数加权平均法进行平滑，从结果来看，并没有对结果产生优化效果。

对预测结果进行分析，发现由于影响因素众多且很多直接影响因素不可得，所以预测存在一定误差。在现有的特征数据中，需要预测的序列数据波动性强，时常出现大幅度震荡，且不具有周期性，1~2 天然后就回归平稳，导致很多线路预测结果误差很大。LSTM 可以准确的获得震荡信息和震荡幅度，但是因为滞后一天，所以在出现震荡和回归平稳的那一天预测误差很大。对于突发的异常值暂无合适的方法进行捕捉和预测，但是可以通过预测异常后的回落趋势提升精确度。

考虑到数据具有很强的自相关性，因此我们在 LSTM 模型中加多一个惩罚函数，输入为历史 14 天的输气量真实值，通过计算方差和震荡幅度判断当前输入值是否为一个异常震荡值，如果是则调整参数 f_t 和 i_t，使得模型更多的学习更早的数据，降低当前输入 x_t 的权重，避免输气量数值在第二天回到正常水平时预测值受前一天的异常值影响过大。

具体流程如下：

(1) 检测异常值：采用统计学识别异常值区间的方法，根据样本数据计算均值 μ 和标准差 σ，并且设定常数系数 k，当如果存在 $|x_t - \mu| > k\sigma$ 时，则 x_t 被判定为异常值。本案例中考察的是相比前一天输气量大范围突增和突降的异常点，因此采用历史 14 天的数据，计算标准差 σ_t，如果存在 $|x_t - x_{t-1}| > k\sigma_t$ 就属于异常值，其中 k 是一个系数，由数据探查得到。值得注意的是，σ_t 是由第 t 天的历史 14 天的数据获得，是一个不断更新的统计量，因为考虑到输气量的整体波动幅度可能会受到政策、管道检修等影响出现系统性改变。

(2) 定义指示函数作为 f_t 和 i_t 的惩罚项：

$$f_t = \sigma(W_f \cdot [h_{t-1},\ x_t] + b_f + H) \tag{13}$$

$$i_t = \sigma(W_i \cdot [h_{t-1},\ x_t] + b_i - H) \tag{14}$$

$$H=\begin{cases}0 & \text{if}\mid x_t-x_{t-1}\mid \leq k\sigma_t\\ e^{l*\mid x_t-x_{t-1}\mid /k\sigma_t} & \text{if}\mid x_t-x_{t-1}\mid >k\sigma_t\end{cases} \tag{15}$$

当输入的 x_t 与 x_{t-1} 的绝对值大于 $k\sigma_t$ 时，则认为 x_t 是异常值，H 取值为 $e^{l*\mid x_t-x_{t-1}\mid /k\sigma_t}>e^l$，$l>1$。并且 x_t 超出 x_{t-1} 的范围越多，则该点的异常越显著，对应的 H 点的取值越大；

当输入的 x_t 与 x_{t-1} 的绝对值小于等于 $k\sigma_t$ 时，不认为 x_t 是异常值，H 取值为 0，不影响原先的计算公式。

在进行 f_t 和 i_t 的计算时，他们都是 sigmoid 函数，依据 sigmoid 函数的特征可得，f_t 和 i_t 的取值范围都是[0，1]，在[−∞，+∞]是单调递增函数，且当 x>6 时，$y=sigmoid(x)$ 接近于 1，当 $x<-6$ 时，$y=sigmoid(x)$ 趋近于 0。换言之，如果 x_t 是异常值，则 $H>le$，$f_t=\sigma(W_f\cdot[h_{t-1},\ x_t]+b_f+H)$ 会增大并不断趋近于 1，$i_t=\sigma(W_i\cdot[h_{t-1},\ x_t]+b_i-H)$ 会不断减小并趋近于 0；如果 x_t 不是异常值，则 $H=0$，不影响 f_t 和 i_t 的计算。

3. 改进更新函数：

$$C_t=f_t\times C_{t-1}+i_t\times\tilde{C}_t \tag{16}$$

4. f_t 和 i_t 是权重，负责分配 C_t 有多少信息来源于历史数据 C_{t-1}，有多少信息来源于当前的输入 x_t。如果 x_t 是异常值，则 $H>le$，f_t 函数更趋近于 1，同时 i_t 函数更趋近于 0，因此 C_t 更多读取 C_{t-1} 而不是 $\tilde{C}_t$，因此尽量多的考虑到 t−1 及之前的历史信息而不是当前的异常值；如果 x_t 不是异常值，则 H=0，依旧按照原先的公式进行计算和更新。

3 模型评估

3.1 数据描述

我们使用的数据是中亚管道沿线各气源输气的历史数据和相关数据，包括供气站的供气量、天然气产量、消费量、出口量等等。另外，还有管道沿线重要城市的温度、工业数据、人口数据、节假日数据等等。中国–中亚天然气管道起于阿姆河右岸的土库曼斯坦和乌兹别克斯坦边境，经乌兹别克斯坦中部和哈萨克斯坦南部，从霍尔果斯进入中国，成为“西气东输二线”。管道全长约一万公里，其中土库曼斯坦境内长 188 公里，乌兹别克斯坦境内长 530 公里，哈萨克斯坦境内长 1300 公里，其余约 8000 公里位于中国境内。管道分 AB 双线敷设，单线长 1833 公里，是世界上最长的天然气管道。2019 年中国首条跨国输气管道——中亚天然气管道累计向国内输送天然气超 479 亿立方米。自 2009 年 12 月投产以来，已稳定安全运行 10 年，截至 2019 年 12 月 31 日，中亚天然气管道三线累计进口天然气 2946 亿立方米。每年从中亚国家输送到国内的天然气惠及 27 个省、直辖市、自治区和香港特别行政区的 5 亿多人口。

如图所示为 2017 至 2019 年乌兹别克斯坦供气量波动曲线和转供国内 ABC 线合计的统计曲线。

很明显的，由于政策、合约、开采量等因素，17、18、19 年输送天然气整体水平存在很大差异，18 年整体输气量明显更大，19 年相比 17 年波动性更加明显。从季节角度来看，夏季的供气量相比同年冬季更高更稳定，乌气管道每一年 11 月开始出现输气量下滑，直到第二年 4 月回升。在冬季期间，除了 17 年年初尚未开通乌气供应管道，其余都存在大幅度的震荡，转供国内 ABC 线则是在 10~11 月时存在大幅度跃升但又迅速回落。总体比较来

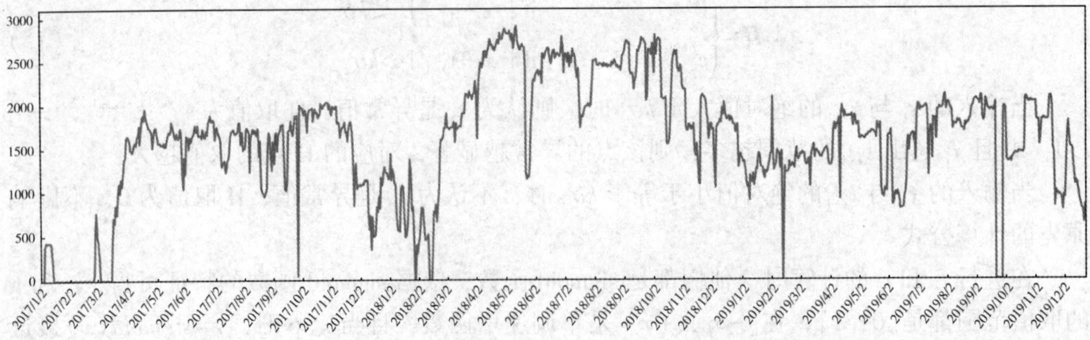

图4　乌兹别克斯坦供气量(万立方米)

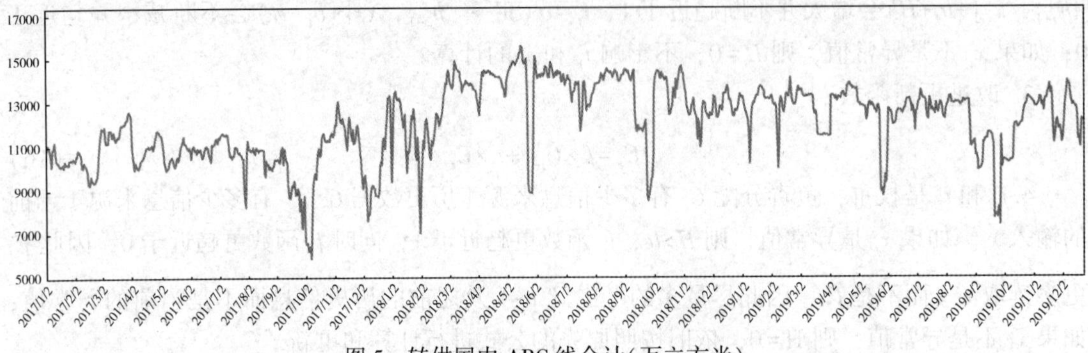

图5　转供国内ABC线合计(万立方米)

看，转供国内合计的预测难度更大，因为体量更大，震动频率更高，波动幅度更大。通过查阅资料和业务知识了解到，夏季中亚各国均处于天然气供过于求的状态，气源国温度适宜，因此中国-中亚管道供气量稳定；但是冬季中国由于供暖需求都对天然气需求大大提升，输气量却大幅减小并且持续震荡，中国作为天然气进口国家精准预测管道供应量对保障供应、调整供需有重大意义。通过数据探查，综合考虑训练模型的消耗和对效果的提升，我们认为17和18年的数据过于久远，19年夏季与冬季数据整体趋势不同，因此建模仅仅考虑19年冬季的数据。

如图所示为2019年11月1日至12月22日乌兹别克斯坦供气量曲线图，自相关系数和偏自相关系数。

如图所示为2019年11月1日至12月22日转供国内合计曲线图，自相关系数和偏自相关系数。

在时间序列中，自相关系数度量的是历史数据对自己当前的影响，公式如下：

$$\sum_{t=k+1}^{n} \frac{(x_t - \mu)(x_{t-k} - \mu)}{\sum_{t=1}^{n} (x_t - \mu)^2} \tag{17}$$

偏自相关系数表示是在给定中间k-1个随机变量 x_{t-1}，x_{t-2}，…，x_{t-k+1} 的条件下，或者说，在剔除了中间k-1个随机变量的干扰后，x_{t-k} 对 x_t 影响的相关度量，公式如下：

$$\rho_{x_t, x_{t-k}} = \frac{E[(x_t - Ex_t)(x_{t-k} - Ex_{t-k})]}{E[(x_{t-k} - Ex_{t-k})]^2} \tag{18}$$

经过试验，两条ACF曲线均呈现拖尾特征，并且当 $k \geqslant 3$ 时，两条PACF曲线出现明显的截尾特征，因此当前序列有很强的自相关性，并且当前数据强依赖历史两天的数据。

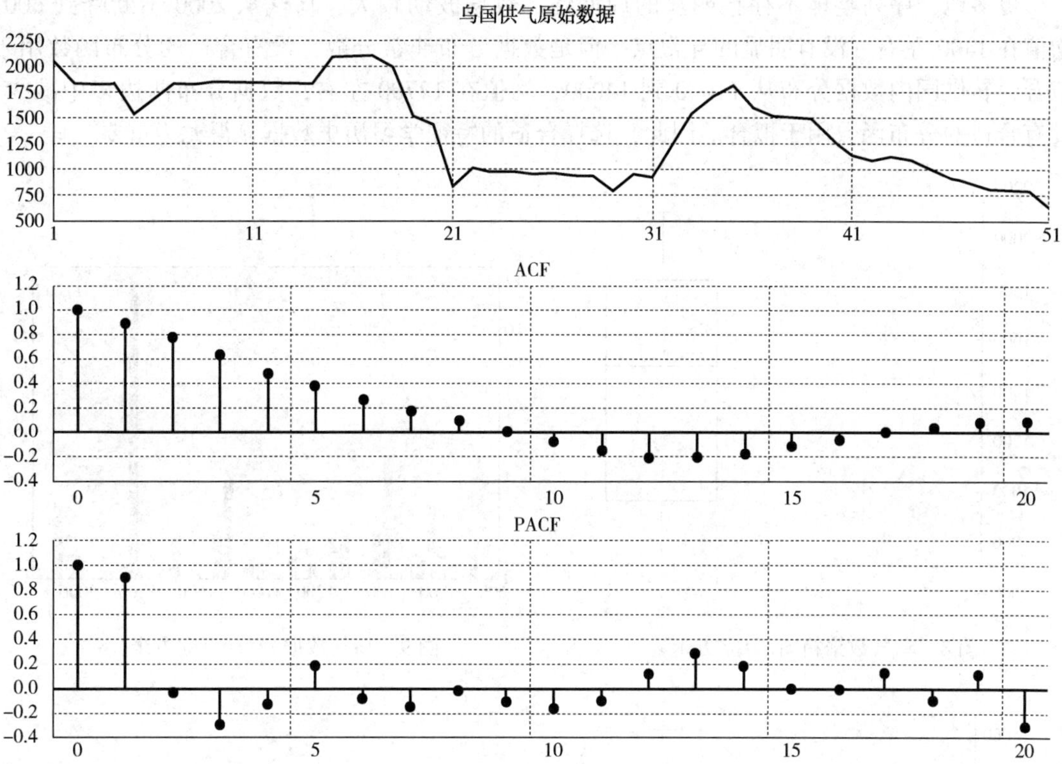

图 6　乌气序列分析图

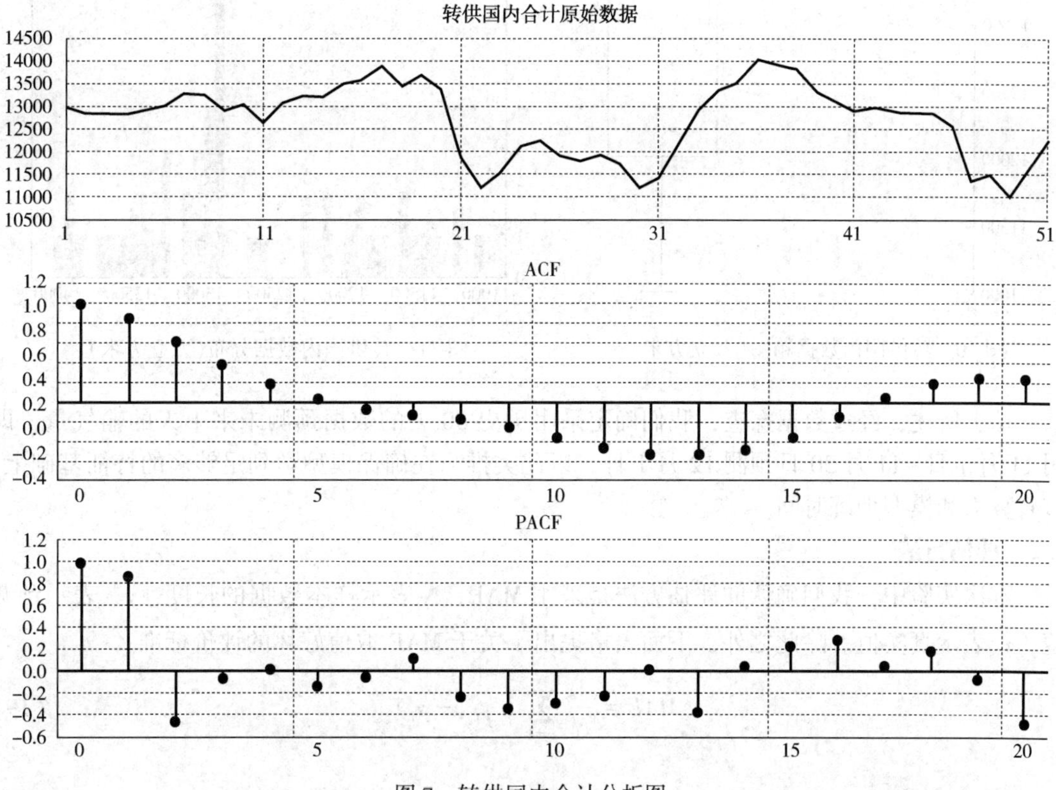

图 7　转供国内合计分析图

更多地，序列整体不存在明显的周期性，数据波动较大，乌气从 2000 不断降到 600，均值在 1400 左右，没有明显的异常点，但是数据分布非常分散，没有合适的分布函数用于拟合，转供国内数据分布从 11000 到 14000，均值在 12700 左右，数据分布两边多中减少，没有合适的分布函数用于拟合。因此，选择合适的特征学习历史数据显得尤为重要。

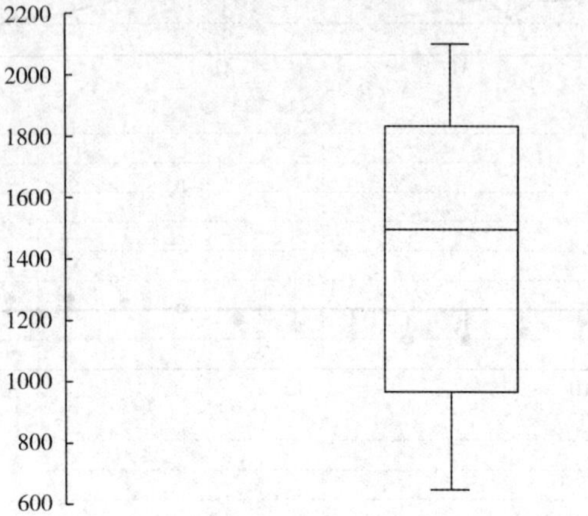

图 8　乌气数据箱图(万立方米)

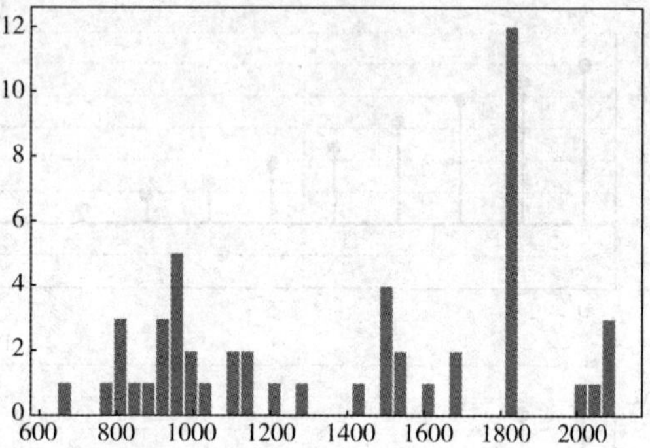

图 9　乌气数据分布(万立方米)

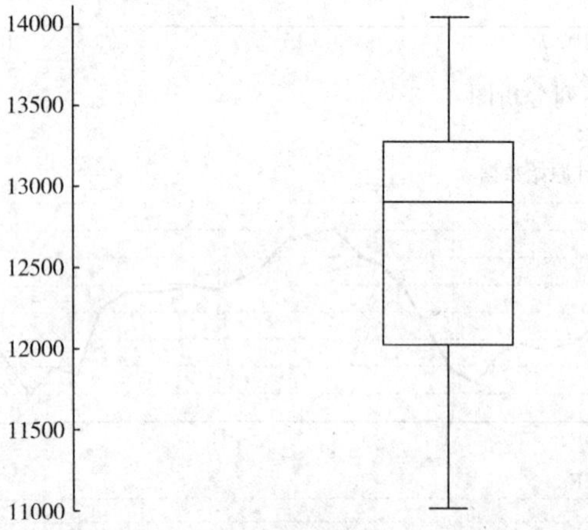

图 10　转供国内数据箱图(万立方米)

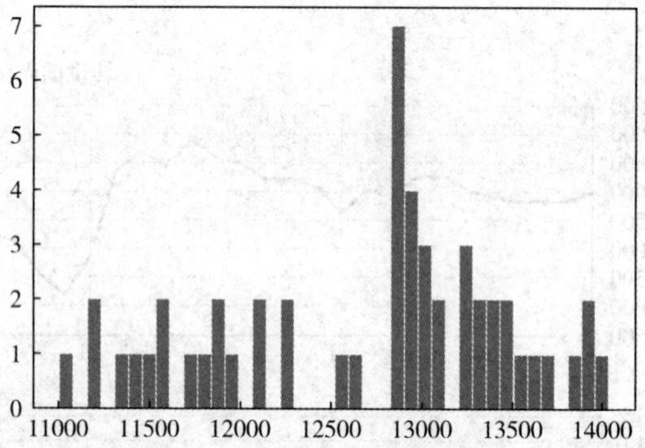

图 11　转供国内数据分布(万立方米)

综上所述，经过数据探查，我们确定采用历史 30 天的数据预测未来 1 天的输气量，即用 11 月 1 日~11 月 30 日预测 12 月 1 日，以此类推。在确保模型学到足够多的特征基础上，节省算力和模型训练时间。

3.2　评估方法

本次实验中，我们确认的评估方法是采用 MAE，N 表示样本数据的长度，y_i^* 表示预测值，y_i 表示真实值。除此之外，下面表格提出了关于 MAE 取值好坏的评价标准。

$$MAE = \frac{1}{N}\sum_{i=1}^{N} | y_i^* - y_i | \tag{19}$$

表 1 MAE 标准

MAE	<100	100~200	>200
Evaluation	Highly Accurate	Qualified	Inaccurate

3.3 特征工程

本次实验对比了传统的遗传算法和改进后的遗传算法。以下是参数设定参考：

表 2 遗传算法参考参数设定

参数名称	设定值	参数名称	设定值
初始种群数量	50、100、150	交叉概率	0.3 和 0.5
终止进化代数	200	变异概率	0.01 和 0.001

将整理好的全部特征投入模型中，首先采用枚举法尝试不同的参数，再根据实验结果进行适当微调。提高种群数量，可以提高点的密度，密度越大，对求解越有利，但计算量也越大。如果结果呈现的种群中的特征过于集中，就要增大变异概率，减小交叉概率；当然我们还希望在种群各个局部可以相对集中，如果没有明显的聚集区域，就要减小变异概率，增大交叉概率。

下表展示的是两种遗传算法得出最优结果时的参数设定值：

表 3 遗传算法最优参数设定

参 数 名 称	原始遗传算法	改进后的遗传算法
初始种群数量	150	150
终止进化代数	200	200
交叉概率	0.3	0.3
变异概率	0.001	0.01

下表分别是两种算法的最优解获得的特征列表：

原始遗传算法：

表 4 原始遗传算法推荐特征(乌国供气)

乌兹别克斯坦城市温度		哈萨克斯坦城市温度	俄罗斯城市温度	其他
Turtkul	Nukus	shalkar	Orsk	中亚管道 ABC 线合计监督计量数据-乌哈边境交气-乌气交气
Bukhara	Kurgan	Irgiz	Svetly	意大利柴油价格
Cizhduvan	Kulyab	Khromoeu	Troitsk	哈国代输气-AB
Kitab	Vakhsh	Kamysty		自耗气-中乌 C 线-UCS1 土气背负
Shakhrisabz	Bredy			加兹里供气
Zarafshan	Yuzhnouralsk			
Mangit				

表 5 原始遗传算法推荐特征(转供国内合计)

土国天然气出口量	哈国天然气出口量	哈南线城市温度	乌国城市温度	哈国城市温度	土国城市温度	其他
Georgia	China	Bozoy	Turtkul	Shalkar	Seide	阿姆河供气
Armenia	Poland	Aralsk	Bukhara	Irgiz	Turkmenabad	阿姆河日供气总能力

续表

土国天然气出口量	哈国天然气出口量	哈南线城市温度	乌国城市温度	哈国城市温度	土国城市温度	其他
World	Russian	Aitake-bi	Cizhduvan	Karabutak	Atamyrai	压气站数量及能力
	Ukraine	Zhosaly	Navoi	Khromoeu	Turkmenbashi	土国天然气探明量
	Azerbaijan	Zhandarya		Batamshinskiy	Dashoguz	土国天然气产量
	Kyrgyzstan	Kyzylorda		Karabalyk	Balkanabat	土国天然气消费量
	World	Shiyeli		Zhitikara		AB 线 TIP02
		Turkestan		Kamysty		C 线 TIP02
		Kentau		Lisakovsk		C 线 AKBULAK
		Arys		Ubaganskoye		C 线小计
				Almaty		哈国西南部气源日供气总能力
				Shymkent		压气站数量及能力

改进后的遗传算法：

表 6　改良后遗传算法推荐特征(乌国供气)

乌兹别克斯坦城市温度		哈萨克斯坦城市温度	俄罗斯城市温度	其他
Bukhara	Kurgan	Irgiz	Orsk	中亚管道 ABC 线合计监督计量数据-乌哈边境交气-乌气交气
Karshi	Kulyab	Karabutak	Svetly	意大利柴油价格
Kitab	Vakhsh	Khromoeu	Iriklinskiy	放空 AB
Shakhrisabz	Iriklinskiy	Batamshinskiy	Yuzhnouralsk	哈南线计量数据-哈南线分输-KP952
Zarafshan	Yuzhnouralsk	Kamysty		中亚管道 C 线监督计量数据 UKMS-土气
Mangit		Almaty		自耗气-中乌 C 线-UCS1 土气背负
				加兹里供气

表 7　改良后遗传算法推荐特征(转供国内合计)

土国天然气出口量	哈国天然气出口量	哈南线城市温度	乌国城市温度	哈国城市温度	土国城市温度	其他
Russian	China	Bozoy	Turtkul	shalkar	Turkmenabad	阿姆河供气
Georgia	Poland	Aralsk	Bukhara	Karabutak	Atamyrai	阿姆河气源总量
World	Russian	Aitake-bi	Navoi	Batamshinskiy	Turkmenbashi	阿姆河日供气总能力
	Switzerland	Zhandarya		Karabalyk	Dashoguz	土国天然气消费量
	Ukraine	Kyzylorda		Zhitikara	Balkanabat	土国天然气出口量
	Uzbekistan	Shiyeli		Kamysty	格达依姆	中亚管道 ABC 线合计监督计量数据-霍尔果斯交气-合计
	Azerbaijan	Arys		Lisakovsk		中亚天然气管道 AB 线能耗数据-管存 B 线-中哈
	Kyrgyzstan	Shymkent		Kostanay		德国液化石油气价格

续表

土国天然气出口量	哈国天然气出口量	哈南线城市温度	乌国城市温度	哈国城市温度	土国城市温度	其他
				Ubaganskoye		哈南线计量数据-哈南线进气-巴佐伊
				Almaty		中亚天然气管道 C 线能耗数据-自耗气-中乌土气自耗
				Shymkent		AB 线 TIP02
						C 线 TIP02
						C 线小计
						哈国西南部气源日供气总能力
						压气站数量及能力

分别用选出的特征投入到 LSTM 模型中，得到的预测未来 1 天的 MAE 结果分别是：

表 8　传统遗传算法与改进后遗传算法对比（万立方米）

	原始遗传算法	改进后遗传算法	提升效果
乌国供气	174	145	29
转供国内合计	416	250	166

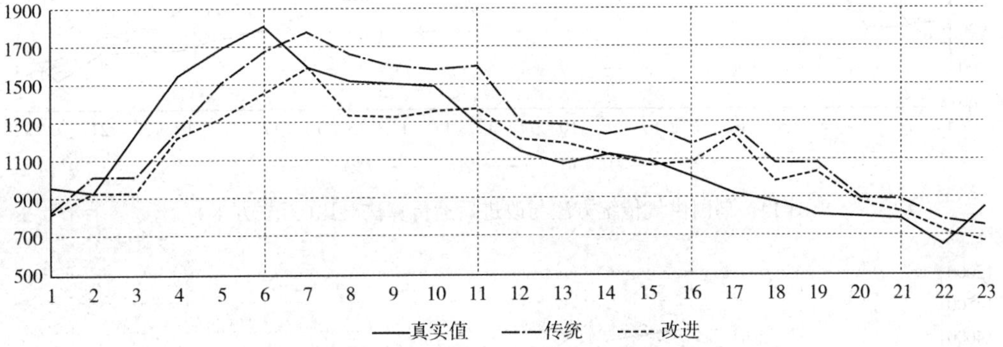

图 12　乌国供气传统遗传算法与改进后遗传算法对比（万立方米）

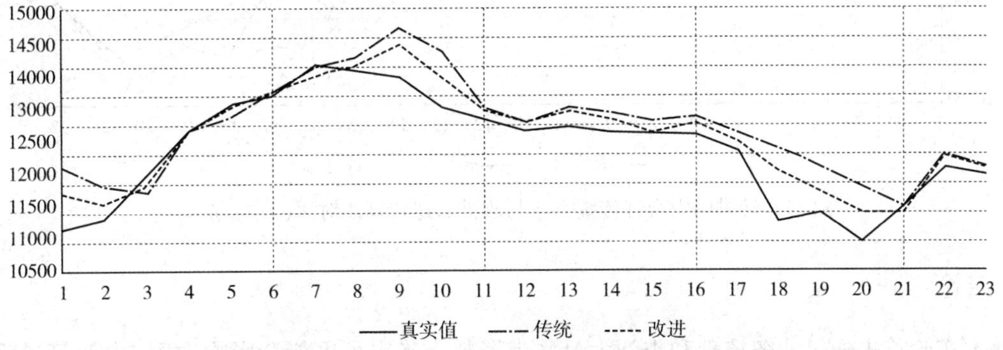

图 13　转供国内合计传统遗传算法与改进后遗传算法对比（万立方米）

3.4 预测模型

本次实验对比了传统的 LSTM 和改进后的 LSTM 模型。首先采用默认参数设置进行迭代，每轮迭代的损失函数变化情况进行调参。如果训练误差不断下降，验证误差不断下降，说明网络正在学习，如果已经到达迭代次数终止条件，那么应该适当的增加迭代次数；如果训练误差不断下降，验证误差不断上升，说明网络过拟合，可以采取截断或者替换正则项函数；如果训练误差趋于不变，验证误差趋于不变——网络已达到稳定或陷入局部最优解，可以适当增大学习率。

用改进后的遗传算法获得上述特征组合后，分别投入到传统的 LSTM 和改进后的 LSTM 模型，经过调参优化后，用历史 30 天预测未来 1 天的结果如下所示：

表 9　传统 LSTM 与改进后 LSTM 法对比(万立方米)

	原始 LSTM	改进后 LSTM	提升效果
乌国供气	145	110	35
转供国内合计	250	187	63

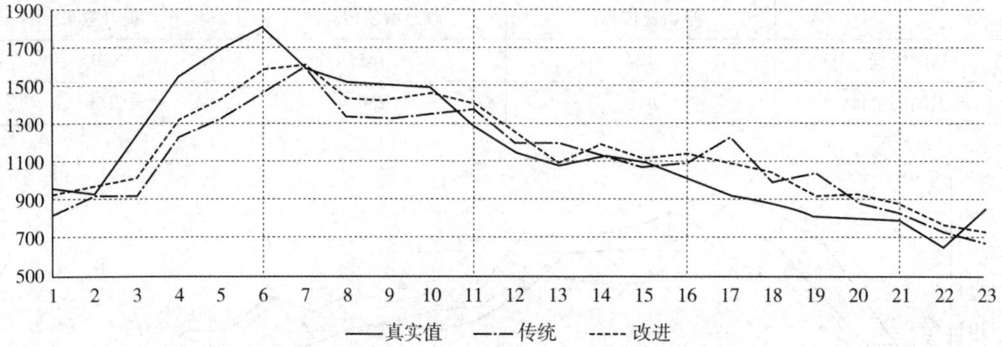

图 14　乌国供气传统方法与改进后遗传算法对比(万立方米)

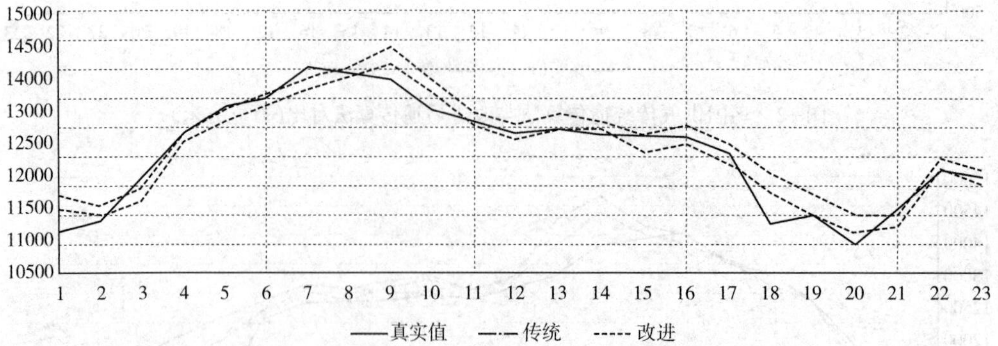

图 15　转供国内合计传统方法与改进后遗传算法对比(万立方米)

4 结论

本实验首先通过业务梳理和查阅大量文献资料，确定了可能会影响中国-中亚管道沿线输气量的影响因素作为特征。然后对比传统的遗传算法和改进后的遗传算法进行 A/B 测试，用 LSTM 模型验证结果，通过加入业务相关性优化适应函数，改进后的遗传算法提取出的特征组合与原方法大部分相似，但是也存在部分不同的特征，在乌气管道输气影响特征中主要添加了管道沿线的一些业务指标和管道沿线在哈萨克斯坦境内一些城市的温度。预测 MAE 较原始算法从 145 提升到 113，接近了 Highly Accurate；在转供国内合计的影响特征中，主要添加了输气站相关管线的特征，预测 MAE 从 573 提升到 421，有很大幅度提升。

随后对深度学习模型 LSTM 做出改进，通过在遗忘门和输入门中添加惩罚函数，在波动较大的节点学习更多之前的历史信息而不是当前的输入。采用改进后的遗传算法提取出来的特征组合，对原始和改进后的 LSTM 模型进行 A/B 测试，乌国供气预测 MAE 从 113 提升到 65，完全达到 Highly Accurate 水平；转供国内合计预测 MAE 从 421 提升到 331，接近 Qualified 水平。

参 考 文 献

[1] Tamba J G, Essiane N, Sapnken E F, et al. Forecasting natural gas: A literature survey[J]. International Journal of Energy Economics and Policy, 2018, 8(3): 216.

[2] Erdogdu E. Natural gas demand in Turkey[J]. Applied Energy, 2010, 87(1): 211-219.

[3] Qian D, Fox P H, See B L. Accurate Natural Gas Load Hourly Forecasting Using ANN Model Trained with Multiple Parameters[C]//PSIG Annual Meeting. Pipeline Simulation Interest Group, 2015.

[4] He G, Xiao R, Liang S. Prediction and Influencing Factors Analysis of Natural Gas Consumption in China Based on SPSS[C]//2015 International Conference on Automation, Mechanical Control and Computational Engineering. Atlantis Press, 2015: 86-90.

[5] Al-Fattah S M. Time series modeling for US natural gas forecasting[C]//International Petroleum Technology Conference. International Petroleum Technology Conference, 2005.

[6] Aras N. Forecasting residential consumption of natural gas using genetic algorithms[J]. Energy Exploration & Exploitation, 2008, 26(4): 241-266.

[7] Wadud Z, Dey H S, Kabir M A, et al. Modeling and forecasting natural gas demand in Bangladesh[J]. Energy Policy, 2011, 39(11): 7372-7380.

[8] Gutiérrez R, Nafidi A, Sánchez R G. Forecasting total natural-gas consumption in Spain by using the stochastic Gompertz innovation diffusion model[J]. Applied Energy, 2005, 80(2): 115-124.

[9] Vondráček J, Pelikán E, Konár O, et al. A statistical model for the estimation of natural gas consumption [J]. Applied Energy, 2008, 85(5): 362-370.

[10] Brown R H, Matin I. Development of artificial neural network models to predict daily gas consumption[C]//Proceedings of IECON'95 - 21st Annual Conference on IEEE Industrial Electronics. IEEE, 1995, 2: 1389-1394.

[11] Potočnik P, Šilc J, Papa G. A comparison of models for forecasting the residential natural gas demand of an urban area[J]. Energy, 2019, 167: 511-522.

[12] Wang X, Luo D, Liu J, et al. Prediction of natural gas consumption in different regions of china using a hybrid MVO-NNGBM model[J]. Mathematical Problems in Engineering, 2017, 2017.

[13] Wei N, Li C, Duan J, et al. Daily natural gas load forecasting based on a hybrid deep learning model [J]. Energies, 2019, 12(2): 218.

[14] Wei N, Li C, Li C, et al. Short-term forecasting of natural gas consumption using factor selection algorithm and optimized support vectorregression[J]. Journal of Energy Resources Technology, 2019, 141(3).

[15] Yu F, Xu X. A short-term load forecasting model of natural gas based on optimized genetic algorithm and improved BP neural network[J]. Applied Energy, 2014, 134: 102-113.

[16] Khotanzad A, Elragal H. Natural gas load forecasting with combination of adaptive neural networks[C]//IJCNN'99. International Joint Conference on Neural Networks. Proceedings(Cat. No. 99CH36339). IEEE, 1999, 6: 4069-4072.

[17] Khotanzad A, Elragal H, Lu T L. Combination of artificial neural-network forecasters for prediction of natural gas consumption[J]. IEEE transactions on neural networks, 2000, 11(2): 464-473.

[18] Papageorgiou K, I Papageorgiou E, Poczeta K, et al. Forecasting of Day-Ahead Natural Gas Consumption Demand in Greece Using Adaptive Neuro-Fuzzy Inference System[J]. Energies, 2020, 13(9): 2317.

[19] Panapakidis I P, Dagoumas A S. Day-ahead natural gas demand forecasting based on the combination of wavelet transform and ANFIS/genetic algorithm/neural network model[J]. Energy, 2017, 118: 231-245.

[20] Su H, Zio E, Zhang J, et al. A hybrid hourly natural gas demand forecasting method based on the integration of wavelet transform and enhanced Deep-RNN model[J]. Energy, 2019, 178: 585-597.

[21] Gers F A, Schmidhuber J, Cummins F. Learning to forget: Continual prediction with LSTM[J]. 1999.

中乌天然气管道A线绕行段天然气置换投产

姜进田　高　斌

摘　要　中乌天然气管道A线绕行段置换投产需最大程度地将临时段管道中的天然气导入A线绕行段管道。对置换和平压所过程进行工艺计算和数据模拟，确定投产初始压力为0.2MPa，天然气置换流速为5m/s，管内天然气节流前的温度近似为12℃，因此，节流后的温度将降至-31℃左右。根据实际置换速率的计算结果、阀后压力的变化以及管道、设备的振动情况，调整手轮总转数以控制流量。通过分析约束和限制条件、上下游允许的最大停输时间、平压作业的最佳时机，论证了将临时段内的天然气导入绕行段的可行性。通过对不同置换方式的工程实施方案进行比选，解决了高压天然气置换过程中高压差节流、置换速率控制的难题，实现了临时停输情况下临时段管道向绕行段管道导入天然气并最终平压的置换投产。

关键词　天然气管道　A线绕行段　置换投产　高压差　节流　平压

A线绕行段是改变原有中乌天然气管道设计线路向西绕行至乌兹别克斯坦加兹里气田区的一项关键性工程，如果不采取非常措施，按期实现中乌天然气管道A线单线投产通气难度极大。为此，采用了通过临时段管道连通A线管道先实现投产，待A线绕行段具备投产条件后，再将其与A线管道连通，最终实现A线管道投产、临时段管道停用的总体方案。

1　工程概况和技术难点

中乌天然气管道采用双管并行敷设和跨接管道连接方式设计，单线全长529km，管径为ϕ1067，设计最大输量$300\times10^8m^3/a$。根据建设计划，工程先实施A线单线投产，待B线建设完成并具备投产条件后再实施B线投产。中乌天然气管道A线绕行段单线线路全长约115km，临时段管道总长度72.5km（图1）。临时段管道通过NO.6.1和NO.6.2阀室与NO.8.1和NO.8.2阀室之间的跨接线将A线管道连通，实现了A线临时通气。A线通气投产后，中亚管道全线仅首站运行1台15MW索拉压缩机组，平均运行压力8~9MPa之间，输量600×10^4~$800\times10^4m^3/d$。

A线绕行段投产采用“气推气（天然气推氮气，氮气推空气）”的置换方式，氮气段前后不加隔离球。提前采用制氮车对NO.6.1至No.7A.1阀室之间的管段注氮并封存，封存段氮气压力0.1MPa（表压），长度29km。由于上游气源不能停输，A线绕行段投产的总体原则是在维持A线运行的同时进行A线绕行段置换投产作业，其技术难点表现在3个方面。

（1）为保证上游气田和下游管道的正常运行，此次A线绕行段置换和升压所需的天然气将直接从A线运行管道下载。这就要求首站压缩机组不能停机，同时要满足首站上游约20 km（位于土库曼斯坦境内）的外输站压缩机组的运行条件。

（2）A线绕行段投运后需要废除临时段管道，放空气量约$600\times10^4m^3$，放空时间约6d。为减少放空损失和安全风险，在投产过程中将临时段管道内的天然气最大限度地导入A线

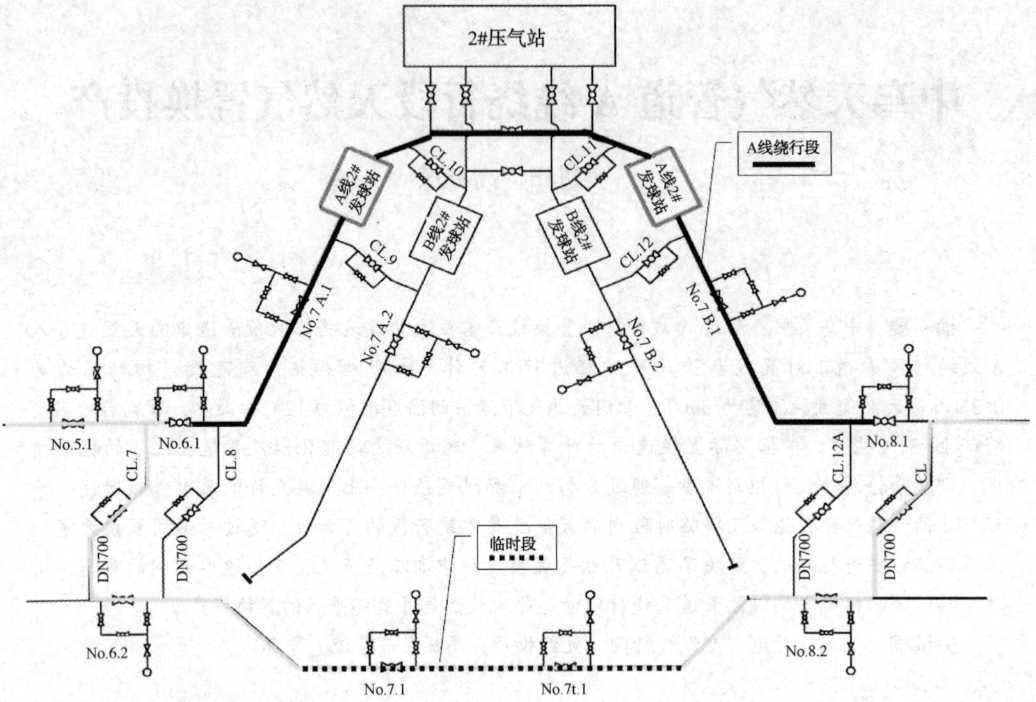

图 1　中乌天然气管道 A 线绕行段和临时段线路图

绕行段内。因此需要在升压期间选择合适时机对在运行的 A 线管道进行临时停输，停输过程中，对首站压缩机组的运行控制模式、停输后影响首站压缩机组正常运行的时间，以及临时段与绕行段平压需要的最大升压流速等问题进行细致分析、计算和解决，确保对上下游生产没有影响。

(3) 需要解决高压差天然气置换投产所面临的各种风险。在没有专用流量调节设备和现有工艺系统不满足多级降压的条件下，由于干线平均运行压力为 8MPa，因此必须解决 8MPa 高压差下的节流降温对阀门和管材的影响、平稳控制天然气置换流速和升压速率以及阀门和管道冰堵、振动等问题。

2　工艺计算

2.1　天然气置换压力和流速

在置换投产过程中，置换速率越快，混气越少。基于保证安全的前提，经模拟计算，绕行段投产初始压力为 0.2MPa，并按照 0.14MPa/h 的进口压力递增，以保持天然气置换以 5m/s 流速进行。

2.2　节流效应

管道任意点的气体温度[2]为：

$$T_x = T_0 + (T_1 - T_0)\exp(-ax)$$

$$a = 225.256 \times 10^6 KD/QGc_p$$

式中：T_X为任意点的气体温度，此处指 NO. 6 阀室节流前的温度，℃；T_0为管道周围介质温度，即 NO. 6 阀室处的近似地温，其值为 12℃；T_1为计算管段起点的气体温度，即首站最高出站温度，其值为55℃；X为首站与NO.6阀室间的距离，其值为145km；K为管道内气体与土壤的总传热系数，其值为1.745W/(m^2·℃)[3]；G为气体的相对密度，其值为0.726；c_p为气体的定压比热容，9MPa下的定压比热容为1750J/(kg·℃)；Q为首站进口气体流量，600×10^{4}m^3/d；D为管道外径，其值为1.067m。

根据上式计算得到NO.6阀室上游管道的温度变化趋势(图2)。T_x=12.02℃，即NO.6阀室处管内天然气节流前的温度近似为12℃，与该处地温一致。

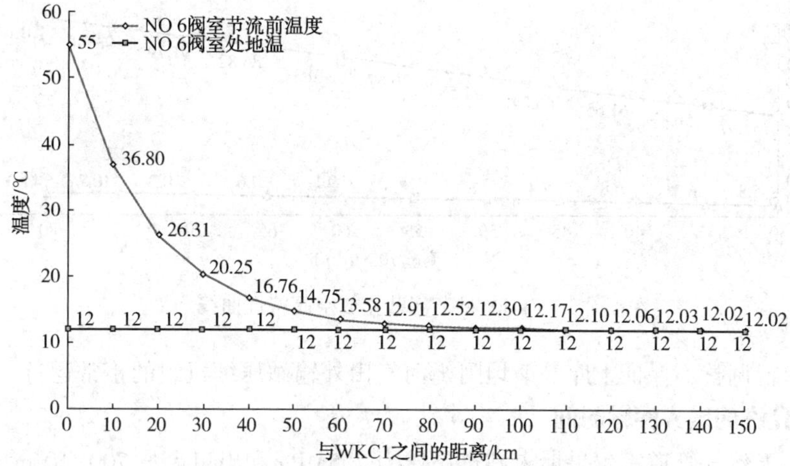

图2 NO.6阀室节流前的温度变化趋势

由于距离较远，输量较小，管内的气体流速仅为0.70~0.75m/s，导致NO.6阀室处管道内天然气节流前的温度与地温基本相同。

根据天然气压力每降低1MPa，温度约降低5.5℃的经验值，当天然气压力由8.0MPa通过一级节流降至0.2MPa(置换初始压力)时，节流前管内天然气的温度为12℃，节流后温度将降至-31℃左右。

2.3 节流截止阀的特性曲线模拟

NO.6阀室的旁通截止阀和放空截止阀均采用FJ41Y-600class 30.48cm节流截止放空阀，根据厂家提供的该阀满足流量、压差的开度范围，模拟压差为8~0.2MPa的节流特性曲线(图3)。在30×10^4~80×10^{4}m^3/h的流量条件下，FJ41Y型节流截止阀的流道直径、开启高度行程、手轮开启的转数与通过流量呈线性关系；手轮开启5.8转，通过流量将达到30×10^{4}m^3/h，远远超出置换投产期间的控制流量；手轮每开启0.5转，通过流量将增加5×10^{4}m^3/h。

模拟曲线仅为置换投产操作参考，在实际置换操作过程中，为保证安全，可根据实际情况按照1/4转的开启方式逐步开启节流截止阀的手轮，在8~0.2MPa初始压差条件下，可保持手轮总转数1~2转不变，随后根据实际置换速率的计算结果、阀后压力的变化以及管道、设备的振动情况调整手轮总转数以控制适当范围的通过流量。

3 临时段天然气导入绕行段的可行性

3.1 约束和限制条件

中亚天然气管道霍尔果斯末站进站压力不低于7.1MPa；中乌天然气管道首站出站压力不超过9.81MPa，进站压力不超过7.1MPa，否则将严重影响上游供气。通过对中乌天然气

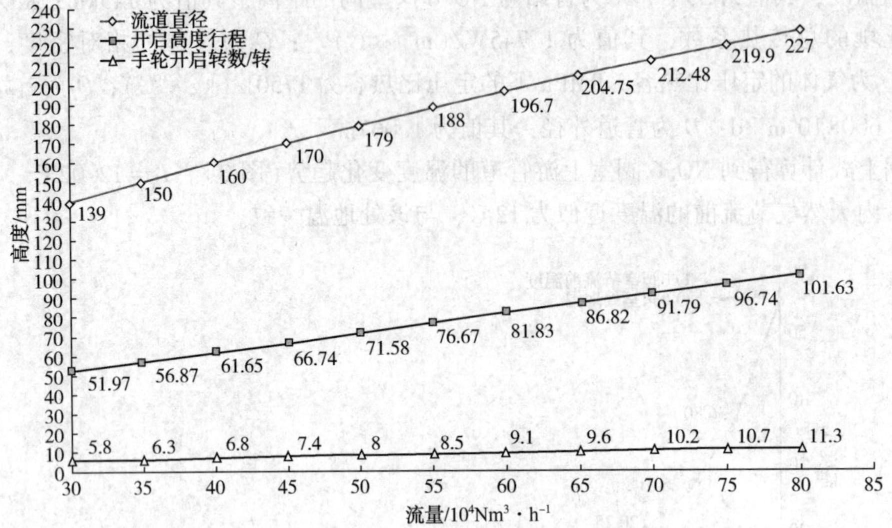

图 3　FJ41Y 型节流截止放空阀特性曲线

管道首站的运行调整，保证土库曼斯坦阿姆河气田外输站压缩机组的正常运行。

3.2　上下游允许的最大停输时间

根据中亚天然气管道霍尔果斯末站进站压力 7.5MPa 和出口流量 $700\times10^4m^3/h$ 的工况进行模拟计算，NO.8.2 阀室关闭 36h 后，霍尔果斯末站进站压力降到 7.1MPa(图 4)，即 NO.8.2 阀室关闭 36h 后将影响到下游正常运行。

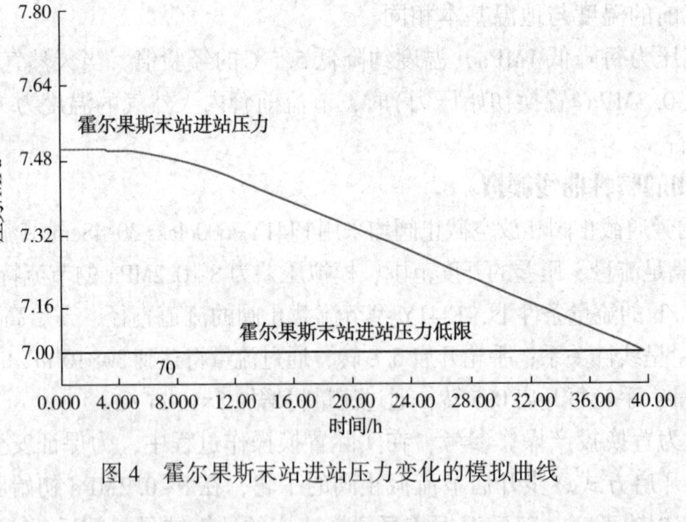

图 4　霍尔果斯末站进站压力变化的模拟曲线

根据 NO.6.2 阀室前段管道平均压力 8MPa 和中乌管道首站进口流量 $600\times10^4m^3/h$ 的工况进行模拟计算，在首站压缩机组不停机的情况下，NO.6.2 阀室关闭约 6h 后，该阀室上游管道平均压力达到 9MPa；约 11h 后，该阀室上游管道平均压力达到 9.8MPa(图 5)。经计算，约 9h 后，首站压缩机组因出口压力达到 9.8MPa 而停机，进而使阿姆河气田外输站压缩机组停机，影响上游的正常运行。为安全起见，可按 NO.6.2 阀室上游管道平均压力达到 9MPa 时的 6h 作为平压作业的实施时间。

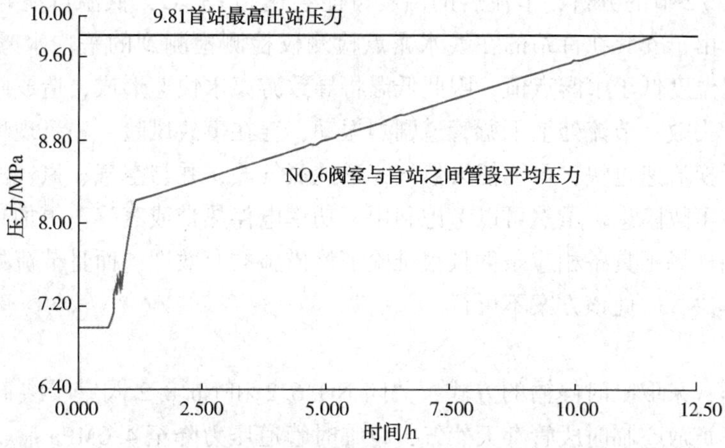

图 5　NO. 6. 2 阀室前段管道压力变化的模拟曲线

3.3　平压作业的最佳时机

按照 $15\times10^4m^3/h$ 和 $20\times10^4m^3/h$ 的升压速率，从绕行段整体升压至 3MPa 开始，计算完全平压所需要的时间，得出绕行段初始压力、升压速率和时间之间的关系曲线(图 6)。绕行段升压至 4. 5MPa 后，按照 $20\times10^4m^3/h$ 的升压速率，完全平压需要 5. 5h；在绕行段升压至 5. 2MPa 后，按照 $15\times10^4m^3/h$ 的升压速率，完全平压需要 6h。为确保升压尽快完成，同时考虑安全因素和计算误差，选择在绕行段升压至 4. 5MPa 作为进气平压点。

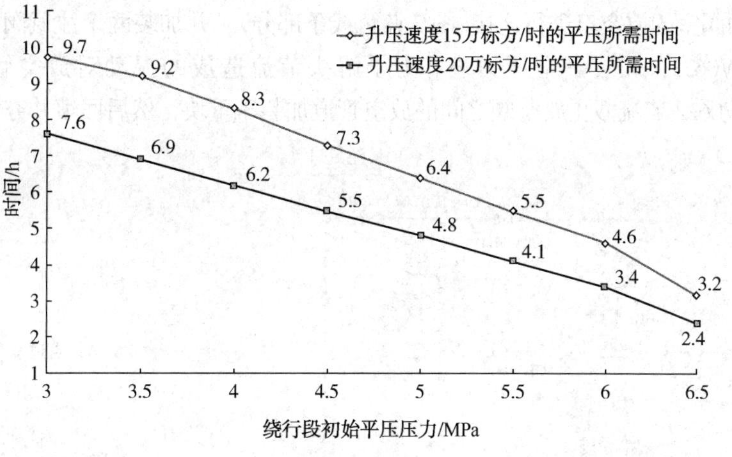

图 6　绕行段初始平压压力、升压速率和完全平压时间的关系曲线

4　方案优选与实施

4.1　方案 1

在 NO. 6. 1 阀室，由 GLV0611 节流截止阀直接从 8MPa 压力进行一级节流至置换初始压力(约 0. 2MPa)对 A 线绕行段进行天然气置换和升压。

此方案的优点是不需要进行任何工艺改造，但存在以下缺点：节流处天然气流速过快，最大流速可能达到 214m/s，会造成管道和设备损坏；由于阀门是普通碳钢材料，最低耐温为-29℃，根据 2.2 节的分析，节流后的温度可能会达到-31℃，低温可能导致阀门出现冷脆特性而损坏；由于安装在首站的在线水露点检测仪检测检测到的平均水露点约为-23℃，节流后的天然气温度低于水露点值，因此低温将导致游离水快速形成，造成阀门冰堵，导致设备损坏和投产失败；节流处上下游管道剧烈振动，存在事故风险；一旦现场操作和控制不当，容易造成置换流速过快，可能使天然气穿透纯氮气段，并与空气、氮气混合形成爆炸性混合气体，存在事故隐患。虽然可以考虑利用高功率电伴热带或蒸汽车等加热装置对节流处进行加热，但因现场不具备相应条件且很难验证该措施的有效性，而且节流处管道和设备的振动问题很难解决，因此该方案不可行。

4.2 方案 2

全线不降压，采取临时停输的方式，关闭 NO.6.2 和 No.8.2 阀室干线截断阀，通过两个阀室的放空管道放空临时段管存天然气，将临时管道压力降至 4.0MPa 后，停止放空，再利用 CL.8 跨接线的旁通球阀进行流量控制，利用临时段管存天然气对 A 线绕行段进行天然气置换。

该方案的优点是作业安全性较好，不必全线降压停输。缺点是：临时停输放空、置换需用 3d 时间，远超上游生产允许的 9h 时限；即使在规定时间内能够完成置换，在对绕行段升压时仍会遇到高压差节流、振动等问题；需用跨接线旁通球阀节流，易造成球阀损坏，从而对后续 B 线动火连头造成较大危险。因此，该方案亦不可行。

4.3 方案 3

对 NO.6 阀室进行工艺改造，增加二级节流，通过两级降压解决节流降温和振动问题。利用 DN300 管道将两阀室的放空口进行连接(图 7 蓝色线条部分)，并加装两个注氮阀，加装一台节流截止放空阀 GLV0623，加装一个压力表。为了解决节流造成的振动对放空管道的影响，在 GLV0612 和 GLV0622 节流截止放空阀之间的放空管道加装压重块，然后回填并夯实。

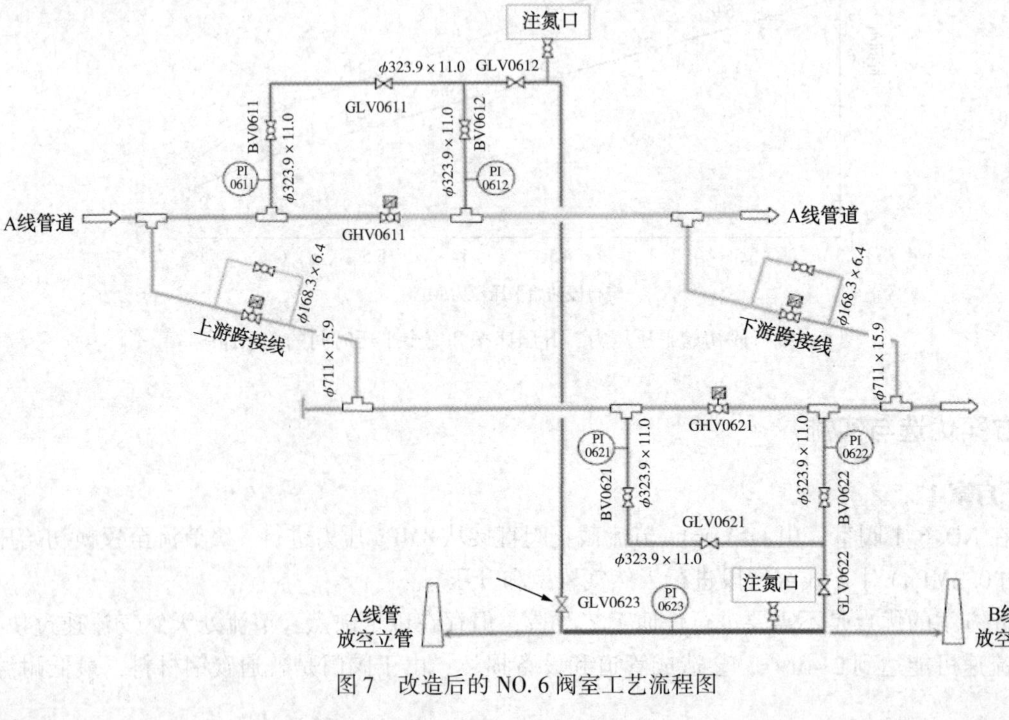

图 7　改造后的 NO.6 阀室工艺流程图

该方案的置换流程：中乌管道 A 线来气经过 CL. 7 跨接线后，一路通过 GHV0621 干线截断阀利用临时段管道向下游继续供气，另一路通过阀门 BV0621、GLV0621、GLV0622、GLV0623、GLV0612、BV0612 向绕行段进气置换。

置换操作步骤：根据 PI0623 和 PI0612 压力表的读数，利用节流截止放空阀的特性曲线，通过对 GLV0621、GLV0622、GLV0623 节流截止放空阀的联合控制操作，保持 GLV0623 前后压差在 3~4MPa 之间，确保 GLV0623 和 GLV0622 共同分担节流降压，同时，根据实际置换速率联合控制该组阀门的开度，保持 5m/s 的天然气置换速率。

平压操作步骤：待绕行段升压至 4. 5MPa 时，打开 BV0622，关闭 NO. 6. 2 和 NO. 8. 2 阀室干线截断阀，关闭 BV0621 和 GLV0621，中乌管道临时停输，临时段开始向绕行段进气平压。平压结束后，打开 BV0621 和 GLV0621，关闭 BV0622，通过初始升压流程将 A 线来气导入绕行段继续进行升压，升压完毕后，打开 NO. 6. 1 和 NO. 6. 2 阀室干线截断阀，绕行段完成投产。

采用技术方案 3 投产后，成功实现了 A 线绕行段管道的按期投产，并与中乌天然气管道 A 线贯通运行。绕行段与临时段平压作业使临时段管道压力下降了约 1. 5MPa，在降低了放空风险的同时，减少了天然气放空的经济损失。A 线绕行段置换投产技术和工艺改造方案成功实施后，又成功地应用到 B 线管道的投产，也创造了 9MPa 压差下长输天然气管道置换投产的新记录。

参 考 文 献

[1] 杨筱蘅 . 油气管道安全工程[M]. 北京：中国石化出版社，2005：174-175，178.
[2] 中国石油管道公司 . SY/T5922—2003 天然气管道运行规范[S] . 北京：国家经贸委员会，2003.
[3] 李长俊 . 天然气管道输送[M]. 北京：石油工业出版社，2000：86-87，90-93，176-181.

干线管道修复技术在中亚天然气管道的适用性研究

高 斌 姜进田 孙 强 潘 涛

摘 要 本文阐述了干线管道修复的概念和程序，明确了管道缺陷类型和国外通行的缺陷评价方法。对目前油气管道行业通用的及最新的管体缺陷修复技术和方法进行了分析和研究，尤其是对在线焊接技术在中亚天然气管道应用的可行性进行了细致的探讨，对单项缺陷修复技术在中亚天然气管道干线修复的适用性分别提出了建议，最后推荐了中亚天然气管道干线各类常见缺陷所适用的修复方法。

关键词 天然气管道 在线焊接 缺陷 修复

1 背景

中亚天然气管道是中国第一条横跨多国、高压力、大输量、长运距、多气源的长输天然气管道。整个管道系统西起土库曼斯坦，横跨乌兹别克斯坦、哈萨克斯坦，在中国新疆的霍尔果斯与西气东输二线相连，设计压力9.81MPa，设计年输气能力300亿标方。鉴于中亚天然气管道目前乃至将来在中国天然气需求总量中所占的重要地位，本文通过对目前世界管道范围通用的和最新的天然气管道管体缺陷修复技术和方法进行介绍、分析和研究，建立了一套适用于中亚天然气管道干线缺陷修复的通用技术和方法，以期在维抢修体系完善和维修机具、物资配备等方面提供一定的参考。

2 管道修复技术的概念和程序

管道修复技术在国外一般称为“3R 技术”，即：修补(Repair)，修复(Rehabilitation)，更换管道(Replace)。修补多指管道日常维护和紧急情况下的临时性维修；修复及更换管道被看作为管道的永久性维修。在对管道修复时，主要依据以下程序实施：

- 定义缺陷类型：主要包括以下3种：1)体积型缺陷：属金属损失，由内外腐蚀

产生，是最为常见的缺陷，主要包括腐蚀面积小的点蚀、面积较大的片状腐蚀、存在于焊缝周边的焊缝腐蚀以及存在于螺旋焊缝周边与管道的轴向成一定角度的螺旋型腐蚀。2)平面型(裂纹)缺陷(见图1所示)：产生原因复杂，与材、制造工艺和使用环境有关，是最危险的缺陷。根据裂纹在管壁中的位置不同，分为贯穿整个管壁的穿透裂纹、与管壁的表面之一相接触的表面裂纹、处于管壁之内并不与管壁表面相接触的埋藏裂纹。3)弥散损伤型缺陷：氢致鼓泡和氢致开裂、应力腐蚀产生，是不常见的缺陷。

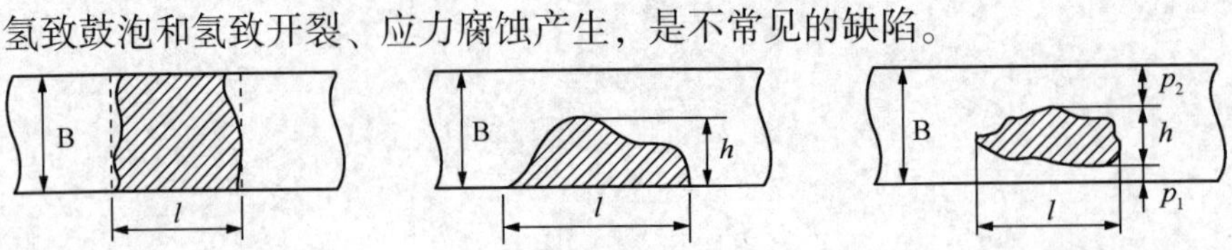

图1 平面型(裂纹)缺陷示意图

- 缺陷检测[1]：通过管道内、外检测，确定管道上的管体缺陷和防腐层缺陷的位置。
- 缺陷评价：根据检测结果，确定管道缺陷类型，对管体缺陷的严重程度进行评价并相应分级，排列出优先修复次序。缺陷点的评价是管道修复工作十分重要的一步，评价结果将会直接影响缺陷修复方法的选择。目前评价的技术依据主要是美国 ASME B31G《确定腐蚀管道剩余强度手册》。
- 缺陷修复：对施工现场进行考察，收集现场气候、土壤、温度场、腐蚀机理等详细数据，制定修复计划和最佳修复实施方案，组织人员、修复材料和机具设备到位并实施。

3 管道修复技术的应用

管道修复技术统分为内修复法和外修复法。内修复方法包括管道内衬法、PE 管道插入法或软翻内衬套修复法等，一般适用于低压天然气管道，面对高压天然气管道则多采用外修复法进行修复。外修复方法具体分为管体缺陷补强修复和管道防腐层修复，目前针对管体缺陷补强方法有换管、堆焊、补焊(打补丁)、钢制套筒、环氧填充套筒、机械卡具、复合材料修复等多种方法。随着管道修复理念和技术的不断提高，直接换管、堆焊、补焊、机械卡具等缺陷修复方法已经逐渐被淘汰，而环氧填充套筒、复合材料修复等技术已逐渐在各管道运营企业中广泛应用[16]。本文主要针对管道外修复的管体缺陷补强修复技术的应用情况进行可行性分析和探讨。

3.1 换管

换管就是切断缺陷管段，使用相同或高于原管段设计强度的管道进行替换。权衡换管作业的经济性、安全性以及对上下游的影响程度，当前国外管道公司已很少采用换管方式进行缺陷修复。但总体上讲，换管却是对泄漏、大面积深度腐蚀等缺陷管段进行永久性修复的最可靠的维修方法，作业时需要遵循相关要求：1)预切除的管段长度要求。预切除的管段至少应延伸到缺陷、损坏或泄漏部位的两端外 4 英寸(101.6mm)的位置，而且其长度不能小于管道直径的 3 倍；2)更换的管段壁厚要求。用于更换的管段壁厚应大于或等于原管段，并且材料等级应与原管段相同。如果更换的管段壁厚超出原管道壁厚 3/32 英寸(2.38mm)以上，应对更换的管段进行 4∶1 坡度的内口切削或外部坡口整形处理，使接口的壁厚与原管段相同。3)更换的管段设计压力和强度要求。用于更换的管段应按照规范要求提前试压，且试压条件应满足安装在同样地区中对新干线所要求的设计压力和强度。4)更换的管段焊接和检测要求。新更换的管段应通过连接的环形焊缝焊接到管道上，并且利用射线和超声波检测共同进行 100%焊缝检测，满足黄金焊道的无损检测要求。

对于中亚天然气管道，考虑到更换管段对上下游整个管道系统的影响重大，一般情况下应尽量选用其他修复技术在线或离线修复管道缺陷。

3.2 焊接修复

缺陷管道焊接修复的主要关键技术是直接在运行管道上进行焊接的在线焊接技术。在线焊接可广泛应用于带压开孔安装支管焊接、套筒修复焊接以及在运行管道上直接堆焊以解决厚度损失和局部机械破坏问题。目前在线焊接主要面临两个难题，一是由于焊接过程中的局部高温，使材料局部失去其强度，从而在内压作用下可能发生烧穿或爆破；二是管道内流动的介质会带走大量的热量，加速了焊缝的冷却，从而增加了焊缝热影响区产生裂纹的可能性。

能否在运行管道安全应用在线焊接技术，目前在标准体系上仍有分歧。中亚地区(包括哈萨克斯坦和乌兹别克斯坦)的管道公司主要参考和沿用了前苏联GHOST标准和现行俄罗斯标准，对在线焊接技术限制严格，并禁止在运行管道上实施在线焊接。而北美和中国的管道公司主要是依据美国的API和ASME等标准，允许在一定条件下的运行管道在线焊接，但各自也提出了不同的焊穿控制和氢致开裂控制要求。

1）管道剩余壁厚对焊穿控制的影响。各标准体系和单位对于在线焊接的管道剩余壁厚的要求均有不同。国际管道研究委员会(PRCI)认为在线焊接时管道壁厚不应小于6.4mm[7]；美国的ASMEB31.8《输气和配气管道系统》认为在线焊接时管道壁厚不应小于8.13mm；中国的SY/T6554-2003《在用设备的焊接或热分接程序》参照美国的API RP2201-1995标准，提出当管道或设备的壁厚大于12.8mm时，介质流动对焊接的冷却及焊穿的影响可以不计，但应尽可能使用低氢焊条以减少焊穿的可能性；而当厚度小于12.8mm时，则应注意控制热量输入以防止焊穿。另外，研究表明允许进行在线焊接的管道剩余壁厚的确定与管内介质流速密切相关，它会随着管内气体流速的增大而增大；但随着气体流速的增大，也将导致焊缝的冷却速度加快，同样会增加氢致开裂的风险。Hicks等人认为管道输送介质为气体时，流速最好大于0.396m/s。因此，在线焊接时只要管道剩余壁厚满足相关标准要求，且介质流速适当，焊穿风险可以有效避免。

2）管道运行压力对焊穿控制的影响。中国的QSY64.1-2007《油气管道动火管理规范 第1部分 天然气管道》明确要求在线焊接作业应提前降低管道内气体压力，焊接处管道内压力应小于该处管道允许工作压力的0.4倍。PRCI认为在线焊接时管道运行压力对焊穿风险的影响相对较小，降压对于防止焊穿问题基本无效，反而认为高压天然气可以更有效的从管壁上转移热量，往往能降低焊穿风险；但为了降低维修人员现场维修的风险，PRCI提出了两个压力水平的概念(Pd=发现缺陷时的压力；Ph=上年度发生的历史高压)，并认为在进行在线维修前，应将运行压力降低至0.8Pd或0.8Ph。

3）焊接热输入对氢致开裂控制的影响。焊接热输入是决定在线焊接工艺的重要参数。热输入的增大可以减缓焊接接头的冷却速度，理论上认为可以降低氢致裂纹敏感性。但另一方面，热输入增大的同时也提高了焊接区整个管道材料的温度，由于钢材的强度是随着温度升高急剧下降的，因此降低了焊接区管道原有的承载能力，容易导致焊穿[9]。采用合理的焊接工艺，有效控制焊接热输入，可降低在线焊接时氢致开裂的风险。

对于中亚天然气管道，从当前在线焊接技术的现行标准(可参考API1104-1999中关于在线焊接的内容)、管道技术参数、检测方法、焊接风险综合考虑，同时也考虑采取使用超低氢焊条、采用向下立焊技术以及合理的焊道顺序等焊接工艺，在中亚天然气管道上利用在线焊接技术修复管道缺陷是可行的，但应在参考各大标准体系中对在线焊接的要求以及本文上述对焊穿控制和氢致开裂控制影响分析结果的基础上，系统研究并确定中亚天然气管道在线焊接时的管道运行压力、管道壁厚、天然气流速、焊接热输入等具体参数和焊接工艺。另外最重要的一点，需要在中亚地区引入国际上成熟的在线焊接的相关标准和技术，以满足中亚天然气管道在维抢修作业中合法使用在线焊接技术。

3.2.1 堆焊

堆焊修复，是用焊接的方法把焊条金属熔敷在基材的缺陷表面以恢复基材性能和尺寸的工艺过程。虽然这种修复方式简单、直接，可以在无法使用完整的环形套管的位置(如管道附件)应用，但应用条件比较严格，仅适用于管道环向应力小于30%SMYS(规定的最低屈服强度)且压力水平不超过5.44MPa的运行管道上深度较小(小于25%管道壁厚)的体积型单点缺陷；不适用于凿痕、槽痕、刻痕、凹坑、电弧烧痕等缺陷以及电阻焊焊缝中或焊缝附近的缺陷和类似裂纹或锯齿状缺陷。堆焊作业前应对缺陷腐蚀区域进行清理并达到裸金属水平，做到无氧化物、无鳞片、无涂料、无油污和干燥，必要时可打磨出一个合适的轮廓。为降低焊穿和氢致开裂风险，作业时应特别注意外部条件环境，当空气湿度太大时容易产生氢脆，当环境温度太低时容易产生冷脆；所选焊条应限于适当直径(建议3.2mm)的E7018(低氢)保护金属极电弧焊焊条，焊接电流建议控制在105A，持续焊接时间不超过60S，热量输入水平不超过0.59kj/mm

对于中亚天然气管道，虽然在干线运行压力降至5.44MPa且管道环向应力不超过145MPa的条件下，可采用适当的焊接工艺方法利用堆焊修复技术处理腐蚀深度较小的体积型单点金属损失缺陷。但目前英国的TRANSCO公司、北美的管道公司一般不推荐在干线上使用堆焊修复方法，主要应用在非干线管道上。因此不推荐在中亚天然气管道干线使用堆焊修复方法，但对于小缺陷的管道对接环焊缝，经打磨后可应用堆焊技术进行修复。

3.2.2 补焊

补焊修复，也就是常说的补疤或打补丁，主要用于管道上小面积多个点腐蚀的缺陷修复。补焊修复时，如果补板焊缝之间、补板焊缝与环焊缝或螺旋焊缝之间因焊缝密集形成不合理的焊接接头时，就可能导致应力集中产生脆断倾向。因此，为了避免焊缝密集而导致产生应力集中和复杂的三向应力，同时避免两焊缝间热影响区重叠而产生不良影响，补板焊缝间距、补板与螺旋焊缝或环焊缝的间距应大于3t(t为管道公称壁厚)，且大于100mm，具体见图2所示[15]。由于补焊修复增大了管道上的应力集中区域，产生的应力不好控制且极易发生焊缝撕裂事故。例如加拿大的输气管道增打补丁修复后，产生了脆断的事故。因此在北美和欧洲等国家一般不推荐使用这种方法。对此，美国的ASMEB31.8标准规定，补焊修复只用于SMYS不大于276MPa的管道上且缺陷长度不超过1/2管道周长的腐蚀缺陷，且补板的设计强度应大于或等于管道的设计强度。

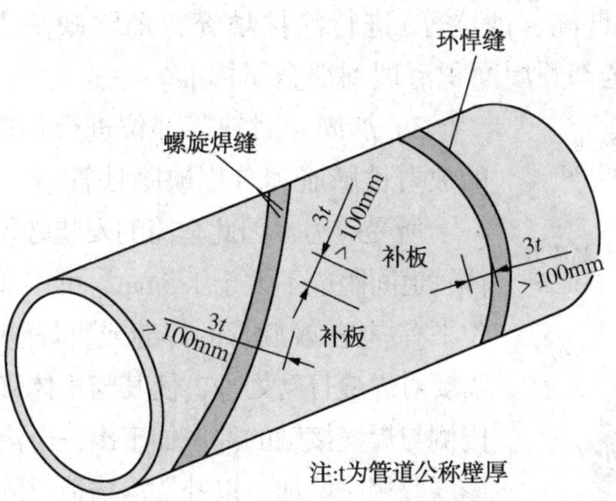

图2 补焊与焊缝最小间距示意图

中亚天然气管道使用的X70钢的SMYS为483MPa，不符合美国ASME标准使用补焊修复的规定。同时此方法虽然方便，但在后期安全运行过程中容易遗留隐患，形成潜在风险。

因此不推荐在中亚天然气管道干线使用补焊修复方法。

3.2.3　焊接盖帽

国内部分管道公司将盖帽焊接到泄漏点上，其实这种方法相当于给管道增加了一个未加强的支管连接。对于许多管线而言，这种方法不能推荐使用，因为不符合美国 ASMEB31.8 标准关于支管连接设计的“面积替换”的原则。

对于中亚天然气管道，不推荐使用焊接盖帽的修复方法。

3.2.4　套筒补强

套筒补强修复技术是目前国内外应用较多的一项永久性修复技术，主要分 A 型套筒补强和 B 型套筒补强。套筒长度应不小于 100mm；为了降低安装难度，套筒长度一般不宜超过 3m；套筒末端应超出缺陷部位至少 50mm。

- A 型套筒

A 型套筒是由放置在管道损伤部位的两个半圆的柱状管或两片适当弯曲的钢板，并经侧缝连接组合而成，可用于修复壁厚损失不超过 80%的非泄漏性大面积腐蚀缺陷和比较浅(小于 40%壁厚)的裂纹或刮伤缺陷，以及硬点或气泡，可有效防止缺陷部位的放射性膨胀，属非承压件。A 型套筒的优势是：1)安装简单，只进行边缝的焊接，不需要直接焊接在缺陷管道上，因而没有在线焊接的风险，不需要进行严格的无损检测来保证其有效性；2)用于维修相对长度较短的裂纹缺陷时【$L \leqslant (20Dt)^{1/2}$，L 为缺陷的纵向长度，D 为管径，t 为套筒覆盖范围内的管道壁厚】，可以有效抑制缺陷部位的膨胀。A 型套管也有其劣势：1)它对管道上的纵向应力不起作用，不能用于环向缺陷；2)它属非承压设计，不能用于维修泄漏性缺陷；3)它与主体管道之间存在产生环向空间裂纹的可能性，后期存在潜在的风险。

当使用 A 型套筒进行缺陷修复时，应注意以下几点：

1) 降压。在开始进行维修操作时必须降低当前运行压力不超过 80%Ph，否则套管安

装后，维修过的缺陷部位可能开始泄漏。如果进行了有效的降压，缺陷部位的放射性膨胀减小，并且再加压时紧贴的套管可以防止缺陷部位的再膨胀。

2) 打磨。应将缺陷打磨(或喷砂)成光滑轮廓，使用环氧树脂或聚脂等可硬化材料，

对打磨后的缺陷(如凹陷、蚀坑等)进行涂抹填充，消除缺陷点的应力。另外，要将 A 型套筒包覆主体管道的全部圆周面积清理到裸金属标准。

3) 加固。对缺陷部位进行加固，尽可能限制缺陷部位的放射性膨胀和分担缺陷处管体

所受应力，因此套筒的安装必须贴紧异常部位，套管与主体管道间距应不大于 1.5mm，可用塞尺进行测量。而当安装部位下有焊缝(螺旋管的焊缝或直焊缝)时，为了保证间隙最小，需要对焊缝打磨处理，使其与主体管道的表面齐平；或在套筒内侧与焊缝接触的部位加工出一个沟槽，沟槽对应部位的套筒厚度要相应增加，以补偿沟槽造成的厚度减薄，目前国内管道公司已研制出带焊缝凹槽的新型套筒。另外，还可对存在的间隙中堆填充足的环氧树脂或聚酯类填料，并通过机械装置(一般通过千斤顶和链条装置构成)将套筒的两个半面紧贴到主体管道上，具体结构见图 3 所示。

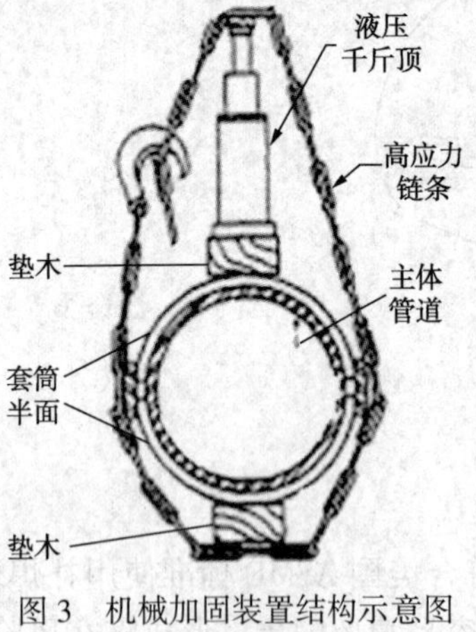

图 3　机械加固装置结构示意图

4）焊接。边缝的焊接可以是 V 形对接焊接，也可以是叠加钢条角焊接，见图 4 所示。如果边缝焊接采用平对焊，在作两半的焊接时，其堆焊间隙就会太大，焊接难度较大；如果采用的是叠缝角焊接，则没有以上的问题，因为其间隙可作简单地桥接处理[2]，焊接难度低。

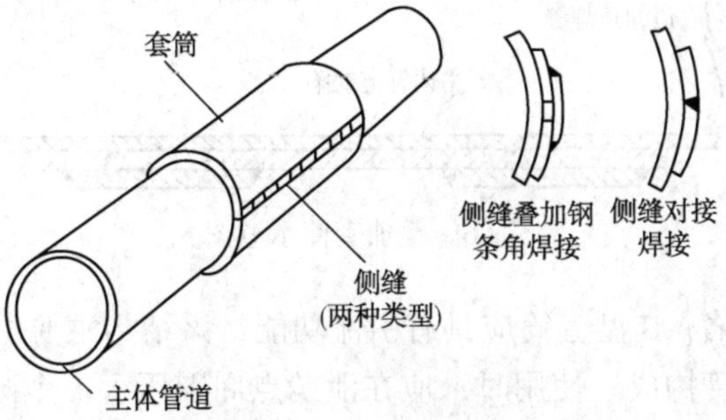

图 4　A 型套筒边缝焊接示意图

5）密封。在主体管道上涂敷 2 条 50mm 宽的胶粘材料的涂层带或在套筒末端挤入快速固化型涂料，将套筒的两端粘结在主体管道上，使套筒末端位置与主体管道形成防水密封，确保套筒包覆的区域和土壤环境隔离。另外，套筒末端应形成 50mm 宽的光滑坡口，然后以半个宽度置于主体管道上、半个宽度置于套筒上的方式缠绕一个热收缩套。

对于中亚天然气管道，可使用 A 型套筒处理纵向长度不超过 580mm、深度不超过 40%的纵向裂纹和管道剩余壁厚不超过 80%的大面积腐蚀缺陷，以及其他可维修的刮伤、硬点等缺陷。

• B 型套筒

B 型套筒也称为全包型焊接式拼合套筒，结构和加工定位方式与 A 型套筒一样。它的适用范围比较广泛，基本上可以修复各种非泄漏性大面积严重腐蚀缺陷和较轻的泄漏缺陷，以及管道内腐蚀、环形焊缝缺陷、裂纹、刮伤、硬点、凹坑、凿伤等缺陷，是除换管以外最能保持维修后管道完整性的有效方法之一。由于 B 型套筒需要承受工作压力而必须焊接到管道主体上，因此套筒设计压力和强度至少等于所修管道要求的最大允许操作压力和设计缺陷强度[14]。B 型套筒的边缝应采用单面 V 形对接焊接，环缝应采用角焊接。装配时先焊接边缝，然后焊接一侧的环缝，最后焊接另一侧环缝。B 型套筒距主体管道环焊缝不应低于 100mm，相邻套筒角焊缝不能太近，不应小于 0.5D(管径)。

对于修复非泄漏性缺陷，B 型套筒和 A 型套筒在使用方法上基本类似，最大的不同之处是 B 型套筒利用环缝角焊接的方法与主体管道焊接成一个整体，见图 5 所示。这样会存在环向角焊缝产生裂纹的风险，一旦环向角焊缝出现了裂纹，可使用叠加套筒的方法进行修复，见图 6 所示。具体方法是，在 B 型套筒两端的外侧焊接两个圆环(圆环内侧采用角焊接而其外侧不焊接)，然后在圆环与 B 型套筒上采用角焊接的方式再安装一个外层跨接套筒。这样如果 B 型套筒的环焊缝开裂，外层套筒将会确保安全。

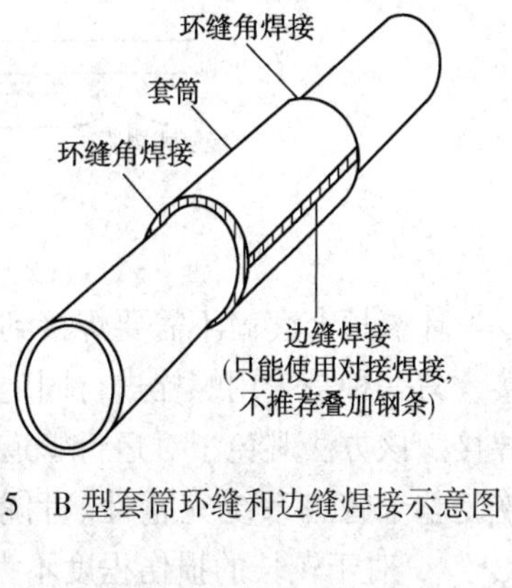

图 5　B 型套筒环缝和边缝焊接示意图

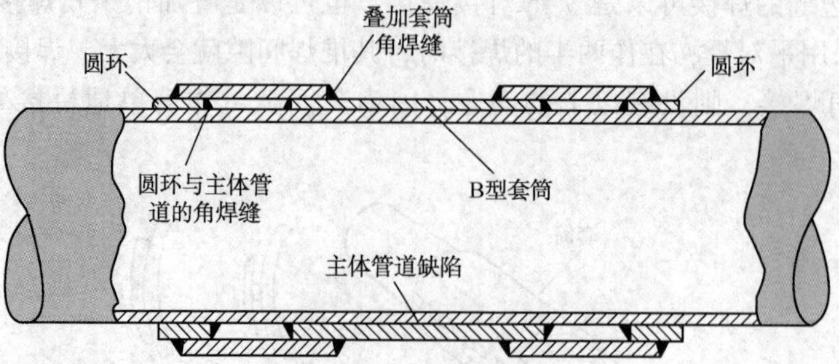

图 6　叠加套筒示意图

对于修复泄漏性缺陷，B 型套筒应具有引流功能，该结构主要由套筒半面上的圆孔以及圆孔上方带阀门的小支管构成。使用时，应在泄漏点周围压入一个圆形氯丁橡胶垫圈，将支管垂直放置在泄漏点位置的正上方，使漏点周围形成一个密封环境，然后用机械装置加固套管的两个半面，使其紧贴主体管道，迫使泄漏的天然气通过支管泄放到管沟外的安全位置，这样就可以安全的进行套筒的在线焊接。焊接完成后，关闭支管上的阀门并对其进行封堵从而拆除阀门。

对于中亚天然气管道，基本上可通过 B 型套筒处理各种类型的腐蚀和裂纹等非泄漏缺陷以及泄漏性缺陷，B 型套筒补强修复应该是在中亚天然气管道值得推荐的一种维修和抢修方法。

- 环氧填充套筒：

环氧填充套筒也称为填充式套筒(结构如图 7 所示)，是在套筒或夹具结构的基础上，向套筒与主体管道形成的密封环状间隙中灌注具有高刚性的环氧树脂，利用环氧树脂把缺陷部位的载荷或应力转移到套筒上，可用于大面积各类损坏表面，包括剩余壁厚小于 80%的腐蚀、非延伸性开裂、轴向和环向的各种凹陷或断裂以及与环焊缝有关的各种异常缺陷的永久性修复，能承受较高的环向和轴向应力。

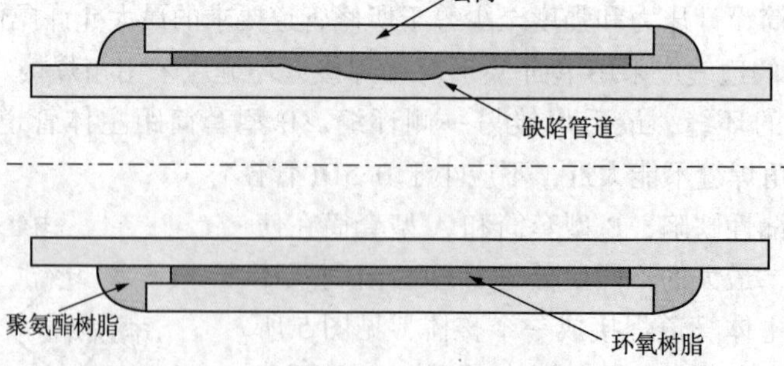

图 7　环氧填充套筒示意图

环氧填充套筒不需要焊接到管道上，边缝的连接有两种方式，一种是采用 V 型对接焊接，另一种是采用螺栓进行固定安装；环缝采用快速固化涂料(聚氨酯树脂)密封，无需角焊接。该方法避免了对运行管道在线焊接而产生的潜在风险，可在安全而经济有效的方式下恢复整个管道系统完整性。目前，该方法的适用压力为 10MPa，适用温度范围为 3～100℃[16]。对于较长的损伤程度不大的缺陷，环氧套筒是一种有效的修复选择[2]。环氧套筒安装时，首先应对缺陷部位进行喷砂、打磨除锈，外表面处理等级应达到 St3；然后将套筒压在缺陷上方，采用 V 型对接焊接边缝或螺栓紧固边缝；焊缝检测合格后，用涂料密封套筒末端，向套筒与管壁之间形成的环形空隙内注入环氧树脂，直至环氧树脂从套管顶部的溢流孔流出为止；最后待环氧树脂固化后(通常为 24h[2])，打磨掉套筒表面的固定螺栓和注入、溢流孔。

对于中亚天然气管道，推荐使用环氧填充套筒处理各类损伤程度较轻的缺陷。

3.3 非焊接修复

3.3.1 打磨

打磨修复是一种用于去除管道非齿状、非泄漏性裂纹缺陷的常用方法，以此消减缺陷所导致的应力集中点。对于较浅的裂纹缺陷，可直接将缺陷部位打磨成光滑轮廓，当打磨深度不超过 12.5%公称壁厚时时，如果缺陷全部消除，可视为缺陷被永久性修复，无需进行其他修复。对于程度较重的裂纹或齿状裂纹，对其进行打磨后(打磨深度不超过 40%壁厚)需立即用套筒、机械夹具、复合材料等进行补强。在对运行端到进行打磨时，为保证维修安全，需要将管道运行压力降低到 80%Ph 或者更低。打磨环向范围应小于管道周长的 1/4；打磨深度应不超过 40%公称壁厚；打磨纵向长度 $L\leqslant\{[(d/t)/(1.1d/t-0.15)]-1\}^{1/2}$(式中，L 为最大打磨纵向长度；d 为打磨深度；D 为管道公称直径；t 为管道公称壁厚)。

对于中亚天然气管道，当纵向长度为 100mm 以内的裂纹缺陷，可通过打磨方法对较浅的裂纹进行永久性修复(打磨深度不超过 1.5mm)；也可对较深的裂纹表面进行维修后(打磨深度不超过 6.3mm)，利用 A 型和 B 型套筒、机械夹具、环氧填充套筒以及复合材料修复等方法进行缺陷修复。

3.3.2 机械夹具

机械夹具内部设有机械密封，外部有大型螺栓对两半式夹具进行固定连接，结构见图 8 所示。主要用于管道机械损伤和腐蚀深度超过 80%公称壁厚的单点腐蚀缺陷以及泄漏缺陷的临时性维修和抢修。机械夹具在一定条件下用于快速处理泄漏缺陷具有明显的优势，而对于没有泄漏的管道，其造价高、操作复杂、难以施工的弱点十分明显，因此该方法主要针对管道发生泄漏时紧急抢修使用。但当其作为永久性修复措施时，螺栓连接部位和夹具两端与管体接触部位需要焊接，现场安装工艺方法与 B 型套筒类似。

图 8　机械夹具结构示意图

对于中亚天然气管道，可使用配备带引流的机械夹具用于管道泄漏点的紧急抢修。

3.3.3 复合材料修复

利用纤维复合材料进行钢制管道修复补强原理是，利用涂覆在缺陷部位的高强度填料、管体与纤维材料层间的强力胶，将作用于管道缺陷部位的应力均匀地传递到复合材料制成的修复层上，利用纤维材料在纤维方向的高强度特性，使管体的抗拉与抗压能力提高，使缺陷的发展得到控制。主要适用于缺陷程度低于 80%壁厚管道的腐蚀、烧伤、凹坑(不影响清管）、机械损伤等缺陷以及弯头、三通等不规则管件的缺陷修复；不适用于泄漏型、环焊缝、缺陷程度超过 80%壁厚的缺陷以及内腐蚀缺陷的修复。纤维复合材料修复的优点是相比焊接套筒和夹具修复方法，其综合性价比最高，并且它不用在运行管道上在线焊接，避免了焊穿和氢致开裂的风险。

在整个复合修复技术领域，由复合材料制成的复合套筒技术应用非常广泛，是修复管道腐蚀缺陷的主要技术，最典型的就是美国 Clock Spring 复合修复套筒。Clock Spring 能保证修复层在湿润的土壤和高达 60℃的恶劣环境中，至少 50 年安全有效。该修复套筒可以用于管径为 152~1422mm、缺陷程度小于 80%的管道缺陷补强修复，具有以下技术特点：无需在线焊接，避免了焊接带来的潜在风险；修复期间无需降压和停输；当连续修复区域长度小于 3m 时，与换管、A 型和 B 型套筒、机械管箍、环氧套筒等修复方法相比，成本更低；能够 100%恢复管道的设计强度，永久性修复管道缺陷；易于安装且迅速，不需要专门的设备，也不需要专门的技术工人；固化快，固化时间一般小于 2 小时。

图 9　Clock Spring 复合套筒结构示意图

典型的 Clock Spring 复合修复套筒宽 304. 8mm，厚 12. 7mm，由 8 层玻璃纤维增强的聚酯树脂条组成，复合材料条螺旋状的盘绕成圆形，其形状与钟表的大发条结构相似，因而得名 Clock Spring。主要由三部分组成，见图 9 所示：①是由复合材料制成的复合套筒；②是复合套筒层与层之间涂刷的粘胶；③是一种高强度的填料，填充于缺陷和管道表面不平整的部位，保证复合材料与管道紧密接触。现场施工完成后，在常温下，约需 2 个小时粘胶和填料就可以完全固化，三部分构成一个完整的复合修复层，保障管道缺陷部位安全运行。

对于中亚天然气管道，推荐使用 Clock Spring 复合修复套筒修复管道非泄漏性缺陷。另外，也可调研使用 PREG UV（普瑞 UV）光固化纤维增强复合材料和碳纤维材料对缺陷管道进行修复和加强。

4　结论

综合对上述干线管体缺陷修复技术的分析和研究，推荐使用以下修复技术对中亚天然气管道干线管体缺陷进行临时性维修或永久性修复。

缺陷类型	前置条件 （T 表示腐蚀相对深度 d/t）	推荐的修复方法 （序号代表推荐的优先级）	
泄漏	大量（无法控制）	1	离线 B 型套筒
		2	换管
	小量	1	在线 B 型套筒（带引流）
		2	在线机械卡具（带引流）
		3	换管

续表

缺陷类型		前置条件（T 表示腐蚀相对深度 d/t）		推荐的修复方法（序号代表推荐的优先级）	
非泄漏	均匀腐蚀缺陷和点蚀缺陷	内腐蚀	T≤80%	1	环氧套筒（缺陷不会随时间加重）
				2	复合套筒（缺陷不会随时间加重）
				3	A 型套筒（缺陷不会随时间加重）
				4	B 型套筒
			T>80%	1	B 型套筒
				2	机械卡具
				3	换管
		外腐蚀	T≤12.5%		打磨
			12.5%<T≤80%	1	Clock Spring 复合套筒
				2	环氧套筒
				3	A 型套筒（使用填料）
			T>80%	1	B 型套筒
				2	机械卡具
				3	换管
	裂纹\\刮伤\\电弧烧伤\\凿伤等缺陷	T（打磨后）≤12.5%			打磨
		12.5%<T（打磨后）≤40%		1	打磨+Clock Spring 复合套筒
				2	打磨+A 型套筒（使用填料）
				3	打磨+环氧套筒
		T（打磨后）>40%		1	打磨+B 型套筒
				2	打磨+机械卡具
	凹坑（凹陷）缺陷	凹坑深度<6%管径			无需修复
		凹坑深度≥6%管径且不影响清管		1	Clock Spring 复合套筒
				2	环氧套筒
				3	A 型套筒（使用填料）
				4	B 型套筒
				5	机械卡具
		凹坑深度较大且影响清管			离线换管
	环焊缝缺陷	T（打磨后）≤40%		1	打磨+堆焊
				2	B 型套筒
		T（打磨后）>40%或连续缺陷超过 50%圆周长		1	B 型套筒
				2	离线换管
	电阻焊焊缝缺陷	位于或临近电阻焊焊缝的缺陷或电阻焊焊缝选择性腐蚀		1	B 型套筒
				2	机械卡具
				3	离线换管

参考文献

[1] 范向红，王少华等．我国管道漏磁检测技术及其成就[J]．石油科技论坛，2007 第 4 期．

[2] 王巨洪，姜世强．管道缺陷补强修复新技术[J]．管道技术与设备，2006 第 5 期．

[3] 叶海明，顾福明等．管道不停输焊接的发展现状和研究重点[J]．机械制造，2009 第 2 期．

[4] 薛小龙，朱加贵等．在线焊接管道设计压力的影响因素[J]．中国科学 E 辑 技术科学，2006，36(9)：991~1001.

[5] Bruce W A. Industry standards catch up with in-service welding [J]. Welding Journal, 1999, (10).

[6] SY/T6554-2003. 在用设备的焊接或热分接程序[S].

[7] Pipeline Research Council International, Inc. Pipeline Repair Manual, December 1999.

[8] BY I. -W. BANG, Y. -P. SON, K. H. OH, Y. -P. KIM, AND W. -S. KIM, Numerical Simulation of Sleeve Repair Welding of In-Service Gas Pipelines [J], Welding Journal, December, 2002.

[9] 陈玉华，王勇．基于 SYSWELD 的运行管道在役焊接热循环数值模拟[J]．焊接学报，2007 年 1 月，第 28 卷第 1 期．

[10] Hicks D J. Guidelines for welding on pressurized pipe [J]. Pipeline and Gas Journal, 1983, 210(3): 17-19.

[11] 加拿大标准协会．CAN/CSA-Z184-M92 气体管道系统[S].

[12] 薛小龙，王志亮等．管壁厚度对在线焊接管道承压能力的影响[J]．压力容器，总第 160 期，Vol23，No. 3，2006.

[13] 韩德辉，刘光云．在役管道焊接中烧穿管壁现象分析[J]．焊接技术，第 34 卷增刊，2005 年 7 月．

[14] 美国机械工程师协会．ASMEB31. 8-1999 输气和配气管道系统[S].

[15] 何小东，霍春勇等．管线钢管腐蚀坑焊接补强技术[J]．焊管，2006 年 7 月，第 29 卷第 4 期．

[16] 王玉梅，刘艳双等．国外油气管道修复技术[J]．油气储运，2005 年，第 24 卷第 12 期，13~16.

[17] 路民旭．陈迎锋等．管道维修补强技术及其发展趋势[J]．油气储运，2005，24(增刊)，129~132.

[18] 李煌军．高光军等．国外旧管道不停输外修复技术[J]．油气储运，2000，19(3)，53~57.

跨国长输天然气管道清管作业特点

高 斌 姜进田

（中国石油管道公司，河北廊坊 065000）

摘 要 清管作业是天然气长输管道投产前或运行中的一项重要作业，可保证管道的安全运行和输气效率。跨国天然气管道的清管作业不同于常规清管作业，其具有一定的复杂性和特殊性。介绍了中亚天然气管道在清管站设置、清管站工艺、清管器选型等方面与国内一般管道的不同之处，并以中亚天然气管道清管作业为例，对中亚天然气管道乌国段的清管工艺特点和清管经验以及跨国段管道清管作业的特点和关键要点进行了总结和解析，以期为后续跨国长输天然气管道的清管作业提供帮助。

关键词 跨国天然气管道 清管 清管器临时过境

中亚天然气管道是我国第一条跨多国天然气管道。管道起于土库曼斯坦和乌兹别克斯坦边境的格达伊姆，经过乌兹别克斯坦和哈萨克斯坦，至中国新疆的霍尔果斯与我国境内西气东输二线相连。管道单线全长约 1 833 km，双线平行敷设，管径 1 067 mm，设计压力 9.81MPa，设计输量 300×10^8 m^3/a。乌国段共设置 3 座清管站，哈国段共设置 9 座清管站。跨国清管管段为乌国段 WKC3 发球站至哈国段 PTS-1a 收球站之间的管段，全长约 135 km，其中乌国境内约 65 km，经过 2 座阀室和 1 座边境计量站；哈国境内约 70 km，经过阀室 4 座(图 1)。

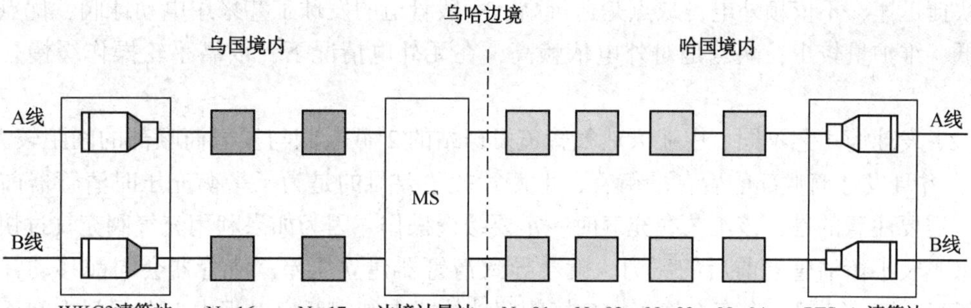

图 1 跨国清管管段线路示意图

1 中亚天然气管道清管工艺特点

1.1 清管站设置

1.1.1 清管站与就近压气站合建

根据独联体国家的相关标准以及不同的安全设计理念，同时为了满足压气站上下游 0.75 km 必须设置干线截断阀的设计要求，中亚天然气管道清管站的特点之一就是未与就近的压气站合建，而是在距离压气站上下游 0.75 km 处分别设置收发球站。而根据“清管设施宜设置在输气站内”的中国标准设计理念，中国大部分长输管道除为满足清管距离而单独建设无人职守清管站之外，大部分清管设施均与就近的分输站或压气站合建(图2)。

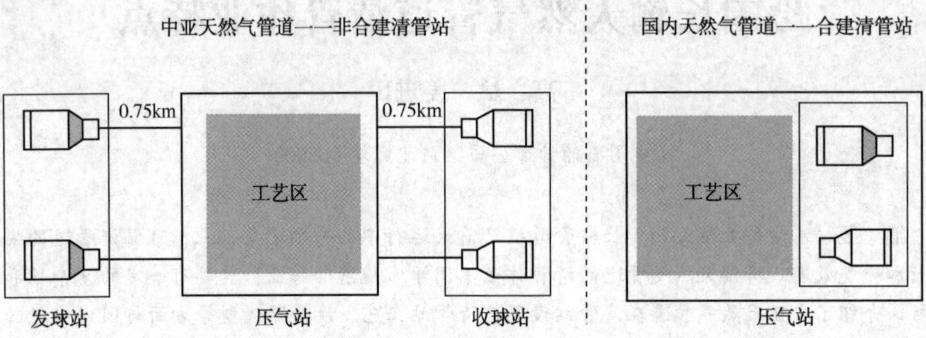

图2　中亚天然气管道和国内天然气管道清管站设置对比示意图

1.1.2　清管站站间距大

中亚天然气管道乌国段设有3座清管站，分别是WKC1、WKC2和WKC3。WKC1发球站至WKC2收球站的间距约201 km，WKC2发球站至WKC3收球站的间距约250 km，清管站站间距极大。清管站站间距大意味着清管器在管道内运行的距离和时间均较长，这对于清管器的皮碗配置、皮碗强度、发射机质量等均有很高的要求，因此对于清管器的选型非常重要。

1.2　清管站工艺

1.2.1　发球站工艺

中亚天然气管道的发球工艺与一般管道的发球工艺有两个不同点：

(1) 阀门执行机构不同。中亚天然气管道发球站的关键截断阀采用气液联动阀，优点是操作快捷迅速、不依赖外电；缺点是造价高。一般管道的发球工艺采用电动球阀，优点是造价较低、维护量较少；缺点是对外电依赖高，在无外电情况下，依靠手轮操作缓慢、费时费力。

(2) 发球筒工艺不同。中亚天然气管道发球站的2#截断阀与发球筒喉部的间距较大(约10m)，并且发球筒喉部前后有平衡管，平衡管的主要目的是为了平衡充压时清管器前后的压力。需要注意的是，该工艺在充气时一定要缓慢操作。因为如果利用充气阀充气过快，平衡管来不及平衡清管器前后的压力，就会导致清管器建立压差，清管器会向前移动并靠近2#截断阀，极端情况下会存在清管器碰撞阀门球体或在阀门开启过程中卡在阀门中间而导致阀门损坏或发球失败的隐患。因此在发球作业时，一是要注意缓慢充气，二是要在清管器正下方放置信号接收机，以随时掌握清管器的位置。一般管道发球站的发球筒无平衡管，主要是因为2#截断阀距离发球筒喉部的距离较短(一般约为2 m)，因此该段容积较小，很容易能够通过清管器与喉部之间的间隙达到清管器前后压力的平衡(图3)。

1.2.2　收球站工艺

中亚天然气管道的收球工艺与一般管道的收球工艺有3个不同点(图4)：

(1) 排污系统不同。中亚天然气管道收球站采用冷凝液收集器(容积约100 m^3)密闭在线接收残液，可有效防止轻烃挥发造成的爆炸隐患，安全性很高。一般管道的收球站利用开放式的排污池离线接收残液，由于排污池不是密闭容器，因此具有一定的安全隐患。

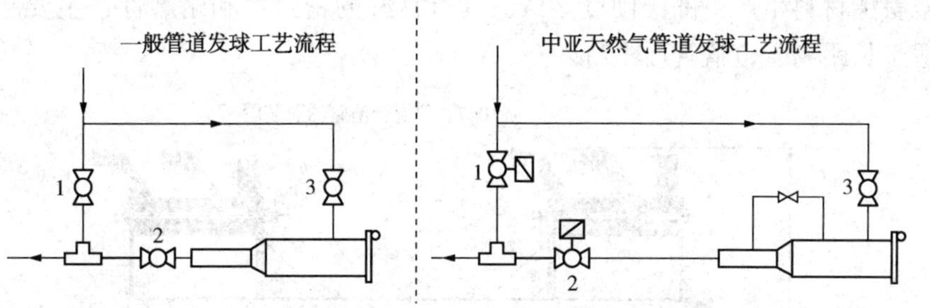

图 3　中亚天然气管道和一般管道发球工艺对比示意图

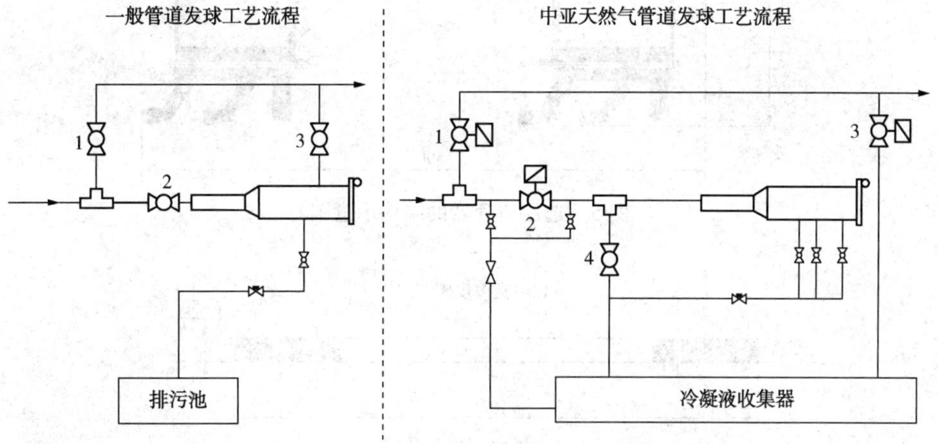

图 4　中亚天然气管道和一般管道收球工艺对比示意图

(2) $2^{\#}$截断阀与收球筒喉部距离长。中亚天然气管道收球站$2^{\#}$截断阀与收球筒喉部的间距较长(约 10m)，该设计结构有利于收球筒接收体型较长的智能清管器，如一般长约 3.5m 的智能腐蚀检测器。一般管道的收球站$2^{\#}$截断阀与收球筒喉部的间距较小(约 2m)，如涩宁兰输气管道收球站设计，该设计结构一般情况下只能接收长约 1.5m 的普通清管器和变形检测器，而如果要接收较长的腐蚀检测器，需要预制与管道同直径的套管加以延长，由此增加了清管器接收的难度，也降低了一次接收智能清管器的成功率。

(3) 收球操作不同。中亚天然气管道收球站增加了$4^{\#}$阀设计，接收清管器和残液时，可以通过此阀有效控制清管器进入球筒的速度以及提高残液的接收量。一般管道在收球操作时直接导通收球流程接收清管器，待清管器进入球筒后，放空收球筒压力至 1MPa，然后向排污池排污。

1.3　清管器选型

中亚天然气管道乌国段各清管站站间距较长，最长达到 250 km。同时，考虑到中亚天然气管道乌国段清管属投运后的首次清管，因此选用了结构轻便、通过能力强、过盈量 3% 的两直四碟型皮碗清管器。该清管器皮碗采用无泄流孔设计，可以有效地推出管道中的水和管道建设初期的遗留物。

1.3.1　选用清管器的基本结构

支撑皮碗采用优质聚氨酯材料生产，邵氏硬度 85A，主要作用为支撑整个清管器，确保清管器运行姿态良好，清扫管道中杂质，同时也可满足长距离清管的需要(图 6)。碟型皮碗采用优质聚氨酯材料生产，邵氏硬度 80A，具有良好的密封性和耐磨性，主要起密封作用，此皮碗更适于长距离管道清管(图 7)。

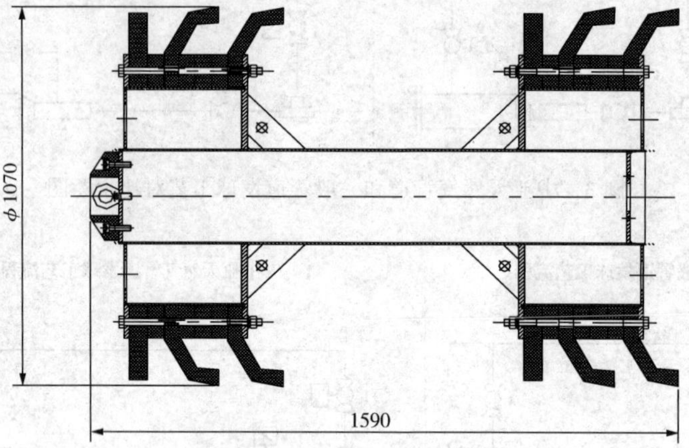

图 5　选用清管器的结构示意图

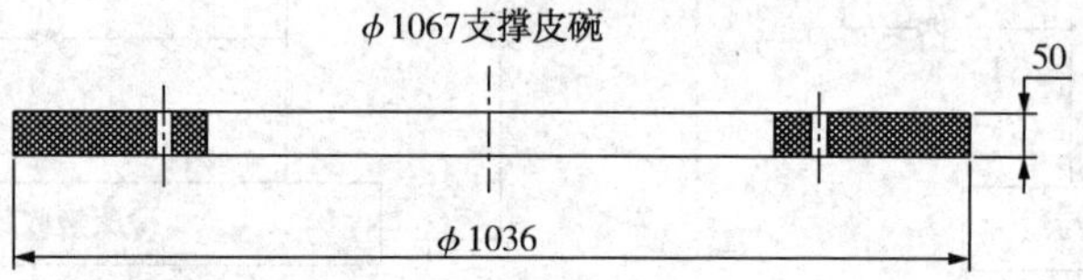

图 6　支撑皮碗示意图

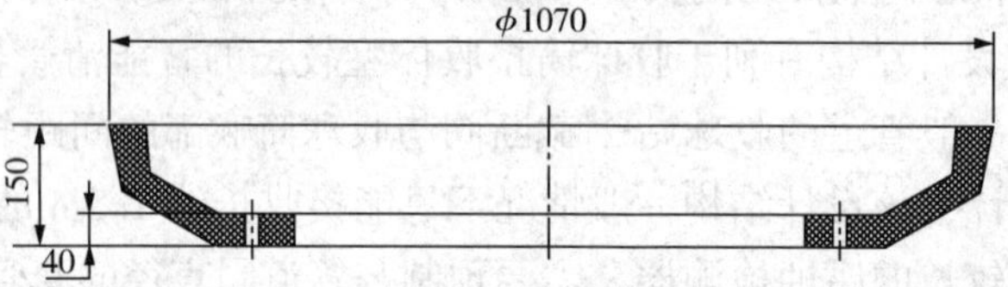

图 7　碟形皮碗示意图

1.3.2　选用清管器的主要技术指标

选用清管器的主要技术指标是：①工作压力>12MPa；温度范围：-30~100 ℃；②清管器过盈量 3%。③可通过最大变形不超过管径 25%的管道。④可通过的最小弯头曲率半径为 3D。⑤可持续运行最长管道距离>300 km；⑥清管器质量为 600 kg，在管道内运行最低压差为 0.2MPa。⑦可安装跟踪仪，一旦发生卡堵可以及时发现并定位卡堵位置。

2　跨国管道清管作业的要点

2.1　跨国段清管作业必备条件

跨国段清管作业必备条件为：①乌国段和哈国段具备清管器发送和接收的工艺条件；②ATG和 AGP 应确认各自的清管工作界面和职责；③清管器临时出入境的商务手续办理完毕；④边境计量站临时计量方式获得海关、业主方、输气公司的一致认可；⑤乌国段和哈国段的调控中心建立畅通的联系和协调平台，清管期间应及时互通清管器的位置信息；⑥乌国段和哈国段清管器跟踪人员应使用同一接收频率的信号接收机，以顺利接收来自清管器配备的信号发射机的信号，满足清管器跟踪的需求。

2.2 清管器临时过境、回收

为保证整个管道系统得到充分的清扫和未来实施变形和腐蚀检测，中亚天然气管道采用了在乌哈边境处不设计乌国段和哈国段各自的收球站和发球站，而是利用乌国段的发球站将清管器发出，然后在哈国段的收球站接收该清管器的设计理念。该设计理念的优点是减少了建设收球站的重复投资，并使边境段管道得到充分清扫；缺点是清管的时间计划不受控，影响因素较多，最重要的是跨国段清管面临着清管器过境和回收的复杂的商务问题，两国海关均需介入，同时在需要乌国段和哈国段的两个合资公司保持良好的合作关系，并且在跨国段清管操作过程中密切地协同配合。根据中亚天然气管道跨国段清管的经验，现对清管器临时过境和回收的工作流程进行描述。

2.2.1 清管器临时过境工作流程

① 确认跨国段清管的具体实施时间计划，向乌国国家海关委员会发送正式信函，抄送跨国段管道所在地的州海关委员会办公室，向海关书面说明清管的目的和需求，同时通过该信函也可咨询跨境清管所涉及的清管器临时过境和回收的工作程序。②根据乌国海关的回函要求和国家临时出口的相关规定，向乌国海关正式提交相关资料，如果一切满足要求，乌国海关将在10个工作日内批准清管器的临时出境的申请。③手续完毕，ATG将乌国海关批复的清管器临时出境许可、清管方案、清管器报关手续等提交AGP，AGP负责办理清管器返还手续。④在清管作业开始实施前15 d正式书面通知乌国海关，邀请海关代表在清管时现场见证清管器的发送和过境。跨国段清管结束后，各方需要对见证情况签署备忘录。

2.2.2 清管器返还工作流程

① 清管器返还需要ATG和AGP相互配合完成，ATG和AGP相互在各国海关办理相关手续。办理临时过境手续的清管器需要在出境后30 d之内完成回收，即从哈国返还至乌国。因此，需要在规定的时间内完成跨国段管道的清管。②哈国段在接收乌国段发出的清管器时，哈国海关应现场见证和检查接收的清管器是否符合实际，各方需要对见证和检查情况签署备忘录。③ATG和AGP确认清管器回收和移交的地点，并书面通知双方国家海关，一般通过陆路返还，在乌哈边境海关站进行移交。④清管器从哈国返还时，哈国海关将利用帆布对清管器和车辆进行包裹密封，做好标签，在到达哈国边境站时哈国边境站海关会检查密封是否完好。如果没有问题，将会放行至乌国海关边境站。⑤清管器到达乌国海关边境站时，乌国海关将根据临时报关的手续，对从哈萨克斯坦返还的清管器进行检查，确认回收是否齐全完整，如果手续齐备，清管器将会顺利入境，回收成功。

2.4 边境计量站越站计量

乌国段靠近乌哈边境设置1座边境计量站(MS)，负责向下游哈国段交付的天然气进行贸易计量交接。MS有两个主要工艺流程(图8)，一是全越站流程，如天然气经过1#、2#和3#、4#干线截断阀，直接输往下游；二是正输计量流程，如天然气经过5#、6#ESD进站阀进入进站汇管，经站内贸易计量后，从7#、8#ESD出站阀出站，通过A、B双线继续输往下游。

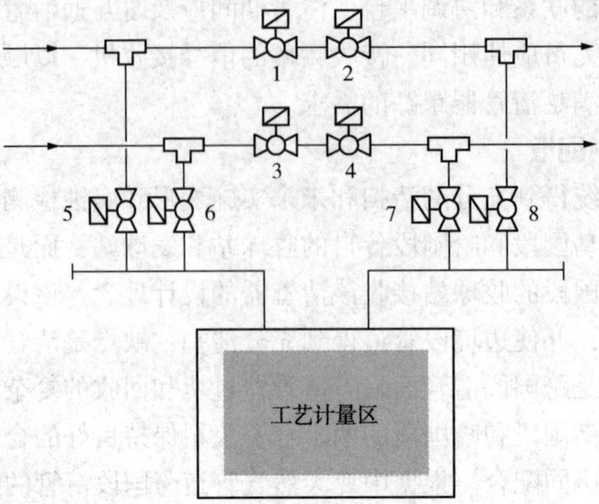

图 8　MS 工艺流程示意图

在实施跨国段清管时，为使清管器正常通过干线到达下游，需要提前导通 MS 全越站流程，停运正输计量流程。当天然气经过越站流程输往下游时，天然气无法通过流量计量设备进行精确的贸易计量。对此，需要确定一个合理的天然气气量估算公式来满足两国天然气贸易交接的需要，同时要得到业主托运方、乌国海关、ATG、AGP 各方的一致认可。以下计算公式是已获得各方认可的天然气越站输送期间的估算公式：

$$Q=T\cdot(Q_1+Q_2)/2$$

式中　Q——清管期间估算气量，m^3；

Q_1——越站流程导通前 1 h 的平均流量，m^3/h；

Q_2——越站流程关闭后 1 h 的平均流量，m^3/h；

T——越站流程持续导通的时间，h。

3　建议

考虑到跨国管道清管作业商务政治环境的复杂性，以及满足必备条件的困难性，需要花费很长的时间做好准备工作，在清管作业准备和实施过程中花费了大量的人力和物力资源。建议在今后跨国管道的设计中，在各自的边境计量站的上游和下游增加收、发球装置，以满足各自清管器发送和接收的需要，同时双方的设计要统一。此外，应加强管道输气效率的计算和监控，如果发现由于边境段管道积累了大量的杂质和游离水而导致整个管道系统输气效率降低，当整个管道的输气效率降至 90% 以下时，可以再考虑实施跨国段清管作业，就此能大大提高清管作业方的清管工作效率和对清管作业的掌控能力。

4　结束语

对中亚天然气管道收发球工艺流程设计与常见的普通收发球工艺流程设计进行了对比，分析了清管工艺的特点和初次清管作业的清管器选型的要求，总结了实现跨国段清管作业的必备条件和关键环节的处理流程，并提出了相关建议。中国以天然气为主的能源消费时代即将到来，利用国外天然气资源，建设跨国性能源管道势必会取得长足的发展，因此，对于今后的跨国管道清管工艺的设计和跨国段清管作业关键商务环节的程序处理上有一定的借鉴意义。

参考文献

[1] СТРОИТЕЛЬНЫЕ НОРМЫ И ПРАВИЛАСНиП. 2. 05. 06-85 * МАГИСТРАЛЬНЫЕ ТРУБОПРОВОДЫ (干线管道设计规范)[S]. 俄罗斯建筑部，1996.

[2] 中国石油集团工程设计有限责任公司西南分公司(四川石油勘察设计研究院). GB50251-2003 输气管道工程设计规范[S]. 北京：中国标准出版社，2003.

[3] 朱喜平. 天然气长输管道清管技术[J]. 石油工程建设，2005(3)：30-32.

[4] 张城、路小峰、舒昌成，等. SY/T5922-2003 天然气管道运行规范[S]. 北京：石油工业出版社，2003.

TKC、TAC、WKC1三站联合运行分析

周 勇[1] 肖 平[2] 姜进田[3] 肖美珍[4]

(1.2 中国石油天然气股份有限公司管道分公司，河北廊坊 065000；
3. 中国石油西气东输长宁输气分公司，宁夏银川 750001)

摘 要 对于长输天然气管道而言，从功能需求、节能降耗、计量比对、增压输送及水利优化等综合因素考虑，一般情况气源方的外输站与长输管道的首站距离都比较近，对于不同单位或国际跨境管道更是如此，从某种意义上讲，距离较近的上下游压气站相当于串联运行，其中任何一方的压缩机组非正常停机会迅速对相关方的机组运行产生影响。

关键词 TKC、TAC、WKC1三站 联合运行 工艺优化

中亚天然气管道是我国第一条横跨多国、大口径、长距离、高度自动化跨境天然气能源输送管道，将来自土库曼斯坦300亿标方/年的天然气源源不断地输往中国，本文以中亚天然气管道WKC1站为例，从与其相毗邻的15和20公里上游土库曼斯坦康采恩外输站TKC和阿姆河外输站TAC的相互影响及联合运行特点入手，分析了三站运行中的常见问题并提出解决措施，为中亚管道C线、D线及后续同类型压气站的综合设计、工艺优化和联合运行提供参考。

1 概况

中亚天然气管道东起土库曼斯坦与乌兹别克斯坦边境，西止于中哈边境霍尔果斯，与土库曼斯坦国家石油天然气康采恩处理厂外输管线及中石油阿姆河处理厂外输管线在土乌边境相连，构成同一水力系统，TKC、TAC与WKC1的关系见图1。土库曼斯坦国家石油天然气康采恩外输站(简称TKC)，距土乌边境4.4公里，外输管线直径Φ1422毫米，设计供气压力为7.0兆帕，设计供气能力170亿标准立方米/年；中石油阿姆河公司天然气外输站(简称TAC)距土乌边境9.4公里，外输管线直径Φ1067毫米，设计出站压力8.0兆帕，设计供气能力130亿标准立方米/年。根据输气协议，两气源方在土乌边境点的交气压力为7.0兆帕。

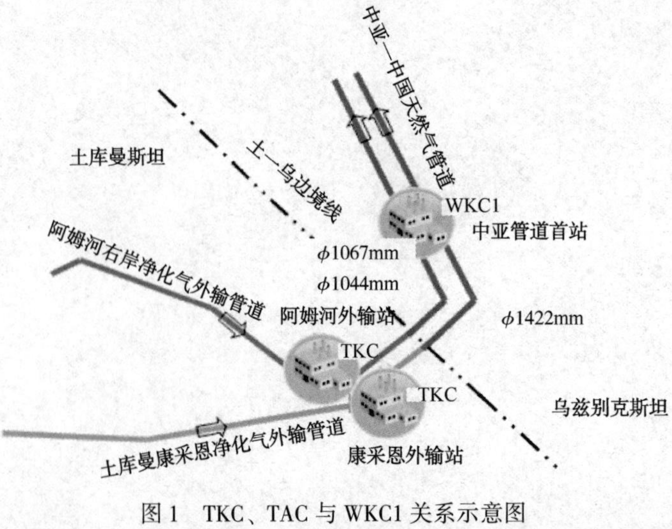

图1 TKC、TAC与WKC1关系示意图

中亚天然气管道首站(简称 WKC1)位于乌兹别克斯坦境内，距土乌边境 10.6 公里，于 2009 年 12 月 1 日投产，分别自 A/B 线接收来自 TKC、TAC 的商品天然气和分成天然气，进出站管线直径均为 Φ1067 毫米，设计压力 9.81 兆帕。进站天然气经气质分析、旋风分离和卧式过滤、计量、流量调节、增压及冷却后输往下游，设置八台超声波流量计、三套 30 兆瓦和两套 15 兆瓦燃气轮机驱动的离心压缩机组。

2 三站联合运行特点

2.1 运行协调机制复杂

中亚天然气管道涉及土、乌、哈、中四个国家，包括购、供、输等多方机构，其运行管理除具有长输管道的特点和属性外，同时还处于较复杂政治、商务和多边合作协调的环境中。跨国因素增加了协调和监管程序。跨国联合作业需适应不同国的设计规范和工艺现状，协调工作所耗费精力较多且商务手续繁杂；另外各相关方的不同利益诉求使运行信息、数据与资源较难共享，同时资源国、过境国在政策及法律层面也存在较大的风险，合作易受政治等因素影响。

2.2 压缩机运行相互干扰

TKC 和 TAC 站距离 WKC1 站不足 20 公里，TKC 或 TAC 压缩机停机后，WKC1 压缩机组将因进气量降低而靠近喘振工况；WKC1 站停机后，TKC、TAC 将因出站压力过高连锁停机，其相互影响见表 1。

表 1 TKC、TAC、WKC1 压缩机停机的相互影响

<table>
<tr><th colspan="3">输气量(亿方/年)</th><th rowspan="2">TKC/TAC 停机对 WKC1 的影响</th><th rowspan="2">WKC1 停机对 TKC/TAC 的影响</th></tr>
<tr><th>TKC</th><th>TAC</th><th>WKC1</th></tr>
<tr><td rowspan="2">120</td><td rowspan="2">50</td><td rowspan="2">170</td><td>TKC 停机 26 分钟后，WKC1 接近喘振工况</td><td>WKC1 停机 5 分钟后，TKC 停机</td></tr>
<tr><td>TAC 停机 75 分钟后，WKC1 接近喘振工况</td><td>WKC1 停机 17 分钟后，TAC 停机</td></tr>
<tr><td rowspan="2">170</td><td rowspan="2">130</td><td rowspan="2">300</td><td>TKC 停机 25 分钟后，WKC1 接近喘振工况</td><td>WKC1 停机 2 分钟后，TKC 停机</td></tr>
<tr><td>TKC 停机 65 分钟后，WKC1 接近喘振工况</td><td>WKC1 停机 5 分钟后，TKC 停机</td></tr>
</table>

2.3 机组运行状态对各方影响巨大

WKC1 停机后，中亚管道只能通过管存维持对下游的供气，此时下游各压气站需根据整体水利系统变化主动开启站循环或减少压缩机的运行数量，如管存持续下降最终将波及哈国和中国用户。对于上游，数分钟内可导致 TKC 和 TAC 出站压力高停机保护并放空；如果 WKC1 站在短时间内无法恢复压缩机组运行，还会导致上游两个气源净化处理装置停运、气田关井，并引发政治事件。TKC 和 TAC 站的停机，同样对各自气田和中亚管道产生减(停)供影响。

三站唇齿相依，它们的安全连续运行不仅关系着多方利益，也牵动着土哈中三国的国计民生，更受到三国政府的高度关注。

3 优化三站联合运行分析

为了更好地解决三站联合运行的协调和技术问题，基于三站调度和工艺特点的有关措施，采取如下优化措施。

3.1 形成层次清晰的协调机制

中亚管道相关方派代表成立“土-乌-哈-中天然气管道运行协调委员会”(以下简称“协调委员会”)，协商确定上游进气量、管道年度、半年度、月度输气计划和维检修计划等，并协调解决生产运行中出现的重大事件或年度、半年度输气计划和维检修计划的重大修改。

中亚天然气管道运行协调中心(简称北京协调中心)是“协调委员会”的下设机构，负责协调供气方向购方平稳供气和天然气管道全线日常运行协调，向运行相关方提供必需的信息，具体负责对各相关方进行运行计划的下达、运行方案的发布、日常和紧急情况下的运行协调和信息传递。

各供、输调度(调控)中心负责各自的生产运行调度指挥工作，通过北京协调中心进行各国调控中心之间的协调，见图 2。TKC、TAC、WKC1 三站分别隶属于康采恩、阿姆河和布哈拉调(控)度中心，是中亚管道调度体系的终端。

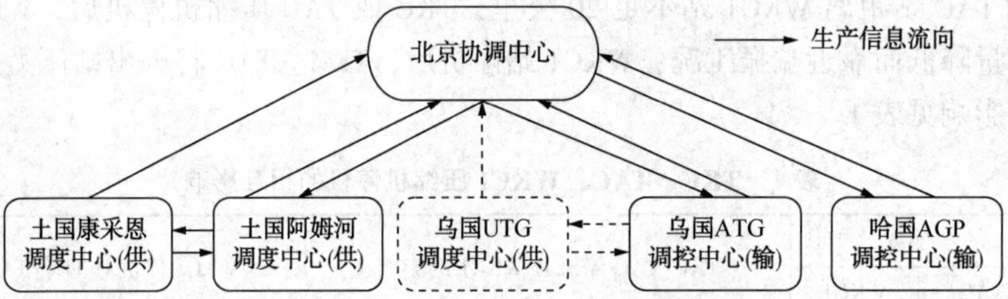

图 2　北京协调中心生产协调结构图

根据管道运行一般调度联系程序，对外调度业务联系通常由各自所属调控中心完成，投产初期的跨国运行协调由土乌哈三国调控中心通过北京协调中心实现。实践表明，TKC、TAC 与 WKC1 三站中任何一站增减量将迅速波及其它两站，如仅通过各自的调控中心联系则延迟了最佳应急协调和处置时间。2010 年 9 月，土-乌-哈-中天然气管道运行协调委员会决议通过三站压缩机运行协调程序，建立调度直接联系通道，快速通报日常及突发情况下的生产信息，最大限度地降低或避免相互间的干扰；三站可以按需召开协调会议，探讨和交流压缩机安全平稳运行及防喘振控制、站场应急反应、风险预控及改进措施等。自 2010 年 10 月首次会议以来，已累计召开 10 次三站协调会议，有效地解决同一水力系统跨国输气管道上下游压气站因距离短较近引发的应急反应和相互协调问题，在增强了互信的情况下最大限度地减少了突发情况下彼此间的相互影响。

3.2 建立有效的日常和应急调度联系机制

三站间调度业务联系主要内容有：在不涉及技术和商业秘密的前提下，提供诸如压力、温度、瞬时流量和气质等必要参数确认；各站压缩机运行、检修计划提前彼此通报；机组突发故障停机、备用机组启动和带载时间等关键信息的主动及时通报；压缩机组维护情况、切换及调试等信息的提前告知；事件或事故的影响确认，三站间联合应急预案的有效执行等。

由于在可利用资源、设计及运行等方面存在的一些问题，因压缩机本体、工艺、电力及附属系统故障等原因造成的停机事件时有发生，在三站压缩机运行协调程序框架下的紧急调度业务联系比较密集，一旦某站发生压缩机故障停机或 ESD 紧急关断，其它两站立即根据及时的电话通报，并依据三站联合应急预案，视停机时间长短，采取降速、循环、停机、局部放空、关停部分气井及净化处理装置等操作。对于 ESD 停机故障，执行“先通报信息、后恢复生产，先对外、后对内”原则，停机站场中外方值班人员第一时间电话通知另外两站，再初步判断停机原因及恢复生产时间并通报上级调控中心，站内其他技术人员同时进行启机前的各项准备工作。

3.3 集中制冷与流程切换相结合，控制异常情况下的机组入口温度

WKC1 站采用的是 22 组集中制冷的空冷器，如图 3. TAC 或(和)TKC 站故障停机后，WKC1 站进气量迅速锐减，基于集中制冷的特点，WKC1 站通常会人工主动打开站内循环流程，预防压缩机组进入喘振工况。如站内循环流程开启不及时或回流量不足，单台机组的防喘系统就会自动启动，此时单台压缩机组出口高温天然气会直接回流至入口汇管，反复循环的高温天然气易造成压缩机组出口温度高停机。

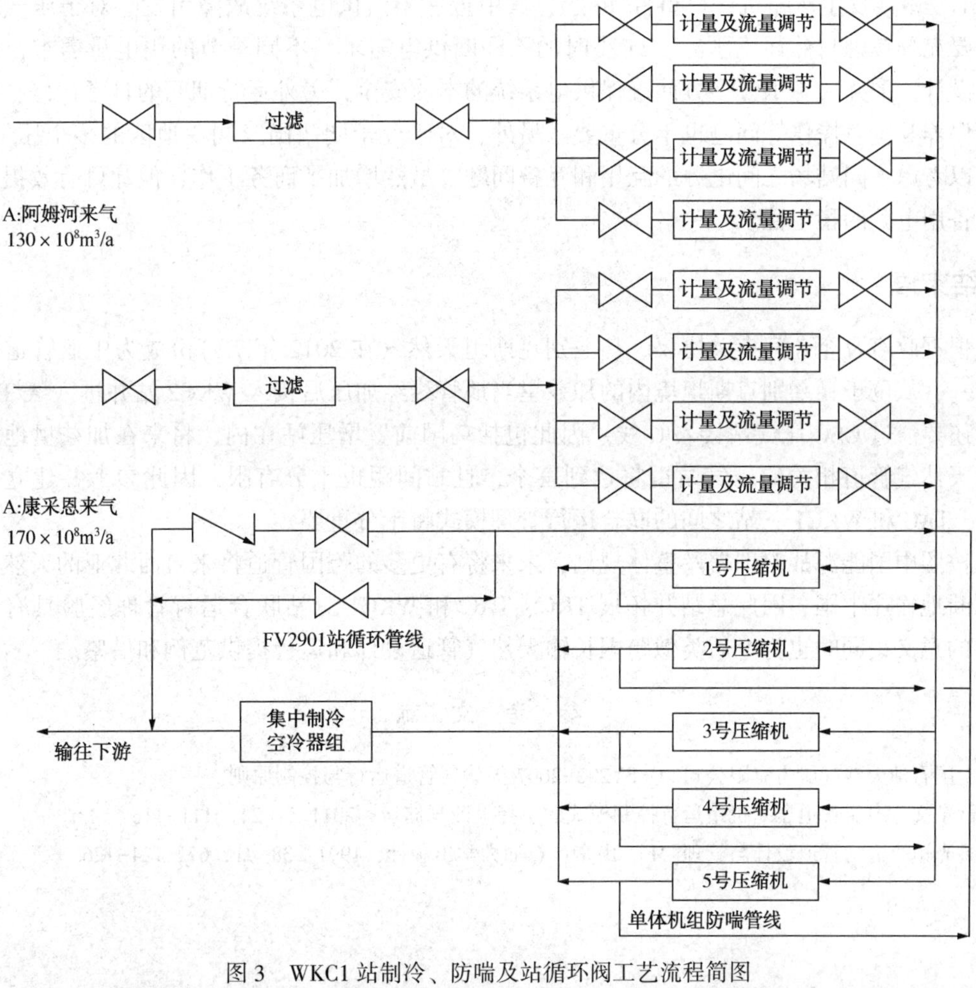

图 3　WKC1 站制冷、防喘及站循环阀工艺流程简图

3.4 气源方自控为主，WKC1 站流量调节为辅，实现合理接气、输气及管存目标

对于多个气源点的长输管道而言，受气源中间管段长度、供气时间、供气压力、供气量

等不同的影响，由于 TAC 与 TKC 站的供气工况有差异，为确保对上游两个进气源气量的合理控制，WKC1 采取了主动控制的设计原则，即在每条计量支路上设计了流量调节阀，避免了上游供气源的单一调节方式，实现了 WKC1 站的主动控制，确保了在不同供气压力下的进气量相互匹配问题，也有效避免了对政治方面造成的负面影响。

3.5 增大站间管径，增加应急管存

在无法有效增加站间距离的情况下，适当增加上下游站之间的管径，不但可有效减小供气压降、降低机组能耗，还可增加站间管存，以适当降低上下游站场非计划性停机的影响，为应急故障处置赢得宝贵时间，将非计划停机造成的憋压连锁停机、ESD 保护、净化设备停产、气井关闭等负面影响降低。鉴于此，TKC 站与 WKC1 站间约有 14 公里的管径设计为 Φ1422 毫米。

3.6 确保供电本质安全，提高运行稳定性

由于三站均处于荒漠地区，没有或外电依托较差，目前各站均采用以燃气发电机作为主供电源、柴油发电机作为应急发电的自发电方式。据不完全统计，2011 年 TKC、TAC 和 WKC1 三站共发生压缩机停机事件 46 起，其中近一半由供电系统故障引发。对于压气站而言，要充分考虑自然环境恶劣、24 小时的不间断供电需求、不同季节的用电量需求，因此要从设计、采办、施工等多方面确保供电系统的本质安全，另外运行期间的日常检修、定期维护保养及应急操作等问题也十分重要。另外，对于处于同一国家同一地区的多个压气站，还可以考虑不同站场之间电源的互用和互备问题，虽然增加了商务工作，但却可有效提高工作及备用电源的稳定性。

4 结束语

根据政府及企业间有关协议，乌兹别克斯坦天然气在 2012 年 7 月份成为中亚管道的气源之一，从位于乌兹别克斯坦境内的加兹里当地管线经加压后接入 WKC2 站并进入 A/B 线，今后还要通过 GSC 压气站接入 C 线。因此包括乌国前置增压站在内，将来在加兹里地区与中亚天然气管道相关的压气站也将达到三个，且站间距也十分有限，因此参考并建立类似 TKC、TAC 和 WKC1 三站之间的联合运行管理模式将十分重要。

按照中国能源战略部署及整体规划，未来将有更多的跨国管道将来自西北亚的天然气源源不断地输往中国，因此总结并拓展 TKC、TAC 和 WKC1 三站联合运行管理经验具有十分重要的意义，同时也为今后类似跨国长输天然气管道设计和运行提供范例和借鉴。

参 考 文 献

[1] 中国石油天然气股份有限公司 . Q/SY202-2007 天然气管道运行与控制原则 .

[2] 吕子文 . 中亚管道压缩机组运行控制模式的选择 . 油气储运，2011. 31(2)：111-116

[3] 姚光镇 . 输气管道设计与管理[M]. 山东：石油大学出版社，1991：38-41，67，124-126.

俄罗斯、哈萨克斯坦与中国长输管道天然气质量标准的比对研究

何　凡　姜进田

摘　要　进入长输管道天然气的气体质量对管道企业安全运行至关重要，了解各国天然气质量标准对我国开展对外油气合作有重要意义。本文介绍了俄罗斯、哈萨克斯坦标准和我国现行的管道天然气的主要标准与质量指标、比对研究了包含发热量、总硫、硫醇、硫化氢、水露点等重要指标的差异，分析了俄罗斯、哈萨克质量标准的特点及发展方向，为我国企业深入参与俄罗斯、哈萨克天然气能源合作，了解相关国家天然气质量标准发展趋势，制订更合理的天然气质量要求给出了建议。

关键词　天然气　供应和运输　长输管道　质量标准　比对研究

天然气作为优质、清洁、高效的低碳能源，在我国一次能源消费中的比重逐步提高，为保障能源战略安全，我国石油企业积极实施"多元化"战略，2009 年以来，相继建成投运了中亚、中缅和中俄东线天然气跨国管道，持续完善了我国天然气管网布局，为我国天然气来源多元化和用气安全提供了有力保障。在"碳达峰、碳中和"的战略背景下，天然气将在我国能源结构向低碳化、清洁化转型中发挥更为重要的作用，我国对外油气合作产业也将加快发展。因此，了解中国、俄罗斯、哈萨克三国长输管道天然气质量标准的使用情况及其差异对于我国对外油气合作、保证管道安全运行都有十分重要的意义。

1　中国 、俄罗斯与哈萨克斯坦长输管道天然气质量标准差异

（1）中、俄、哈三国长输管道天然气质量标准概况

我国商品天然气质量指标正在执行的是以下两个标准，强制性标准 GB 17820-2018《天然气》和推荐性标准《进入天然气长输管道的气体质量要求》，标准编号 GB/T 37124-2018。GB 17820-2018 按高位发热量、总硫、硫化氢和二氧化碳含量将天然气分为一类和二类气，规定了包括高位发热量、硫化氢含量、总硫含量、二氧化碳含量 4 个指标的技术要求，给出了每个指标的检测方法，并在 5.5 条款规定了"进入长输管道的天然气应符合一类气的质量要求"。

关于商品天然气质量指标，俄罗斯目前正在执行的标准是俄联邦国家标准 GOST 5542-2014《工业和公共生活用可燃天然气》和行业标准 OST 51.40-93《进入干线输送管道天然气》。GOST 5542 是前苏联时期制定的国家标准，该标准于 1988 年 1 月 1 日生效，修订版于 2015 年 7 月 1 日生效。OST 51.40 于 1983 年 6 月 1 日生效，修订版于 1993 年 10 月 1 日生效。

哈萨克斯坦正在执行的标准是 ST RK1666-2007《干线管道输送天然气》。ST RK1666 制

定天然气技术指标的基本原则、参数设定均与前苏联行业标准 OST 51.40-93《进入干线输送管道天然气》基本一致，于 2008 年 7 月 1 日生效，第一修订版于 2019 年 1 月 1 日生效。

（2）中、俄、哈三国长输管道天然气质量标准的差异

表 1　中、俄、哈天然气质量指标对比

国家	标准号	发热量 *（MJ/m^3）	总硫（mg/m^3）	硫醇（mg/m^3）	硫化氢（mg/m^3）	机械杂质（g/m^3）	水露点（℃）夏/冬 温带地区	寒带地区
中国	GB 17820-2018	34.00	0.020	/	0.006	/	/	
	GB/T 37124-2018	34.00	0.020	/	0.006	/	比输送条件下最低环境温度低 5℃	
俄罗斯	GOST 5542 -2014	31.80	/	0.036	0.020	0.001	/	/
	OST 51.40-93	32.50	/	0.016	0.007	/	-3/-5	-10/20
哈萨克斯坦	ST RK1666-2007	32.50	/	0.016	0.007	/	-3/-5	-10/20
	ST RK1666-2007v1	31.80	/	0.016	0.007	0.001	-10/-10	-14/-20

1）发热量

发热量是评价天然气经济价值最重要的指标，是实现能量计量的重要参数，经过对各进口气源高位发热值统计分析，多数气源高位发热量在 36MJ/m^3 以上，进口 LNG 高位发热量可达 40 MJ/m^3 以上，考虑到国内部分气田高位发热量相对较低，我国标准 GB 17820-2018 和 GB/T 37124-2018 将一类气高位发热量要求下限值由 GB 17820-2012 中的 36MJ/m^3 调低至 34MJ/m^3，较欧美标准略宽松。与中国不同，俄罗斯与哈萨克斯坦规定的是低位发热量（从高位发热量中扣除了烟气中水蒸汽的汽化潜热）。哈国标准初期参考了全俄行业标准 OST 51.40，在 2019 年修订版中根据哈国气田情况调低低位发热量指标至 31.80MJ/m^3，与俄联邦国家标准 GOST 5542 保持一致。

2）总硫和硫化氢含量

总硫和硫化氢含量是关系到环保和管道安全运行的技术指标，总硫是有机硫化物的总称，包括硫氧碳、低级硫醇、甲硫醚、二硫化碳等。我国标准 GB 17820-2018 和 GB/T 37124-2018 较上版标准总硫含量变化最大，要求更为严格，将一类天然气中总硫上限由 60 mg/m^3 大幅降低至 20 mg/m^3；与中国不同，俄罗斯与哈萨克现行标准对总硫含量没有明确规定，对硫醇含量规定要求硫醇含量不超过 16 mg/m^3，参考欧洲、美国标准中规定的硫醇含量指标分别为不超过 6mg/m^3 和不超过 7mg/m^3，俄罗斯与哈萨克标准相对宽松。为减少天然气中硫化氢对大气环境的损害、降低对管道运行设备的腐蚀，世界各国对商品天然气中硫化氢的控制要求越来越严格。我国标准将一类天然气中硫化氢上限设定为 6mg/m^3，俄罗斯与哈萨克标准均要求管道天然气中硫化氢含量不应超过 7mg/m^3。中国新标准对进入输送管道含硫天然气的处理提出了更严格的要求，该指标已达到世界领先水平，充分体现了我国发展绿色能源、改善环境的决心。

3）机械杂质

机械杂质是指在天然气输送过程中存在的固体颗粒物，会附着在管壁及流量计等设备上，影响整个输气管线的安全运行，不过在这方面我国标准目前没有定量要求，俄罗斯与哈萨克现行标准明确规定固体颗粒物含量应不超过 1mg/m^3。

4）二氧化碳含量

天然气输送过程中二氧化碳含量对环境质量、管道腐蚀和输送能力都会造成不利影响，各国标准中对天然气中二氧化碳含量均有严格限制。我国新标准规定的二氧化碳含量上限是3.0%，与美国相关标准规定一致；俄罗斯、哈萨克标准规定的二氧化碳含量上限是2.5%，与欧洲相关标准规定一致。

5）氧气含量

对氧含量，世界各国相关标准的规定区别较大，我国新标准规定的氧含量指标上限是0.10%，俄联邦国家标准 GOST 5542-2014 规定的氧含量指标上限是0.05%，哈萨克标准 ST RK1666-2007v1 规定氧含量指标上限是0.02%，相对来说，该指标欧洲标准最为严格，其规定的氧含量指标上限是0.01%；美国标准规定的氧含量指标上限是0.20%。

6）水露点

水露点是与运行安全和输气效率相关的技术指标，管道内的液态水会增大冰堵事故发生的可能性，降低天然气管道的运行效率，而且与二氧化碳和硫化氢反应后会造成管道、运行设备腐蚀。中国标准 GB/T 37124-2018 明确要求“进入长输管道的天然气，在进气处设计最高输送压力条件下，水露点应比最低环境温度低5℃”。由于俄罗斯国土面积辽阔，不同地区之间的气温变化极大，前苏联与俄罗斯专门制定了联邦气候分区标准 GOST 16350，水露点指标按温带地区、寒带地区的冬季(10月1日－4月30日)和夏季(5月1日-9月30日)分别规定，温带地区(夏季不高于-3℃/冬季不高于-5℃)、寒带地区(夏季不高于-10℃/冬季不高于-20℃)。哈萨克标准借鉴 OST 51.40-93 编制，但 ST RK1666-2007v1 将原标准要求大幅提升为温带地区(夏季不高于-10℃/冬季不高于-10℃)、寒带地区(夏季不高于-14℃/冬季不高于-20℃)，相对来说，我国根据地区采用差异化的指标更为合理。

(3) 中、俄、哈三国长输管道天然气质量指标检测方法对比

表2　中、俄、哈天然气质量指标实验方法对比

国家	中国	俄罗斯	哈萨克斯坦
项目\\ \\ 标准号	GB/T 37124-2018	GOST 5542-2014	ST RK1666-2007v1
发热量＊	GB/ T 11062、GB/ T 13610、GB/ T 27894	GOST 10062、GOST 27193、GOST 31369	GOST ISO 15971, GOST 31369 и ST RKISO 6976
总硫	GB/T 11060.4、GB/T 11060.5、GB / T 11060.8、GB / T 11060.10		
硫醇		GOST 22387.2	GOST 22387.2, ST RKGOST P 53367 иST RKASTM D 5504
硫化氢	GB/T 11060.1、GB/T 11060.2、GB/T 11060.3、GB / T 11060.10	GOST 22387.2	GOST 22387.2, ST RKGOST P 53367 иST RKASTM D 5504
机械杂质		GOST 22387.4	GOST 22387.4
水露点	GB/T 17283、GB/T 22634	GOST 20060	GOST 20060 и ST RKGOST P 53763
烃露点		GOST 20061	GOST 20061 и ST RKGOST P 53762

续表

国家	中国	俄罗斯	哈萨克斯坦
氧含量	GB/T 13610、GB/T 27894	GOST 31371. 1-GOST 31371. 3, GOST 31371. 6, GOST 31371. 7	GOST 31371. 3, GOST 31371. 6, GOST 31371. 7, ST RKISO 6974-3 и ST RKISO 6974-6
二氧化碳	GB/T 13610、GB/T 27894	GOST 31371. 1-GOST 31371. 7	GOST 31371. 3, GOST 31371. 4, GOST 31371. 5, GOST 31371. 6, GOST 31371. 7, ST RKISO 6974-3, ST RKISO 6974-4, ST RKISO 6974- 5 и ST RKISO 6974-6

总体上看，各国新版标准都丰富和扩充了各指标项目的检测方法，尤其是哈萨克标准，近年在保留原俄联邦国家标准的基础上，大量引入了国际标准化组织、美国材料实验协会相关标准，增加了实验方法的选择范围。

发热量参数计算，中国 GB/T 11062、俄罗斯 GOST 31369 和哈萨克标准均参照了国际标准化组织 ISO 6976，三国标准关于参数计算用到的基础数据和计算公式都是一致的，只要采用相同的标气，检测结果一致。总硫分析，我国标准实验方法包括库仑法 GB/T 11060. 4、紫外荧光法 GB/T 11060. 8 与色谱法 GB/T 11060. 10，国内管道贸易交接比较常采用的是库仑法与紫外荧光法，中俄贸易采用色谱法测定总硫。硫化氢分析，中、俄、哈三方标准包括了分光光度计法 GB/T 11060. 2、光电比色计法 GOST 22387. 2、碘量滴定法(GB/T 11060. 1、GOST 22387. 2)和气相色谱法等实验方法，碘量滴定法是我国标准中规定的仲裁实验方法，光电比色计法是俄罗斯标准中规定的仲裁实验方法。硫醇分析，俄罗斯标准实验方法是碘量滴定法，哈萨克标准增加了色谱法。水露点测定，中、俄、哈三方标准都采用冷却镜面法，测定原理和主要技术内容基本相同，都能够满足水露点检测的要求，最大差异在于吹扫方法，GB/T 17283 使用管道气吹扫，GOST 20060 采用干燥后天然气吹扫。

2 俄、哈两国长输管道天然气质量标准的发展趋势

(1) 俄罗斯新标准指标大幅提升，在欧亚经济联盟推广应用

2021 年 4 月俄联邦国家标准 GOST ＊＊＊＊-202＊《进入干线输送管道天然气的技术条件》征集意见稿首次推出，并在独联体国家内开展自愿应用投票，计划成为欧亚经济联盟内跨国输送天然气的统一质量标准，该标准草案参考了欧洲标准 EN 16726：2015 + A. 1：2018 “天然气质量-H 组”的许多规定，较以往标准在许多方面都有较大进步。首先，此标准中首次采用了总硫指标，规定总硫含量不超过 30mg/m^3，略低于我国最新标准中总硫含量不超过 20mg/m^3 的要求；其次，水露点指标在俄罗斯行业标准 OST 51. 40-93 有明确规定，但原标准中未限定该指标的压力条件，该标准对水露点指标的测定压力设定为“对于运行压力不高于 7. 5MPa 的干线管道，水露点测定条件为 3. 92MPa 的绝对压力，对于运行压力高于 7. 5MPa 的干线管道，水露点测定条件为取样点的运行压力”；第三，含氧量指标由 GOST 5542-2014 规定的不超过 0. 05%大幅降低至不超过 0. 02%。

(2) 哈萨克标准更新速度加快，部分指标仍有待提升

哈萨克标准 ST RK1666-2007 借鉴 OST 51. 40-93 编制，原标准也缺少水露点指标的压

力条件，在2019年生效的ST RK1666-2007v1第一修订版中将检测压力条件设定为“水露点测定条件为3.92MPa的绝对压力”。2021年5月哈萨克能源部推出ST RK1666-2007v2第二修订版征集意见稿，与第一修订版相比，各气质指标没有变化，仅对检测方法和硫化氢含量的过渡期做了修改。近些年，随着中哈两国在油气领域合作的进一步深入和哈国新建天然气管道的投用，哈萨克对国家标准的更新修订愈发重视，在此次新标准意见征集过程中就有部分哈国管道企业正式提出了参照国际通行做法新增总硫含量指标的要求。与中国和俄罗斯标准相比，哈萨克气质标准中水露点指标参数的规定虽然更为严格，但在检测压力条件的设定上不够科学，未将设计压力在7.5MPa以上运行的管道考虑在内，这也与哈国国内在运的高压管道数量较少有关。

3 结论

（1）做好天然气计量方式向能量计量转变的早期研究

天然气作为燃烧能源，不同组分则单位体积产生的热值相差很大，能量计量是天然气贸易最合理、科学的计量方式。高位发热量是天然气作为能源的价值体现，是实现能量计量的重要参数，由于以前我国天然气计量未采用能量计量，发热量的重要性难以体现，欧美发达国家都采用该方式计量，我国正处于过渡时期，2009年8月1日GB/T 22723-2008《天然气能量的测定》、2019年5月24日《油气管网设施公平开放监管办法》相继发布实施。针对即将到来的计量方式变化，跨境管道企业应加快对能量计量相关的输差计算、计量准确性、管输费计价方式等问题展开研究，持续关注天然气供应国相关政策、法规和标准文件的更新进展，加强对流量计量与质量分析系统性能进行评价的研究和实施工作准备。

（2）参照俄罗斯与哈萨克标准，引入机械杂质指标

机械杂质影响天然气管道的安全运行，我国现行标准缺少机械杂质含量明确的定量要求，建议参照俄罗斯与哈萨克现行标准中规定固体颗粒物含量应不超过1mg/m^3。

（3）加强天然气贸易合同计量协议的更新与管理

跨境天然气贸易合同计量协议应参照国内外气质标准的更新进展，与合作方沟通适时更新跨境贸易协议中的天然气计量方式，制定更为合理的天然气质量要求协议条款，并加强计量协议的过程管理。

参 考 文 献

[1] 陈赓良，缪明富，罗勤．俄罗斯天然气的气质指标及其试验方法．石油与天然气化工，2002.

[2] 罗勤，李晓红，许文晓．国际标准《ISO13686天然气质量指标》修订浅析．石油与天然气化工，2010.

[3] 中国国家标准化管理委员会．天然气：GB 17820—2012［S］．北京：中国标准出版社，2012. Standardization Administration Committee of the PRC. Natural gas：GB 17820－2012［S］. Beijing：Standard Press of China，2012.

[4] 中国国家标准化管理委员会．天然气：GB 17820—2018［S］．北京：中国标准出版社，2018. Standardization Administration Committee of the PRC. Natural gas：GB 17820－2018［S］. Beijing：Standard Press of China，2018.

[5] 进入天然气长输管道的气体质量要求-征求意见稿《Проект GOST Газ природный，подготовленный к транспортированию по магистральным газопроводам. Технические условия》.

[6] 干线管道输送天然气质量要求第二修订版-征求意见稿《Газы горючие природные，пOSTавляемые и транспортируемые по магистральным газопроводам. Технические условия》（далее － Изменения №2）.

哈国南线天然气管道工控网络安全提升研究

刘金云　姜进田　郝　郁　张明博　何　凡

（中油国际管道公司哈国南线天然气管道项目）

摘　要　随着物联网、移动互联网、工业互联网技术的发展，工业控制系统逐步由信息孤岛向万物互联发展，工业控制系统信息互通互联带来的网络安全风险，也对工控网络稳定运行和安全生产带了了新的隐患。为了加强哈国南线天然气管道生产控制系统信息安全管理，防范生产控制系统的攻击及侵害，保障燃气管网安全稳定运行，结合哈国南线天然气管道生产控制系统的实际情况，梳理工控网络资产和网络拓扑，发现工控网络存在的安全风险，分析现有工控信息安全防范手段的针对性和有效性，提出工控信息安全总体解决方案和实施方案，从外到内构成“纵深防御、分区防护”工控网络安全体系，为下一步的工控信息安全防护要求落实指明方向。

关键词　工控网络安全　工控网络安全标准　等级保护　安全风险

近年来石油天然气基础设施已经成为黑客组织的攻击目标，2021 年 5 月 7 日，美国最大成品油输送管道运营商 Colonial Pipeline 遭黑客勒索软件攻击，被迫全面暂停运营，为油气管道运营企业敲响了警钟。随着 5G 网络和工业互联网的发展，传统的工业生产模式逐渐被智能化所取代，工控设备也因此遭受着越来越多的攻击，并且攻击形式日渐多元，攻击手段更加复杂，工控系统漏洞呈现连年高发态势。

哈国南线天然气管道作为哈国天然气管网中最重要组成部分，“一线七连”的能源战略枢纽地位越来越凸显，中国国内冬季保供“稳定器”作用越发突出，根据哈萨克斯坦国家干线管道法规定：“为保障干线管道安全运行，在管道控制系统被入侵或者被破坏时，干线管道需紧急停输”，因此，保障哈国南线天然气管道工控网络安全关系到中、哈两国能源战略安全，意义十分重大。

1　工控网络安全标准

工控网络安全标准是指导工控系统建设、工控网络安全评价以及工控系统安全升级的主要参考依据。目前国际较通用和流行的是《工业过程测量、控制和自动化网络与系统信息安全》（IEC 62443）系列标准，主要由国际工业过程测量、控制与自动化/网络与系统信息安全工作组（IEC/TC65/WG10）和国际自动化协会（ISA 99）委员会组成的联合工作组负责制定，IEC 62443 结构分为 5 个层级，由上至下依次为企业系统、运营管理、监督控制、安全和保护或基本控制、过程（受控设备）。我国网络安全领域发布的网络安全标准达 19 项之多，2019 年发布了 GB/T 22239—2019《信息安全技术 网络安全等级保护基本要求》即等级保护标准 2.0，针对网络安全共性需求提出通用要求，并针对云计算、移动互联、物联网、工业控制和大数据等新技术、新领域的个性安全保护需求提出扩展要求，形成国内新的网络等级保护基本要求标准。

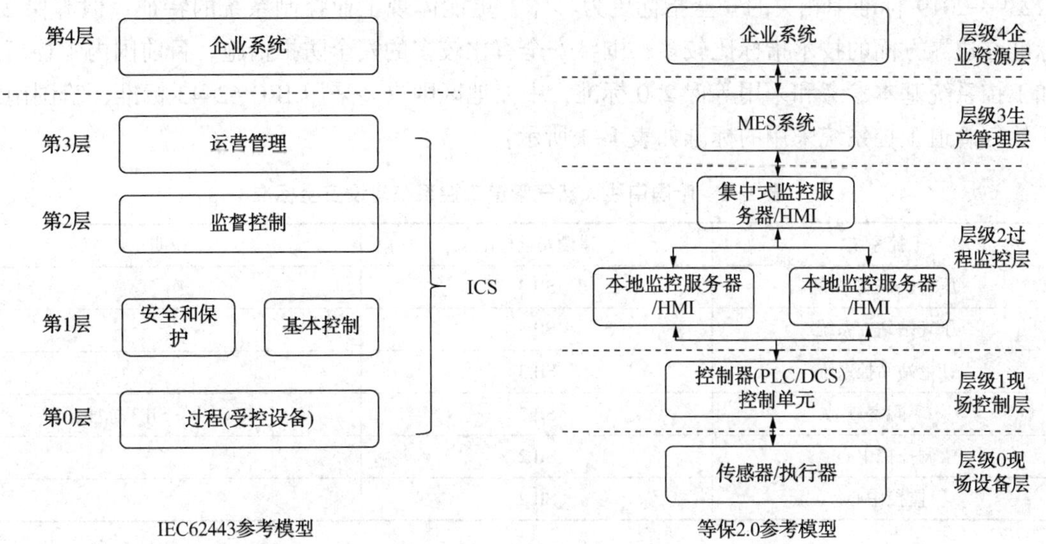

图 1　IEC62443 与 GB/T 22239-2019 标准技术层级对比

IEC 62443 标准与等保 2. 0 标准都适用用于工业控制系统，从发展历程来讲，IEC 62443 标准是从工业控制系统的自身安全需求延伸到信息安全层面，而等保 2. 0 标准是从通用的信息安全扩展到了工业控制系统领域，二者适用范围一致，并分别对不同安全等级的攻击行为和保障方式进行分级。在工控系统访问、系统性能、专用工业控制系统安全保护技术及全生命周期的安全支持方面，IEC 62443 的技术要求比后者相关的安全指标更为具体、更能体现工业控制系统的特征。

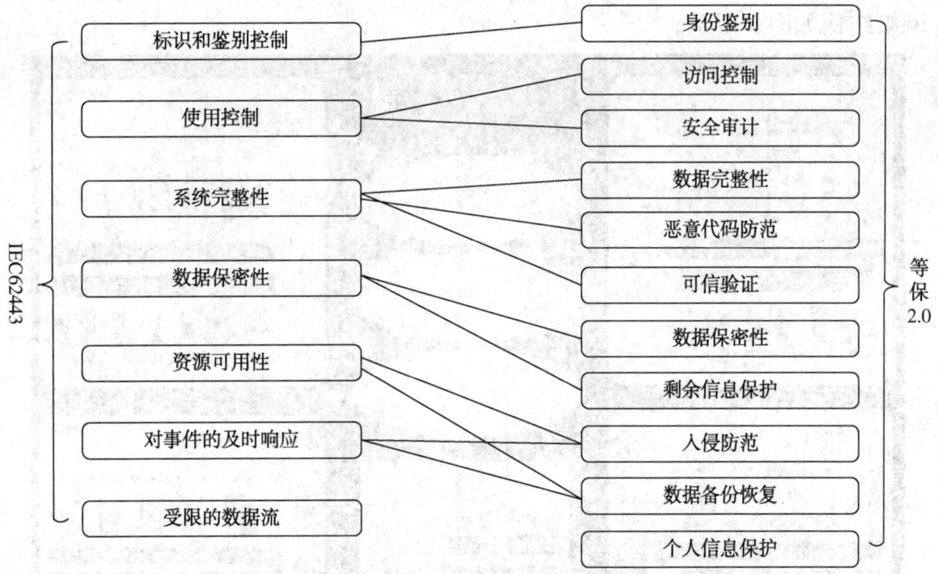

图 2　IEC62443 与 GB/T 22239-2019 标准相关技术指标对比

IEC 62443 标准更加关注工业控制系统以及所有系统部件可用性，重点关注生产控制系统保证企业生产的持续、可操作性及稳定的运行。从 IEC62443 标准的技术要求比 GB/T

22239—2019 标准中相关的安全指标更为具体、更能体现工业控制系统的特征。但等保 2.0 标准在边界方面的技术指标比较多，围绕安全有比较多的安全防护措施。目前国内工控厂商和工控系统基本参考和采用等保 2.0 标准，中亚地区则更多采用 IEC 62443 标准，哈国南线天然气管道工控系统采用的标准如表 1-1 所示：

表 1-1　哈国南线天然气管道工控系统建设安全标准

工控系统	建设安全标准	说明
压缩机控制系统	SIL3	
压气站站控系统	SIL3	
计量站站控系统	SIL3	
阀室	SIL2	PLC 设备 SIL3 标准
调控控中心	SIL2	
监控中心	SIL2	

2　哈国南线天然气管道工控网络安全现状分析

2.1　工控网络安全现状

哈国南线天然气管道工控系统按照“调控中心级、站场控制级、就地操作控制级”的三级操作控制模式设置，三级系统互相分离。工控网络由共 9 个场站，46 个 BVS 阀室，BSGP 工控网络以光纤链路作为主链路，各场站必须通过在克孜调控中心的路由策略才能实现相互间的通信，各 RTU 会将数据同步发送给所属场站和调控中心。当光纤链路出现故障时，RTU 阀室会将数据传输至上下游其他场站，使用场站的 VSAT 卫星链路与调控中心进行数据交互，网络结构如图 3 所示。

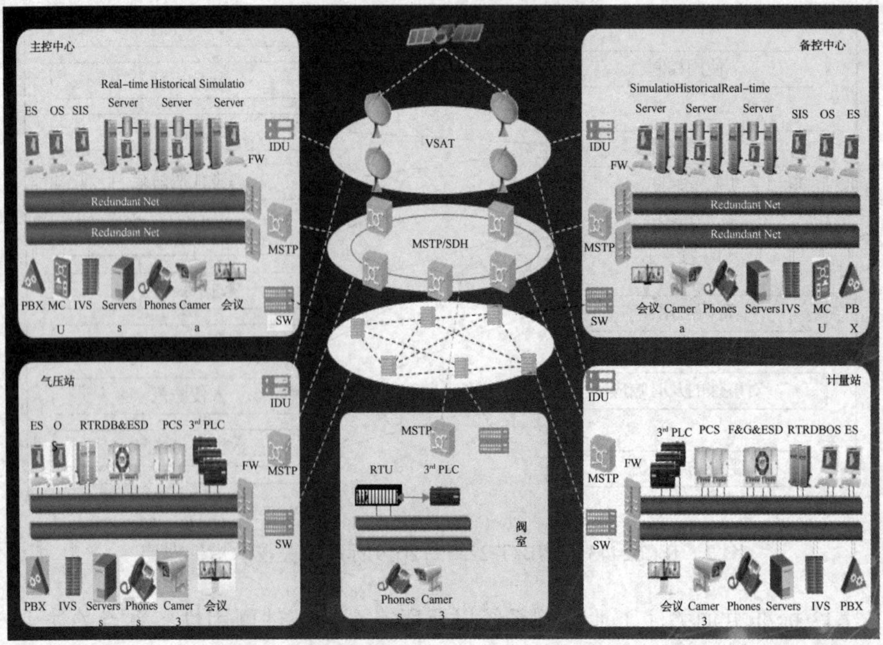

图 3　哈国南线天然气管道网络拓扑结构图

哈国南线天然气管道工控网络通信线路拓扑如下图所示，分为光纤通信链路和卫星通信链路。场站和各自相邻的上下游 BVS 形成各自的控制区域；主、备调控中心可以对所有场站和阀室进行远程监控。

通过对哈国南线天然气管道工控网络通信线路的分析，可以发现 RTU 阀室无论使用光纤链路或是卫星链路进行数据交互时，最终都需要经过调控中心或场站的核心交换机，所以针对 RTU 阀室的防护和检测能力，可以由所属场站和调控中心来提供。此外调控中心作为生产控制的中心，还兼具场站通信的路由功能，应该具有比场站更全面和更强大的防护和检测能力。

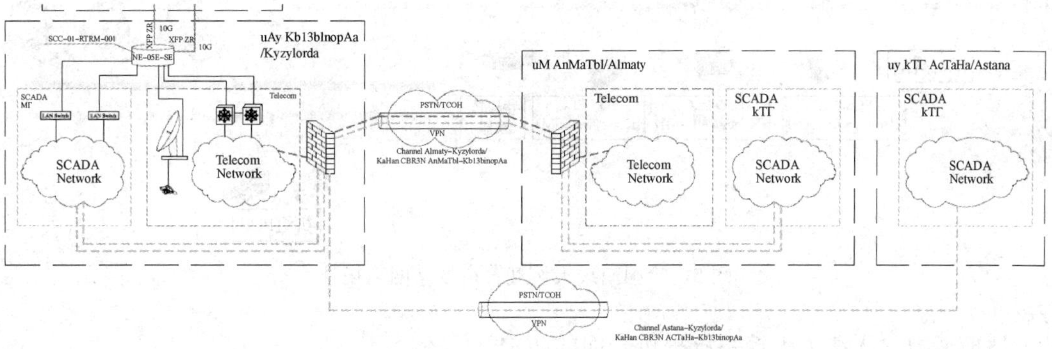

图 4　哈国南线天然气管道 VPN 链路连接图

哈南线管道公司场站工场站与调控中心以随管道铺设的自有光纤作为主通信链路，租用卫星网络为备通信链路，同时在核心交换机处存在通向上下游 RTU 阀室的链路和 GPS 校时信号的链路。压缩机组独立组网，通过交换机接入场站工控网络；发电机组、第三方设备通过协议转换器接入场站工控网络。ACL 策略配置只允许克孜勒奥尔达调控中心和哈国南线天然气管道场站通信，场站相互之间不能直接通信，各 RTU 阀室数据必须经由场站交换机才能送至调控中心。部分压缩机组和站控系统通过路由器相连，压缩机组内部署有远程诊断系统、VPN 等额外链路，厂商运维工程师可以从工控网络外直接进行参数修改或操控。部署的是传统防火墙，通常不具备工控协议深度解析能力和工业环境适应能力，其安全策略无法完成满足工控网络安全防护的需要。

哈南线管道场站中的操作员站、工程师站、HMI 等使用的操作系统为 WIN 7 专业版，服务器的操作系统 Windows server 2008 R2；卡拉奥杰克场站的 SCS PLC 为 Siemens S7-400 系列，站控软件为 winCC；巴卓依压气站的 SCS PLC 为 ABB PM865，站控软件为 SCADA-VANTAGE；其余场站 SCS PLC 为 Honeywell C300 系列，ESD PLC、FGS PLC 为 Honeywell SM 系列，站控软件为 Honeywell PKS R311 或 Honeywell PKS R410；所有场站的机组 PCS 为 AB 1756 系列。

部分压缩机组和站控系统通过路由器相连，压缩机组内部署有远程诊断系统、VPN 等额外链路，厂商运维工程师可以从工控网络外直接进行参数修改或操控。当威胁源利用钓鱼邮件、钓鱼链接、木马程序等获得远程运维电脑权限后，便可通过这些不可控接入方式进入压缩机组网络，然后基于压缩机组网络对 ATG 工控系统展开攻击。通过以上描述，可以认定远程诊断系统、VPN 等方式都是不安全的工业控制系统组件远程访问。

除此以外，场站部署的防火墙为传统防火墙，通常不具备工控协议深度解析能力和工业

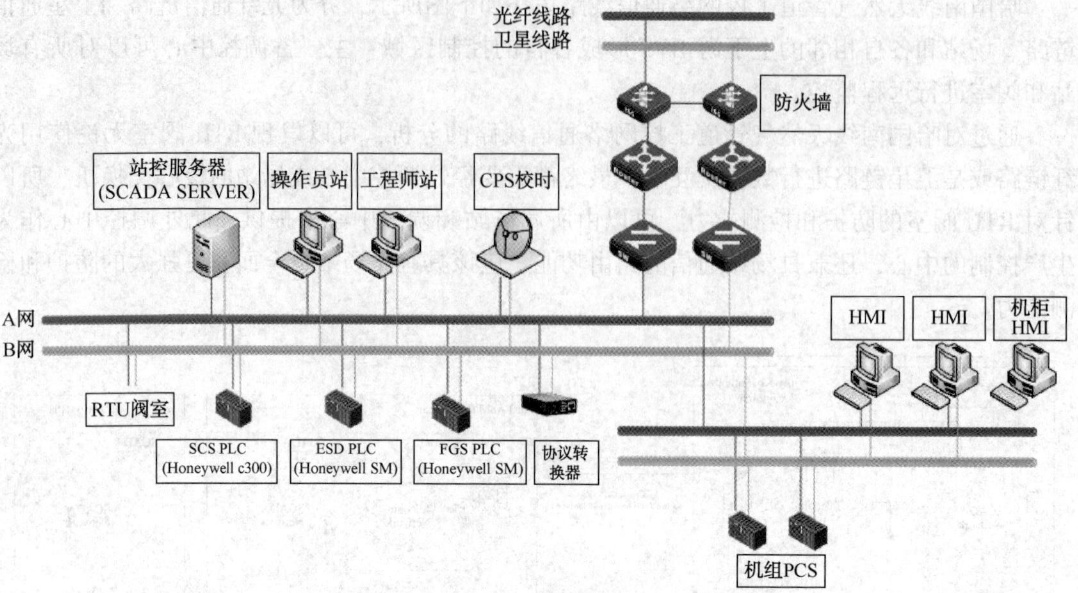

图 5　哈国南线天然气管道场站网络拓扑

环境适应能力，无法为工控系统提供全面的防护。

克孜主调控中心网络拓扑如下图所示。哈国南线天然气管道各场站、阀室通过 SDH 设备的光纤链路和 VSAT 设备的卫星链路与 BCC 进行通信。在工控网络边界方面，克孜勒奥尔达调控中心与哈南线 DDB 链路通过防火墙进行逻辑隔离；SCADA 数据经由哈南线 DDN 链路，与北京调控中心实现通信。ACL 策略配置只允许克孜勒奥尔达调控中心和哈国南线天然气管道场站通信，场站相互之间不能直接通信，各 RTU 阀室数据必须经由场站交换机才能送至调控中心。部分压缩机组和站控系统通过路由器相连，压缩机组内部署有远程诊断系统、VPN 等额外链路，厂商运维工程师可以从工控网络外直接进行参数修改或操控。

克孜主调控中心、别亦捏乌备用调控中心、阿拉木图监控中心的工作站使用的操作系统为 WIN 7 专业版，服务器的操作系统 Windows server 2008 R2；工控软件为 SCADAVANTAGE；数据库软件为 SCADAVANTAGE。经过对克孜调控中心资产的信息收集和漏洞检索，结果如下表所示。脆弱性详细描述见 3.4 脆弱性分类，漏洞编号对应的漏洞详细信息见附录 B 漏洞信息列表。

表 2-1　哈国南线天然气管道克孜调控中心资产漏洞分析表

设备类型	厂商及型号	存在漏洞
工作站操作系统	WIN 7 专业版	1、不安全的工业控制系统组件远程访问 2、操作系统存在漏洞， 3、微软停止支持旧版操作系统
服务器操作系统	Windows server 2008 R2	1、不安全的工业控制系统组件远程访问 2、操作系统存在漏洞，知名漏洞编号如下： 3、微软停止支持旧版操作系统
工控软件	SCADAVANTAGE	目前暂无已公开的脆弱性
数据库软件	SCADAVANTAGE	目前暂无已公开的脆弱性

2.2 哈南线工控系统安全性分析

1) 网络边界防护方面。目前已做到办公网络和生产网络物理隔离，但随着数字化转型进程推进，SCADA 系统进行优化升级和深化应用，不可避免的与其他业务系统进行数据传输，必然与办公网络链接，面临边界防护风险。同时，SCADA 系统和 CCTV 系统通过 VPN 链路向双方股东远程上传数据，生产控制网络存在一定的来自于第三方运维服务商和系统集成商的安全隐患。调控中心和场站未部署边界防护设备，一旦被威胁源侵入引发威胁，无法将威胁限制在有限范围内，导致威胁扩散。

2) 网络监测与审计方面。生产网络缺少安全监测设备，无法对网络中的日志异常、数据传输、攻击行为、数据流量、重要操作等进行监测审计。工控系统网络缺行为审计手段，对非法的工控操作行为无法及时发现，对非法接入、异常通信、非法外链等网络事件无法及时告警，威胁事件发生后无法审计和分析。

3) 工业安全威胁方面。尚未建立全面、精准的工控网络安全管理制度，可能存在谁有隐患不知道、谁被攻击不知道、攻击后果不知道的问题。运维人员流动较大，管理上存在盲区，虽然签署了网络安全和保密协议、建立了现场准入制度，但不排除厂商、运维工程师通过可能存在的远程诊断系统、VPN 等直接访问压缩机组网络，进行远程巡检、调整参数等操作，一旦远程运维电脑被成功钓鱼攻击，威胁源将可以直接访问压缩机组网络，继而引发威胁。

4) 工业资产状况管理方面。目前仅对关键站场设备建立了白明单制度，但由于建设周期长，承包合同多，尤其时对新收购的卡拉奥杰克压气站站、阿塔站、突厥斯坦站，部分资料缺失和不完整，资产数量、资产类型、资产部分的资料尚未完全掌握。

5) 工控主机安全防控方面。工控主机多数使用 windows 操作系统，由于在运管道对生产控制网络的封闭性和对业务实时性要求较高，存在担心影响生产不想打补丁、主机不联网无法系统升级，系统老旧无补丁可打的问题。防范恶意攻击方面，大量工业控制主机没有安装杀毒软件，部分安装杀毒软件的主机，长期没有更新病毒防护库。

7) 外设接口管理方面。大部分全部工业控制主机未对 U 盘等移动介质的访问进行控制，移动介质在办公网络和生产网络之间交叉使用，可能会感染病毒或恶意代码，进而导致上位机被攻击，引发安全风险。

8) SCADA 系统本身存在的安全漏洞方面。没有绝对安全的网络和系统，工控系统经常会存在一些 0 day 漏洞，但是在管道运行过程中无法及时更新补丁，因此漏洞一旦被发现和利用就将导致工控安全事故。工业软件的维护多依靠供应商，为了维护方便，基本采用默认配置和默认口令，存在一定的安全风险。

9) 应急预案和应急响应方面。目前缺乏针对控制器程序的实时监测和快速恢复能力，缺乏数据备份能力，当发生更改控制器程序的安全事件时，无法及时发现和恢复生产运行。

3 工控网络安全提升方案

哈南线管道工控网络安全提升的目标是建立可信任工控网络白环境：只有可信任的人员，才能接触工控网络；只有可信任的设备，才能接入控制网络；只有可信任的信息，才能在网络传输；只有可信任的软件，才允许被执行。整体提升方案如图 6 所示：

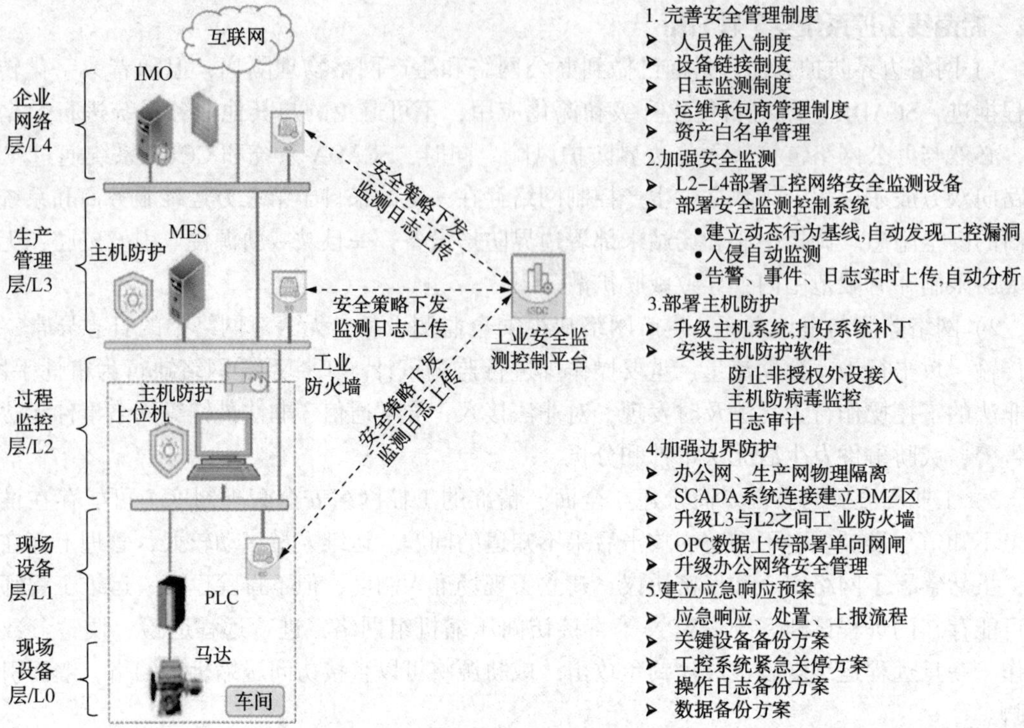

图 6　哈国南线天然气管道工控网络升级优化方案

3.1　完善安全管理制度

建立健全安全管理制度是哈南线项目工控网络安全工作的重中之重，需要建立健全对调控中心、监控中心、工程师站和操作员站的人员准入制度；对工控网络中的设备建立完整资产清单并及时更新，对接入工控网络的设备尤其是厂商、运维人员临时设备，建立操作台账和接入测试；建立对所有主机和上位机通过安全检测系统进行定期日志检查审计制度；建立运维承包商管理制度，建立完整的授权分级、人员安全培训、人员交接班管理、保密协议签署、离职人员管理账户注销等管理制度。

3.2　加强安全监测

部署工业监测审计系统，日志审计系统，入侵检测系统、态势感知系统、安全运维系统(堡垒机)以及统一安全管理平台等监测管理系统和设备。实现资产白名单管理、监测非法设备接入；实时检测工控系统网络中的威胁行为，有效的检测工控网络中非正常报文；建立动态行为基线，对工程师站组态变更、操控指令变更、PLC 下装、固件升级等关键事件进行检测，并对 OPC、Modbus TCP、S7、IEC104、CIP 通信协议进行白名单检测，并结合白名单对不符合规则的流量进行告警；对工控网络状态监测和流量审计，实时监测工控系统网络通信情况，基于网络基线模块监测偏离基线的异常流量，识别设备断线、非法连接等异常；日志实时上传，自动分析，自动生成安全报表；建立工控网络安全仪表盘和预警系统，对工控系统网络安全状况进行直观展示。

3.3　部署主机防护

工控系统主机是绝大部分网络安全攻击的主要输入点，因此需在保障系统安全运行，做好系统、组态备份的前提下，慎重制定主机系统升级、打补丁和安装防病毒软件计划和方案。引入主机防护软件，实现磁盘白名单扫描，添加可信任目录或文件，实现进程监控、资源监控、磁盘监控，实现 U 盘等外设管控；日志自动审计。

3.4 加强边界防护

目前已实现办公网和生产网物理隔离，后续随着数字化进程深入，GIS+PIS、PPS、生产运行分析系统与 SCADA 系统对接不可避免，需建立 SCADA 系统连接 DMZ 区。部署数采设备将工控系统数据通过工业网闸传输至 PI 数据库网络，从而保证 SCADA 与其他信息的物理隔离。

主要站场现场控制层 SCADA 系统接入端部署工业防火墙。升级生产管理层和工业控制层之间工业防火墙，优化安全策略。向双方股东进行 SCADA 数据传输的 OPC 服务器后端部署单向网闸，将 TCP/IP 协议转换为文本协议，避免外部侵入。

3.5 建立应急响应预案

合资公司成立工控网络安全应急小组，建立网络与信息安全报告制度，建立工控网络安全事件分级制度，建立定期对关键设备组态程序、操作日志、运行数据备份制度，建立网络攻击事故处理预案，尤其是在工控网络受到攻击时，工控系统失效条件下的管道安全平稳应急预案，建立工控网络安全事后调查与处置制度。

4 结论

油气管道工控安全是关系国计民生的重大战略问题，在数字化时代，工业物联网、工业互联网正飞速发展，工控系统与各类生产管理系统的对接面不断扩大，面临的各类安全风险持续增加，如何防止来自内部、外部的安全威胁和恶意攻击，规范工控网络安全管理，是我们工控系统面临的重大挑战。通过本次工控网络升级方案的研究，在现有工控系统的基础上，通过完善安全管理制度，部署安全监测控制系统，加强工控主机防护，深度解析工控协议，实时流量监测及异常告警，全面掌握工控网络运行状况，建立工控保护区并部署工控安全设备，建立合理的网络边界等方案，对哈国南线天然气管道实现工控网络安全升级，实现工控网络和办公网网络的数据共享与互通，提高数据资产的应用价值，保障管道"安全、平稳、可靠"运行具有重大意义。

参 考 文 献

[1]《2020 年工业控制网络安全态势白皮书》东北大学、谛听网络安全团队 .

[2] 欧阳劲松，丁露 . IEC 62443 工控网络与系统信息安全标准综述 . [J]. 信息技术与标准化，2012(3)：24-27.

[3] 信息安全技术网络安全等级保护基本要求：GB/T 22239—2019[S].

[4] 安高峰，朱长明，雷晓锋等 我国工业控制系统信息安全政策和标准体系架构研究[J]. 信息安全研究，2018，4(10)：959-964.

[5] 伍锦荣 . 工业控制系统网络安全现状及解决方案[J]. 石油化工自动化，2017(4)：45-47.

欧亚经济联盟实施天然气质量新标准对管输企业的影响

姜进田　潘　涛　何　凡

摘　要　进入长输管道天然气的气体质量对管道企业安全运行至关重要，深入了解各国天然气质量标准对我国开展对外油气合作有重要意义。欧亚经济联盟天然气新标准 TR EAEU 046/2018《关于干线输送和(或)使用天然气的安全技术法规》已于 2022 年 1 月 1 日正式生效，该技术规定适用于在欧亚经济联盟关税区内放行和流通的、准备通过干线天然气管道运输的、工业和市政用天然气、压缩天然气和可燃天然液化气。本文介绍了俄罗斯、哈萨克斯坦标准和我国现行的管道天然气的主要标准与质量指标，比对研究了包含发热量、总硫、硫醇、硫化氢、水露点等重要指标的差异，分析了天然气质量新标准对中亚地区管输企业的影响，为我国企业深入参与俄罗斯、哈萨克天然气能源合作，了解相关国家天然气质量标准发展趋势，制订更合理的天然气质量要求给出了建议。

关键词　天然气　供应和运输　长输管道　质量标准　比对研究

天然气作为优质、清洁、高效的低碳能源，在我国一次能源消费中的比重逐步提高，为保障能源战略安全，我国石油企业积极实施“多元化”战略，2009 年以来，相继建成投运了中亚、中缅和中俄东线天然气跨国管道，持续完善了我国天然气管网布局，为我国天然气来源多元化和用气安全提供了有力保障。在“碳达峰、碳中和”的战略背景下，天然气将在我国能源结构向低碳化、清洁化转型中发挥更为重要的作用，我国对外油气合作产业也将加快发展。因此，了解欧亚经济联盟及中国、俄罗斯、哈萨克三国长输管道天然气质量标准的使用情况及其差异对于我国对外油气合作、保证管道安全运行都有十分重要的意义。

1　欧亚经济联盟及中、俄、哈长输管道天然气质量标准差异

(1) 欧亚经济联盟及中、俄、哈长输管道天然气质量标准概况

2015 年 1 月 1 日，欧亚经济联盟(EAEU)正式成立，该联盟是在俄白联盟的基础上，在俄白哈关税同盟及欧亚经济共同体的演进下，逐步形成的超国家联合体。中亚国家哈萨克斯坦、吉尔吉斯斯坦是该联盟的创始成员国，乌兹别克斯坦正在谋求加入该组织，目前是观察员国。由俄罗斯主导的欧亚经济联盟致力于推动建立天然气、石油、石油产品和电力领域的统一市场，正在制定的《统一天然气市场国家间条约》(草案)，计划自 2025 年 1 月 1 日起，按照统一市场原则开展天然气交易。作为该计划的一部分，2021 年 4 月天然气质量新标准 TR EAEU 046/2018《关于干线输送和(或)使用天然气的安全技术法规》的征集意见稿首次推出，通过欧亚经济联盟成员国开展自愿应用投票，并已于 2022 年 1 月 1 日正式生效。该标准适用于在欧亚经济联盟关税区内放行和流通的、准备通过干线天然气管道运输的、工业和市政用天然气、压缩天然气和液化天然气(本文主要分析该标准中管道运输气体质量参数)。

我国商品天然气质量指标正在执行的是以下两个标准，强制性标准 GB 17820-2018《天

然气》和推荐性标准《进入天然气长输管道的气体质量要求》，标准编号 GB/T 37124-2018。GB 17820-2018 按高位发热量、总硫、硫化氢和二氧化碳含量将天然气分为一类和二类气，规定了包括高位发热量、硫化氢含量、总硫含量、二氧化碳含量 4 个指标的技术要求，给出了每个指标的检测方法，并在 5.5 条款规定了“进入长输管道的天然气应符合一类气的质量要求”。

关于商品天然气质量指标，俄罗斯目前正在执行的标准是俄联邦国家标准 GOST 5542-2014《工业和公共生活用可燃天然气》和行业标准 OST 51.40-93《进入干线输送管道天然气》。GOST 5542 是前苏联时期制定的国家标准，该标准于 1988 年 1 月 1 日生效，修订版于 2015 年 7 月 1 日生效。OST 51.40 于 1983 年 6 月 1 日生效，修订版于 1993 年 10 月 1 日生效。

哈萨克斯坦正在执行的标准是 ST RK1666-2007《干线管道输送天然气》。ST RK1666 制定天然气技术指标的基本原则、参数设定均与前苏联行业标准 OST 51.40-93《进入干线输送管道天然气》基本一致，于 2008 年 7 月 1 日生效，第一修订版于 2019 年 1 月 1 日生效。

（2）欧亚经济联盟及中、俄、哈长输管道天然气质量标准的差异

表 1　欧亚经济联盟及中、俄、哈天然气质量指标对比

国家	标准号	低位发热量 *（MJ/m^3）	总硫（g/m^3）	硫醇（g/m^3）	硫化氢（g/m^3）	机械杂质（g/m^3）	水露点（℃）夏/冬 温带地区	水露点（℃）夏/冬 寒带地区
中国	GB 17820-2018	34.00	0.020	/	0.006	/	/	
	GB/T 37124-2018	34.00	0.020	/	0.006	/	比输送条件下最低环境温度低 5℃	
俄罗斯	GOST 5542 -2014	31.80	/	0.036	0.020	0.001	/	/
	OST 51.40-93	32.50	/	0.016	0.007	/	-3/-5	-10/20
哈萨克斯坦	ST RK1666-2007	32.50	/	0.016	0.007	/	-3/-5	-10/20
	ST RK1666-2007v1	31.80	/	0.016	0.007	0.001	-10/-10	-14/-20
欧亚经济联盟	TR EAEU 046/2018	31.80	0.030	0.016	0.007	0.001	-10/-10	-14/-20

1）发热量

发热量是评价天然气经济价值最重要的指标，是实现能量计量的重要参数，经过对各进口气源高位发热值统计分析，多数气源高位发热量在 36MJ/m^3 以上，进口 LNG 高位发热量可达 40MJ/m^3 以上，考虑到国内部分气田高位发热量相对较低，我国标准 GB 17820-2018 和 GB/T 37124-2018 将一类气高位发热量要求下限值由 GB 17820-2012 中的 36MJ/m^3 调低至 34MJ/m^3，较欧美标准略宽松。与中国不同，俄罗斯与哈萨克斯坦规定的是低位发热量（从高位发热量中扣除了烟气中水蒸汽的汽化潜热）。哈国标准初期参考了全俄行业标准 OST 51.40，在 2019 年修订版中根据哈国气田情况调低低位发热量指标至 31.80MJ/m^3，与俄联邦国家标准 GOST 5542 保持一致。

2）总硫和硫化氢含量

总硫和硫化氢含量是关系到环保和管道安全运行的技术指标，总硫是有机硫化物的总称，包括硫氧碳、低级硫醇、甲硫醚、二硫化碳等。我国标准 GB 17820-2018 和 GB/T

37124-2018 较上版标准总硫含量变化最大，要求更为严格，将一类天然气中总硫上限由 60 mg/m3 大幅降低至 20mg/m^3；与中国不同，俄罗斯与哈萨克现行标准对总硫含量没有明确规定，对硫醇含量规定要求硫醇含量不超过 16mg/m^3，参考欧洲、美国标准中规定的硫醇含量指标分别为不超过 6mg/m^3 和不超过 7mg/m^3，俄罗斯与哈萨克标准相对宽松。为减少天然气中硫化氢对大气环境的损害、降低对管道运行设备的腐蚀，世界各国对商品天然气中硫化氢的控制要求越来越严格。我国标准将一类天然气中硫化氢上限设定为 6mg/m^3，俄罗斯与哈萨克标准均要求管道天然气中硫化氢含量不应超过 7mg/m^3。中国新标准对进入输送管道含硫天然气的处理提出了更严格的要求，该指标已达到世界领先水平，充分体现了我国发展绿色能源、改善环境的决心。

3）机械杂质

机械杂质是指在天然气输送过程中存在的固体颗粒物，会附着在管壁及流量计等设备上，影响整个输气管线的安全运行，不过在这方面我国标准目前没有定量要求，俄罗斯与哈萨克现行标准明确规定固体颗粒物含量应不超过 1mg/m^3。

4）二氧化碳含量

天然气输送过程中二氧化碳含量对环境质量、管道腐蚀和输送能力都会造成不利影响，各国标准中对天然气中二氧化碳含量均有严格限制。我国新标准规定的二氧化碳含量上限是 3. 0%，与美国相关标准规定一致；俄罗斯、哈萨克标准规定的二氧化碳含量上限是 2. 5%，与欧洲相关标准规定一致。

5）氧气含量

对氧含量，世界各国相关标准的规定区别较大，我国新标准规定的氧含量指标上限是 0. 10%，俄联邦国家标准 GOST 5542-2014 规定的氧含量指标上限是 0. 05%，哈萨克标准 ST RK1666-2007v1 规定氧含量指标上限是 0. 02%，相对来说，该指标欧洲标准最为严格，其规定的氧含量指标上限是 0. 01%；美国标准规定的氧含量指标上限是 0. 20%。

6）水露点

水露点是与运行安全和输气效率相关的技术指标，管道内的液态水会增大冰堵事故发生的可能性，降低天然气管道的运行效率，而且与二氧化碳和硫化氢反应后会造成管道、运行设备腐蚀。中国标准 GB/T 37124-2018 明确要求“进入长输管道的天然气，在进气处设计最高输送压力条件下，水露点应比最低环境温度低 5℃”。由于俄罗斯国土面积辽阔，不同地区之间的气温变化极大，前苏联与俄罗斯专门制定了联邦气候分区标准 GOST 16350，水露点指标按温带地区、寒带地区的冬季（10 月 1 日－4 月 30 日）和夏季（5 月 1 日-9 月 30 日）分别规定，温带地区（夏季不高于-3℃/冬季不高于-5℃）、寒带地区（夏季不高于－10℃/冬季不高于－20℃）。哈萨克标准借鉴 OST 51. 40－93 编制，但 ST RK1666-2007v1 将原标准要求大幅提升为温带地区（夏季不高于－10℃/冬季不高于－10℃）、寒带地区（夏季不高于-14℃/冬季不高于-20℃），相对来说，我国根据地区采用差异化的指标更为合理。

（3）中、俄、哈三国长输管道天然气质量指标检测方法对比

表 2　中、俄、哈天然气质量指标实验方法对比

国家	中国	俄罗斯	哈萨克斯坦
项目\ \ 标准号	GB/T 37124-2018	GOST 5542 -2014	ST RK1666-2007v1
发热量 *	GB/ T 11062、GB/ T 13610、GB/ T 27894	GOST 10062、GOST 27193、GOST 31369	GOST ISO 15971, GOST 31369 и ST RKISO 6976
总硫	GB/T 11060. 4、GB/T 11060. 5、GB /T 11060. 8、GB / T11060. 10		
硫醇		GOST 22387. 2	GOST 22387. 2, ST RKGOST P 53367 иST RKASTM D 5504
硫化氢	GB/T 11060. 1、GB/T 11060. 2、GB/T 11060. 3、GB / T 11060. 10	GOST 22387. 2	GOST 22387. 2, ST RKGOST P 53367 иST RKASTM D 5504
机械杂质		GOST 22387. 4	GOST 22387. 4
水露点	GB/T 17283、GB/T 22634	GOST 20060	GOST 20060 и ST RKGOST P 53763
烃露点		GOST 20061	GOST 20061 и ST RKGOST P 53762
氧含量	GB/T 13610、GB/T 27894	GOST 31371. 1-GOST 31371. 3, GOST 31371. 6, GOST 31371. 7	GOST 31371. 3, GOST 31371. 6, GOST 31371. 7, ST RKISO 6974-3 и ST RKISO 6974-6
二氧化碳	GB/T 13610、GB/T 27894	GOST 31371. 1-GOST 31371. 7	GOST 31371. 3, GOST 31371. 4, GOST 31371. 5, GOST 31371. 6, GOST 31371. 7, ST RKISO 6974-3, ST RKISO 6974-4, ST RKISO 6974- 5 и ST RKISO 6974-6

总体上看，各国新版标准都丰富和扩充了各指标项目的检测方法，尤其是哈萨克标准，近年在保留原俄联邦国家标准的基础上，大量引入了国际标准化组织、美国材料实验协会相关标准，增加了实验方法的选择范围。

发热量参数计算，中国 GB/T 11062、俄罗斯 GOST 31369 和哈萨克标准均参照了国际标准化组织 ISO 6976，三国标准关于参数计算用到的基础数据和计算公式都是一致的，只要采用相同的标气，检测结果一致。总硫分析，我国标准实验方法包括库仑法 GB/T 11060. 4、紫外荧光法 GB/T 11060. 8 与色谱法 GB/T 11060. 10，国内管道贸易交接比较常采用的是库仑法与紫外荧光法，中俄贸易采用色谱法测定总硫。硫化氢分析，中、俄、哈三方标准包括了分光光度计法 GB/T 11060. 2、光电比色计法 GOST 22387. 2、碘量滴定法（GB/T 11060. 1、GOST 22387. 2）和气相色谱法等实验方法，碘量滴定法是我国标准中规定的仲裁实验方法，光电比色计法是俄罗斯标准中规定的仲裁实验方法。硫醇分析，俄罗斯标准实验方法是碘量滴定法，哈萨克标准增加了色谱法。水露点测定，中、俄、哈三方标准都采用冷却镜面法，测定原理和主要技术内容基本相同，都能够满足水露点检测的要求，最大差异在于吹扫方法，GB/T 17283 使用管道气吹扫，GOST 20060 采用干燥后天然气吹扫。

2　欧亚经济联盟天然气质量新标准实施带来的影响

（1）EAEU 天然气质量新标准生效，倒逼天然气开采与输送企业设备升级欧亚经济联盟天然气质量新标准 TR EAEU 046/2018 参考了欧洲标准 EN 16726：2015 + A. 1：2018“天然气质量-H 组”的许多规定，较以往标准在许多方面都有较大进步。首先，此标准中首次采用了总硫指标，规定总硫含量不超过 30 mg/m3，略低于我国最新标准中总硫含量不超过 20 mg/m3 的要求；其次，水露点指标在俄罗斯行业标准 OST 51. 40-93 有明确规定，但原标准中未限定该指标的压力条件，该标准对水露点指标的测定压力设定为“对于运行压力不高于 7. 5MPa 的干线管道，水露点测定条件为 3. 92MPa 的绝对压力，对于运行压力高于 7. 5MPa 的干线管道，水露点测定条件为取样点的运行压力”；第三，含氧量指标由 GOST 5542-2014 规定的不超过 0. 05%大幅降低至不超过 0. 02%。该标准设置了 1 年半的过渡期，即自 2023 年 7 月 1 日起将成为欧亚经济联盟内跨国输送天然气的强制性统一质量标准。随着新标准各项指标大幅提升，天然气开采及运输企业都面临着新的挑战，对天然气开采企业，以哈国三大油气田中产量最高的田吉兹油气田为例，天然气生产线按照标准 GOST 5542-87《工业和公民生活用天然气》的要求设计建造，经处理后的天然气中硫化氢含量不高于 20mg/m3，硫醇硫含量不高于 36mg/m3，但这些指标并不符合新生效的欧亚经济联盟技术法规。经初步测算，为满足新标准中指标要求改造工艺流程，需要增加投资费用超过 5 亿美元，改造期间还需要停止生产。对管输企业，同样需要对包括色谱、硫含量分析仪等原有气质分析设备提早开展技术改造。

（2）EAEU 天然气质量新标准生效，推动哈国加快标准更新升级

哈萨克斯坦原气质标准 ST RK1666-2007 借鉴 OST 51. 40-93 编制，原标准缺少水露点指标的压力条件，在 2019 年生效的 ST RK1666-2007v1 第一修订版中将检测压力条件设定为“水露点测定条件为 3. 92MPa 的绝对压力”。2021 年 5 月哈萨克能源部推出 ST RK1666-2007v2 第二修订版征集意见稿，与第一修订版相比，各气质指标没有变化，仅对检测方法和硫化氢含量的过渡期做了修改。近些年，随着中哈两国在油气领域合作的进一步深入和哈国新建天然气管道的投用，哈萨克对国家标准的更新修订愈发重视，在往年气质标准修订稿意见征集过程中就有部分哈国管道企业正式提出了参照国际通行做法新增总硫含量指标的要求。与中国和俄罗斯标准相比，哈萨克气质标准中水露点指标参数的规定虽然更为严格，但在检测压力条件的设定上不够科学，未将设计压力在 7. 5MPa 以上运行的管道考虑在内，这也与哈国国内在运的高压管道数量较少有关。

3 结论

（1）做好天然气计量方式向能量计量转变的早期研究

天然气作为燃烧能源，不同组分单位体积产生的热值相差很大，能量计量是天然气贸易最合理、科学的计量方式。高位发热量是天然气作为能源的价值体现，是实现能量计量的重要参数，由于以前我国天然气计量未采用能量计量，发热量的重要性难以体现，欧美发达国家都采用该方式计量，我国正处于过渡时期，2009 年 8 月 1 日 GB/T 22723-2008《天然气能量的测定》、2019 年 5 月 24 日《油气管网设施公平开放监管办法》相继发布实施。针对即将到来的计量方式变化，跨境管道企业应加快对能量计量相关的输差计算、计量准确性、管输费计价方式等问题展开研究，加强对流量计量与质量分析系统性能进行评价的研究和实施工作准备。

（2）加强天然气贸易合同计量协议的更新与管理

跨境天然气贸易合同计量协议应参照国内外气质标准的更新进展，与合作方沟通适时更

新跨境贸易协议中的天然气计量方式，制定更为合理的天然气质量要求协议条款，并加强计量协议的过程管理。

(3) 新建及改造工程建设项目应符合新标准要求

跨境管道企业应持续关注天然气供应国与过境国相关政策、法规和标准文件的更新进展，在新建、改建、扩建管道设施工程建设项目的设计与建设阶段，均应符合油气行业相应最新标准的规范和要求，提早开展现有设施改造升级研究，避免不必要的经济损失。

(4) 参照 EAEU、俄罗斯与哈萨克标准，引入机械杂质指标

机械杂质影响天然气管道的安全运行，我国现行标准缺少机械杂质含量明确的定量要求，建议参照 EAEU、俄罗斯与哈萨克现行标准中规定固体颗粒物含量应不超过 1 mg/m3。

参 考 文 献

[1] 陈赓良，缪明富，罗勤．俄罗斯天然气的气质指标及其试验方法．石油与天然气化工，2002.

[2] 罗勤，李晓红，许文晓．国际标准《ISO13686 天然气质量指标》修订浅析．石油与天然气化工，2010.

[3] 中国国家标准化管理委员会．天然气：GB 17820—2012 [S]．北京：中国标准出版社，2012. Standardization Administration Committee of the PRC. Natural gas: GB 17820 - 2012 [S]. Beijing: Standard Press of China, 2012.

[4] 中国国家标准化管理委员会．天然气：GB 17820—2018 [S]．北京：中国标准出版社，2018. Standardization Administration Committee of the PRC. Natural gas: GB 17820 - 2018 [S]. Beijing: Standard Press of China, 2018.

[5] 进入天然气长输管道的气体质量要求-征求意见稿《Проект GOST Газ природный, подготовленный к транспортированию по магистральным газопроводам. Технические условия》

[6] 干线管道输送天然气质量要求第二修订版-征求意见稿《Газы горючие природные, пOSTавляемые и транспортируемые по магистральным газопроводам. Технические условия》(далее - Изменения №2).

霍尔果斯计量站 ESD 系统的技术改造与实现

邱昌胜　姜进田

（中国石油中亚天然气管道有限公司，北京东城区 100007）

摘　要　为确保中亚天然气管道霍尔果斯计量站安全生产和稳定运行，ESD 紧急停车系统的正常运行是保障生产运行安全的前提条件，ESD 系统的任何环节出现问题都将是安全隐患。因此，本文论述了霍尔果斯计量站的 ESD 系统的现有的系统结构，分析了系统的优缺点，并遵循 ESD 系统的可靠性原则，从计量站应用实际的角度出发，对 ESD 系统进行技术改造，制定了最优化和切合实际的技术改造方案并得到成功的实现，保证了霍尔果斯计量站的安全稳定的运行。

关键词　ESD；　SIL3；UPS 电源；　改造

中亚天然气管道在我国能源战略发展的国际通道中占重要地位，起始于土库曼斯坦与乌兹别克斯坦边境的格达伊姆地区，并穿越乌兹别克斯坦和哈萨克斯坦境内，在新疆维吾尔自治区霍城县进入中国境内，与同期建设的西气东输二线衔接。双线共设 4 座计量站、8 座压气站、34 座收发球站、200 座阀室，每年将来自于土库曼斯坦和乌兹别克斯坦的清洁能源天然气输入中国，满足中国经济高速发展的能源需要。霍尔果斯计量站位于霍城县内，是中亚天然气管道的末站，负责中亚天然气管道输气量的计量工作，也是中哈两国海关关于中亚天然气管道天然气计量交接的计量站。霍尔果斯计量站由 2 组共 8 台流量计和流量计算机组成站场的计量系统，站场的 SCADA 控制系统由 SCS、ESD 等组成，负责计量站的工艺数据采集和过程监控，SCS 系统负责工艺过程控制，ESD 系统负责站场装置的安全保护控制，是站场能够安全运行的重要保障。

1　问题的提出和分析

ESD 系统是对生产装置可能发生的危险或不采取措施将继续恶化的状态进行响应和保护，使生产装置进入一个预定义的安全停车工况，从而使危险降低到可以接受的最低程度，以保证人员、设备、生产和装置或工厂周边社区的安全。从 ESD 系统的设计和应用的角度，ESD 系统必须具有以下特点：

（1）紧急停车系统必须是故障安全型：故障安全指 ESD 系统在故障时计量站场生产装置按已知预定方式进入安全状态，从而可以避免由于 ESD 自身故障或因停电，停气而使生产装置处于危险状态。

（2）紧急停车系统必须是容错系统：容错是指 ESD 系统在一个或多个元件出现故障时，系统仍能继续运行的能力。一个容错系统应该具有这些基本的功能：A）系统能够自己检测出发生故障的部件。B）系统能够产生这些发生故障的部件的报警信息，告知运行维护人员何处发生故障。C）即使系统存在故障，系统依然能够持续正常运行。容错系统结构的确定，又可由站场所要求安全性和可用度来决定。可用度是基于导致系统的故障进行计算的，这故障有引起系统进入安全状态的故障（故障安全故障或显性故障）和引起系统进入危险状态的故障(故障危险故障或隐性故障)，它是系统故障频度的度量。高可用度的重要性在于系统很少出现进入安全状态或危险状态的故障。高安全性的目标在于避免故障的发生，即使系统出现故障时也不会出现灾难性的事故。一个理想的紧急停车系统应该兼顾安全性和可用性的要求。

(3) ESD系统按照独立设置要求，独立于其他的控制系统，其安全级别高于其他的控制系统。即ESD系统中各部分应尽量是专用设备，以免受其它关联的故障或误操作的影响。一般要求ESD系统都必须有自己独立的电源系统，与其他设备和系统的电源隔开，不受其他设备和系统的电源故障的影响，特别是对要求连续生产运行的霍尔果斯计量站更有重要的意义。

(4) 在紧急停车系统ESD中，安全度等级是ESD基本的设计和应用标准。在ESD的设计过程中，首先应该确定生产运行中的安全度等级，依据此安全度等级，选择合适的安全系统技术和配置方式。结合中亚天然气管道的生产实际情况，确定采用ESD的安全等级要求为SIL3。在正常情况下，ESD系统是处于静态的，不需要人为干预。作为安全保护系统，凌驾于生产过程控制之上，实时在线监测装置的安全性。霍尔果斯计量站ESD系统作为SCADA系统的重要组成部分，用于联锁保护和紧急切断相关阀门，负责在紧急状态下保障生产安全和人员安全，最大限度减少故障带来的损失。ESD系统的正常运行是保障生产运行安全的前提条件，ESD系统的任何环节出现问题都将是安全隐患。

霍尔果斯计量站的ESD系统经过几年的生产运行，起到了很好的生产保护作用，但也暴露了一些不足。特别是2012年10月份的一次因为ESD系统电源故障而导致现场的ESD阀门产生动作，造成了不必要的生产装置停产。虽然现场采取了应急措施，但对输气还是产生了一定的影响，造成了不应有的经济损失。这个没有意义的停车，造成人力、财力、物力及时间、效益的损失，说明了原ESD系统是一个没有容错能力的系统，是一个故障安全系统。同时在SCADA系统当中，ESD系统的模块运行状态的监控，特别是电源模块的状态监控，在HMI中没有报警机制，使生产维护人员不能够及时的发现模块的故障，而且对生产事故的查询分析也造成了困难。ESD系统所发生的故障是危险故障，紧急停车系统功能丧失，装置继续运行将导致重大损失或灾难性事故，需较长时间才能恢复生产，因此，提高霍尔果斯计量站ESD系统的冗余容错能力和提供足够的部件故障诊断报警信息的技术改造势在必行。

2 ESD系统的配置和应用

霍尔果斯计量站的ESD系统，采用法国施耐德电气公司的Modicon TSX Quantum系统，该套系统是经过安全认证的安全系统。为保证计量站系统的高可靠性，计量站的ESD系统模块采用一定限度的冗余配置。Modicon Quantum具有先进的热备系统，组态简单，操作也比较简便。通过两套配置完全相同的ESD系统控制器，形成主备形式。在正常情况下，主机负责处理逻辑运算和数据采集，并负责与备用机进行实时的通讯，备用机则监控主机的运行状态，当主机不能正常运行，备用机会马上进行切换成主机进行工作。

其硬件部分主要有如下几部分组成：PLC控制器、通讯模块、内部电源模块及输入输出I/O模板等。其中，ESD系统的供电方式分为系统内部供电和系统外部供电。外部供电主要对主机电源模块实施供电，对输入和输出的模块的负载实施供电；而内部供电方式主要对机架的模块实施供电。ESD 系统的原供电方式为电气专业的一组冗余的 UPS，输出一路 220 伏交流到 ESD 机柜，再由 ESD 机柜内的 2 个交直流转换模块，输出 2 路 24 伏直流分别给 ESD 模块和现场仪器供电。其供电方式如下：

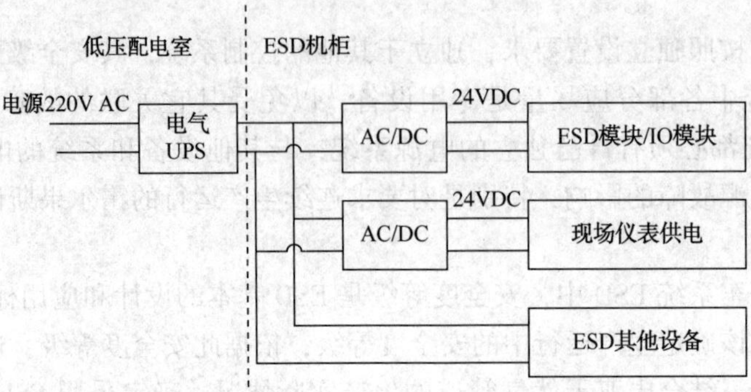

图 1　ESD 原供电方式

如上图所示，UPS 位于低压配电室内，其输入电源是由市电供电，由于目前计量站的条件限制，没有其他的外部电源来源。UPS 输出单路不间断电源，通过一定长度的动力电缆接入 ESD 机柜的空气开关，在 ESD 机柜内，再进行 AC 和 DC 转换，供给 ESD 系统所需要的电源。电气 UPS 通过 Modbus 通讯，给 SCADA 系统传送了一些基本信息，但这些信息当中的监测点都没有在 SCADA 系统中组态报警功能。

霍尔果斯计量站的 ESD 系统触发的条件是由位于现场的两个 ESD 紧急按钮和 SCADA 控制室内的一个 ESD 紧急按钮被按下，则启动 ESD 程序。ESD 逻辑的执行过程是两个进站 ESD 阀门的电磁阀失电，该阀门关闭，使天然气不能进入计量站，同时计量站出站阀门的电磁阀失电，该阀门也关闭，切断输出方向的天然气，接着紧急放空阀门的电磁阀失电，打开该阀门，实现紧急放空，这样使霍尔果斯计量站处于全站停运状态。其中出站和入站阀门，其 ESD 动作机构是带闭锁性质的三位常关电磁阀，电磁阀的 24V 电源是由 ESD 机柜内的输入输出模块提供，为确保这些阀门在任何故障状态下都处于过程安全位置，其电磁阀设计成故障安全型电路，即在正常状态下，电磁阀通电，如果生产运行有故障，则电磁阀断电触发 ESD 动作。因此，如果出站和入站阀门的带闭锁性质的三位常关电磁阀失电，将导致该阀门自动关断，同时，紧急放空阀门的电磁阀也失电，阀门打开，实现站场紧急放空，从而霍尔果斯计量站处于停站状态。

3　ESD 系统的技术改造

依据霍尔果斯 ESD 系统的组成和设计的原则，并结合现场的实际运行状况，特别是 2012 年 10 月份的由于 UPS 电源故障的原因，使 ESD 系统的电源掉失，因而了导致计量站停站的事故，具体分析了事故产生的原因，并分析了 ESD 现有的系统组成，从而制定和实施了中哈天然气管道霍尔果斯 ESD 系统的技术改造。

（1）系统缺陷分析：由于是本次事故是由于 UPS 发生故障导致了此次事故，因此首先从 ESD 系统的电源供电方式进行综合分析。对 ESD 系统原先的供电方式分析可以得出原有供电方式的缺点，这种方式的缺点在于没有能够充分的考虑到 ESD 系统电源模块的冗余容错的本质特点，而是将主电源和备用冗余的电源合并在一起，没有互相的备用，并且 UPS

到ESD机柜之间，采用一根较长的动力电缆对ESD系统进行供电，并且只有此一路电源，如果此一路电源发生故障，则ESD系统将处于失电状态，因此此种方式存在对供电回路各环节上存在的风险没有给予足够的考虑，经过分析归纳该方式下存在的主要问题和风险如下：

a.）电气UPS系统可能发生故障，导致无电源输出，ESD系统断电；

b.）低压配电室与ESD系统控制柜直接的动力电缆可能发生故障，导致ESD系统断电；

c.）ESD控制柜中供电系统的主控开关的故障，导致ESD系统断电；

d.）电源转换器可能发生故障，在此电源中，有两个交直流转换器，分别为ESD控制器单元和现场仪表等提供24V DC电源。且此两个交直流转换器不能够互相切换。

以上的供电环节中只要有一个环节发生故障都有可能导致ESD系统发生停电故障，发生计量站停站。在此次事故中，就是因为UPS电源在进行例行检修时，一个的错误操作，导致UPS电源输出中断。

e.）ESD电源系统的运行状态缺少必要的报警信息，且已组态的报警信息，也不能够简单明确的提醒生产维护人员。原先的SCADA系统中，ESD系统产生的报警信息也只是简单在人机界面的报警栏中给予显示，没有能够给出重要报警信息的明确显示。

（2）系统改造计划：在分析ESD系统存在的缺陷和事故产生的原因后，为了ESD系统能够安全正常的运行，在ESD的技术改造就针对这些因素制定了符合现场且易于实施的改造方案。

a.）ESD系统增加独立的UPS电源：在原有的供电系统中，电气专业的UPS通过一根动力电缆给ESD系统的机柜供220V AC的电源，在ESD系统的机柜内，有两套AC/DC转换器输出为24VDC，提供给ESD系统需要的电源。为了ESD系统能够在供电回路的任何环节出现故障时都能够正常工作，对原先的供电方式更改如下：

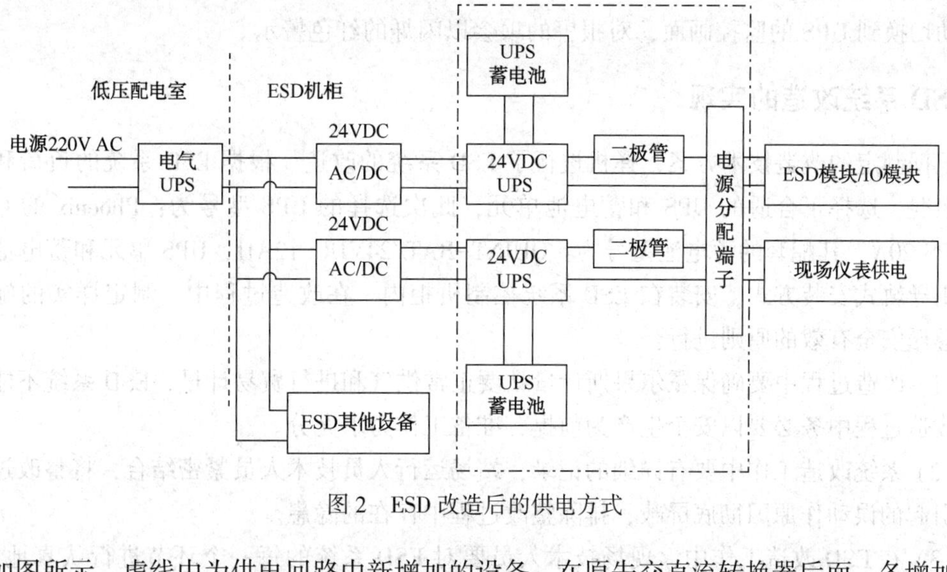

图2　ESD改造后的供电方式

如图所示，虚线中为供电回路中新增加的设备。在原先交直流转换器后面，各增加一台24V DC的UPS，和配套的电池模块，同时对原先的供电方式改为两路电源进入一块电源分配板，对ESD模块/IO模块和现场仪表进行供电，这样就可以解决原先供电方式当中可能出现的供电故障，并实现电源的冗余。当外部电源供电正常时，24V DC 的 UPS 可以提供稳定的电流输出，保证 ESD 系统工作的稳定性。当在外部供电长时间断电的情况下，它也能够确保 ESD 系统无间断的持续工作。因此，即使 ESD 机柜外部的供电回路中的任何设备，包括电缆故障、开关故障、电气 UPS 故障等，都能够保证 ESD 系统正常的工作，同时此 UPS 还能够实现互相的备用，当有一路发生故障，则另一路可以继续支持 ESD 系统正常工作。如下图所示 UPS 的工作原理：

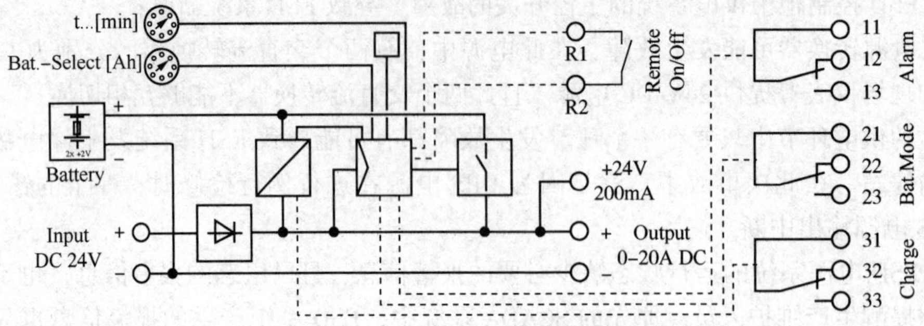

图 3　UPS 工作原理图

从上图中也可以看出，当外接的电源发生故障，则电源输出将会无扰动切换到的电池，继续对 ESD 系统进行供电。UPS 单元可以输出自己的工作状态，这也为上位机系统监控 UPS 的状态有了可能。

人机界面中添加 UPS 运行状态和组态 UPS 充放电报警信息：在上位机系统中，增加原先电气 UPS 的状态信息以及报警信息，同时增加 24VDC UPS 单元的报警信息，包括充放电信息、电池状态和报警信息。增加单独的监控和报警画面，在此画面中详细的绘出供电系统的流程图以及运行状态。报警信息将增加声音报警，当报警发生时，在上位机画面中，画面会自动切换到 UPS 的监控画面，对报警的项会以闪烁的红色警示。

4　ESD 系统改造的实现

根据制定的改造技术方案，择机进行了 ESD 系统的改造。根据 ESD 系统的负荷和发热量等情况，选择了合适的 UPS 和蓄电池单元，此次选择的 UPS 型号为：Phoenix 的 QUINT DC UPS 20A，其配套的蓄电池型号为：QUINT-BAT/24VDC. 12AH，UPS 单元和蓄电池单元均采用导轨式安装方式，安装在 ESD 系统控制机柜内。在改造过程中，制定详实的施工方案，遵循安全有效的原则进行：

（1）改造过程中要确保霍尔果斯计量站要正常供气和进行贸易计量，ESD 系统不能误动作，改造过程中务必要以安全生产为前提，准备工作力求充分。

（2）系统改造工作中要有详细的记录，站场运行人员技术人员紧密结合，将整改过程中可能引起的误动作原因彻底屏蔽，排除整改过程中存在的隐患。

（3）在 ESD 改造工作中，现场技术人员要对 ESD 系统的每一个环节进行认真地检查，在确保不会造成误动作的前提下，进行整改。

整改完成后，对整改后的系统进行了测试，确保整改后的功能能够很好的实现，同时对操作和维护人员进行技术交底和培训。

5 总结

霍尔果斯计量站的 ESD 系统的改造经过了详实的设计并实现了现场实施，实际证明 UPS 不间断电源配置合理，安全、可靠、高质量的向 ESD 系统供电。改造后能够很好的解决由于电源故障而造成的 ESD 系统不稳定的状况，保证了霍尔果斯计量站的安全平稳的运行。

参 考 文 献

[1] 王其英，何春华 . UPS 供电系统综合解决方案 . 电子工业出版社 . 2005.

[2] Phoenix 公司官方网站 . Uninterruptible Power Supply Unit for Universal Use. http://support. phoenixcontact. com. cn/wcm/phoenixWeb/downloadcenter_main. jsp,2012-03-30.

[3] 征新剑 . DCS、ESD 及相关仪表供电系统分析及对策，中国自动化电气出版社 2004，1003-0492(2004)01-0054-04.

[4] 刘喜臣 . 紧急停车系统 . 化工设计 . 1998 年第 06 期 .

[5] 孙晓金 . ESD 在化工生产中的应用 . 科技信息 . 2007 年第 22 期 .

SCADA 技术及风险分析在天然气管道干线截断阀故障处理中的综合应用

邱昌胜　姜进田　周　勇

（中油国际管道有限公司）

摘　要　A/B 和 C 三条并行敷设的中哈天然气管道，其中 A/B 线共有 120 座阀室并装有全通径快速截断球阀，作用是自动或人为隔离维检修及事故管段。受诸多因素影响，在投用自动截断功能后多次出现误关断事件。本文从快速截断阀控制系统 SEC-200 的构造及工作原理、关断参数设置及 SCADA 等方面入手，在进行深层次、多维度综合分析和风险评价后实施了一系列技术改造，在满足快速发现、有效降低误关断次数和管道安全运行的同时，也希望为其他类似项目提供一些借鉴。

关键词　天然气管线　截断阀室　误关断　ESD　SEC-200

1　引言

作为中国一带一路先行者和新丝绸之路经济带多国能源领域合作共赢的经典项目之一的中亚天然气管道，将来自土库曼斯坦、乌兹别克斯坦和哈萨克斯坦的天然气输往中国并在哈国分输，在满足了中国经济高速发展能源需求的同时也大力支持了哈国民用气需求。其中位于哈萨克斯坦境内的中哈天然气管道，A/B 线共设 1 个计量站、5 个压气站、3 个维抢修中心、1 个调控中心(简称 ACC)和 120 座干线阀室(其中 66 座为 RTU 阀室)。

A/B 线全部阀室采用 DN1067 全通径球阀，配有 SEC-200 控制系统的气液联动执行机构。SEC-200 负责球阀的自动快速截断、故障及状态显示、数据上传及远程开关等功能。自动截断功能是当系统检测到管道内的天然气压力低、高或压降速率超过设定值时，将自动关闭阀门并隔离事故管段(简称 ESD 功能)，最大限度地降低管道破裂后天然气大量外泄、火灾或爆炸对人员、环境和设备造成的负面影响。

2　快速截断阀执行机构控制单元结构

快速截断阀配备具有自控功能的气液联动执行机构，其控制单元设有故障检测、紧急关断及相应系统互连软硬件接口等，组成和控制原理如下：

1）硬件组成：主要是一个二线制的压力变送器、阀门开/关状态接近开关、SEC-200 控制系统。SEC-200 集成了数据采集、处理、RS232/485 通信接口、状态监测和 ESD 处理程序等功能。

2）控制原理：SEC-200 具备三种自动快速截断功能，即 ESD 功能，压力变送器将检测到的阀门本体下游压力传到 SEC-200，SEC-200 监测并处理压力测量值。

3）当监测到的压力值小于 2MPa 或大于 12MPa 并持续 30 秒、压降速率 ROD 大于 1.5bar/min 并持续 120 秒时，SEC-200 发送一个 1 秒的脉冲信号关闭阀门。如果阀关到位，则关接近开关给 SEC-200 发送关到位信号，具体控制逻辑见图 1。

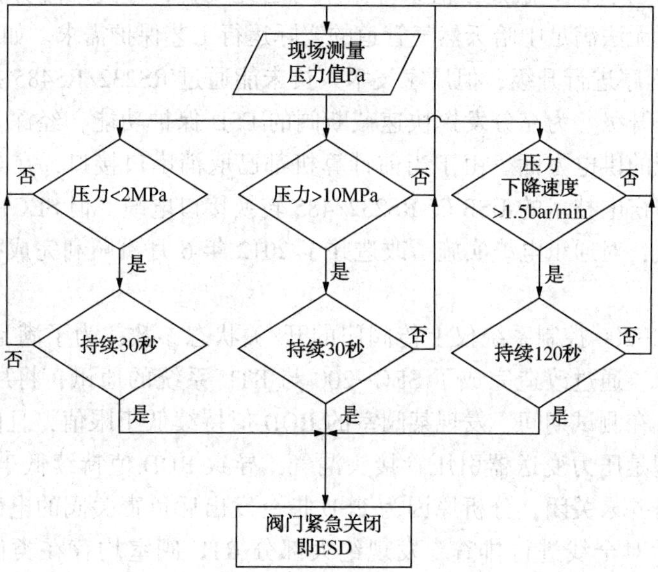

图 1　SEC-200 控制逻辑

4）RS232/RS485 通讯接口：在 SEC-200 控制单元中，提供对外 RS232 或 RS485 通讯接口。通过 RS485，可以使用 Modbus RTU 协议与 SEC-200 进行数据交换。

3　干线截断阀关断统计与分析

综合 SCADA 系统投用、管道气质、工艺及安全需求，自 2012 年 6 月份开始，在完成自控程序升级和关断参数调整后，中哈天然气管道陆续投用 AB 干线包括 RTU 和非 RTU 阀室在内的 88 座截断阀 ESD 功能。自投产至今，干线管道从未发生过事故状态下的压力及压降速率超设定限值等实际情况，但在自动截断功能投用后却多次触发 ESD 功能导致该阀的关闭事件，数据统计见表 1(截止到 2017 年 5 月份)。

表 1　中哈天然气管道快速截断阀自控功能隐患及故障统计

序号	隐患或故障	故障本质原因	次数
1	关断参数无法根据实际需求调整	RS232/RS485 接口与阀门控制软件无法通讯	120
2	P_{min}、P_{max} 或/和 ROD	压力变送器故障	8
3		SEC-200 控制板故障	6
4		引压管泄漏冰堵	5
5		绝缘失效或系统接地	3
6		电池馈电	1

通过上表可以看出，每次阀门关断的原因均为控制系统本体或仪表故障，而非实际上的管道压力超过限定值或泄漏，我们称之为误关断。误关断给干线管道及相毗邻压气站的安全连续运行造成较大影响，下面列举几类典型隐患和故障的综合诊断过程。

1）RS485 通讯隐患排查

快速截断阀的三个 ESD 触发限值条件出厂时已经设置，经过风险分析并结合输气量情况，出厂设定限值无法满足中哈天然气管道的实际运行工艺保护需求。如进行限值调整则必须对 ESC-200 的程序进行升级，但厂家技术人员未能通过 RS232/RS485 接口与控制系统正常通讯，程序无法升级。为充分发挥快速截断阀的 ESD 保护功能，经深入研究推测问题可能出现在控制系统的供电方面。由于当前计算机都已取消串口接口，在与外部 RS232 接口通讯时，一般使用窃电技术的 USB 转 RS232/485 转换接口电缆，但 SEC-200 接口无法满足要求。经多次测试，对通讯电缆实施了改造并于 2012 年 6 月份顺利完成控制软件的升级和三个限值的调整。

根据设计 SEC-200 控制系统仅上传阀门的开/关状态参数，为了满足对 RTU 阀室快速截断阀的监控需求，通过改造完成了 SEC-200 与 RTU 系统的通讯，将压力测量值和 ROD 值上传调度中心。在测试期间，发现某阀室的 ROD 值持续低于限值，且阀门状态为故障报警。现场检查发现是压力变送器引压管接头漏气，导致 ROD 值持续低于限值并触发 ESD，但快速截断阀本身并未关闭，分析原因为 ESD 指令发出后负责关阀的电磁阀不能执行完整的关阀动作。随后对全线进行排查，发现绝大部分 RTU 阀室均存在类似问题，如果断开 RS485 的通讯接口，在 ESD 后指令发出后能正常关闭阀门。综合分析上述问题，判断是 RS485 通讯增加了 SEC-200 的输出功率，但 SEC-200 功率不足，导致 ESD 的关阀电磁阀不能正常工作。

2）蓄电池馈电、电压不足导致的误关断事件排查

2014 年 9 月 12 日凌晨，A 线 60 号阀室快速截断阀关闭，现场检查判断为误关断。阀门控制系统由自带的太阳能系统供电，当地连续几天阴雨天气，导致太阳能电池馈电、电压不足。压力变送器的正常工作电压范围为 12~26VDC，当电压低于 12VDC 时，压力变送器无法正常工作，输出的压力低于限值，在持续 30s 后触发压力低 ESD。另外，控制系统的设计工作电压范围为 21~27VDC，当工作电压低于 21VDC 时，仅产生故障报警但不会触发 ESD 保护功能。基于上述分析，判定此次误关断的原因为太阳能电池严重馈电、电压不足，导致压力变送器工作异常而触发的 ESD 保护功能。

3）控制系统绝缘失效和接地故障排查

绝缘失效或接地无法满足要求，是控制系统故障的主要原因，也是最难分析和处理的一个综合性问题，其表象一是检测的压力信号不稳定，二是 SEC-200 控制板的电子元器件烧毁，中哈天然气管道有记录的此类关断事件多达 9 起，下面分析两个典型案例。

第一个案例，2015 年 6 月 23 日，ACC 发现 5#阀室 A 线阀门本体上传压力降低到 -0. 1bar并声音报警，阀门为故障状态；同时 5#阀室 B 线阀门本体压力上升至 138bar，1 分钟内 ROD 持续增大并声音报警，判断 B 线阀门关断。现场检查确认，B 线阀室阀门已经全关，控制面板报警信息显示为压力高关断（P>10MPa，t=30s），A 线的阀门处于开位且报警信息为“Cable Error”，两个阀门报警信息出现的时间几乎相同。为进一步排查故障，A 线更换了新 SEC-200 控制板，但压力显示值仍不稳定，怀疑有信号干扰，对压力变送器和控制系统进行临时接地处理，压力显示正常。经查看当时的环境，在阀门出现报警时有暴风雨并伴有强烈雷电。在检测两块故障控制板过程中，发现压力输入通道故障，无法正确显示压力值。基于以上综合诊断，认为是雷电导致两块电路板损坏，其中 B 线阀室压力值高于限值

并超过 30s 触发 ESD 关阀；A 线压力值低于限值但 ESD 关阀电磁阀不能正常工作，仅出现“Cable Error”报警但阀门未关闭，这是一起雷雨天导致了阀门控制系统绝缘失效、接地功能未起到保护作用而导致的 SEC-200 控制版损坏的典型案例。

第二个案例，2015 年 10 月 8 日，BVS37.1 阀室发生压力高报警、阀门关断。报警信息“ShortCircurt”，用信号发生器模拟压力，SEC-200 的读数均大于理论计算值，在输入 20mA 时 SEC-200 出现“short circuit”报警，即压力超过了最大量程(160bar)。拆卸 SEC-200 控制面板并对压力输入通道进行测试，发现取样电阻值异常，更换压力通道取样电阻，重新安装测试无报警，连续观察 24 小时，压力值显示均正常。现场再次组织详细测试，发现阀门控制箱与主干线管道的绝缘失效，因此判断此次误关断的原因为绝缘失效，管道阴极保护等杂散电流烧毁取样电阻，压力检测输入值远高于实际值所致。受此次故障排查启发，对其它部分故障控制板进行检查和维修，问题基本类似。

4) 压力变送器选型不正确、工作性能不稳导致关断事件

快速截断阀采用的是紧凑型压力变送器，其主要作用是检测干线管道压力并上传至 SEC-200 控制系统，供干线阀 ESD 使用。

2016 年 2 月 13 日，ACC 发现 A 线 BVS48.1 阀室差压高报警，上游 BVS47.1 阀室压力亦同步上涨，判断 BV48.1 阀门关闭。现场环境温度为-2℃左右，压力变送器工作温度范围为-25~70℃，查看为压降速率 ROD 超限触发 ESD 关阀，SEC-200 显示压力与干线实际压力基本一致，但用手握住压力变送器会发现通过压力变送器检测的压力值缓缓上升，几分钟后从 71.1bar 上升至 81bar，明显高于干线管道实际压力，放开手后显示的压力值开始下降，测试期间 ROD 最大达到 2.1bar/min 并持续 120s 触发 ESD。对比之前阀门异常关断时的压力趋势，与测试场景基本一致，在哈萨克斯坦冬天环境温度经常达到-30℃左右，因此，可断定环境温度导致压力变送器性能不稳并进而造成阀门误关断。

在表 1 中所列举的 8 次压力变送器导致的阀门 ESD 排查过程中，我们发现环境温度、杂散信号干扰等都会严重影响压力变送器的工作性能，由此也可以得出结论，即紧凑型的压力变送器不适用于中哈天然气干线管道所处的野外地理环境。

通过对以往截断阀误关断事件的大量分析，可以得出中哈天然气管道 A/B 线干线阀门误关断的主要原因有以下几点：

a. RS485 通讯接口利用。

b. 管道与阀门控制箱之间的绝缘失效。

c. 雷电防护以及接地系统失效。

d. 蓄电池性能下降。

e. 附属设备的选型无法满足野外环境要求。

4 风险分析与通讯及 SCADA 技术改造措施的联合应用，解决干线截断阀的误关断难题

针对 23 次快速截断阀的误关断事件，中哈天然气管道项目从管理和技术层面入手，通过风险分析并联合仪表、通讯和 SCADA 系统改造，并不断执行 PDCA 循环，有效降低误关断次数，并保证了及时发现并快速处理，确保了干线管道的连续安全平稳运行。

1）在管理层面采取的措施

a. 每周到阀室进行巡检，对快速截断阀执行机构状态进行检查，并查看 SEC-200 控制系统报警信息。

b. 编制定期维护保养规程，将阀门及附属设施的定期维护保养、蓄电池电压监测、防雷接地检测及压力变送器的校验周期等明确化。

c. 针对哈萨克斯坦球阀必须无差压才能开关的行业规范，结合实际工艺情况，编制《干线管道阀门关断应急处置预案》，从信息通报、现场应急响应、流程恢复等方面中外方达成一致、规范操作。

2）在技术层面采取的措施

通过对以往误关断原因的分析和故障排查情况，针对快速截断阀执行机构本体、施工遗留及监控系统存在的隐患或问题，在不断进行风险分析之后在仪表、通讯、自控及 SCADA 等方面实施了多项技术改造措施，在技术层面将误关断的风险降至最低。

a. 根据实际工艺需求，对快速截断阀的关断设置参数进行调整。

结合输气及干线管道实际工艺需求，经过风险分析，将初步设计要求且已经固化到 SEC-200 控制逻辑里面的 ROD 参数从 2Bar/min 调整到 1. 5Bar/min。

b. 通过通讯电缆改造，解决程序调试用笔记本与 SEC-200 的通讯问题。

通过分析和反复试验，解决了厂家都未能解决的现场调试用笔记本通过 USB 转 RS232/485 与 SEC-200 的通讯问题。

c. 实现快速截断阀关键关断参数上传底调度中心，并解决利用 RS485 通讯接口后 ESD 功能触发时无法关阀问题。

为了能够及时有效的监测 SEC-200 控制系统状态，利用现有的通信平台，将现场压变检测到的压力、ROD 等关键参数上传调度中心。同时，在启用 RS485 接口后导致的 SEC-200 控制板功率不足，不足以保持 ESD 触发后关阀电磁阀无法保持问题，在经过综合风险分析和测试后，采取两种思路，一是修改 ESD“脉冲信号”为“保持信号”，此方法能够保证 ESD 电磁阀正常工作，但 ESD 关阀信号会一直存在，当 SEC-200 控制系统接收到阀门的“关”反馈信号后，则不再发送 ESD 关阀信号，“保持信号”取消；或者是把控制系统的输入电压适当调高保证 ESD 保护功能的正常运行，但在靠太阳能板供电的非 RTU 阀室不是最优方案。因此，经过风险分析和评价，采用第一种方法，即更改 ESD 脉冲信号为保持信号，彻底解决了阀门关键关断参数上传 ACC 的问题。

d. 批次更换性能不稳定的压力变送器，消除最大的误关断风险源。

鉴于压力变送器在温度上无法满足野外环境的实际情况，以及使用期间的性能不稳定，批次更换成性能稳定的压力变送器。

e. 修复管道与阀门之间的绝缘，避免电子设备损坏触发误关断。

对快速截断阀 SEC-200 控制箱与干线管道之间的绝缘性能进行检查和测试，清洁或更换绝缘功能下降的绝缘枕木、接头和垫片，尽量降低阴极保护对 SEC-200 的影响。

f. 对不规范的接地系统进行改造，避免电势不等造成的信号干扰触发误关断。

结合现场设备的实际情况编制接地原则，对 SEC-200 的控制板和压力变送器进行统一接地。同时对 RTU 阀室，解决 CCVT 或 TEG 的外部供电以及阀门本体自带太阳能供电等多个电源之间的不等势问题。

g. 开发并优化 RTU 阀室关键参数报警模块，阀门关断早知道。

为方便 ACC 值班调度的统一方便快捷查看和提前预警，在上位机上开发多种监控阀门状态的模块并声音报警。在参数显示方面，采用简洁的表格方式，同时在表格中每个参数直接调出控制面板，显示更详细的过程信息。在各个阀室的工艺 HMI 上增加进出阀室压力、截断阀本体检测压力的数据显示，并设定了最大 12MPa 和最小 2MPa 的压力报警值，同时将压降速率设为 1. 5bar/min 的报警值，并增加便捷的实时及历史趋势功能，当相关参数超过设定值时会产生声音报警提示值班人员予以关注。

h. 巧用平行敷设 AB 线的压差，解决非 RTU 阀室阀门关断后的预警问题。

由于非 RTU 阀室各项运行参数无法上传至 ACC，无法远程监测，对于触发 ESD 功能并导致阀门关闭等信息，只有在相毗邻 RTU 阀室压力出现较明显的异常且值班人员查看时才能得知，严重影响及时发现和快速处理时间。为解决上述难题，经过对比和测试，巧妙利用并行敷设的 AB 线同一位置阀室进出口压力几乎相同的特点，将处于同一位置 RTU 阀室的入口差压报警值设定为 0. 2MPa，一旦报警，基本上可以判断压力低的上游阀室干线截断阀发生了 ESD 关断事件。

通过上述综合改造措施，自 2016 年 8 月至 2017 年 6 月，干线截断阀的误关断次数从以往的 5 次/年左右降为 1 次，整个冬季大气量生产期间未发生误关断事件。经过分析，最近几次误关断均是原配压力变送器故障所致，这一点将在未来全部更换性能稳定的压力变送器后将彻底得到改善。

5 总结

在长输天然气管道的安全管理中，应急事故下干线截断阀门的自动快速关闭隔离事故管段与误关断之间始终是一个矛盾的组合体，在当前的“以人为本、环保优先、安全至上”安全管理理念下，中哈天然气管道项目积极主动，通过风险分析并结合通讯、自控及 SCADA 等技术手段，很好地处理了这个矛盾，标本兼治地排除快速截断阀自动化控制系统方面存在的一系列问题，为中哈天然气管道干线的安全平稳运行增加了一道技术保障。

参考文献

[1] Fanz Schuck GmhH 公司 . Schuck 操作原理和维护 .

[2] 胡道元 . 信息网络系统集成技术 . 北京：清华大学出版社，1998.

[3] 乐嘉谦 . 仪表工手册 . 2 版 . 北京：化学工业出版社，2004.

[4] 罗云 . 风险分析与安全评价 . 北京：化学工业出版社，2004.

哈国南线天然气管道向巴佐伊储气库反输流程的优化研究

何　凡

( )

摘　要　增输增效是天然气管道公司的主要目标，而稳定足量的气源供应是管道增输的物质基础。本文针对哈国南线天然气管道向巴佐伊储气库反输流程改造三种流程方案，从改造成本及计量安全角度进行详细的分析与比较研究，从优化运行、节约资金、便于监管等方面综合考虑，结合项目在哈国的运行实践，提出了最优化的方案。

关键词　委托运行　反输流程　天然气管道　储气库　计量安全

1　引言

哈国南线(别伊涅乌—巴佐伊—奇姆肯特)天然气管道项目，是中国与哈萨克斯坦两国政府为扩大能源领域合作而实施的重点战略项目之一，是连通哈国西部资源与南部市场及中亚—中国天然气管道的重要能源战略通道，也是哈国极为重要的民生工程。哈国南线管道主要气源为哈西部天然气、乌里赫套和扎那诺尔所产天然气，上游分别连接中亚-中央管道和布哈拉-乌拉尔管道，下游为中亚天然气管道C线和哈萨克斯坦的南部地区，如何切实保障哈国南线管道冬季气源供应，是哈国南线项目冬季保供工作面临的主要困难。

2　冬夏季供气能力不平衡影响哈国南线管道冬季保供能力

稳定足量的气源供应是管道持续输气的物质基础。管道投产最初几年夏季输量占比仅维持在3成以下，2017年10月哈气出口中国后情况略有好转，但哈国南线管道管输负荷率冬夏季不平衡问题仍长期存在。哈国南线管道现有输气能力130亿方/年，最高输量可达4500万方/日，历年夏季日输量基本维持在2000~2300万方左右，冬季下游用气需求旺盛，但阿克纠宾州供暖需求上涨，布哈拉-乌拉尔方向气源不足，冬季供气量难以保证。

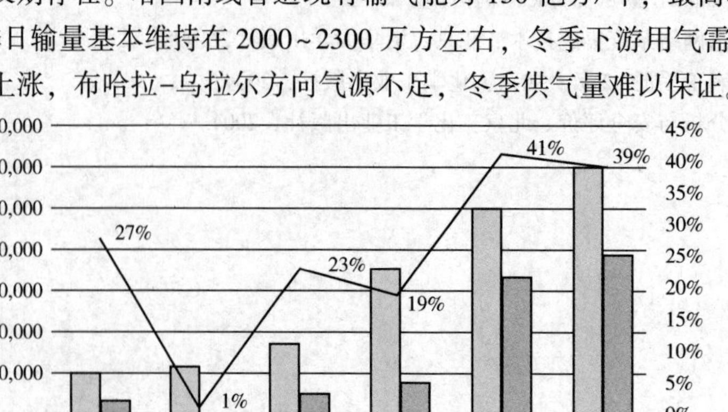

图2-1　哈国南线管道冬夏季输量情况

为保障哈国南线管道管输负荷率，哈国南线项目主动拓展哈国国内上下游市场，始终密切关注和收集哈国天然气生产规划和天然气供需平衡信息，持续跟踪哈国各气田天然气生产情况、销售方向和售气量，定期分析、研究世界经济的发展趋势以及相关地区油气资源的开发利用情况，并创新性地向哈国南线项目合资公司(以下称“合资公司”)中哈方股东提出利用巴佐伊地下储气库夏季中转，保障冬季双气源供气的方案，并与 KTG 就方案达成原则共识。此方案能有效利用管道上游巴佐伊地下储气库库容，该储气库设计储量 40 亿方，有效库容 35 亿方，按冬季需求夏季注气量应不低于 5~6 亿方，在满足阿克纠宾州用气量的同时，也将有效加强布哈拉-乌拉尔管道进气方向冬季气源供应保障，并提升哈南线管道夏季管输负荷率。方案实施后，将大幅提升哈国南线天然气管道冬季保供能力，明显改善合资公司经营效益。

本文针对哈国南线天然气管道向巴佐伊储气库反输流程改造可能选取的包括在现有跨接线建设独立计量设施、使用巴佐伊地下储气库现有计量设施、对哈南线巴佐伊计量站进行改造等三种流程方案，从改造成本及计量安全角度进行详细的分析与比较研究，从优化运行、节约资金、便于监管等方面综合考虑，结合项目在哈国的运行实践，提出了最优化的方案。

3 巴佐伊储气库反输流程方案的探索

(1) 反输流程优化原则

反输流程优化分析不仅要考虑降低工程建设费用，还要站在计量监管的角度，以安全为前提，以经济可行为目的进行精细化设计，同时考虑削减运行风险、减少运维工作量，在反输流程优化设计过程中，有以下几点要求。第一，反输流程相关计量站与计量设施、阀室的原有功能要保留，并在原有功能的基础上积极分析可优化部分。第二，要充分考虑后期计量监管需求，确保计量数据准确、计量设备易于监管。第三，反输流程不对正输流程造成影响，正反输流程易于切换、方便操作与维护。第四，综合考虑设备改造成本与管道维修计划，尽量降低对管道输气业务的影响。

(2) 当前运行状况及优化方案介绍

1) 巴佐伊计量站当前输气流程

哈国南线管道由别伊涅乌计量站和巴佐伊计量站分别承接中亚-中央管道和布哈拉-乌拉尔管道两个方向的来气，其中别伊涅乌计量站还未建成投用，中亚-中央管道进气量目前暂时通过人工计算，巴佐伊计量站位于哈国南线管道 311km 处，连接布哈拉-乌拉尔双线管道，主要功能是将布哈拉-乌拉尔管道方向来气经过过滤、气质检测及计量后输入巴佐伊压气站，经压气站增压后汇入干线管道输往下游。计量站内主要设有过滤分离区、计量区、气质检测区、排污及放空系统等。全站设置了四路气体超声流量计，每台流量计工况流量范围为 1600~16000 方/时，运行方式为三用一备。

2017 年巴佐伊反输跨接管道投入使用，跨接线前端连接巴佐伊压气站入口上游，后端连接布哈拉-乌拉尔管道 1 线，反输跨接线设置有一处干线截断阀，和一处与巴佐伊计量站进气管线间的联络线，可实现将中亚-中央管道方向来气经布哈拉-乌拉尔管道输往巴佐伊地下储气库(计量设施暂未建设)；或通过流程切换将中亚-中央管道方向来气经布哈拉-乌拉尔管道后再送入巴佐伊计量站进气管线，经巴佐伊计量站计量后输往哈国南线管道下游。

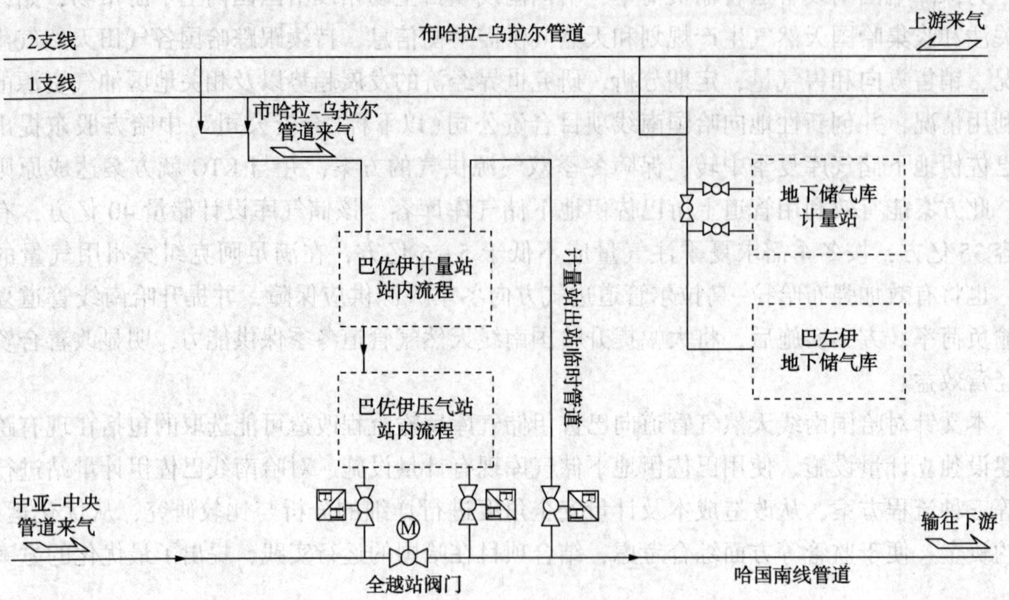

图 1–1　当前输气流程

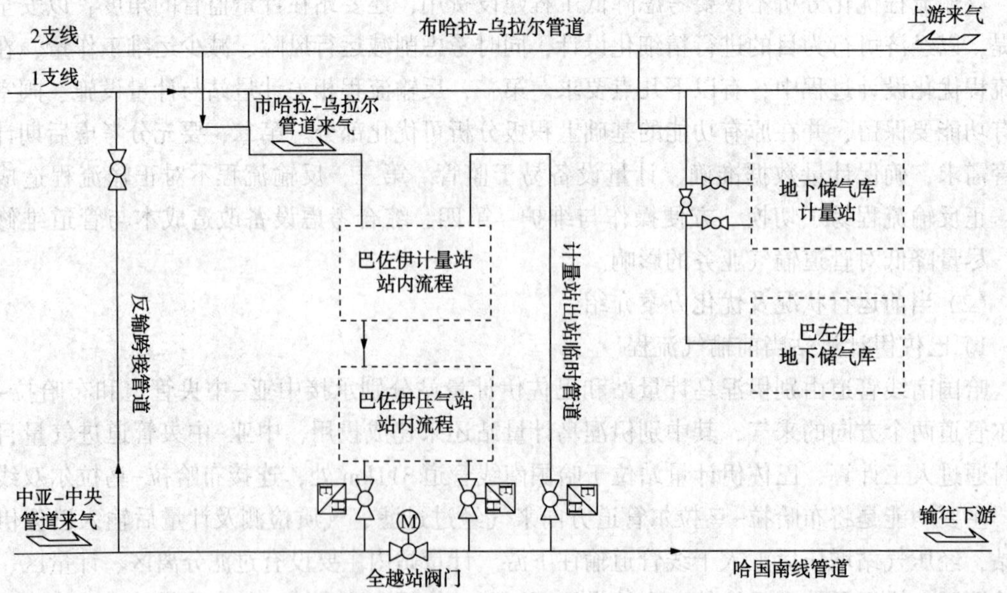

图 1–2　中亚–中央管道进气计量流程

2）方案 1–在跨接管道建设独立计量设施

方案介绍：此方案需要采购独立的撬装化计量设施，设于跨接线截断阀上游，中亚–中央管道方向来气经跨接线流量计计量后进入布哈拉–乌拉尔管道 1 支线，最后进入巴佐伊地下储气库。

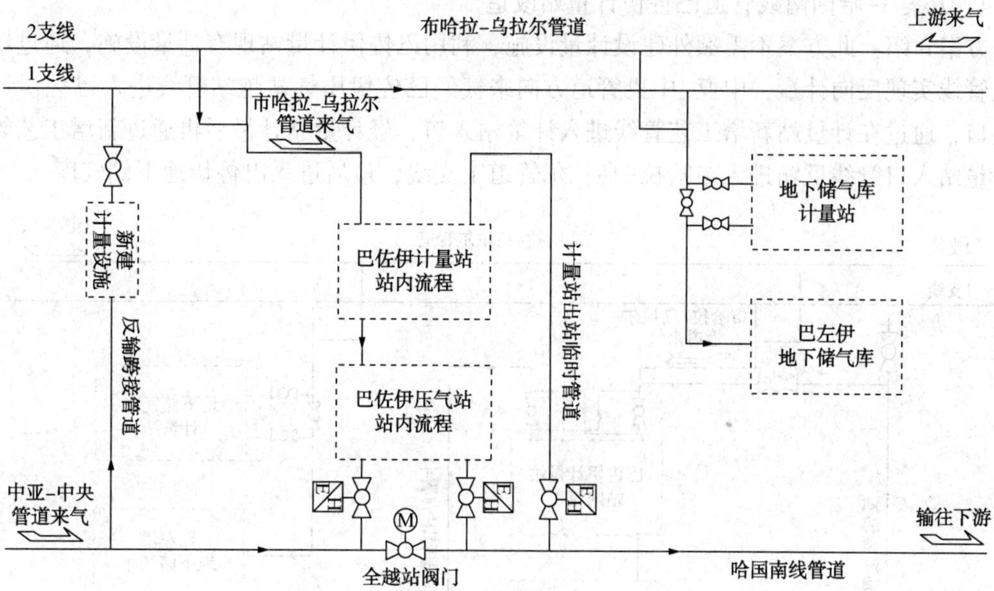

图 1-3　在跨接管道建设独立计量设施

或将中亚-中央管道方向来气经布哈拉-乌拉尔管道后再送入巴佐伊计量站进气管线，经巴佐伊计量站计量后输往哈国南线管道下游。

3）方案 2-使用巴佐伊地下储气库现有计量设施

方案介绍：此方案不需额外建设计量设施，利用巴佐伊地下储气库现有计量设施，中亚-中央管道方向来气经跨接线进入布哈拉-乌拉尔管道 1 支线，通过储气库入口处计量设施计量后进入巴佐伊地下储气库。

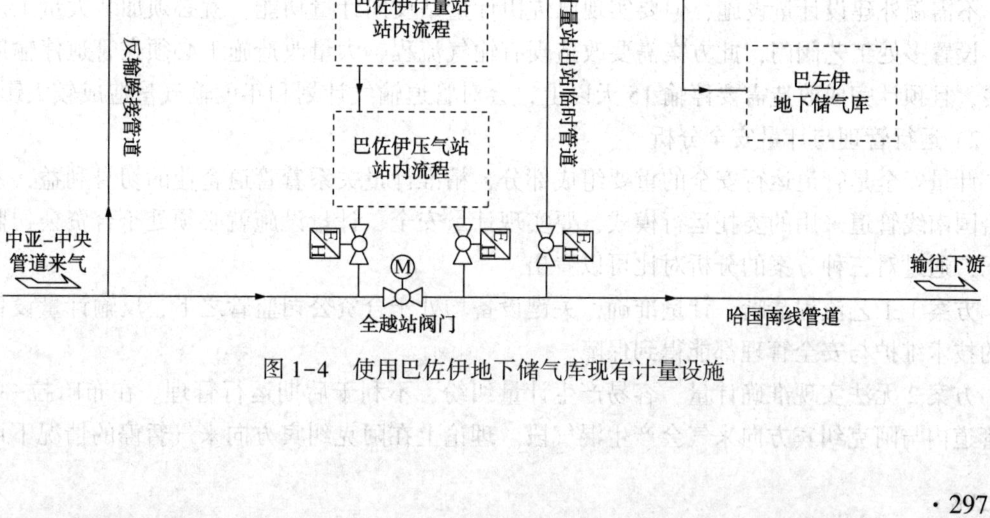

图 1-4　使用巴佐伊地下储气库现有计量设施

4）方案 3-哈国南线管道巴佐伊计量站改造

方案介绍：此方案不需额外建设计量设施，利用巴佐伊计量站现有计量设施，通过增加工艺管线实现反向计量，中亚-中央管道方向来气经巴佐伊压气站越站管线进入巴佐伊计量站出口，通过在计量站新增工艺管线进入计量站入口，经计量站计量后再通过新增工艺管线从计量站入口管线反输进入布哈拉-乌拉尔管道 1 支线，最后进入巴佐伊地下储气库。

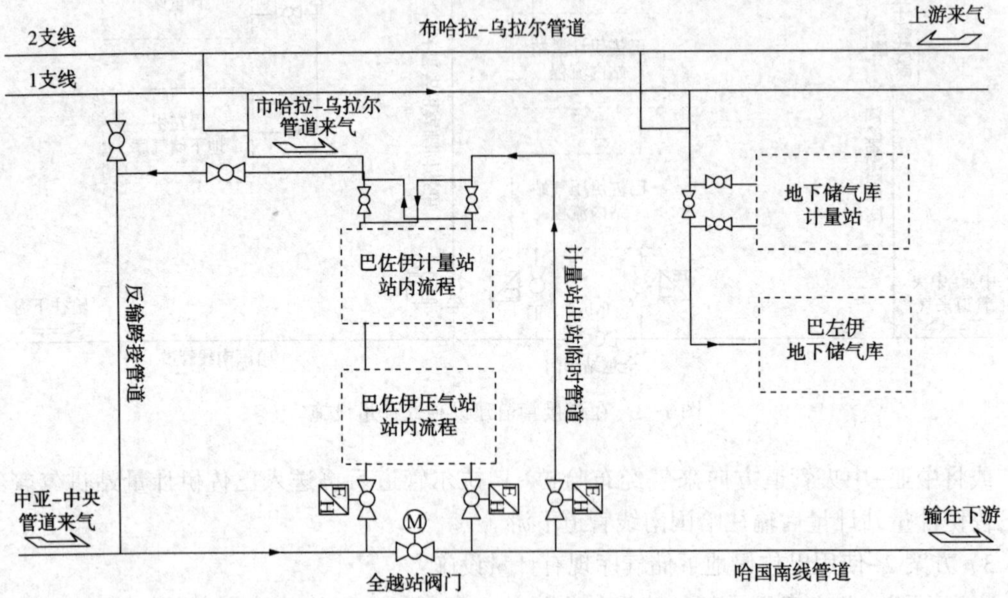

图 1-5　哈国南线管道巴佐伊计量站改造

（3）反输流程优化方案分析

1）改造成本分析(设备成本、对输气影响)

简单、经济是长输天然气管道工艺流程制定的重要原则。反输流程改造已完成 890 米跨接管道的建设，不同改造方案的选择、各类设备及材料的采购，都将决定不同的改造费用。

方案 1 需要采购独立的撬装化计量设施，但不会对现有输气流程造成影响，改造工作量较少，预计完成改造只需要停输 1 天左右，不需要管道长时间停输。方案 2 不需额外建设计量设施，也不会对现有输气流程造成影响，改造工作量最少，不需要哈国南线管道停输。方案 3 不需额外建设计量设施，但要实现巴佐伊计量站反向计量功能，就必须加装大量工艺管线、设置多处工艺阀门，此方案需要改造现有输气流程，大量改造施工必须在管道停输期间开展，且预计完成改造需要停输 15 天以上，会对管道输气计划和年度输气量造成较大影响。

2）运行管理与计量安全分析

计量安全是管道运行安全的重要组成部分，精准计量关系着管道企业的切身利益，考虑到哈国南线管道采用的委托运行模式，要实现计量安全，计量设施就必须处于合资公司监管之下，通过对三种方案的分析对比可以看出。

方案 1 工艺流程清晰、计量准确，关键设备均处于合资公司监管之下，反输计量设备设施的技术维护与安全管理都能得到保障。

方案 2 无法实现准确计量，容易产生计量纠纷，不利于后期运行管理。在布哈拉-乌拉尔管道内与阿克纠宾方向来气会产生混气段。理论上在阿克纠宾方向来气暂停的情况下可以实现输气量计量，但此方案中间环节多，且布哈拉-乌拉尔管道、及巴佐伊地下储气库计量设施均不处于合资公司控制，不便于管理。但根据布哈拉-乌拉尔管道实际运行经验，阿克纠宾方向来气长期暂停输送不具有可行性。

方案 3 可以实现准确计量，但工艺流程复杂，对现有输气流程有较大影响，且不利于后期运行管理。首先，在运站场进行大规模的改造，存在较高安全风险，而且流量计加设旁通线会影响计量安全。第二，在中亚-中央管道方向来气向地下储气库注气期间，哈国南线管道将必须暂时停止接收布哈拉-乌拉尔管道方向进气。第三，此方案工艺流程复杂，存在巴佐伊压气站出站高压天然气窜入巴佐伊计量站低压反输管线导致超压的风险。最后，巴佐伊计量站当时还处于 EPC 合同质保期内，由于大幅改造产生的质保责任划分、及后期政府许可验收都存在较大难度。

表 3-1　三种方案综合对比

方案名称	改造成本	计量安全风险
方案 1	高	低
方案 2	低	高
方案 3	高	高

4　结论

（1）社会效益，通过对哈国南线天然气管道向巴佐伊储气库反输流程各方案的阐述，进而从计量监管安全及改造成本等几方面进行详细的分析与对比，得出结果方案 1 具有工艺流程清晰，对现有输气业务影响较小，关键计量设备均处于监管之下、计量安全有保障，便于后期运行管理、减少运维工作量等明显优势。通过对反输流程优化运行方案的探索与研究，为巴佐伊地下储气库夏季注气工作扫清了障碍，大幅提升哈国南线管道夏季管输负荷率，达到了增输增效的目的，为其他同类工艺流程优化提供了可借鉴的经验。

（2）经济效益，根据估算，巴佐伊地下储气库夏季注气需求不低于 5 亿方。改造方案实施后，将使哈南线管道巴佐伊计量站具备双向计量功能，储气库夏季注气量在满足阿克纠宾州冬季用气量的同时，也大幅提升哈国南线天然气管道冬季保供能力，明显改善哈国南线项目合资公司经营效益。

参　考　文　献

[1] 韩波，刘巍．中国石油输气管网 SCADA 系统建设浅析．天然气勘探与开发，2004 年第 3 期．
[2] 李波，严大凡，陈向新．利用地下储气库解决用气的不均衡性问题[J]．油气储运，2003(2)．
[3] 宋艾玲，梁光川，王文耀．世界油气管道现状与发展趋势．油气储运，2006 年第 10 期．
[4] 雷鸿．中国地下储气库建设的机遇与挑战[J]．油气储运，2018，37(7)：728-733.
[5] 邱禹桐．我国城市天然气供应中常用调峰方式的比较分析．中国资源综合利用，2020 年第 5 期．

中国长输油气管道外防腐及补口技术进展及展望

陈群尧　金庆国　张　伟

（中油国际管道有限公司）

摘　要　介绍了国内长输油气管道的外防腐技术从20世纪50年代发展到现在的各个历史阶段的技术水平和主要方式，根据补口技术的应用和发展，探讨了新型防腐补口材料和技术的发展方向。

关键词　长输油气管道　外防腐技术　补口技术

国内油气管道的腐蚀防护技术可以追溯到20世纪50年代，我国埋地管道主要以沥青类覆盖层为主一直延续到20世纪70年代。从1971年的“八三管道会战”开始，新中国才真正开始建设自己的长输油气管道，管道防腐方式仍然沿用沥青类热塑性材料，到了20世纪80年代增加了环氧树脂类涂料加玻璃布衬里涂覆技术；20世纪90年代初期开始引进热固型环氧粉末防腐技术，在90年代中期聚乙烯复合结构开始应用并得到迅速而广泛的推广。通过跨国管道、跨海管道的建设与实践，当前国内油气管道防腐技术基本达到世界先进水平。

1　油气管道外防腐技术

管道外防腐层从20世纪50—60年代的沥青涂料覆盖层到70—80年代的煤焦油磁漆覆盖层（CTE，Coal Tar Enamels），再从80年代后期的环氧煤沥青到90年代的熔结环氧粉末覆盖层（FBE，Fusion Bonding Epoxy Powder），防腐覆盖层的涂覆施工方式从液相流体涂刷到固相粉末涂覆，这期间经历了40多年的时间。90年代出现的聚乙烯胶带和聚乙烯热涂覆技术，在管道防腐工艺的速度和质量方面都得到较大的突破，使油气管道的腐蚀防护提高到了一个新的水平。进入90年代后期，双层环氧覆盖层（DPS，Dual Powder System）和聚乙烯三层复合结构（3LPE，3 Layer PE）因其较好的防腐性能和良好的机械性能及抗划伤能力广泛应用于油气管道防腐防护。

1.1　热塑性材料类涂料

热塑性涂料（Thermoplastic Coatings）是指涂覆材料靠溶剂挥发干燥成膜，干燥后的涂膜受热变软，受冷变硬，且涂膜在溶剂环境或加热条件下具有可塑性的一类涂料。

1.1.1　沥青类涂料

20世纪50—60年代，长输管道常用的热塑性涂料一般是石油沥青或煤沥青。石油沥青类的主要成分为直链烷烃类物质，煤沥青类的主要成分为芳香环烃类物质，在加热或溶剂作用下，具有一定的流动性，能够均匀涂覆在管道外壁，当溶剂挥发或冷却后，在管道外壁形成防腐层，起到隔绝腐蚀介质侵蚀、保护钢管的作用。实际防腐施工中，为了保证防腐层的抗划伤强度，在涂覆石油沥青或煤沥青的同时，缠绕玻璃纤维布，以增强防腐管在埋地施工时的机械强度和环境适应性。到70年代，常用的防腐材料仍然是这类沥青类涂料。

1.1.2 煤焦油瓷漆

煤焦油瓷漆是由高温煤焦油和煤沥青加煤粉、填充物等材料混合而成，因其热塑性的特性，涂覆方式与沥青类覆盖层的涂覆方式类似，仍然是在涂覆施工的过程中缠绕玻璃纤维布，以增强防腐覆盖层的机械强度(图1)。

图1 煤焦油瓷漆防腐施工

从20世纪80年代到90年代，煤焦油瓷漆管道防腐方式在国内外比较普遍。1994年，中石油管道研究院率先与英国Metrotect公司成立了廊坊美泰克防腐材料有限公司，开始在国内生产煤焦油瓷漆供国内和出口。随后管道研究院又在新疆建立了煤焦油瓷漆防腐公司，进行煤焦油瓷漆的生产和防腐施工。涩宁兰管道一半以上采用煤焦油瓷漆做外防护取得了良好的效果。到90年代后期，由于煤焦油瓷漆防腐施工排放物对环境的污染及埋地防腐覆盖层可能造成对土壤及地下水的污染逐渐被人们认识，因而被淘汰。另外，与所有的沥青类防护材料一样，煤焦油瓷漆在高温环境的流淌性和低温环境的脆裂性，也是其退出管道防腐舞台的原因之一。但公正地讲，煤焦油瓷漆作为长输管道防腐并非一无是处，其优异的防腐性能，尤其是抗细菌腐蚀有目共睹；另外埋地管道煤焦油瓷漆防腐层的防植物根茎穿裂和地下生物嚼食是其显著优点之一。

1.1.3 热涂聚乙烯粉末技术

钢质管道聚乙烯粉末热涂敷防腐覆盖层技术(FBP，Fusion Bonded Polythene)俗称单层PE技术，是将改性后的高密度、低密度或线性低密度聚乙烯粉末通过淋涂的方式涂敷在中频加热的钢质管道表面，使其热融化，利用熔融液态的自然流淌性能，均匀地附着在金属的表面，经过冷凝后，形成严密的防腐覆盖层(图2、图3)。

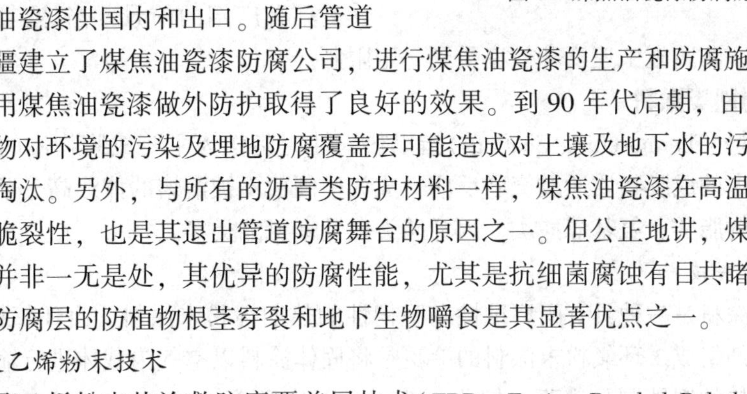

图2 热涂聚乙烯粉末防腐工艺图

该覆盖层因聚乙烯粉末内添加了环氧树脂获得性能改善，一次成型，与钢管表面具有很好的黏结性，可进行内外同时涂敷。该防腐技术最早由日本高周波钢业株式会社研究创立，采用固定加热用浸涂工艺完成。2000年以后，中油管道科学研究院将其改造成连续作业线涂覆，提高了生产效率，减少了生产成本，并在Φ355mm湘潭-醴陵支线上成功应用。与21

图 3　热涂聚乙烯粉末防腐管

世纪主流防腐产品聚乙烯三层复合结构相比，淋涂工艺减少了涂敷施工工序和设备成本，且不会造成焊缝处前坡因缠绕挤压减薄和后坡的“空鼓”现象，因此不会出现“空鼓”位置三层 PE 的阴极保护电流屏蔽；与单层熔结环氧粉末比较，厚度及抗冲击和划伤性能远远高于 FBE，而且防腐性能优良；与煤焦油瓷漆比较，其对环境的无污染和耐高低温性能，都是煤焦油瓷漆无法达到的。另外，聚乙烯是无毒高分子材料，尤其是用于城市天然气和饮用水管道具有广阔的前景。当然，对于 600mm 以上大口径管道，防腐施工速度和效率受到一定限制。

1.2　热固性材料类涂料

热固性涂料(Thermosetting Coatings)指以热固性树脂作为主要成膜物质的涂料，这种涂料固化时涂膜中的成膜物质通过交联反应，成为坚硬而不被溶熔的体形高分子网状结沟。主要品种有环氧树脂类、氨基醇酸类、丙烯酸类以及聚氨酯类等。

1.2.1　FBE 涂覆技术

环氧粉末涂料是一种具有耐腐蚀性和坚韧性的热固性粉末涂料，由环氧树脂、颜填料、添加剂和固化剂组成。环氧粉末涂料的涂覆是将固体涂料以空气为载体进行输送和分散，将其施涂于经预热的钢铁制品表面，熔化、流平、固化形成一道均匀的涂层，80 年代后期从国外传入国内，中油管道研究院在 90 年代初对环氧粉末技术的引进起到了推动作用。常指的 FBE 是单层环氧粉末(Singly-layer FBE)，涂覆工艺简单(图 4)。由于羟基具有极性，环氧粉末覆盖层对金属的附着力强，涂膜机械性能好，具有一定的硬度和抗划伤性，在标准规定的含水率范围内耐腐蚀性能优良，被广泛应用在长输油气管道和集输管道。不过，FBE 也有自身的弱点，不太厚的防腐层对在山区和戈壁砾石环境使用不太合适；另外，环氧树脂在紫外光照射下的降解也是 FBE 防腐管道不宜长时间露天存放的短板。

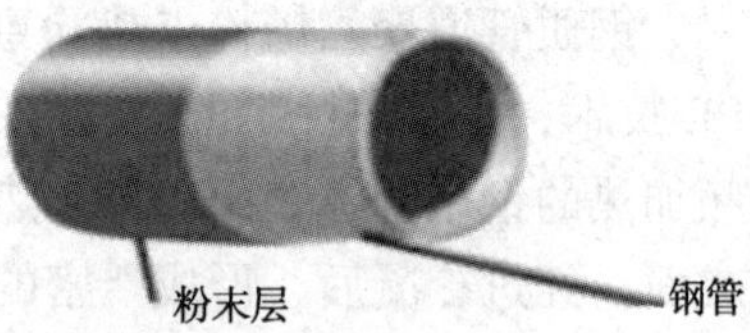

图 4　单层 FBE 结构图

1.2.2　双层环氧粉末涂覆技术

随着环氧粉末材料和涂覆技术的发展，在 2000 年前后，出现了双层环氧粉末覆盖层结构。双层环氧粉末是以普通的单层熔结环氧粉末作底涂层，以改性的熔结环氧粉末作外防护层。这种双层熔结环氧粉末防腐体系结构较大地提高了防腐层的机械性能，增强了防腐层的抗冲击能力、耐高温能力以及高温时的抗渗透性。同时保持了单层熔结环氧粉末防腐层与阴极保护的相容性能，不会产生阴极保护屏蔽。其整体防腐层的厚度在 550~1000mm 之间，最高使用温度达 115℃。DPS 防腐工艺，因其程序较多，施工速度较慢，相对成本较高，不太适合直管防腐，一般用于各种管径的弯头、异型件。通常完成了双层环氧粉末涂覆的弯管，还需要在外缠绕一层运输保护用的聚乙烯防护胶带，起到下沟前的保护作用。目前 DPS 防腐热煨弯管大量用于国内外天然气、原油管道，从涩宁兰管道、兰成渝管道到西气东输及中亚国际管道等的热煨弯管都采用了这种防腐方式(图 5、图 6、图 7)。

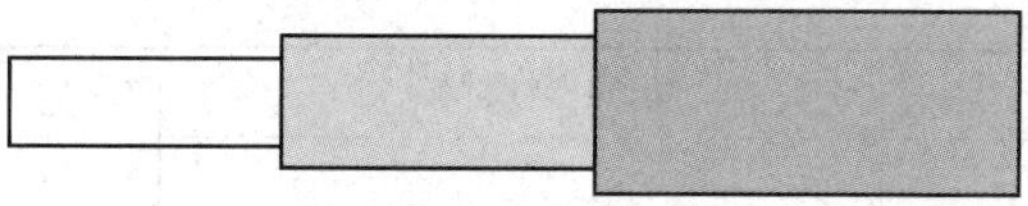

图5　DPS覆盖层示意图

图6　DPS弯管涂覆

图7　DPS防腐成品弯管

1.2.3　双组分热喷涂技术

双组分涂料的热喷涂技术在20世纪80—90年代十分盛行，主要用于管道大修的防腐技术，将两种组分的材料分别加热，增强其流动性和反应活性，按照一定比例在喷涂枪口前混合，然后通过喷枪将混合物涂覆在钢管表面。双组分材料在温度的作用下发生快速固化反应，形成覆盖层。环氧树脂类、氨基醇酸类、丙烯酸类以及聚氨酯类等材料都比较适合于双组分涂覆。双组分热喷涂技术因其快速固化的特性，比较适合于在役管道现场防腐层的大修及异型管件和焊缝补口的涂覆。对于大规模长距离管道防腐，几乎未见使用和报道，国内双组分热喷涂技术在东北管网的修复上应用较多(图8)。

图8　双组分施工工艺

1.3　热塑性材料与热固性材料性能比较

根据以上对热塑性和热固性材料的应用介绍，两类材料使用时涉及的相关性能比较见表1。

表1　热塑性涂料与热固性涂料比较

性能类别	热塑性材料	热固性材料
成膜机理	溶剂挥发	分子间结合
成膜结构	直链高分子或短链混合物	网状高分子
热变敏感性	敏感	稳定
抗机械划伤	差	好

续表

性能类别	热塑性材料	热固性材料
抗低温脆性	差	好
抗化学介质	一般	好
防水性	一般	一般
抗紫外照射	一般	各部相同
代表材料	各类沥青、煤焦油瓷漆	环氧树脂、聚氨酯、丙烯酸类

1.4 复合结构材料

所谓复合结构，是指通过复合工序，将不同的材料按照一定的程序涂覆在钢管表面，按照各自的功能，使其形成腐蚀防护层体系。

图 9 聚乙烯双层防腐结构

1.4.1 双层防腐结构

双层防腐结构钢管即 2PE 聚乙烯防腐钢管(图 9)，第 1 层胶黏剂(AD)；第 2 层聚乙烯(PE)。两种材料融为一体，粘胶层厚度不低于 70μm，聚乙烯层不低于 2.5mm，双层聚乙烯防腐结构主要靠聚乙烯层。其缠绕施工可进行机械化作业，也可手工完成，防腐层下的空鼓及造成的阴极屏蔽是不可避免的。由于其缺乏环氧层，附着力、抗阴极剥离、防腐性能较三层复合结构差，但相对生产工艺简单、价格便宜，一般用于城市输水管道，在油气管道领域基本被 3PE 取代。

1.4.2 三层复合结构

三层复合结构是在 20 世纪 80 年代由欧洲研制成功并开始使用的新型防腐结构。它是将 FBE 良好的黏结性、高抗阴级剥离性和聚烯烃材料的高抗渗性、高防护性、良好的机械性能和抗土壤应力等性能结合起来的防腐蚀结构，已在许多工程上得到了应用。三层复合结构最外层如果采用聚乙烯，则简称 3LPE；如果最外层采用聚丙烯，则简称 3LPP。这种防腐形式于 90 年代引入国内，中石油工程研究院对推动三层复合结构的应用起到了积极的作用。90 年代后期在国内的陕京天然气管道上首次大规模应用，效果良好。到现在，防腐工艺已经十分成熟，技术标准完善可靠，采用聚乙烯，生产成本也降至每平方米 10 美元左右，并且基本是国内管道建设外腐蚀防护的标准配置。2000 年以后，中石油建设的跨国油气管道如：中哈原油管道、中亚天然气管道、中缅油气管道及中俄油气管道都无一例外地采用 3LPE 防腐层技术。在三层复合结构中，底层为熔结环氧粉末涂层，其主要作用是形成连续的涂膜，利用环氧树脂的极性与钢管表面直接黏结，具有很好的附着力和抗阴极剥离性能；同时 FBE 与中间层乙烯基共聚物胶黏剂的活性基团反应形成化学键而连接，保证整体防腐层在较高温度下具有良好的黏结性；外层为聚烯烃层(PE 或 PP)，具有良好的防水性和抗机械划伤性能，在不同的工作环境中减缓或防止管道在外介质的化学、电化学作用下或由微生物的代谢活动而被侵蚀和变质的行为。三层复合结构防腐体系也不是完美得无懈可击，其焊道造成挤压缠绕工艺中的“前坡”减薄和“后坡”空鼓是其弱点，对防腐性能有一定影响(图 10)。

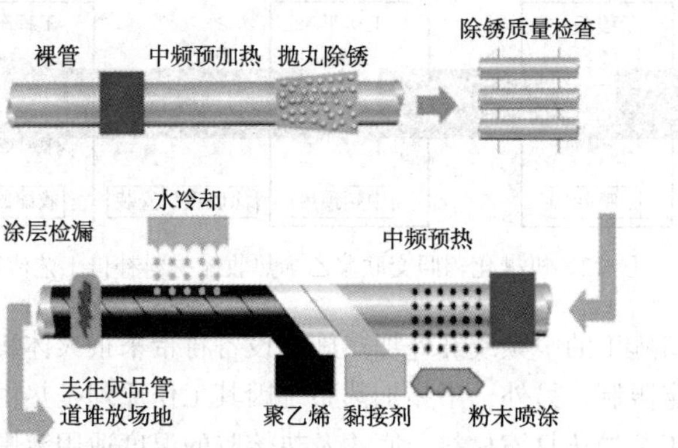

图 10　三层聚乙烯复合结构工艺流程

有研究者认为，三层复合结构的底层 FBE 加厚到 400μm 才能起到防腐作用。此观点值得商榷，根据设计初衷，三层复合结构是一个完整的防护体系，聚烯烃是非极性共聚物，其与金属的黏结力较差，底层 FBE 仅是利用羟基活性与金属原子间产生氢键和分子间作用力，增强防腐层的黏结作用，防腐作用还是靠整体复合结构体系。因此底层 FBE 能覆盖最高锚纹，在 200μm 左右即可，这样的结构在达到防腐要求的同时经济性最合理。

2　管道补口技术

管道补口技术一般采用辐照交联热收缩补口技术或双组分快固化涂料涂覆技术。另外，在上述补口技术基础上的改进技术，如压敏胶型热收缩带补口技术也进入推广应用，新型粘弹性体材料技术也应用到严酷环境的补口和站场施工困难环境。

2.1　辐照交联热收缩聚乙烯补口

辐照交联聚乙烯补口热收缩带(套)于 20 世纪 90 年代中后期开始应用于石油天然气行业长输管道焊口补口防腐技术，它是由辐射交联聚烯烃基材和密封热熔胶复合而成，密封热熔胶与聚乙烯基材、钢管表面的固体环氧涂层可形成良好的粘接。基层聚乙烯材料因辐照由线性分子链变成三维网状结构，产生凝胶，其特点是在转化点具有橡胶的特性，即拉伸变形可恢复性。加热到软化点时，辐照交联的聚乙烯具有类似橡胶的弹性，在外力作用下产生记忆伸缩。加热的同时，胶层熔化，浸润整个修补面，冷却后，聚乙烯层紧密的收缩包覆在补口处，与原管道防腐层形成一个牢固、连续的防腐体(图 11)。

图 11　聚乙烯收缩材料补口结构

辐照交联热收缩聚乙烯补口技术在小口径管道施工操作过程中手工作业是比较简单和便于控制的；但对于大口径管道，加热收缩需要温度均匀，手工操作温度不好控制，影响补口质量。因此，大管径及平坦地段，建议采用机械化辐照交联聚乙烯热收缩材料补口工艺(图 12)。

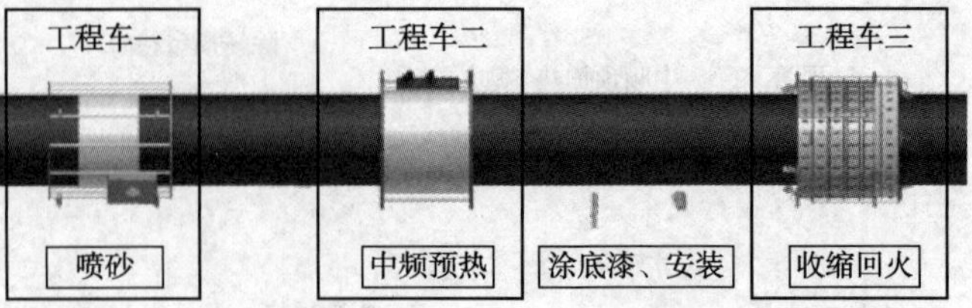

图 12　机械化辐照交联聚乙烯热收缩材料补口工艺流程

不过机械化补口施工的中频或红外加热施工设备将带来很大体积和重量，山地或水网补口防腐作业受到一定限制。另外，中频加热系统因其工作原理是热由管道内壁向外传导，因而对采用中频加热工艺的热收缩材料、底漆及热熔胶的温度适用范围要求更为苛刻。另一方面，辐照交联热收缩聚乙烯补口材料的生产技术涉及到照射源的形式和能量，这些都影响补口材料的品质，施工过程的控制更为重要。

2.2　双组分液体涂料补口

双组分液体涂料补口分机械喷涂和手工刷涂，机械喷涂类似于双组分热喷涂技术；双组分手工刷涂是按照一定比例将两个组成在容器内混合后涂覆在焊接口上，完成焊接口的防腐补口。双组分涂料有聚酯类、聚氨酯类及环氧类等，其特点就是两个组分混合，快速固化，方便、快捷，适用于现场施工；缺点是工序较多，一般由底漆、中间漆和面漆组成，而且受周围环境的影响较大，施工质量难以保证。常见的双组分液体补口涂料如下。

2.2.1　聚酯及聚氨酯类

聚酯类涂料是由多元醇和多元酸缩聚而得的聚合物类涂料；聚氨酯类涂料是由异氰酸酯与二元或多元羟基化合物聚合而成的高分子化合物类涂料。他们的共同特点都是线性高分子聚合物，具有一定的热塑性，抗冲击力差。作为补口涂料，根据钢管原有防腐层可进行改性，使施涂的涂料固化成膜后能与钢管原防腐覆盖层紧密粘结。理论上，这种热塑性的补口材料，更适用于 3LPE 的防腐管道补口作业。

2.2.2　环氧及环氧玻璃钢类

环氧类防腐层是环氧氯丙烷与双酚 A 或多元醇的缩聚产物；环氧玻璃钢类防腐层是在环氧覆盖层内添加玻璃纤维固化而成(图 13)。因主要成膜物环氧树脂是环链结构，因此，环氧玻璃钢是热固型材料，具有较高的硬度和较高的抗冲击强度。理论上，对于热固性材料，更适用于 FBE 防腐管，但经改性后的环氧玻璃钢对 3LPE 防腐钢管也具有良好的适应性，可对 3LPE 防腐管进行补口作业。

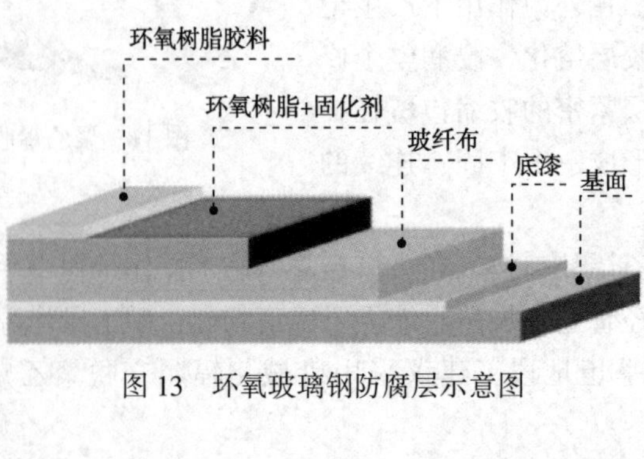

图 13　环氧玻璃钢防腐层示意图

2.3 压敏胶型热收缩带补口

压敏胶复合型热收缩带是最近几年出现的防腐补口材料，是将改性聚异丁烯压敏胶复合在辐射交联聚乙烯基材上制成的热收缩带材，使用方法与热熔胶型热收缩带类似(图 14)。压敏胶是一种在常温下具有初粘力，在压力下可以粘结在物体表面的胶粘剂。丁基橡胶改性压敏胶具有独特的冷流特性，在使用过程中可以达到自修复功能，从而产生较好的密封粘结性能。补口作业时，对基材进行火焰加热收缩，从而使之包覆在管道焊口补口处。压敏胶型热收缩带可以单独使用，也可根据需要和使用环境与无溶剂环氧底漆或粘弹体材料复合使用作为补口防腐层。该产品施工操作简单，对钢材表面的处理要求较低，手工除锈 St2 级即可。

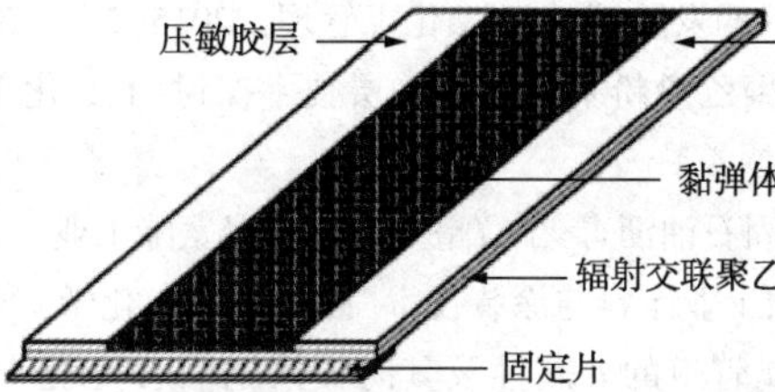

图 14　压敏胶复合型热收缩带结构

2.4 粘弹性体材料补口

粘弹性体材料腐蚀防护是近几年出现的新型防腐形式，是与常见的热塑性或热固性防腐覆盖层体系完全不同的第 3 类腐蚀防护体系。该防腐材料兼顾聚乙烯弹性体的固体特性，同时也具有热塑性材料的液态特性，因此具有优异的黏结性、抗阴极剥离性及防水性。在施涂作业中也比较容易控制和掌握，因此被认为是一种用于严酷环境的易操作补口材料。粘弹性体防腐补口材料主要包括：粘弹体防腐膏、粘弹体防腐带和粘弹体间隙防腐密封剂。粘弹性体防腐胶带内侧采用的改性树脂具有冷流特性，不固化，对水和空气具有很好的水密性与气密性；在遭受外力冲击时(如石块、砂砾的破坏)，粘弹性体防腐蚀胶带还具有自愈合功能。另外，粘弹性体对钢管表面处理要求不高，手工除锈 St2 级即可。

由于粘弹性体材料强度很低，抗冲击和划伤能力很差，不能单独使用。一般补口作业时，用手工缠绕的方法将粘弹性体防腐胶带包覆在补口处，然后在外层缠绕 PE 或 PVC 胶带加以保护，提高抗机械强度和抗划伤的性能。目前已经摸索出基于粘弹性体材料的多种复合补口结构：粘弹体+热收缩带，粘弹体+压敏胶热收缩带，粘弹体+玻璃钢等。这些复合防腐体系正在逐步完善，并制订相关的设计技术标准和使用手册。

3 结束语

国内长输管道的腐蚀防护工艺从简单到复杂，防腐产品从单一到全面，防腐技术从学习到创新都是随着管道技术的不断发展而进步的。目前国内长输管道防腐技术已经基本达到国际水平，但同时要看到差距，国内长输管道防腐技术总是跟着国外技术发展，在防腐技术和防腐材料方面缺乏创新和开拓。鉴于此，在防腐技术和防腐材料方面不断摸索和创新是管道防腐工作者今后的目标和方向。

参 考 文 献

[1] 陈群尧，曹晓燕，陈群武等．中国管道腐蚀与防护技术综述[J]．防腐保温技术，2007，15(1)：1-6.

[2] 于杰．重防腐涂料在管道防腐中的应用[J]．化工设备与防腐蚀，2000(6)：14-16.

[3] 石油工程建设专业标准化委员会．埋地钢质管道煤焦油瓷漆外防腐层技术标准：SY/T 0379—2014[S]．北京：石油工业出版社，2014.

[4] 夏炜东，赵正友．煤焦油瓷漆及其在现代环境下的应用[J]．油气储运，2001，20(10)：24-27.

[5] 杨晓鸿．天然气管道双层熔结环氧粉末防腐体系的应用[J]．油气储运，2005，24(1)：43-45.

[6] 张其滨，张丽萍，刘金霞等．管道 3LPE 防腐层补口技术研究和应用新进展[J]．石油工程建设，2014，40(1)：45-49.

[7] 李波．管道三层 PE 防腐涂层技术的发展探讨[J]．化工管理，2015(7)：136.

[8] 陈群尧，张彦，郭荣荣等．热涂聚乙烯粉末防腐覆盖层技术探讨[J]．化工设备与防腐蚀，2003(4)：27-30.

[9] 陈群尧，李杰，李红旗．热喷快固石油沥青聚氨酯涂料[J]．聚氨酯工业，1998(1)：31-33.

[10] 赵炳刚，陈群尧，胡士信．石油工业涂料与涂装技术[M]．北京：化学工业出版社，2002.

[11] 侯星慧，盛明阔．埋地输油金属管道的外腐蚀及其防护措施[J]．管道技术与设备，2018(1)：42-44，54.

[12] 陈群尧，王善学，李建忠等．埋地钢质管道新型三层 PE 防腐层的结构设计[J]．油气储运，2001，20(1)：17-22.

[13] 廖煜炤，王杰，李建军等．聚乙烯热收缩带补口施工工艺应用现状和发展趋势[J]．腐蚀与防护，2014，35(6)：602-606，611.

[14] 任立元，史航．聚乙烯外防腐管线液体环氧补口技术的应用[J]．材料保护，2007，40(1)：62-64，75.

[15] 古小平，龙东，邱永波等．油气管道补口技术综述[J]．腐蚀与防护，2009，30(4)：261-264.

[16] 那骥宇，赫连建峰，李爱贵等．管道外防腐补口技术发展和趋势[J]．石油工程建设，2017，43(2)：1-4.

[17] 沈光霁，陈洪源，薛致远等．管道涂层应用现状分析[J]．腐蚀科学与防护技术，2013，25(3)：246-249.

中石油国际管道腐蚀防护标准体系的建立

陈群尧　张　伟

（中油国际管道有限公司）

摘　要　通过与国际管道防腐及检测标准接轨以及新的防腐技术的采用，建立中石油国际管道腐蚀防护标准体系，提高中国长输管道腐蚀防护水平。

关键词　长输管道　腐蚀与防护　标准体系

1　国际管道腐蚀防护标准现状及涵盖内容

中油国际管道有限责任公司下辖13个合资合作及独资公司，建设和运行着国外6条天然气管道和3条原油管道，覆盖乌、哈、塔、吉、缅、中六国，总里程达1.1万公里。本体系建立前，管道腐蚀防护标准是国内设计单位提出，采用国家标准(GB)、石油行业标准(SY)及中石油企业标准(Q/SY)，各项指标的检测方法不完全统一。本标准体系目前共计5项，涵盖了管道建设和运行期有关长输管道外防腐，站场及泵站的腐蚀防护以及长输管道及站场的阴极保护。

2　国际管道腐蚀防护标准建立

本腐蚀防护标准的内容较国家标准、石油行业标准有不少改进和创新，检测数据和达到指标更趋于合理，检测方法完全参照欧美标准、国际ISO标准、俄罗斯ГОСТ标准以及其他公认的相关标准；同时，在站场防腐方面引进了一些新型防腐材料和防护方式。

2.1　埋地钢质管道三层结构聚乙烯防腐层技术规定

本技术规定参照或采标加拿大CSA.Z标准、美国ASTM标准和国际ISO标准完成，具体采标情况见表1。

表1　聚乙烯三层结构检测标准采用情况

序号	材料类别	主要检测标准	备注
1	环氧粉末原料	CSA.Z 245.20	ISO补充
2	环氧粉末覆盖层	CSA.Z 245.20	
3	胶黏剂	ISO/ASTM	
4	聚乙烯原料	ASTM	ISO补充
5	聚乙烯覆盖层	ISO/ASTM	

与国家标准(GB/T 23257)或石油行业标准(SY/T 0413)相比较，在防腐各结构层的性能指标方面都有所调整和变化，要求更高。

2.1.1 底层熔结环氧粉末(FBE)

本标准与 GB 和 SY 标准比较，底层 FBE 在厚度、附着力、阴极剥离等指标都明显高于 GB 或 SY 标准。另增加了抗弯曲指标，见表 2。

表 2 底层 FBE 与 GB 标准及 SY 标准的差异比较

序号	类别	GB	SY	Q/SY	检测条件
1	FBE 厚度/um	60~80	≥80	≥120 ≥150	DN<500 DN≥500
2	附着力(级)	≤2	≤2	≤1	
3	阴极剥离/mm	≤10	≤8	≤5 ≤15	65℃，48h 65℃，30d
4	抗弯曲	—	—	无裂纹	-20℃，2.5°

2.1.2 粘胶层

与 GB 和 SY 标准比较，本标准在粘胶层增加了含水率、拉伸强度及断裂伸长率等指标，见表 3。

表 3 粘胶层与 GB 标准及 SY 标准的差异比较

序号	类别	GB	SY	Q/SY	检测条件
1	氧化诱导期/min	—	—	≥10	200℃
2	含水率/%	—	—	≤0.1	
3	拉伸强度/MPa	—	—	≥17	
4	断裂伸长率/%	—	—	≥600	拉伸速度，50mm/min

2.1.3 聚乙烯(PE)层

PE 层的技术指标与 GB 或 SY 标准比较，增加了 220℃的氧化诱导期、拉伸屈服强度和两种温度下压痕硬度等数据的测试，拉伸强度指标也在原 GB 或 SY 基础上提高了 2MPa，见表 4。

表 4 PE 层与 GB 标准及 SY 标准的差异比较

序号	类别	GB	SY	Q/SY	检测条件
1	氧化诱导期/min	—	—	≥30	220℃
2	拉伸屈服强度/MPa	—	—	≥15	拉伸速度 50mm/min
3	拉伸强度/MPa	20	20	≥22	拉伸速度 50mm/min
4	压痕硬度/mm	—	—	≤0.2 ≤0.3	23℃ 60℃或 80℃

2.1.4 三层复合结构防腐体系

三层体系剥离强度与 GB 相比除指标提高之外，增加了可视性效果判定的“内聚破坏”，48 小时阴极剥离指标较 GB 和 SY 有所提高，并增加了 30 天的阴极剥离和耐热水浸泡试验以及冻融循环等检测，见表 5。

表 5　三层复合结构防护层与 GB 标准及 SY 标准的差异比较

序号	类别	GB	SY	Q/SY	检测条件
1	剥离强度/(N/cm)	≥60 ≥40	≥100 ≥70	≥100(内聚破坏) ≥70(内聚破坏)	(20℃±5℃) (60℃±5℃)
2	阴极剥离/mm	≤10	≤8	≤5	65℃，48h
3	阴极剥离/mm	—	—	≤15	60℃或 80℃，30d
4	冲击强度/(J/mm)	≥5	≥8	≥8	25℃
	冻融循环(10)	—	—	合格	-8℃～50℃
5	耐热水浸泡	—	—	翘边深度平均≤5mm	80℃，30 天
		—	—	翘边深度平均≤2mm 且最大≤3mm	80℃，48h

2.1.5　数字化管道数据采集

确保生产工艺与工艺评定试验的一致性，在防腐层上增加喷注条形码/二维码；增加对关键技术参数自动检测、自动上传业主 PCM 系统；监测具体参数以工艺评定为主；红外测温补充了温度校准以及超温报警应要求。

2.2　埋地钢质管道热煨弯管防腐层技术规定

本技术规定参照国际 ISO 标准，根据具体情况部分采用美国 ASTM 标准和加拿大 CSA. Z 标准完成，具体采标情况见表 6。

表 6　热煨弯管防腐层检测标准采用情况

序号	材料类别	主要检测标准	备注
1	环氧粉末原料	CSA. Z 245. 20	ISO 补充
2	环氧粉末覆盖层	CSA. Z 245. 20	ASTM/ISO 补充
3	聚丙烯胶粘带	ISO	ASTM 补充
4	玻璃纤维布	ISO	
5	改性无溶剂液态环氧	ISO	CSA. Z 补充

热煨弯管双层环氧防腐体系采用两种形式，一种是加强级双层熔结环氧粉末+聚丙烯胶粘带(双层缠绕，50%～55%搭接)，厚度不低于 3. 0mm；另一种是普通级双层熔结环氧粉末+环氧玻璃钢(三布七油)，厚度不低于 2. 3mm。

2.2.1　防腐层厚度

加强级防腐层厚度与 SY 标准和 Q/CNPC 一致；但普通级与 SY 和 Q/CNPC 标准有差异，见表 7。

2.2.2　环氧粉末及覆盖层性能指标

环氧粉末及覆盖层性能指标与 SY 及 Q/CNPC 相比，本标准的检测指标普遍高于石油行业或中石油企业标准，在附着力和弯曲耐阴极剥离测试增加了 28 天的浸泡检测指标，见表 8。

表 7　普通级防腐层厚度与 SY 标准及 Q/CNPC 标准的差异比较

序号	类别	SY	Q/CNPC	Q/SY	检测条件
1	内层	≥250	≥250	≥250	常温
2	外层	≥370	≥370	≥350	
3	总厚度	≥620	≥620	≥600	

表 8　环氧粉末与 SY 标准及 Q/CNPC 标准的差异比较

序号	类别	SY	Q/CNPC	Q/SY	检测条件
1	固化时间-内层(min) 固化时间-外层(min)	≤3 ≤2.5	≤3	≤2 ≤1.5	230℃±3℃
2	胶化时间-内层(s) 胶化时间-外层(s)	12~30 10~20	≥12	≤30 ≤20	230℃±3℃
3	阴极剥离　(mm)	≤6	≤6	≤5	65℃，48h
4	阴极剥离(mm)	≤15	≤8	≤15	65℃，28d
5	断面孔隙率，级	1~4	1~4	1~3	
6	粘结面孔隙率，级	1~4	1~4	1~3	
7	附着力，级	1~2	1~2	1~2	24h，95℃±3℃
8	附着力，级	—	—	1~2	28d
9	电气强度，MV/m	≥30	—	≥30	
10	体积电阻率，Ω·m	$\geq 1\times10^{13}$	—	$\geq 1\times10^{13}$	
11	弯曲后涂层 耐阴极剥离 1.5°	—	—	无裂纹	28d，1.5V±0.15V 20℃±3℃

2.2.3　耐化学腐蚀

按照 ISO 2812-1 的试验方法，本标准对双层环氧覆盖层增加了 20℃±3℃，90 天耐化学介质腐蚀试验，化学介质包括：稀盐酸(pH2.5~3.0)、氢氧化钠水溶液(5%)、蒸馏水、氯化钠水溶液(10%)、氯化钠(10%)加稀硫酸(pH2.5~3.0)及等质量的碳酸镁和碳酸钙饱和水溶液。

2.2.4　聚丙烯胶粘带及环氧玻璃钢外防护

为防止防腐弯管在运输或施工中的机械损伤，采用玻璃钢或聚丙烯胶黏带外保护，这在国内外标准上都不曾提出过的防护方式。

2.2.5　数字化管道数据采集

本要求与防腐钢管一致。

2.3　长输油气管道站场/阀室防腐涂层技术规定

本技术规定参照国际 ISO 标准和美国 ASTM 标准，同时采用欧盟 EN 标准德国 DIN 标准及国际电工 IEC 标准为补充，见表 9。

表 9　站场/阀室防腐层检测标准采用情况

序号	材料类别	主要检测标准	备注
1	涂料及防腐层	ISO/ASTM	EN 补充
2	自硫化液体橡胶	ISO	IEC 补充
3	粘弹体配套材料	ISO/DIN	IEC 补充
4	聚丙烯胶粘带	ISO	ASTM 补充
5	环氧玻璃钢保护层	ISO	
6	铝箔胶带	ISO	

2.3.1　地面管道及设备

地面管道和设备防腐层除考虑耐候、耐化学介质、机械强度及保温等因素，还考虑防腐涂料的匹配性。按照大气环境及绝热层下管道及设备宜采用的防腐方案进行涂料匹配和防腐方案选择，见表 10。

表 10　地面管道及设备防腐方案选择

序号	使用环境	底层	中间层	面层	环境条件
1	大气环境防腐	环氧富锌	环氧云铁	交联氟碳	-35℃~100℃
2	绝热层下防腐	环氧富锌 环氧酚醛	—	环氧云铁 环氧酚醛	-35℃~100℃ -35℃~200℃

2.3.2　埋地管道及设备

埋地管道和设备的外防腐考虑保温、抗介质渗透、机械强度、防腐材料和施工工艺对金属基材的性能影响等因素外，还考虑电绝缘、防水、抗阴极剥离、耐化学介质以及抗弯曲等性能。见表 11。

表 11　埋地管道及设备防腐方案选择

<table>
<tr><th>序号</th><th>使用条件</th><th>底层</th><th>中间层</th><th>面层</th><th>环境条件</th></tr>
<tr><td>1</td><td>DN≥100</td><td colspan="3">聚乙烯三层复合结构</td><td rowspan="4">≤80℃</td></tr>
<tr><td rowspan="2">2</td><td rowspan="2">DN≤100</td><td>无溶剂环氧</td><td></td><td>聚丙烯胶粘带</td></tr>
<tr><td>无溶剂环氧</td><td>粘弹体</td><td>聚丙烯胶粘带</td></tr>
<tr><td>3</td><td>阀门、汇管、弯头、低点排水口等异型构件</td><td>粘弹体</td><td colspan="2">聚丙烯胶粘带</td></tr>
<tr><td>4</td><td>压缩机出口</td><td>环氧酚醛</td><td colspan="2">玻璃钢</td><td>≥80℃</td></tr>
<tr><td>5</td><td>埋地容器、穿路
穿墙部位管道</td><td colspan="3">环氧玻璃钢(二布四胶)
环氧玻璃钢(三布五胶)</td><td>普通级
加强级</td></tr>
<tr><td rowspan="3">6</td><td rowspan="3">出入地面管段</td><td>粘弹体</td><td>聚丙烯胶粘带</td><td>铝箔胶带</td><td rowspan="3">≤70℃</td></tr>
<tr><td>粘弹体</td><td>热收缩带</td><td>铝箔胶带</td></tr>
<tr><td colspan="2">聚乙烯三层复合结构</td><td>铝箔胶带</td></tr>
</table>

2.3.3 粘弹性体材料

粘弹性体材料与常见的热塑性或热固性材料完全不同，该防腐材料兼顾聚乙烯弹性体的固体特性，同时也具有热塑性材料的液态特性，具有优异的粘结性、抗阴极剥离性及防水性。由于粘弹性体材料强度很低，抗冲击和划伤能力很差，不能单独使用。本技术规定采用了粘弹性体防护材料的几种复合结构，首次以技术规范的形式将粘弹性体材料写入标准。

2.4 长输油气管道线路阴极保护技术规定

本技术规定参照美国腐蚀工程师协会 NACE 标准，部分参考英国/欧盟标准 BS-EN 及俄罗斯 ГОСТ 标准完成，见表 12。

表 12 线路阴极保护标准采用情况

序号	材料类别	执行标准	备注
1	阴极保护设计	NACE SP 0169	ISO 15589 /DIN30676/ ГОСТ P 51164
2	电结缘性	NACE RP-0286	
3	抗交流干扰	NACE SP 0177	
4	抗直流干扰	BS EN 50162	
5	阳极床	NACE SP 0572	
6	阳极尺寸	ASTM B94	

本规定在 GB/T21448 的基础上，参照 NACE SP 0169 的条款，并补充了 ISO 15589、DIN30676 及俄罗斯 ГОСТ P 51164 的内容完成。

2.5 长输油气管道站场阴极保护技术规定

本项技术规定参照美国腐蚀工程师协会 NACE SP0169 标准，部分参考 ISO 155894 标准完成，具体采标情况见表 13。

表 13 站场阴极保护标准采用情况

序号	材料类别	执行标准	备注
1	阴极保护设计	NACE SP 0169	ISO 155894

本技术规定在 SY/T 6964 的基础上，参照 NACE SP0169、ISO 15589-1 及 DIN EN ISO 15257 的条款和内容制定完成。基本体现了长输油气管道站场阴极保护国际上的最新和最高要求。

3 结语

国际管道腐蚀防护系列标准的建立，将与在运行中的中亚天然气 ABC 线、中哈原油管道、哈南管道及中缅原油/天然气管道等的现有防腐标准对接和比较，经过不断完善，逐步实现对在役管道腐蚀防护的指导以及包括 D 线在内的其它新建管道的应用。

参 考 文 献

[1] CSA Z 245.20. External Fusion Bond Epoxy Coating for Steel Pipe[S].

[2] CSA Z 245. 21. External Polyethylene Coating for Pipe[S].
[3] 潘红丽，赵晋云，张丰，等. 管道熔结环氧粉末外涂层标准对比分析[J]. 油气储运，2013，32(5)：545-549.
[4] 张其滨，张丽萍，刘金霞，等. 管道3LPE防腐层补口技术研究和应用新进展[J]. 石油工程建设，2014，40(1)：45-49.
[5] NACE SP0169. Control of External Corrosion on Underground or Submerged Metallic Piping Systems[S].
[6] NACE SP0286. The Electrical Isolation of Cathodically Protected Pipeline Other applicable standards and regulations[S].
[7] BS EN 50162. Protection against corrosion by stray current from direct current systems[S].
[8] Din 30676. Design and application of cathodic protection of external surfaces[S].
[9] ГОСТ Р 51164-98. Трубопроводы стальные магистральные. Общие требования к защите от коррозии[S].
[10] ISO 15589-1-2015. Petroleum, petrochemical and natural gas industries-Cathodic protection of pipeline systems-Part 1: On-land pipelines Toggle navigation[S].

互联网大数据应用于国内长输管道腐蚀控制探讨

陈群尧

（中油国际管道新疆公司）

摘　要　依靠“国家材料腐蚀与防护科学数据中心”的腐蚀数据积累；数字化管道对腐蚀环境、防腐材料以及防腐方式等的数据采集；长输管道腐蚀防护数据库的建立等，探讨采用腐蚀防护专家系统及智慧管道防腐蚀设计等技术，通过互联网的高效和便捷，数据云的海量和全面实现对长输油气管道的腐蚀进行有效监测和控制。

关键词　长输管道　腐蚀控制　互联网　大数据

1　引言

互联网大数据(Big Data)是当今信息技术和计算机技术发展的前沿科学。互联网+是采用互联网技术将各个领域和学科联系并发展的最有效方法。大数据指无法在一定时间范围内用常规软件工具进行捕捉、管理和处理的数据集合。通过互联网+大数据来实现新处理模式对海量、高增长率和多样化的信息资产更强的决策力、洞察发现力和流程优化能力，推动国民经济各个领域的创新发展，社会的不断进步。

我国从上世纪50年代就建立了材料在大气、土壤、海水环境下腐蚀数据积累监测站，积累了大量金属、高分子及陶瓷等多种材料腐蚀数据；材料的防腐方式和防腐技术也随着社会的进步在不断发展变化，以油气长输管道为例，防腐材料由50-70年代的热塑性沥青类材料到80-90年代防腐性能较优的熔结环氧类材料和聚酯聚氨酯类热固型材料，再到现在广泛应用的聚乙烯复合结构材料，腐蚀与防护的数据得到大量积累和更新，这些积累的数据的是一笔宝贵的财富，将这些积累数据应用到油气管道的腐蚀控制中去，使其发挥应有的作用，这是当今互联网大数据在长输管道腐蚀防护领域需要解决的问题。另外，防腐蚀专家系统和智慧管道的设计和应用，自动化和信息化的不断发展和完善，阴极保护腐蚀数据的自动获取和传输，智能检测技术等为长输管道的腐蚀与控制提供了必要的手段，也将为实现互联网时代长输油气管道的腐蚀控制奠定坚实基础。

2　互联网大数据应用于腐蚀防护的可行性

根据美国腐蚀工程师协会NACE的报告，材料每年约以平均4%左右的腐蚀速率影响着国民经济的各个领域，由于涉及面广，数据量大，控制起来十分困难，一直是腐蚀防护工作者不断探索的问题。怎样通过互联网大数据海量、高效和智能实现对材料腐蚀的控制，是当今互联网时代需要面对和解决的问题。对于长输油气管道而言，腐蚀问题关乎着环境保护和社会安全，采用现有材料腐蚀数据库、管道防腐数据库、数字化管道初始数据库及人工智能防腐蚀专家系统和智慧管道设计为支撑，通过互联网的大容量，多种类，高速度和低成本，实现对长输油气管道的腐蚀进行检测和控制，是十分可行，也是能够实现的。

3 支撑互联网大数据应用于腐蚀控制的基础

通过互联网大数据腐蚀防护可行性的探讨，将互联网大数据应用于长输管道的腐蚀控制可以从以下几个方面进行探索：

3.1 国家材料腐蚀与防护科学数据中心数据共享

我国50年代末就设立国家自然基金项目开始建立全国大气、海水、土壤腐蚀网站，投入了一批批试件。“六五”期间，作为国家基础研究重点项目，由国家科委牵头组织了国家大气、海水、土壤腐蚀网站的建设。到“七五”期间列为国家自然科学基金重大项目，由国家科委及国家自然基金委员会共同组织，并得到各部委、研究院所和高校的支持和帮助，设立大气、海水、土壤三个分项目，25个研究课题，投放六大类常用材料353个品种9.3万个试件。后在“八五”、“九五”期间段补充完善，目前，大气腐蚀数据库积累了40多年的数据，海水腐蚀数据库积累了30多年的数据，土壤腐蚀数据库积累了50多年的数据，并于2019年6月建立了“国家材料腐蚀与防护科学数据中心”。中心的这些腐蚀数据系统完善，可做为基本数据库实现对长输管道腐蚀控制的支撑作用。

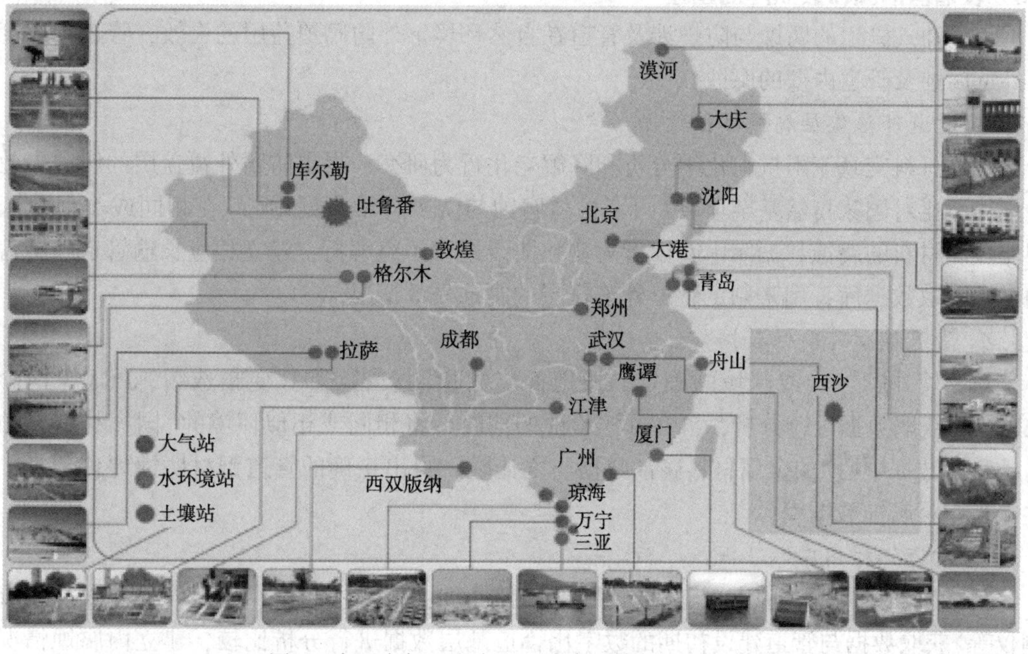

图1　全国大气、海水、土壤腐蚀试验站示意图

3.2 数字化管道建设的数据库的采用

数字管道是应用遥感(RS)、数据收集系统(DCS)或SCADA系统、全球定位系统(GPS)、地理信息系统(GIS)、业务管理信息系统、计算机网络和多媒体技术、现代通信等高科技手段，对管道资源、环境、社会、经济等各个复杂系统的数字化、数字整和、仿真等信息集成的应用系统，并在可视化的条件下提供决策支持和服务。

数字管道的建设是对管道沿线的地质环境、管道材质、防腐方式、防腐等级及今后的防腐检测和阴极保护等数据进行不断积累和更新，通过互联网，采用数字平台的智能功能，实现对管道建设的质量控制，管道运行各个时期的腐蚀情况进行检测，从而预判在役管道的寿命，结合完整性评价给出十分重要的指导意见和维护方案。

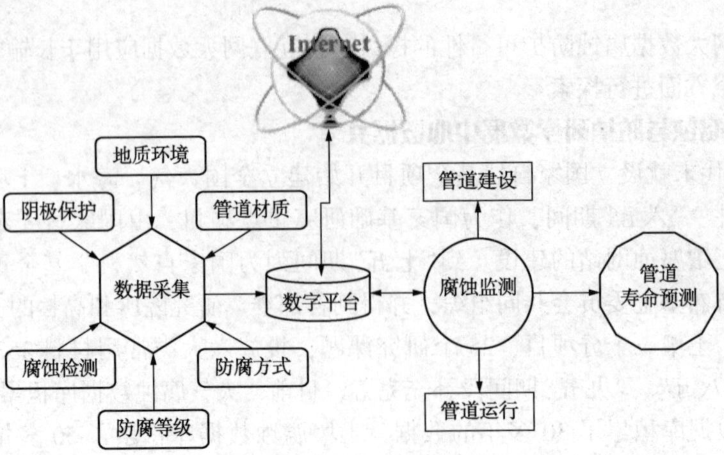

图 2　数字化管道的腐蚀数据数字平台

3.3　长输管道腐蚀数据库的建立

长输油气管道的腐蚀与防护涉及管道在自然环境下外防腐覆盖层的失效，管道钢质管体的外壁腐蚀及管道内壁的腐蚀。

3.3.1　管道外覆盖层腐蚀防护数据

采用材料交直流阻抗电化学分析和降解老化行为研究，得出防腐外覆盖层的腐蚀失效变化规律，比对国家自然基金项目“国家材料腐蚀与防护科学数据中心”在相同或类似地区相同非金属材料的腐蚀数据库中腐蚀行为变化曲线进行研究解析，建立相应长输管道外覆盖层的腐蚀失效数据库，用来判定管道外覆盖层的腐蚀失效情况。

3.3.2　管道钢材外腐蚀数据

对钢管外腐蚀点或区域的确定，通地面腐蚀检测设备(如：变频选频、PCM、DCVG、CIPS 等)获取数据进行分析，再在开挖验证的同时，将相同或相似环境的“国家材料腐蚀与防护科学数据中心”的金属材料腐蚀数据与之比较，得出正确的管道钢材腐蚀评价数据，建立管道钢材腐蚀数据库。

3.3.3　管道钢材内腐蚀数据

对钢质管道内壁腐蚀，可通过内腐蚀检测器(如：漏磁检测仪、超声波检测仪、涡流检测仪等)获取数据与管道建设初期的数字化管道基层数据进行分析比较，建立内腐蚀情况数据库。

3.3.4　电化学保护数据

长输管道的电化学保护主要指牺牲阳极和强制电流的阴极保护系统。对牺牲阳极的保护系统，需要对管地电位、牺牲阳极开路电位、牺牲阳极输出电流、牺牲阳极接地电阻等数据进行采集和分析；对强制电流的保护系统，需要对管道自然电位、辅助阳极接地电阻、辅助阳极埋设点的土壤电阻率、绝缘装置的绝缘性能、管道保护电位、管道保护电流、电源输出电流、电压等数据进行采集和分析。这些采集数据经分析后，存入电化学保护数据库，应用时通过传感自动化系统上传互联网，再通过互联网的大数据中心对腐蚀数据进行评价，根据评价结果，得到管道电化学保护优劣数据评判。

3.4 基于人工智能的腐蚀防护专家系统

腐蚀防护专家系统从90年代国内外就开始研究，通过腐蚀知识获取、知识表达，采用模糊聚类和模糊评价、灰色聚类和灰色评价以及神经网络聚类和神经网络评价等方法处理数据，通过有效的管理及维护建造知识库，引入人工智能(AI，Artificial Intelligence)技术构建推理机制，实现各专项领域的专家系统。经过几十年的发展，腐蚀防护专家系统在环境腐蚀及一些材料类专项领域得到应用。通过互联网，可将已经应用的腐蚀防护专家系统和新开发防腐蚀专家系统有机的结合起来，实现共享和远程应用。

3.5 智慧管道的防腐蚀设计

智慧管道是在数字管道基础之上，借助先进信息技术和专业技术，全面感知管道建设和运行动态，自动操控管道行为，预测管道的变化趋势，持续优化管道施工管理和运行管理，科学辅助管道运行决策，使用计算机信息系统智能地管理管道。因此，在长输管道的防腐蚀设计时引入“智慧管道”理念，将传感技术、自动化技术、腐蚀与防护分析技术以及可视化技术等融入设计中，使管道建成运行期的腐蚀行为实时感知，并能全面联系有关部门和工程技术人，利用数据分析和自动化技术进行及时处理和有效控制，并对潜在的腐蚀危害进行提前预警。通过防腐蚀数据库和专家系统，辅助决策防腐方案；并通过分析优化，实现长输管道防腐蚀水平的不断提升。

通过以上图3流程方式建立长输管道腐蚀防护支持系统，用于支撑互联网大数据为基础的防腐人工智能专家系统及其它防腐蚀控制系统实现管道的腐蚀防护，达到对油气长输管道腐蚀控制的目的。

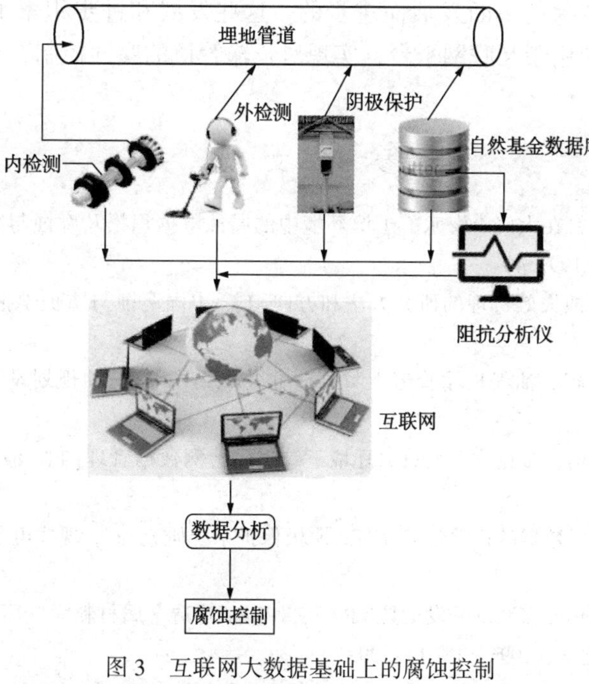

图3　互联网大数据基础上的腐蚀控制

4 互联网支撑下的腐蚀控制

通过以上多方面的腐蚀防护基础支撑，采用防腐蚀科学与计算机相结合的技术，借助互联网大数据中心和人工智能专家系统，实现互联网大数据在长输油气管道腐蚀与防护领域的腐蚀控制，结果准确高效，能较好消除单一采用完整性评价带来的保守性，降低维修成本；提高风险评价的确定性；同时对预测管道未来安全状况提供必要的理论支持。

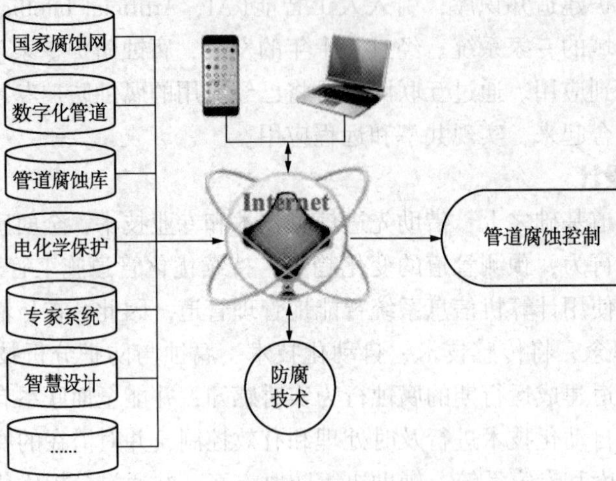

图 4 多项技术支撑的互联网管道防腐蚀系统

5 结语

国内长输管道的腐蚀防护从工艺简单到复杂，防腐产品从单一到全面，防腐技术从学习到创新都是随着管道技术的不断发展而进步的。这些发展和进步积累了大量的腐蚀防护数据，将这些腐蚀数据应用于互联网平台，实现对长输管道的腐蚀控制，是我们腐蚀工作者不断探索和解决的问题。

参 考 文 献

[1] 王光雍，胡启茂．材料在大气、海水、土壤环境中的腐蚀数据积累及腐蚀与防护研究的意义与进展[J]．中国科学基金，1992. 40.

[2] 陈群尧．涂层及其腐蚀失效机理的研究方法和方向[J]．中国腐蚀与防护学报，1997，17(4)：307-312.

[3] 郭磊，周利剑，贾韶辉．油气长输管道大数据研究及应用[J]．石油规划设计，2018，29(1)：34-37，41.

[4] 林现喜，李银喜，周信，张克政．大数据环境下管道内检测数据管理[J]．油气储运，2015，34(4)：349-353.

[5] 王玉婷，李琳．基于大数据的长输管道分布式阴极保护系统研究[J]．现代电子技术，2018，41(10)：143-146.

[6] 陈群尧，王光雍．利用专家系统开发工具 VP 一 EXPERT 建造金属材料大气腐蚀防护专家系统的探索[J]．计算机与应用化学，1996，13(1)：29-32.

[7] 成二辉，樊玉光，周三平．腐蚀与防护专家系统简介[J]．腐蚀与防护，2008，29(3)：167-169.

[8] 张远声．腐蚀数据库和腐蚀专家系统[J]．化工腐蚀与防护，1997，(3)：14-20.

[9] 宋娟，冯妍．智慧化油田的发展与未来[J]．中国总会计师，2018，(1)：128-130.

[10] 章绍龙．基于大数据技术智慧油田的现状及发展思考[J]．中国设备工程，2019，(3)：216-217

乌兹别克斯坦天然气管道报废拆除对中亚天然气管道在焊接防腐方面的启示

门世锋 刘 涛 牛建庭

摘 要 从焊接和防腐角度，以拆除报废管道为例证，分析其失效原因。对比中亚天然气输气管线情况，分析长输管线的建设技术对未来管道质量及使用的影响因素。

关键词 报废管道缺陷 缺陷分析 中亚管线缺陷 建议

1 失效报废输气管情况

在乌兹别克斯坦，有一条上个世纪70年代建成的加兹里到奇姆肯特的天然气输气管线，运行40多年后，于2017年9月报废拆除。与中亚天然气管线相比，该管线输送的也是中亚地区的天然气，气体成分相近，运行环境相似，研究分析该管线失效报废的原因，对中亚管线的建设和维护，有一定的借鉴意义。

被拆除管道有螺纹管，也有直缝管，管道内部没有内减阻涂层，外部有沥青油毡类防腐材料痕迹。管体焊缝都是自动埋弧焊焊接，管道之间对接焊缝有半自动焊，但大部分都是手工焊焊接。我们对报废管线进行了仔细查看和研究。

（拆除的报废旧管）

1. 管道管体的焊接情况：

1）螺纹管管体内焊缝，采用自动埋弧焊工艺，外观成型好，缺陷少，腐蚀冲刷不严重。

2）直缝管管体内纵缝，采用自动埋弧焊工艺，外观成型好，缺陷少，腐蚀冲刷均匀，损坏程度不严重。

3）管道焊缝外观，无论螺纹管还是直缝管，都基本完好，无损伤失效迹象。

2. 管道之间对接焊焊接情况

1）自动焊或者半自动焊焊接的对接焊缝，焊接质量比较好，缺陷少，腐蚀冲刷不太严重，周边损坏程度均匀。手工焊焊缝缺陷多，腐蚀冲刷情况比较严重。

（螺纹管焊缝）

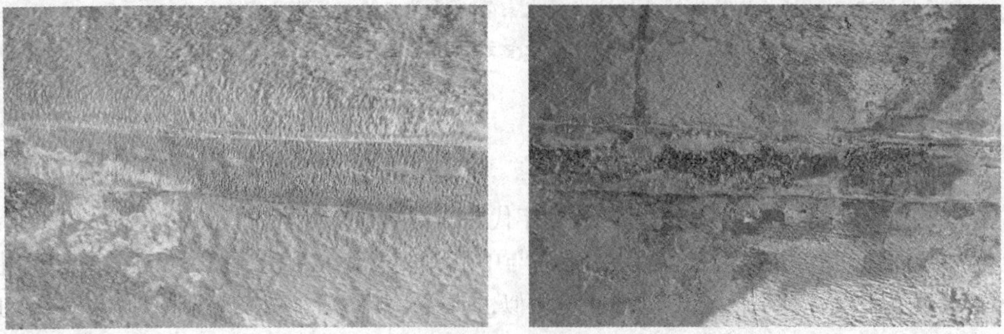

（直缝管内焊缝）

（螺纹管外焊缝）

（直缝管外焊缝）

（自动焊焊道）

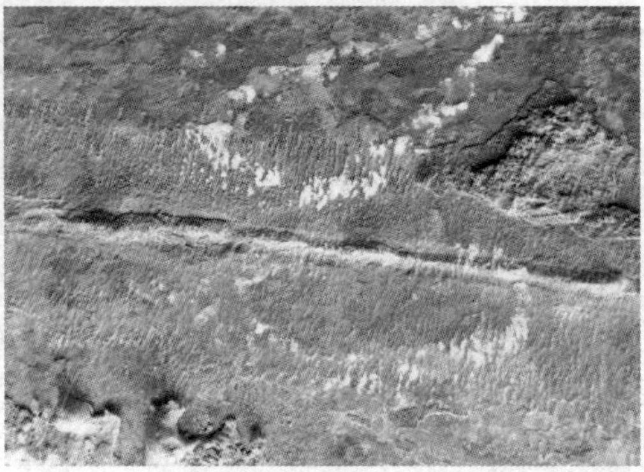

（手工焊根焊道周围）

2）裂纹情况

裂纹是最危险的焊接缺陷，也是管线报废失效的主要原因。观察研究发现，多处焊缝周边存在裂纹缺陷，有沿着焊缝开裂的，有在热影响区开裂的，有的裂纹小，有的直接裂透。

（沿着热影响区裂纹）

（沿着热影响区裂纹）

3）根焊咬边情况

自动焊、半自动焊及手工焊焊缝，咬边缺陷都存在，手工焊更普遍，情况更严重。有的咬边缺陷造成腐蚀冲刷深度超过 3mm。

（缺陷引起裂纹，腐蚀冲刷严重）

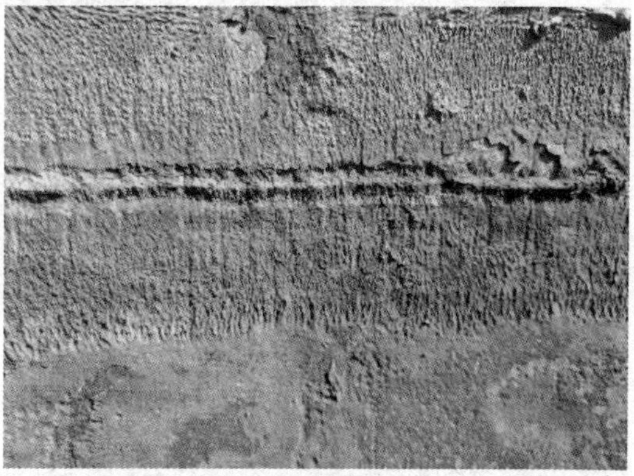

（咬边部位腐蚀冲刷）

4）根焊缺肉、未焊透情况

根焊缺肉、未焊透缺陷主要存在于手工焊接头中。

5）余高过高和返修情况

一般焊缝，只要焊缝周边无别的缺陷，余高过高处无明显的冲刷腐蚀迹象。补焊焊缝处，有咬边缺陷的，咬边缺陷和别的焊缝咬边缺陷一样，对管线抗冲刷腐蚀性能影响很大，补焊余高过高影响不大。

6）气孔情况

表面气孔或者受气流冲刷，显露出的焊缝内气孔，气孔孔径明显扩大，明显变深，存在穿透的可能。密集型小气孔影响要小一些。

（根部缺肉情况）

（根部未焊透情况）

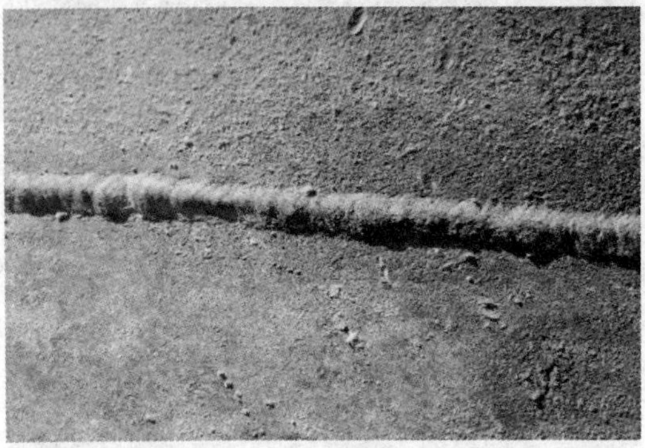

（根焊余高过高情况）

（根焊返修情况）

（单个气孔）

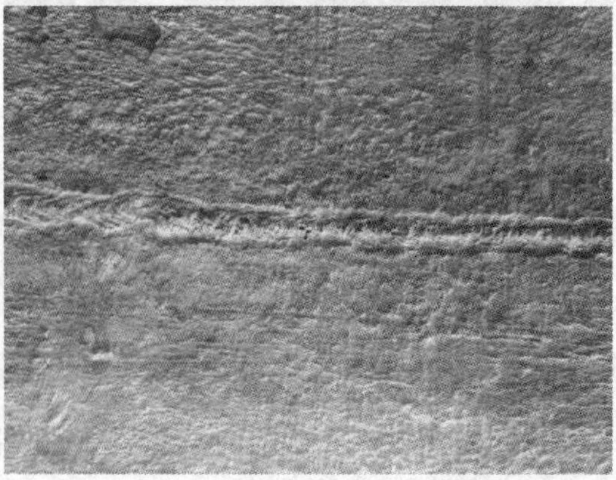

（密集小气孔）

7）混合缺陷

咬边、缺肉、焊瘤、夹渣、电弧烧伤等混合缺陷，冲刷腐蚀现象明显。

8）内壁冲刷腐蚀情况

管道内壁由于母材本身缺陷，焊缝焊接缺陷，或者腐蚀性介质长时间积存某一处，或者几种因素叠加，造成管道内表面严重冲刷腐蚀现象。特别管道底部位置情况更为严重。

（咬边、缺肉、焊瘤、夹渣混合缺陷）

（管道腐蚀、冲刷造成内壁损伤）

9）焊缝两边腐蚀冲刷情况

焊缝两边一定范围及两边焊趾，受焊缝余高的阻挡作用，气流产生紊流现象，腐蚀冲刷更为严重。

 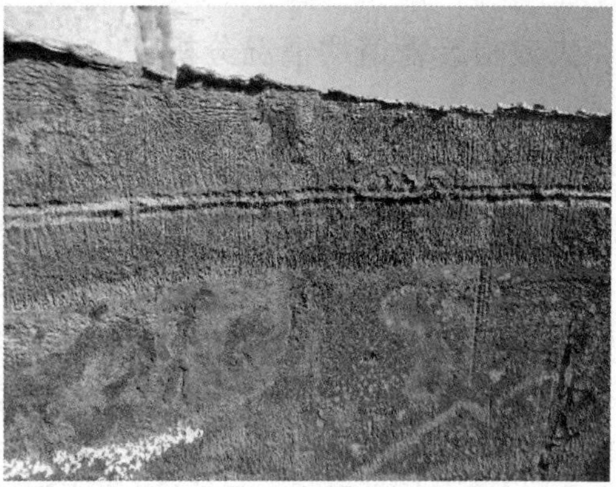

（焊缝周边）

10）焊接接头焊缝外观情况

焊接接头外表面，基本保存原始状态，无明显失效现象。

（手工焊外观）

（自动焊外观）

3. 管体防腐情况，管体外有沥青油毡类防腐材料痕迹，防腐层脱落严重，管体锈蚀。管道内无减阻涂层，腐蚀冲刷比较明显。

（管道外防腐）

（管道内壁无内减阻涂层）

2 失效报废管道的情况分析

1. 对于管体焊接，无论直缝管还是螺纹管，管道制造厂家都采取了自动焊埋弧焊，其焊接接头成型美观，缺陷少，质量好，焊缝表面及周边腐蚀冲刷均匀，问题不严重，失效报废几率低。

2. 管道之间的对接焊接，采取全自动焊焊接的，或者根焊采取自动焊焊接的，内焊缝表面及焊趾缺陷很少，内焊缝表面及周边冲刷腐蚀均匀，问题不严重，失效几率低。采取手工焊焊接的，存在裂纹、气孔、未熔合、夹渣、缺肉、咬边、焊瘤、余高过高等焊接缺陷。我们查看研究了 230 多根管道中，发现有裂纹的焊缝三处，一处长约 50mm，裂透，两处约 40mm，宏观看均未裂透；疑是未熔合未焊透的地方发现 7 处，冲刷处比较窄深，但没有冲刷透；咬边、夹渣缺陷现象较多，发现 26 处，其缺陷周围冲刷比较严重；焊瘤、余高过高，只要周围不存在咬边现象，腐蚀冲刷不太严重；缺肉影响介于焊瘤与咬边之间。

3. 对接焊缝的余高和焊缝缺陷，气流经过时，发生紊流扰动，造成焊缝两边一定范围内的冲刷腐蚀，余高越高问题越严重。

4. 由于没有内减阻涂层保护，几乎每根管都存在不同程度的管体内壁麻点、凹坑和冲刷腐蚀现象，我们测量，凹点一般 1-3mm，最深的有 4.5mm（管道壁厚约 16mm），管壁减薄约 28%。

总之，手工焊焊接的焊接接头，缺陷多，是管道失效报废的主要原因；由于管线没有做内减阻涂层，腐蚀介质存留、管体本身材质缺陷等因素，造成管体内壁冲刷腐蚀严重，是管道失效报废的另一个主要原因；从焊接缺陷造成的失效的严重程度看，裂纹是导致管道直接报废的主要因素，危害性最大，未熔合、未焊透次之，咬边、缺肉、气孔再次之，焊瘤、余高过高影响小一些。

3　中亚天然气管道情况

2017 年 9 月，乌兹别克斯坦新建铁路要穿越中亚天然气管线，中乌天然气管道公司对管线穿越点两边各 150 米管线进行更换。其中运行时间最长的 A 线已经运行了 9 年多，对更换下来的 A 线管道的焊接接头和防腐受损情况进行了查看和研究分析。

（更换下来的中亚天然气管道）

1. 管道焊缝情况

无论直缝管还是螺纹管，管体焊缝都是自动埋弧焊焊焊接，缺陷少，焊缝内外表面及周围都基本完好。但是，由于气流紊流扰动，内焊缝周边有轻微冲刷腐蚀痕迹。

（管体本身焊缝）

2. 管道之间对接焊缝

对接焊缝是自动焊或者半自动焊焊接的，焊接缺陷少，没有发现因焊接缺陷而造成失效趋势现象。更换的管道没有发现手工焊焊接焊缝(注：中乌天然气管道焊接，手工焊工艺只用于连头等个别特殊地段管道焊接)，焊缝腐蚀冲刷情况不明。

(对接焊缝)

3. 管道防腐情况

管道外防腐基本完好，管道内减阻涂层大体基本完好。

4. 内对口器对内减阻涂层损伤

管道组对焊接时，内对口器撑爪对内减阻涂层损坏，损坏地方，管体腐蚀明显。

(内对口器遗留撑爪痕迹)

5. 内减阻涂层划伤处锈迹和冲刷。

清管作业时，由于管内存在沙土等杂物，在清管球的推动下，沙土、焊渣等杂物对管体防腐层产生摩擦作用，留下一道道划痕，损坏了内防腐层，或者别的因素，造成管体内减阻涂层划伤破坏，划伤损坏处，腐蚀冲刷现象明显。

4 中亚天然气 A 线管道情况分析

1. 拆除下来的 A 线 300 多米管道，都是螺纹管，运行 9 年后，其管体螺纹焊缝外观基本完好，几乎看不出有冲刷腐蚀现象。

2. 中亚天然气管道主体采用全自动焊和半自动焊工艺，连头主要采用半自动焊工艺，个别连头采取手工焊工艺。采取自动焊焊接的主体管线，焊缝缺陷很少，焊缝表面及周边几

（内防腐层划伤损坏）

乎没有发现冲刷腐蚀现象。连头焊缝，因其手工操作，存在焊工水平因素，其根焊外观不是很均匀，但更换的管道中，没有手工焊焊接接头，冲刷腐蚀现象不明。

3. 由于焊缝的余高对气流的影响，紊流扰动的气流造成焊缝两边一定范围内管体出现较明显的冲刷腐蚀现象。

4. 由于原管体两段各 10cm 左右范围没有做内减阻涂层，对接环焊缝两边无内减阻涂层的区域管壁存在较为严重腐蚀问题。

5. 管线建设时，内对口器撑爪和别的因素对内防腐层造成损坏，以及管线清管时，清管球推动沙土杂物对内防腐层造成划伤，是管道内减阻涂层损坏的主要因素，所有内减阻涂层受到划伤损坏处，都有明显的腐蚀冲刷痕迹。

5 结论

中亚天然气管道已建成正在运行的管线，因为管材、焊材、焊接工艺、气体组分、运行环境、自然环境等因素与已经失效切除管线情况都基本差不多，以失效切割管道和 A 线切割换下来的管道为例证，从焊接接头和防腐两个角度，可以大概得出中亚管线建设成功与不足，预判管线运行若干年后，最有可能失效的情况。

1. 成功之处：

1）管道本身的焊接和防腐质量好，这是管线建设的质量保证基石。

2）管道主体焊接采取自动焊和半自动焊工艺，接头采用半自动焊工艺，个别采取手工焊工艺，这样可以尽可能的减少焊接缺陷，保证焊接接头质量。

3）内减阻涂层，对管道内壁的保护作用，非常明显。

2. 需要改进的地方：

1）尽可能不用手工焊工艺，减少半自动焊工艺，以降低焊接缺陷几率，尽可能保证内焊缝或者根焊外观均匀美观，减少紊流扰动气流的影响。采用手工焊时，根焊应采取氩弧焊打底，尽可能减少根焊缺陷。

2）内焊或者单面焊双面成型的根焊，尽量降低焊缝余高，以余高控制在 1～1.5mm 之内为最好，这样可以减轻因余高造成的气流扰动，从而减轻气流对管壁的冲刷。

3）焊接施工时，内对口器撑爪要做防护措施，撑爪不能有尖角棱边，接触面弧形与管内壁弧面相称，接触面铺垫软质材料过度，防止对口器对防腐层的损坏。

4）在管线建设时，管道组对前，要对欲组对的管道内彻底清扫，保证管道内无沙土等杂物；焊接好的管线，要及时做好两端管口的封堵，以防任何杂物进入管线；管线做水试压时，试压用水要清澈干净无杂物；清管扫水作业前，对清管球，扫水球进行仔细检查，查看球体表面是否平整光滑，有无异物。这样，在管线通球清管、排水扫水等作业时，就不会出现因杂物对管道内防腐层的划伤损坏。

5）管道两端 100mm 左右的区域，没有做内减阻涂层，此区域是管线冲刷腐蚀最明显的地方，也是冲刷腐蚀面积最大的地方。

3. 管线失效预判：

1）不可预知的外因和内因对管线的破坏，外因主要包括人为因素和自然因素，内因主要包括管线应力及未检测到的缺陷等。

2）管线长期运行后，焊缝中的微观裂纹源，内应力等微观缺陷，在高压、腐蚀、冲刷等环境下，可能会演变成宏观缺陷，产生宏观裂纹等。

3）经过长期腐蚀冲刷，管道内减阻涂层受损地方，会出现腐蚀凹坑，造成管线管壁减薄现象，严重的腐蚀凹坑是引起管线失效因素之一。

4）经过长期腐蚀冲刷，环焊缝两边区域，会出现管壁减薄现象，是最危险区域，也是概率最大先达到失效临界点区域。

4. 建议：

1）加强管线内检测和外检测，及时发现问题，及时处理。

2）开展焊缝在实际运行环境下，其受力、受损失效方面研究。

3）研究手工焊焊缝(或者存在现行焊接接头检测标准容忍的焊接缺陷的焊接接头)在高压、腐蚀、冲刷等长期环境下失效情况。

4）开展内减阻涂层补涂研究，对接环焊缝焊接结束后，焊缝两边管道内壁进行防腐层补涂工艺，作为一个重要研究课题。

参 考 文 献

[1] 曾乐．现代焊接技术手册[M]．上海：上海科技出版社，2009.
[2] 杨顺贞．工程材料实践教程[M]．北京：机械工业出版社．
[3] 张文钺．焊接冶金学：基本原理[M]．北京：机械工业出版社，2008.
[4] 朱张校．工程材料[M]．北京：清华大学出版社，2001.